中国野花图鉴

刘全儒 编著

山西出版传媒集团
山西科学技术出版社

图书在版编目(CIP)数据

中国野花图鉴 / 刘全儒编著. —太原 : 山西科学技术出版社，2015.2（2015.5 重印）

ISBN 978-7-5377-4357-0

Ⅰ.①中… Ⅱ.①刘… Ⅲ.①野生植物-花卉-中国-图集 Ⅳ.① Q949.408-64

中国版本图书馆 CIP 数据核字（2015）第 026142 号

中国野花图鉴

出 版 人：张金柱
作　　者：刘全儒
出版策划：张金柱
责任编辑：郭丽丽
文图编辑：张焱宏
美术编辑：罗小玲
责任发行：阎文凯
版式设计：孙阳阳
封面设计：垠　子

出版发行：山西出版传媒集团 · 山西科学技术出版社
地址：太原市建设南路21号　邮编：030012
编辑部电话：0351-4922134　0351-4922061
发行电话：0351-4922121
经　　销：各地新华书店
印　　刷：北京艺堂印刷有限公司
网　　址：www.sxkxjscbs.com
微　　信：sxkjcbs

开　　本：710mm × 1000mm　1/16　印张：20
字　　数：482千字
版　　次：2015年4月第1版　2015年5月北京第2次印刷

书　　号：ISBN 978-7-5377-4357-0
定　　价：78.00元

本社常年法律顾问：王葆柯

前言 >>

从神秘莫测的史前生物到飞翔的鸟类，从鱼到虫，从田间地头不起眼的野花野草到美丽炫目的观赏花卉，有阳光雨露的地方就有植被和动物的繁衍及发展，它们创造着自然规律的发展变化，不断地改变着自然生态，将一个异彩纷呈、丰富多彩的大自然呈现在我们面前。本套丛书多角度展现了中国美丽的生物大世界，也展现了中国人运用智慧，利用自然，保护自然以及对大自然的深厚情感。

"中国之美·自然生态图鉴"丛书，包括《中国昆虫图鉴》《中国鱼类图鉴》《中国野菜图鉴》《中国野花图鉴》《中国观赏花卉图鉴》《中国恐龙图鉴》《中国鸟类图鉴》《中国蝴蝶与蛾类图鉴》《中国田野作物图鉴》《中国古动物化石图鉴》，共计10本，是国内首部大型辞典型自然科普图鉴，呈现了中国生命科学的研究新成果，是很有价值的生物工具书。

本套丛书由资深植物学、昆虫学、鱼类学、恐龙专家亲自撰稿，娓娓道来，科学权威。对于专业生物学家来说，研究大自然是他们一生的追求。对于普通人来说，自然的秘密更多地和青春、情感、记忆联系在一起，是一种情怀，是年少时笼中蝈蝈的鸣叫，是追捕蝴蝶的童真，是天空中鸟儿掠过的身影，是稻谷成熟的喜悦，也是"子非鱼，焉知鱼之乐"的辩论和思考，是人情的味道。这些味道，已经在中国人辛勤劳动和积累经验的时光中与丰富的情感混在一起，形成了中国人的生活态度和文化意象，如对土地的眷恋，对故乡的思念等。

本套丛书邀请了国内著名的写实插画团队绘制生物图片，栩栩如生，呼之欲出，可以直接让你叫出它们的名字。科技绘画为人类拓展着对生物的认识和反映，那艺术视觉的张力、记述场景的再现、融合着水土木的生态环境——反映着融合的生命力。艺术家们唯物辩证地认识生物世界，更有利于人类改造自然环境和创造生命力的发展空间。

目录

• Contents •

213 木本篇

Herbages

草本篇

阿尔泰狗哇花

Heteropappus altaicus (Willd.) Novopokr.

一般情况下，植物在新鲜时是许多动物争抢的美味，不过阿尔泰狗哇花非常不幸运，它在青翠嫩绿时无人问津，反而在干枯后成为一些动物的最爱。其实，这是由于阿尔泰狗哇花青翠嫩绿时植株内含有某些不适口的物质或具有不良气味导致的。

生境分布 适应性强，广泛生长在荒漠、草原和草甸一带，在沙质地、田边、路旁及村舍附近也有生长。分布于我国内蒙古、陕西、山西、河北、湖北、四川、甘肃、青海、新疆、西藏等地。

形态特征 多年生草本。株高20～40cm，全株被硬毛和腺点，茎多分枝；叶呈条形、条状长圆形、披针形或近匙形，两面疏生柔毛，全缘；头状花序单生枝端或排列成伞房状，舌状花淡蓝紫色，管状花黄色，上端5裂，其中1裂片较长；瘦果长圆状倒卵形，具白色或红褐色冠毛，且疏生粗毛。花期夏季，果期秋季。

野外识别要点 狗哇花和阿尔泰狗哇花的区别：狗哇花头状花序较大，直径3～5cm，舌状花多，阿尔泰狗哇花的头状花序较小，直径1～3cm，舌状花少。

阿尔泰狗哇花

花朵

别名：阿尔泰紫菀	科属：菊科狗哇花属
用途：阿尔泰狗哇花富含精油成分，可利用水蒸气蒸馏提取，另外，这种植物也是劣等的饲用植物，羊、牛、马和骆驼等动物都是选择性食用。	

抱茎小苦荬

Ixeridium sonchifolium (Maxim.) C. Shih

生境分布 生长在海拔100～2700m的山坡、平原、林下、河滩地或岩石上。分布于我国东北、华北等地区，朝鲜、日本也有分布。

形态特征 多年生草本。株高15～60cm，茎直立，单生或簇生，有白色乳汁，全株无毛；基生叶多枝，铺散状生长；茎生叶卵状椭圆形或卵状披针形，较小，顶端急尖，基部扩大成耳状或戟，抱茎极深，全缘或大头羽状裂；茎上部茎叶及接花序分枝处的叶心状披针形，常全缘；头状花序小，常聚生成伞房状，总苞圆筒形，苞片2层，外层5片，卵形，短小，内层常8片，披针形，较长；舌状花先端5齿裂，鲜黄色；瘦果成熟时黑色，冠毛白色，喙细而短。花果期3～5月。

野外识别要点 在野外，抱茎小苦荬、苦菜和秋苦菜三种植物很容易混淆，区别时参考以下三点：①叶：抱茎小苦荬的基生叶最宽，短而圆，茎生叶基部抱茎，且有耳状裂片；苦菜的基生叶最窄，狭长形，茎生叶不抱茎；秋苦菜的最宽叶不是基生叶，而是中部或中部以上的叶。②花：抱茎小苦荬从春天至初夏开花，花深黄色，花药金黄色；苦菜从初春至秋末开花，花淡黄色，花药绿褐色；秋苦菜秋季开花。③果：抱茎小苦荬的果黑色，喙短于1mm；苦菜的果棕色，喙长约3mm；秋苦菜的果也是黑色，喙短于1mm。

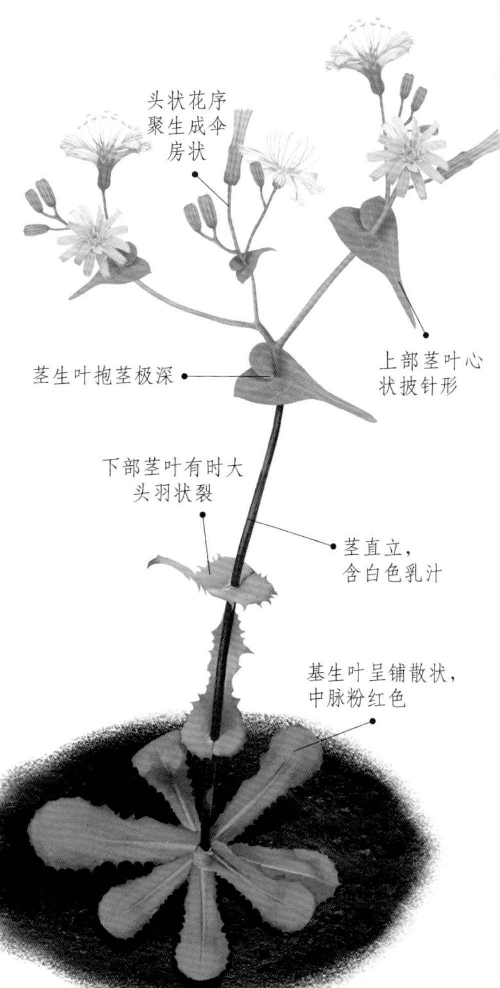

别名：苦荬菜、苦碟子、秋苦荬菜、盘尔草	**科属：**菊科小苦荬属
用途：①药用价值：全草可入药，具有清热解毒，凉血活血的功效。②食用价值：嫩根和嫩叶可食用，味道微苦，可凉拌、蘸酱生吃，也可作馅。③饲用价值：茎叶柔嫩多汁，羊、牛、马、兔都可食。	

篦苞风毛菊

Saussurea pectinata Bunge

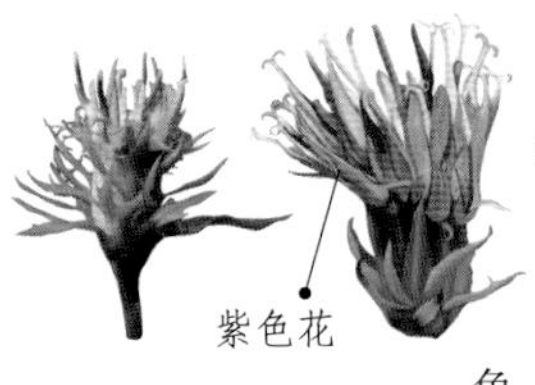

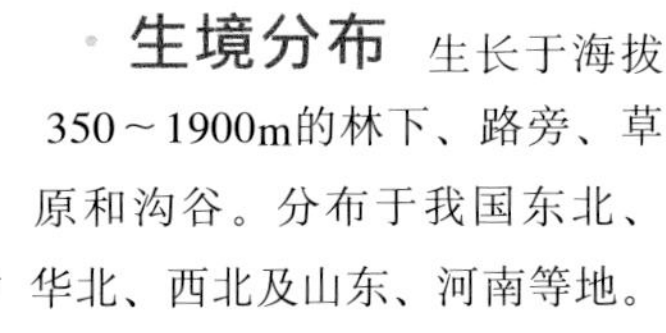

生境分布 生长于海拔350～1900m的林下、路旁、草原和沟谷。分布于我国东北、华北、西北及山东、河南等地。

形态特征 多年生草本。株高20～100cm，茎有棱，基部被褐色叶柄残迹，下部被短粗毛，上部疏生蛛丝状毛；基生叶花期枯萎，茎下部和中部叶卵形至椭圆形，大型，羽状深裂，叶柄长可达17cm；顶裂片较大，侧裂片5～8对，边缘具齿或深波状，叶面绿色，被短粗毛，叶背淡绿色，有短柔毛和腺点；茎上部叶羽状浅裂或不裂，常全缘，具短柄；头状花序顶生，数个排成伞房状花序，总苞钟状，花紫色，管部与檐部近等长；瘦果圆柱状，冠毛2层，污白色。花果期8～10月。

野外识别要点 这种植物在野外比较常见，识别时注意：头状花序全为管状花，花紫红色，总苞的外层苞片叶质，边缘栉齿状，顶部有尖而反折的附片。

别名：无	科属：菊科风毛菊属
用途：未详	

刺儿菜

Cirsium segetum Bunge

幼株

生境分布 生长于平原、荒地、耕地、路边、村庄附近，为常见的杂草。分布于我国各地，朝鲜、日本也有分布。

形态特征 多年生草本。株高20～60cm，有匍匐的根状茎，茎直立，有纵沟棱，通常无毛；叶互生，椭圆或椭圆状披针形，全缘或齿裂，齿端有硬刺，无柄；头状花序单个或2～3个生于茎顶，成伞房状，总苞片披针形，顶端长尖，有刺；雌雄异株，管状花，紫红色；瘦果椭圆或长卵形，冠毛羽状。花期6～8月，果期8～9月。

野外识别要点 ①叶缘边有硬刺。②头状花序紫红色，苞片顶端有刺。

别名：小蓟、刺刺芽	科属：菊科蓟属
用途：①药用价值：带花全草或根茎可入药，具有凉血止血、解毒消肿的功效，可治疗吐血、尿血、便血、创伤出血等症。②食用价值：嫩苗含胡萝卜素、维生素B_2、维生素C，可当野菜炒食或做汤。	

翠菊

> 花语：坚定的爱情，请相信我！

Callistephus chinensis (L.) Nees

翠菊原产我国，栽培历史悠久，到明清时代已培育出不少优良品种。1728年，翠菊传入法国，接着又被英国引种栽培，之后便相继走入世界各国。现在，翠菊经过杂交选育，花色更为丰富，新品种不断上市，已成为重要的观赏花卉。

生境分布 生长于海拔1000～2000m的山地、草坡、水边、林阴处或公路边。分布于我国吉林、辽宁、河北、山西、山东及四川等地。

形态特征 一年生或二年生草本。株高可达1m，茎直立，多分枝，被白色糙毛；叶互生，卵形、椭圆形或匙形，边缘具粗钝锯齿，叶面疏生短柔毛，上部叶近无柄；头状花序通常单生于茎顶，总苞具多层苞片，外层苞片倒状披针形、绿色叶状，中层苞片较短、淡红色，内层苞片更短；边缘舌状花一至数层，有紫色、蓝色、红色或白色；中央管状花，花冠5裂；瘦果呈楔形，浅褐色，冠毛2层，密生短毛。花期7～9月，果期9～10月。

野外识别要点 一般情况下，人们习惯将中心为管状花、外部为舌状花的花卉称为野菊花。但在野生的菊科花卉中，翠菊的头状花序较大，且色彩美丽、多样，外层总苞片绿色叶状。

株高可达1m，被白色糙毛

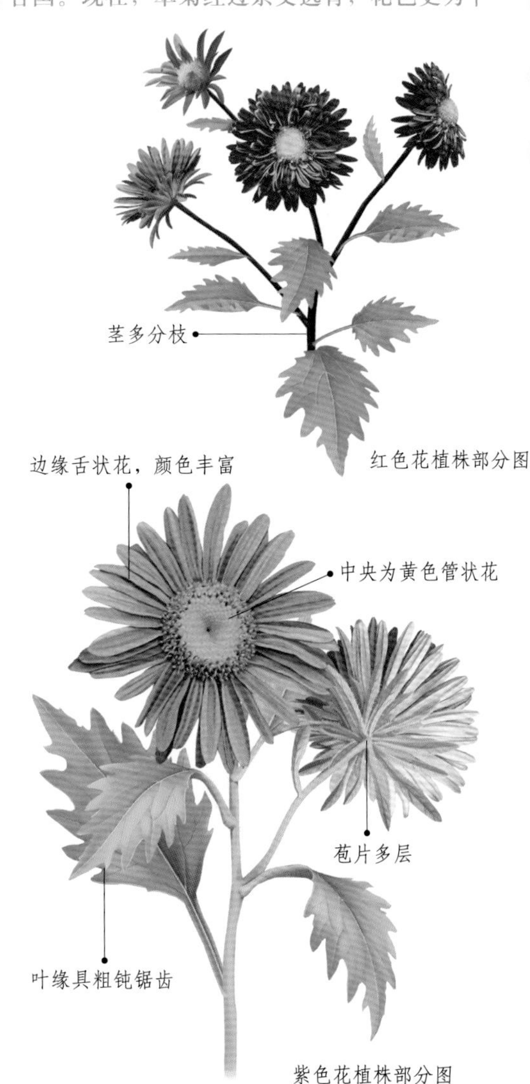

别名：八月菊、蓝菊、江西腊	科属：菊科翠菊属
用途：①景观用途：翠菊的矮生品种适宜盆栽和点缀花坛、花境，高秆品种常用于切花。②药用价值：夏、秋季盛花时采摘优良花朵，阴干备用，具有清热、解毒、消肿的功效，可治疗目赤肿痛、流感、头痛、麻疹等症。	

大丁草

Gerbera anandria (L.) Sch.-Bip.

春型植株如果传粉不好，结果实极少，甚至不结；但球型植株的花为两性闭锁花，可自花传粉，结果实较多。

生境分布 生长在海拔650～2580m的山坡、山谷、荒地、沟边等阴湿处。广泛分布于我国南北方各地，俄罗斯、日本、朝鲜也有分布。

形态特征 多年生草本。植株分为春秋二型：春型植株较矮小，高不过15cm，根状茎短，簇生，粗而略带肉质；叶基生，呈莲座状，叶片通常为倒披针形或倒卵状长圆形，提琴状羽裂，顶裂片大，宽卵形，边缘具不规则圆齿，叶面被蛛丝状毛或脱落近无毛，叶背有白色绢毛；叶柄长2～4cm或有时更长，被白色绵毛；花葶单生或数个丛生，直立、纤细，棒状，被蛛丝状毛，头状花序单生花葶，总苞片约3层，外层线形，内层线状披针形，顶端均钝且带紫红色；中央管状花，外围的舌状花紫红色。花期4～8月。秋型植株高可达30cm，基生叶倒披针形，长可达16cm，裂片与春型相似，裂片背面有蛛丝状毛；头状花序较大，通常仅有管状花，为闭锁花结果实，冠毛淡棕色。花期7～8月。

野外识别要点 ①叶基生呈莲座状，但不具乳汁，叶脊有白色绢毛。②头状花序单生花葶，舌状花紫红色。

别名：无	科属：菊科大丁草属
用途：全草可入药，夏、秋季采收，洗净，鲜用或晒干，具有清热利湿、解毒消肿的功效，可治疗咳嗽、泻痢、热淋、风湿关节痛、蛇咬伤、烧烫伤等症。	

大吴风草

Farfugium japonicum (L. f.) Kitam.

生境分布 生长在林边阴湿地或溪边。分布于中国东部一些省份，国外主要分布于日本和朝鲜。

形态特征 多年生草本。株高可达1.2m，根茎粗壮；基生叶呈莲座状，叶片肾形，近革质，先端圆形，基部扩大抱茎，全缘或有小齿至掌状浅裂，两面幼时被灰色柔毛，后脱毛，叶面绿色，叶背淡绿色；叶柄长15～25cm，幼时被毛，后多脱落；茎生叶1～3个，长圆形或线状披针形；头状花序2～7个排列成伞房状花序，花葶高达70cm，幼时密生淡黄色柔毛，后渐脱落；总苞钟形，苞片2层，苞片长圆形，背部被毛，内层边缘褐色宽膜质；舌状花8～12朵，舌片长圆形或匙状长圆形，黄色；管状花多数，冠毛白色，与花冠近等长；瘦果圆柱形，有纵肋，被成行的短毛。花期8～12月。

野外识别要点 ①基生叶呈莲座状，叶片肾形。②头状花序具黄色的舌状花和管状花。

叶片肾形，基部扩大

株高可达1.2m

别名：八角乌、活血莲、独角莲、一叶莲、大马蹄香、铁冬苋	科属：菊科大吴风草属
用途：大吴风草极具观赏性，既可盆栽摆设室内，也可大面积露地种植；药用价值也很高。	

东风菜

Doellingeria scabra (Thunb.) Nees

生境分布 生长于山地、林缘、水边、田间、路旁等地。我国几乎各省区都有分布，国外主要分布于朝鲜、日本、俄罗斯等地。

形态特征 多年生草本。株高80～150cm，根粗短，横卧，棕褐色，须根多数；茎圆柱形，直立而粗壮，上部多分枝，全株从下到上毛渐密；叶互生，基生叶和茎下部叶心脏形，长达14cm，两面密生粗毛，边缘有齿，叶柄较长，具翅；茎中部叶较小，常为卵状三角形，叶柄短，带翅；头状花序生于茎顶，数个组成伞房状，总苞半圆形，中央管状花黄色，5齿裂，裂片反卷；边缘舌状花9～10朵，白色；瘦果长椭圆形，冠毛白色。花期6～9月，果期8～10月。

野外识别要点 东风菜和短冠东风菜、紫色东风菜很相似，在野外识别时注意：①短冠东风菜：叶心形，叶柄长达17cm，中部叶柄不具翅；总苞片3层近等长，内层总苞片边缘呈膜质；瘦果冠毛褐色。②紫色东风菜：叶面绿色，叶背紫色；嫩叶两面几乎都是紫色；根茎多为浅紫色。

★**注意：**凉拌东风菜忌多食，以免引起腹泻。

别名：钻山狗、白云草、疙瘩药、草三七	科属：菊科东风菜属
用途：东风菜富含胡萝卜素和维生素C，全草和根可入药，具有清热解毒、活血消肿、祛风止痛的功能，可治疗风湿性关节炎、跌打损伤、毒蛇咬伤、感冒头痛等病；嫩叶可食用。	

飞廉

Carduus crispus L

飞廉是一种田间杂草，也是一种优良的蜜源植物。每年5月过后，在山沟、溪旁等湿处，一朵朵紫色的花儿绽放，全身布满硬刺，似乎在说“别靠近我”，那准是飞廉。

生境分布 生长在海拔400～3600m的山坡、草地、田间、荒地、溪旁和林下。分布于我国各地。

形态特征 二年生或多年生草本。株高可达1.5m，茎直立，有纵行的翅，翅上有硬刺；茎下部叶长椭圆形或倒披针形，长可达18cm，宽达7cm，羽状深裂或半裂，裂片半椭圆形、半长椭圆形、三角形或卵状三角形，边缘有大小不等的近三角形刺齿，齿顶及齿缘具浅褐色或淡黄色的针刺，齿顶针刺较长，长达1cm，齿缘针刺较短；茎中部叶较小，与下部叶同形；茎上部叶更小，线状倒披针形或宽线形；全部叶片异色，叶面绿色，疏生多细胞长节毛，中脉处较多，叶背灰绿色或浅灰白色，被蛛丝状薄绵毛，基部渐狭，沿茎下延成茎翼，茎翼边缘齿裂，齿顶及齿缘有黄白色或浅褐色的针刺；头状花序常2～3个生于枝顶，花序梗极短，总苞卵圆形，苞片多层，覆瓦状排列，无针刺；管状花紫红色，偶有白色，檐部5深裂，裂片线形；瘦果椭圆形，稍压扁，有明显的横皱纹，冠毛多层，白色或污白色。花果期5～8月。

野外识别要点 容易识别：①株形直立，满身硬刺，茎上有翅。②头状花序全为管状花，无舌状花，紫红色。

别名： 丝毛飞廉	**科属：** 菊科飞廉属
用途： 全草可入药，具有解毒消肿、止血的功效。	

风毛菊

Saussurea japonica (Thunb.) DC.

生境分布 是繁殖力极强的杂草之一，生长地较为普遍。分布于我国西北、东北、华北、华东至华南等地。

形态特征 二年生草本。株高30～150cm，根倒圆锥状或纺锤形，黑褐色，生多数须根；茎直立，具纵棱，疏被细毛和腺毛；基生叶和茎下部叶长椭圆形，长达30cm，宽达5cm，通常羽状深裂，顶生裂片长椭圆状披针形，侧裂片7～8对，狭长椭圆形，两面被细毛和腺毛，有腺点，叶柄较长；茎上部叶渐小，椭圆形或线状披针形，羽状分裂或全缘，基部有时下延成翅状；头状花序在茎顶密集成伞房状，总苞筒状，苞片多层，外层短小，中层和内层线形，顶端具膜质圆形的附片，背面和顶端通常紫红色；头状花序全为管状花，紫红色，顶端5裂；瘦果长椭圆形，冠毛2层。花期8～9月。

野外识别要点 风毛菊株形介于祁州漏芦和蓟之间，茎上常具纵棱或翅；头状花序于茎顶排列成伞房状，总苞片多层。

花序枝图

别名：八棱麻、八楞麻、三棱草、日本风毛菊	科属：菊科风毛菊属
用途：全草可入药，具有祛风活络、散瘀止痛的功效，可治疗风湿关节痛、腰腿痛、跌打损伤等症。	

甘菊 >花语：贞洁、清纯

Chrysanthemum lavandulifolium (Fisch. ex Trautv.) Makino

花

甘菊味道温和，清爽宜人，古埃及人常用甘菊退烧。甘菊花还很像菊花，灿烂而小巧，十分喜人，代表品种为德国甘菊和罗马甘菊。

生境分布 常生长于山区、平原、沟地或山坡上。分布于我国大部分地区。

形态特征 多年生草本。株高可达1.5m，地下茎匍匐，地上茎直立，中部以上多分枝，茎枝疏生柔毛；基生叶和茎下部叶花期枯萎；茎中部叶卵形、宽卵形或椭圆状卵形，2回羽状分裂：第1回全裂或近全裂，侧裂片2～3对，第2回半裂或浅裂；头状花序常在枝顶聚合呈复伞房花序，总苞5层，碟形，外层苞片线形，内层苞片卵形至倒披针形，全部苞片顶端圆形，边缘白色或浅褐色膜质；舌状花黄色，舌片椭圆形；瘦果小。花果期9～10月。

野外识别要点 甘菊头状花序稍小，直径1～1.5cm，舌状花黄色，易与菊属其他种类区分。

全株图

别名：野菊花	科属：菊科菊属
用途：全草可入药，具有清热解毒、降压的功效；花朵泡茶饮用，可促进睡眠、润泽肌肤。	

狗舌草 >花语：繁殖

Tephroseris kirilowii (Turcz. ex DC.) Holub

由于繁殖力极强，种子一经风吹，就会在任何达到的地方落地生根，因此狗舌草的英文名字叫“地表上的覆盖之物”。

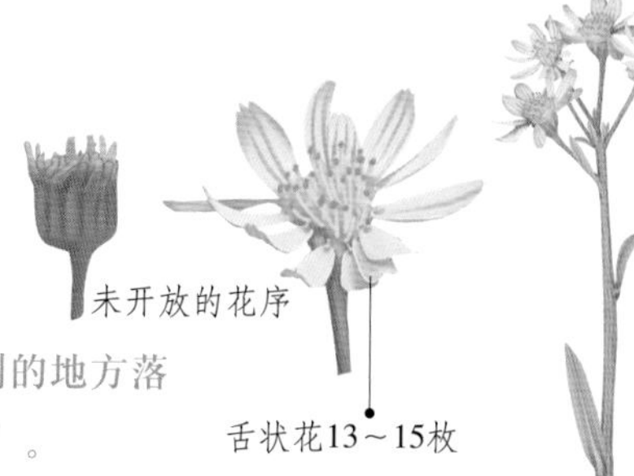

·生境分布 常生长在海拔2000m以下的草地、山坡或路边。分布于我国北方和东部地区。

·形态特征 多年生草本。植株低矮，灰白色；基生叶卵状长圆形，顶端钝，基部楔状渐狭成柄，两面被白色蛛丝状毛；茎上部叶小，披针形，无柄；头状花序多个排列成伞房状，花序梗被密蛛丝状绒毛和黄褐色腺毛，总苞钟形，苞片披针形，绿色或紫色；舌片长圆形，顶端具3细齿，黄色；管状花黄色；瘦果圆柱形，被密硬毛，冠毛白色。花期5～6月。

·野外识别要点 全株被蛛丝状毛，基生叶开花时宿存；头状花序排列成伞房状，总苞基部无外层的小苞片。

别名：白火丹草、铜交杯、糯米青	**科属：**菊科狗舌草属
用途：全草可入药，具有清热、利水、杀虫的功效，可治疗肺肾炎水肿、疖肿、疥疮、尿路感染等症。	

狗哇花

Heteropappus hispidus (Thunb.) Less.

·生境分布 生长在山坡、山沟或荒地。主要分布于我国西北、东北、华北、江南等地。

·形态特征 二年生草本。植株低矮，茎近圆柱形，有粗毛；茎生叶互生，基部叶狭长圆形或倒披针形，上部叶狭条形，两面通常疏生硬糙毛，全缘，无柄；头状花序在茎上部排成伞房状，总苞绿色，草质，狭条形，有粗毛；舌状花白色或淡紫色，冠毛极短，白色，呈膜片状或糙毛状；管状花5裂，冠毛糙毛状，白色或变红色，与花冠等长；瘦果有密毛。花期6～8月，果期7～9月。

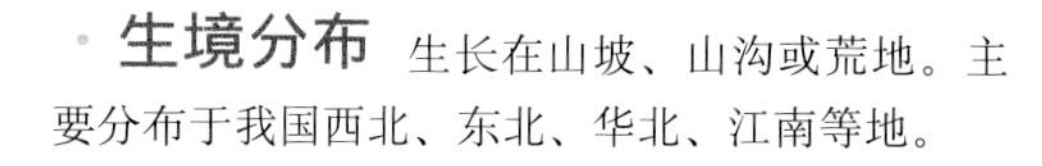

·野外识别要点 狗哇花和东风菜很相似，野外识别时注意：①狗哇花叶较狭窄，东风菜叶较宽大，茎生叶叶柄翼状。②狗哇花的头状花序稍大些，舌状花近白色或淡紫色，东风菜的头状花序和舌状花稍小些，舌状花白色。

别名：斩龙戟、狗娃花	**科属：**菊科狗哇花属
用途：春、夏、秋三季采挖狗哇花的根，洗净晒干入药，有解毒消肿的功效；外用捣烂敷患处。	

高山蓍

Achillea alpine L.

相传2000多年前，木匠祖师爷鲁班奉命建造一所宫殿。当他带徒弟们上山砍木头时，无意中被身旁的草划破了手。他抓起那草仔细一看——叶子狭长形，边缘有密密的细牙齿。鲁班是个聪明人，看到徒弟们用斧子砍树很费劲，立刻回去找了许多铁片，仿照草叶在边缘打了许多尖齿，拿去锯树，果然又快又好！鲁班就这样发明了锯子，因此这种植物也被称为锯草。其实，高山蓍的叶并不能划破手，而真正能划破手的叶子是禾本科的芒。

· 生境分布 生长在山坡、草地、灌丛间、林缘等处。分布于我国东北、华北、西北等地，国外主要分布于朝鲜、日本、蒙古、俄罗斯东西伯利亚及远东地区。

· 形态特征 多年生草本。株高30～80cm，根状茎短，茎直立，有白色长柔毛，仅上部分枝；叶互生，无柄；茎下部叶花期枯萎；茎中部叶条状披针形，篦齿状羽状浅裂至深裂，叶轴宽3～8mm，裂片条形或条状披针形，尖锐，边缘有不等大的锯齿或浅裂，齿端和裂片顶端有软骨质尖头，基部裂片抱茎，叶面疏生长柔毛，叶背毛较密，有腺点或几无腺点；茎上部叶渐小；头状花序密集成伞房状，总苞近球形，苞片3层，覆瓦状排列，宽披针形至长椭圆形，草质，边缘膜质，褐色；边缘舌状花6～8朵，舌片宽椭圆形，顶端3浅齿，白色；管状花白色，冠檐5裂；瘦果宽倒披针形，稍扁，有淡色边肋，无冠毛。花果期7～9月。

· 野外识别要点 ①叶狭长，边缘呈篦齿状羽状浅裂至深裂，叶轴较宽。②头状花序密集，舌状花和管状花均为白色。

头状花序密集成伞房状
叶腋长有小叶
齿端和裂片顶端有尖头
裂片边缘有锯齿或浅裂
叶轴宽3～8mm
叶篦齿状羽状浅裂至深裂
茎直立，有白色长柔毛

别名：羽衣草、锯草、蓍草	**科属**：菊科蓍属
用途：全草可入药，具有清热解毒、祛风止痛的功效，可治疗风湿痛、胃痛、牙痛、跌打损伤等症。此外，茎叶含芳香油，可提炼作调香原料。	

和尚菜

Adenocaulon himalaicum Edgew.

棍棒状果实

生境分布 生长于河岸、湖旁、峡谷或林下、山沟的阴湿处。分布于全国各地，国外主要分布于日本、朝鲜、印度、俄罗斯远东地区。

形态特征 多年生草本。株高30～100cm，茎直立，中部以上分枝；基生叶和茎下部叶花期凋落，肾形或近圆形，边缘有波状齿，齿端有突尖，叶背灰白色，密生蛛丝状毛，叶柄长，具翼，翼全缘或有不规则的钝齿；茎中部叶三角状圆形或菱状倒卵形，向上渐小，最上部叶长约1cm，披针形或线状披针形，无柄，全缘；头状花序数个排列呈圆锥状，花序梗短，被白色绒毛，花后花序梗伸长，密被稠密头状具柄腺毛；总苞半球形，苞片宽卵形，全缘，果期向外反曲；雌花白色、檐部比管部长，两性花淡白色，檐部短于管部2倍；瘦果棍棒状，被多数头状具柄的腺毛。花果期6～11月。

部分植株图

野外识别要点 ①生长地常较为阴湿。②叶柄有翼，叶背密生白色蛛丝状毛。③花白色，小，花序梗有具柄腺体。

别名：土冬花、水葫芦、水马蹄草、腺梗菜	科属：菊科和尚菜属
用途：根状茎可入药，具有止咳平喘、活血散瘀、利水消肿的功效；另外，嫩叶可采食。	

华北蓝盆花

Scabiosa tschiliensis Grün.

华北蓝盆花花形独特，花色高雅，给人一种温馨平和之感，适合引种观赏。在海拔较低处，华北蓝盆花常开紫蓝色花，在海拔较高处，花色发红。

生境分布 生长于海拔1000～2300m的山坡草地、草甸等处。分布于我国西北、东北和华北等地。

形态特征 多年生草本。株高30～80cm，茎直立，自基部分枝，具白色卷伏毛；基生叶簇生，叶片卵状披针形至椭圆形，边缘有疏锯齿、浅裂或深裂，叶柄较长；茎生叶对生，羽状深裂，裂片较窄；茎上部叶羽状全裂，裂片更窄，叶柄短或无；头状花序生于枝顶或上部叶腋，总苞片窄披针形；花密集，蓝紫色，边缘花较大，2唇形，花萼5裂，刺毛状；中央花筒状，先端5裂；雄蕊4；子房下位，1室1胚珠；瘦果包在小总苞内，顶端有宿存的萼刺。花期7～9月。

花

野外识别要点 头状花序较为特别，花密集，蓝紫色，边缘花大外伸，2唇形，上唇2裂，下唇3裂；中央花筒状，花丝从花冠中伸出，雄蕊4，分离。

别名：山萝卜	科属：川续断科蓝盆花属
用途：华北蓝盆花形态奇特，花大色美，是一种十分喜人的野花，很适合栽培观赏。	

红凤菜

Gynura bicolor (Roxb. et Willd.)DC.

红凤菜是中国传统的山野菜，含有丰富的营养物质，是得天独厚的绿色食品和营养保健品。另外，红凤菜在生长过程中，几乎不需要喷洒农药，因此是纯天然的绿色蔬菜。

· 生境分布 生长在海拔600～1500m的山坡、林下、岩石或河边湿处。分布于我国云南、贵州、四川、广西、广东、台湾等地，印度、尼泊尔、不丹、缅甸、日本也有分布。

· 形态特征 多年生草本。株高可达1m，茎直立，基部稍木质，上部有伞房状分枝，全株光滑无毛，干时有条棱；叶通常倒卵形或倒披针形，顶端渐尖，基部楔状渐狭或下延成柄，边缘具齿或近基部羽状浅裂，叶面绿色，叶背紫色；茎上部叶和分枝叶较小，披针形至线状披针形，具短柄或近无柄；头状花序小，多数在枝端排列成疏伞房状，花序梗细而短，总苞狭钟状，苞片1层，约13个，线状披针形或线形，边缘干膜质，背面具3条明显的肋，基部有7～9个线形小苞片；花冠伸出总苞，花橙黄色至红色；瘦果圆柱形，成熟时淡褐色，具10～15肋，冠毛白色，易脱落。花果期5～10月。

· 野外识别要点 ①茎和茎下部叶的叶柄常呈紫红色。②叶面绿色，叶背紫红色。

花冠伸出总苞

总苞狭钟状

叶面绿色

叶缘有齿或近基部羽状浅裂

叶背紫红色

基部略微木质化

地下根茎粗壮，横走

别名： 红菜、水三七、补血菜、木耳菜、血皮菜、紫背天葵	**科属：** 菊科红凤菜属
用途： ①食用价值：全草全年可采，鲜用或晒干食用。②药用价值：全草可入药，具有清热凉血、解毒消肿的功效，可治疗咳血、崩漏、痛经、痢疾、跌打损伤等病症；根茎可止渴、解暑；叶可健胃镇咳。	

还阳参

Crepis crocea(Lamk.)Babc.

花

生境分布 生长于海拔1500～3000m的山坡、林缘、溪边及荒地。分布于我国东北、华北地区，陕西、西藏等省区。

形态特征 多年生草本。植株高不过70cm，有白色乳汁，地下根圆形，木质化，茎直立，近基部圆柱状，中上部分枝；茎下部叶极小，鳞片状或线钻形；茎中部叶线形，长可达8cm，宽仅5mm，硬革质，顶端急尖，基部无柄，光滑，全缘，反卷；头状花序直立，常数朵在茎枝顶端排成伞房状花序，总苞圆柱状至钟状，总苞片4层，外两层短，线形或披针形，内两层稍长，披针形或椭圆状披针形，全部苞片顶端急尖，边缘白色膜质，内面无毛，外面有时被白色蛛丝状毛；舌状小花黄色，花冠管外面无毛；瘦果纺锤形，成熟时黑褐色，有纵肋，肋上被稀疏的小刺毛，冠毛白色。花果期4～7月。

伞房状花序

野外识别要点 本种与蒲公英相似，但植株灰绿色，具茎生叶，茎上部有时分枝。

植株内含白色乳汁

别名：天竺参、竹叶青、万丈深、铁刷把、独花蒲公英	科属：菊科还阳参属
用途：根可入药，具有补肾阳、益气血、健脾胃的功效。	

黄鹌菜 ＞花语：喜乐

Youngia japonica (L.) DC.

生境分布 多生长在山谷、田野、草丛、水沟旁等阴凉潮湿处。广泛分布于我国各地。

形态特征 一年生或二年生草本。株高10～80cm，根圆柱形，须根肥嫩，茎直立，折断后有白色乳汁；叶基生，倒披针形，大提琴状羽裂，裂片从顶部向下渐小，边缘有细齿，有时被细毛，叶柄短，具翅或有不明显的翅；茎生叶互生，少数，通常1～2片退化的羽状分裂叶片；头状花序排列成聚伞状圆锥花丛，花序梗长，总苞钟形，外层苞片较小，内层苞片稍大，舌状花黄色，花冠先端具5齿，具细短软毛；瘦果纺锤形，红棕色或褐色，稍扁平，具粗细不匀的纵棱1～13条，顶端有白色冠毛。花果期4～11月。

野外识别要点 黄鹌菜和蒲公英很像，尤其是基生叶，常常令人无法分别：①黄鹌菜的裂片边缘具不规则细齿，蒲公英的裂片呈三角形，全缘或有数齿。②黄鹌菜有茎生叶，头状花序多数，而蒲公英花葶无叶，具单独的头状花序。③黄鹌菜果实纺锤形，顶端无明显的喙；蒲公英果实披针形，顶端具长喙。

别名：毛连连、黄瓜菜、野芥菜、黄花枝香草、野青菜	科属：菊科黄鹌菜属
用途：①食用价值：春季采摘嫩苗和嫩叶，热水焯熟，换水洗净，凉拌食用。②药用价值：全草和根可入药，具有清热解毒、利尿、消肿止痛的功效，可治疗感冒、咽痛、乳痛、牙痛、痢疾、急性肾炎、淋浊、血尿等症。	

碱菀

Tripolium vulgare Ness.

·生境分布 生长在湖滨、沼泽、盐碱地、湿地和草。分布于东北、华北、西北及华东等省区。

·形态特征 一年生或二年生草本。株高30～60cm，茎直立，单一或自基部分枝，平滑而有棱，基部略带红色；基生叶花期枯萎，茎生叶互生，条状或矩圆状披针形，稍肉质，光滑无毛，顶端尖，基部渐狭，全缘或有具小尖头的疏锯齿；茎上部叶渐小，苞叶状，无柄；头状花序排成伞房状，花序梗长，总苞近管状，花后钟状，苞片2～3层，绿色，边缘常红色，干后膜质，无毛；舌状花1层，舌片长10～12mm，宽约2mm，紫堇色；管状花长8～9mm，顶部5裂，黄色；瘦果长圆形，稍扁，有边肋，两面各有1脉，冠毛多层。花果期8～12月。

·野外识别要点 ①叶稍肉质，全缘。②总苞片多层，舌状花紫堇色，管状花黄色。

别名：六月菊、铁秆蒿、灯笼草	**科属：**菊科碱菀属
用途：①食用价值：嫩叶营养丰富，春季采摘后，洗净焯熟，凉拌、炒食或做汤皆可。②药用价值：全草可入药，具有清热凉血、消肿、降压的功效。	

苣荬菜

Sonchus brachyotus DC.

花

每到初春，远远望去，田野上、农田边、小溪边有一群群黄色的“小人”，在清风的吹拂下，摇头摆尾，那情景令人觉得可爱极了！

·生境分布 多生长在田边、荒地、沟边草地上，耐旱、耐寒、耐贫瘠、耐盐碱。广泛分布于我国北方。

·形态特征 多年生草本，株高20～70cm，含乳汁；地下根状茎匍匐，白色；地上茎直立，少分枝；单叶互生，基生叶广披针形或长椭圆形，深绿色，边缘有锯齿，茎生叶无柄，呈耳状抱茎，无毛；头状花序在茎顶排成伞房状，舌状花80多朵，黄色；瘦果长圆形，冠毛白色。花期6～9月，果期7～10月。

·野外识别要点 全株具白色乳汁；叶边缘有锯齿或缺刻；头状花序黄色，舌状花80余朵，瘦果具白色冠毛。

别名：荬菜、野苦菜、野苦荬、苦葛麻、苦荬菜、取麻菜、苣菜、曲麻菜	**科属：**菊科苦苣菜属
用途：苣荬菜性寒味苦，具有消热解毒、凉血利湿、消肿排脓、祛瘀止痛、补虚止咳的功效。生食可更有效地发挥其保健功能。苣荬菜营养丰富，嫩时可采摘食用。	

绢茸火绒草

Leontopodium smithianum Hand.-Mazz.

绢茸火绒草是山地一种很有特色的野花，白色茸毛和头状花序非常特别。

植株部分图

生境分布 生长在海拔1500～2400m的低山和亚高山草地或干燥草地。主要分布于甘肃、陕西、山西、河北和内蒙古。

形态特征 多年生草本。植株低矮，全株被灰白色毛；叶条状披针形，叶面被灰白色柔毛或黏结的绢状毛；苞叶3～10片，矩椭圆形或条状披针形，边缘反卷，两面被厚茸毛，排列成稀疏的不整齐的苞叶群，或因总花梗而分成几个苞叶群；头状花序大，常3～25个密生成伞房状，总苞被白色密绵毛；花常单性或雌雄异株，冠毛白色；瘦果有乳头状短粗毛。花期7～8月。

野外识别要点 野外采摘注意：①全株有白色毛。②叶狭窄，两面密生白色毛。③顶生花序苞叶3～10个，组成稀疏的苞叶群。

别名：无	科属：菊科火绒草属
用途：绢茸火绒草株形小巧优雅，可引种于庭院观赏。	

苦菜

花序正面和侧面图

Ixeridium chinense (Thunb.) Tzvel.

在我国北方农村，苦菜生长极为普遍，几乎无人不识。黄色的花序温馨而可爱，女孩子们常常采来插在发辫上，或插于瓶中观赏。

生境分布 生长在山坡、路旁、田野、河边、灌丛。我国大部分省区都有分布。

形态特征 多年生草本。植株低矮，高不过30cm，根状茎极短，茎直立或斜生，少数成簇生长，上部伞房状分枝，全株无毛；叶基生，呈莲座状，倒披针形、线形或舌形，顶端钝、急尖或向上渐窄，基部渐狭成有翼的短或长柄，全缘或羽状裂；头状花序常在茎枝顶端聚生成伞房花序，舌状花21～25枚，总苞圆柱状，苞片3～4层，外层苞片宽卵形，内层苞片狭长形；舌状花先端5齿裂，黄色或白色，花药绿褐色；瘦果成熟时褐色，长椭圆形，有细棱和小刺状突起，冠毛白色。花果期1～10月。

野外识别要点 植株低矮，有白色乳汁，基生叶呈莲座状，花鲜黄色，叶形不一。

舌状花黄色或白色

株高不超过30cm

基生叶全缘或羽状裂

别名：中华小苦荬、山苦荬菜、兔儿菜、小金英、鹅仔菜、白花败酱、苦猪菜、苦斋	科属：菊科小苦荬属
用途：①食用价值：嫩根和嫩叶可食用，味道微苦，可凉拌、蘸酱生吃，也可作馅。②药用价值：全草可入药，具有清热解毒、活血排脓的功效，可治疗阑尾炎、肠炎、痢疾、疮疖、痈肿等症。	

魁蓟

Cirsium leo Nakai

生境分布 生长在海拔1800m的山坡、草地、林缘和山沟。分布于我国河北、河南、甘肃、山西等省区。

形态特征 多年生草本。株高40～100cm，地下根粗壮，地上茎直立，上部伞房状分枝，有纵条棱，密生刺毛；基生叶和茎下部叶长椭圆形或倒披针状长椭圆形，长可达25cm，羽状深裂，顶部裂片较大，侧裂片8～12对，全部裂片边缘具三角形刺齿，齿顶长针刺，齿缘短针刺；茎生叶向上渐小，与下部叶同形；头状花序单生枝端，直立，总苞宽钟状，有蛛丝状毛，苞片线状披针形，边缘有小刺，顶端成长尖刺；花冠紫色，管状花的下部狭管部与具裂片的檐部近等长；瘦果长椭圆形，稍扁，冠毛污白色。花期7～9月，果期7～9月。

苞片线状披针形

叶羽状深裂

茎密生硬刺毛

野外识别要点 头状花序单生枝端，直立，全为管状花，花紫红色，花管部与檐部近等长。

别名：大蓟	科属：菊科蓟属
用途：未详	

蓝刺头

Echinops latifolius Tausch.

球形花序

蓝刺头绽放时，一个个蓝色花球十分迷人，此时人们常常会将它们采摘观赏。不过，有些种类含生物碱类物质，家畜误食会中毒。

生境分布 生长于海拔120～2200m的山坡、林缘或溪旁。分布于我国东北、华北、西北等地。

形态特征 多年生草本。株高30～100cm，茎直立，少分枝，有绵毛；基生叶与茎下部叶互生，叶柄长，柄基扩大贴茎或半抱茎；叶大型，2回羽状分裂：第1回深裂或近全裂，裂片4～8对，披针形或宽卵形，第2回深裂或浅裂，裂片斜三角形或披针形；所有裂片顶部和边缘有硬刺状的长尖头，叶面绿色，叶背灰白色，密生白色绵毛；小头状花序聚生为复头状花序，生于枝顶，呈圆球形，总苞外层刺毛状，内层匙形，管状花蓝紫色，花冠5裂，裂片线形，有多数腺点；瘦果圆柱形，密生黄褐色柔毛，冠毛短。花期7～9月。

野外识别要点 叶片有刺；复头状花序刚开一半时为蓝紫色，完全开放后颜色逐渐变为紫黑色；每个头状花序含1朵管状花。

别名：驴欺口、禹州漏芦	科属：菊科蓝刺头属
用途：①观赏价值：蓝刺头花形独特，花色艳丽，令人过目难忘，可作为观赏植物广泛栽培。②药用价值：根可入药，具有清热解毒、消肿排脓的功效，可治疗乳腺炎、腮肿、风湿性关节炎、痔疮等症。	

鳢肠

有一种鱼叫鳢鱼，全身乌黑，肠子细且色黑，与鳢肠的茎被揉搓后很像，故得此名。

· 生境分布 常生长于湿地、河边、田边或路旁。广泛分布于我国各地，国外遍及热带及亚热带地区。

· 形态特征 一年生草本。株高40～60cm，茎通常自基部分枝，斜升或平卧，茎内有黑色汁液，被贴生糙毛；叶对生，长圆状披针形或披针形，边缘波状或有细锯齿，两面被密硬糙毛；头状花序单生，总苞钟形，绿色，草质，花托凸起；外围舌状花雌性，白色；中央管状花两性，白色，顶端4齿裂；雌花的瘦果三棱形，两性花的瘦果扁四棱形，基部稍缩小，顶端截形，具1～3个细齿，边缘有白色的肋，表面有小瘤状突起，无冠毛。花期6～9月。

· 野外识别要点 “墨旱莲”这个名字最早记载于《唐本草》，因为生于旱田，果实如莲房，最重要的是揉搓茎叶会流出像墨一样的黑色汁液，这也是野外识别的重点。

茎内有黑色汁液

须根密集

别名： 旱莲草、墨草、墨菜、墨旱莲、金陵草、墨水草、莲子草	**科属：** 菊科鳢肠属
用途： 全草可入药，有凉血、止血、消肿、强壮的功效，还可乌发固齿。	

林荫千里光

Senecio nemorensis L.

林荫千里光是著名的药材，全草含大叶千里光碱、瓶千里光碱等多种化学成分，民间常用于治疗疮、疖、痈等外伤。

· 生境分布 生长于草地、林缘、溪边、山地等。我国各地均有分布，国外主要分布于日本、朝鲜、俄罗斯、蒙古等地。

· 形态特征 多年生草本。株高可达1m，茎单一或丛生；基生叶和茎下部叶在花期凋落，茎中部叶多数，披针形或长圆状披针形，长10～18cm，纸质，羽状脉，侧脉7～9对，边缘具细齿，近无柄，半抱茎；上部叶渐小，线状披针形至线形，无柄；头状花序多数排成宽伞房状，花序梗短而细，总苞近圆柱形，苞片长圆形，被褐色短柔毛，边缘宽干膜质；舌状花8～10朵，黄色，管状花黄色；瘦果圆柱形，冠毛白色。花果期7～8月。

· 野外识别要点 千里光属的植物其花序具一轮总苞，林荫千里光叶边缘具细齿，舌状花稀疏，通常4～6个，亮黄色。

中脉明显

中央管状花

边缘舌状花

叶缘有细齿

别名： 大风艾、红柴胡、黄苑、森林千里光、桃叶菊	**科属：** 菊科千里光属
用途： 全草可入药，具有清热解毒的功效，可治疗热痢、眼肿、痈疖等症。	

零零香青

Anaphalis hancockii Maxim.

零零香青是著名的香料植物之一，也是一种天然的干花材料，不仅株形秀气，而且苞片膜质，不易脱落，很适合栽培观赏。

生境分布 生长在海拔1800m以上的山坡、草地。分布于我国西北地区，山东、四川、西藏等地也有。

植株下部叶

形态特征 多年生草本。植株低矮，全株有蛛丝状毛和腺毛，根茎细长，有膜质鳞片状叶和顶生的莲座状叶丛；茎直立，叶稀疏；茎下部叶匙状或线状长圆形，基部下延成具翅的柄；茎中上部叶线形或线状披针形，常贴附于茎上，顶端有膜质长尖头，离基3出脉；头状花序9～15个在茎端密集成复伞房状，花序梗极短，总苞宽钟状，外层苞片红褐色或黑褐色，内层苞片上部白色、膜质；头状花序有多层雌花，全为管状花，紫色，中央有少数雄花；瘦果长圆形，被密乳头状突起。花期6～8月，果期8～9月。

野外识别要点 零零香青比较容易识别：植株具香气；叶密生蛛丝状毛和腺毛；最内层苞片上部为白色、膜质；花全为管状花，紫色。

密集花序

上部叶贴于茎上

别名：铃铃香、铜钱花	科属：菊科香青属
用途：①保健价值：花序可提炼芳香油。②药用价值：全草可入药，具有清热解毒、杀虫的功效。	

六棱菊

Laggera alata (D. Don) Sch-Bip. ex Hochst.

株高可达1m，有特殊气味

生境分布 主要生长在旷野、路旁及坡地。分布于我国西南、华东、华南等地，非洲东部、亚洲南部也有分布。

形态特征 多年生草本。株高可达1m，茎有纵棱，棱上有绿色翅状附属物，全株密生淡黄色柔毛及腺点，有特殊气味；茎中下部叶长圆形或匙状长圆形，基部渐狭或下延成茎翅，边缘有细齿，两面密生腺毛，中脉凸起，无柄；茎上部叶和枝生叶较小，狭长圆形或线形，边缘疏生细齿；头状花序多数在茎顶排成圆锥状花序，花序梗短，密被腺状短柔毛；总苞近钟形，苞片约6层，外层绿色或上部绿色，内层顶端通常紫红色，苞片背面疏被腺点和短柔毛；花淡紫色，雌花多数，花冠丝状；两性花多数，花冠管状；瘦果圆柱形，有10棱，被疏白色柔毛和冠毛。花期10月至翌年2月。

叶脉凸起，两面被腺毛

野外识别要点 茎上有纵棱，棱上有绿色翅状附属物。

别名：百草王、六达草、六耳铃、四棱锋、三面风	科属：菊科六棱菊属
用途：夏秋采收全草，鲜用或晒干，具有祛风利湿、活血解毒的功效，可治疗风湿性关节炎、跌打损伤、湿疹等症。	

麻花头

Serratum centauroides L.

生境分布 生长在林缘、草原、草甸、路旁或田间。分布于我国东北、西北和华北等地，国外主要分布在俄罗斯和蒙古。

形态特征 多年生草本。株高40～100cm，根状茎横走，黑褐色；茎直立，有纵沟棱，基部有叶柄残基；基生叶和茎下部叶长椭圆形，羽状深裂，侧裂片5～8对，长椭圆形至宽线形，全缘或有锯齿，叶柄长；茎中上部叶渐小，中部叶常分裂，上部叶常线形、全缘；所有叶两面粗糙，密被柔毛；头状花序单生茎顶，通常每株含1个头状花序，总苞卵形或长卵形，苞片覆瓦状排列，外层较短，内层渐长；管状花红色、红紫色或白色；瘦果楔状长椭圆形，成熟时褐色，有4条高起的肋棱，冠毛褐色或略带土红色。花期6～7月，果期8～9月。

野外识别要点 ①春季4月，花先生长出莲座丛状基生叶，叶羽状深裂或全裂，然后生长出带叶的花枝。②由于基生叶数量多，所以冬季仍有残叶。

别名：草地麻花头、菠叶麻花头、菠菜帘子	科属：菊科麻花头属
用途：①观赏价值：麻花头的花大美丽，可栽培观赏。②饲料价值：四月植株返青后，牛、马、羊喜食基生叶。	

猫儿菊

Hypochaeris ciliata (Thunb.) Makino

总苞宽钟状或半球形

茎密生硬刺毛，内含乳汁

花金黄色，舌片多数

叶缘有尖刺

基生叶簇生

生境分布 生长在海拔850～1200m的山坡、草地、林缘、路旁或灌丛中。分布于我国东北、华北地区。

形态特征 多年生草本。植株高不过50cm；茎直立，不分枝，有乳汁，基部被黑褐色枯燥叶柄；基生叶簇生，长椭圆形或匙状长圆形，基部渐狭成柄，顶端急尖或圆形，边缘有尖齿；茎生叶基部平截或圆形，无柄，半抱茎，叶两面粗糙，被稠密的硬刺毛；头状花序单生于茎端，总苞宽钟状或半球形，覆瓦状排列，沿中脉被白色卷毛；舌状花多数，金黄色；瘦果圆柱状，冠毛浅褐色。花果期7～8月。

野外识别要点 猫儿菊和苣荬菜很像，二者最大的区别在于：猫儿菊的茎不分枝，头状花序单生茎顶，花金黄色。

别名：大黄菊、小蒲公英、黄金菊	科属：菊科猫儿菊属
用途：猫儿菊的根可以入药，有利水消肿的功效。	

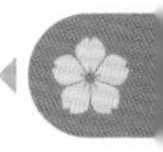

毛毡草

Blumea hieracifolia (D. Don)DC.

生境分布 常生长在山坡、草地和路旁。分布于我国华南和西南等地，印度、巴基斯坦、缅甸、菲律宾、印度尼西亚等国也有分布。

形态特征 多年生草本。株高可达1.5m，茎直立，具条棱，密生长柔毛；茎中下部叶椭圆形或长椭圆形，边缘有硬尖齿，叶面被白色短毛，叶背被密绢毛状绒毛或绵毛；茎上部叶较小，长圆形至长圆状披针形，无柄，两面被白色密绵毛或丝状毛，边缘有尖齿；头状花序多数，通常2～7个簇生成穗状圆锥花序，总苞钟形，苞片4～5层，边缘干膜质，上部淡紫色；花黄色；瘦果圆柱形，具10条棱，冠毛白色。花期冬季至翌年春。

植株部分图

野外识别要点 ①茎、枝被开展的密长柔毛，杂有头状具柄腺毛。②叶主要为茎生，椭圆形或长椭圆形，边缘具规则的长硬尖齿。③总苞片上部紫红色。

别名：臭草、鹅掌风、走马风	科属：菊科毛毡草属
用途：未详。	

泥胡菜

Hemisteptia lyrata (Bunge) Bunge

基生叶羽状分裂呈提琴状

植株下部图

紫红色管状花

花梗长

上部叶细小

泥胡菜在开花前也叫糯米菜，由于含有多种维生素和营养物，常被作为野菜食用。

生境分布 生长于路旁、荒野、溪边、丘陵、山谷等地，为杂草之一。分布几乎遍及全国，在朝鲜、日本、澳大利亚等地较普遍。

形态特征 二年生草本。株高30～80cm，根圆锥形，肉质，茎直立，具纵沟纹，常疏生白色蛛丝状毛；基生叶莲座状，倒披针形或倒披针状椭圆形，长可达20cm，羽状分裂呈提琴状，顶裂片三角形，有时3裂，侧裂片7～8对，长椭圆状披针形，叶面绿色，叶背密生白色蛛丝状毛；茎中部叶渐小，椭圆形，上部叶条状披针形至条形；头状花序多数，有长梗，总苞球形，苞片背面顶端具1紫红色鸡冠状附片；花冠管状，紫红色；瘦果圆柱形，冠毛呈羽毛状，白色。花期5～6月。

野外识别要点 泥胡菜和风毛菊极像，在野外采摘时注意：①泥胡菜叶背密生白毛，风毛菊则无。②泥胡菜头状花序的外层苞片有鸡冠状突起，风毛菊则无。

别名：苦马菜、牛插鼻、石灰菜、糯米菜、猫骨头	科属：菊科泥胡菜属
用途：全草可入药，具有清热解毒、消肿祛瘀的功效，可治疗痔漏、痈肿疔疮、外伤出血、骨折等病症。	

牛蒡

Arctium lappa Linn.

花

牛蒡叶大花奇，生命力极强，原产我国，公元940年前后传入日本，现在已被培育成优良品种。由于牛蒡的营养和保健价值极高，是高档蔬菜，现在风靡日本和韩国，走俏东南亚，甚至可与人参媲美，有“东洋参”的美誉。另外，现代医学发现，牛蒡可抗癌。

生境分布 生长于山沟、坡地、荒地。分布于我国东北至西南等地。

形态特征 二年生草本。株高可达2m，地下根粗壮，地上茎直立，上部多分枝，皮绿色带紫色；基生叶丛生，茎生叶互生，叶形从下向上渐小，广卵形或心形，叶面无毛，叶背密生灰白色绒毛，全缘、波状或有细锯齿；叶柄长、粗壮；头状花序多数，排成伞房状，总苞球形，苞片披针形，顶端呈钩状弯曲；管状花淡红色，5齿裂；瘦果椭圆形，具棱，灰褐色，冠毛短刚毛状。花期6～7月，果期7～8月。

野外识别要点 在野外，很容易混淆牛蒡和山牛蒡，二者区别为：牛蒡基生叶又宽又大，叶背密生白色绒毛，总苞球形，绿色，苞片呈弯钩状；山牛蒡总苞钟形，带紫色，总苞片不呈刺钩状。

株高可达2m

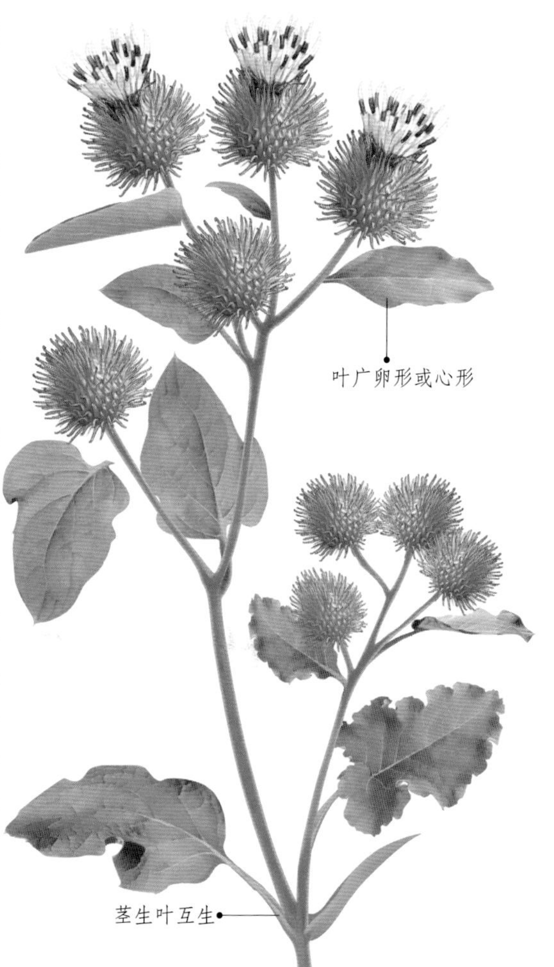

别名：牛菜、大力子、恶实、牛蒡子、蝙蝠刺、东洋萝卜、东洋参、牛鞭菜	科属：菊科牛蒡属
用途：①食用价值：肉质根营养丰富，细嫩香脆，可炒食、煮食或生食；新鲜的嫩叶可制茶，适合身体肥胖、体虚、便秘者。②药用价值：瘦果具有疏风散热、散结解毒的功效，可治疗感冒、头痛、咽喉肿痛等症。	

匍茎栓果菊

Launaea sarmentosa (Willd.)Sch. Bip. ex Kuntze

生境分布 生长于海滨沙地、空旷处。主要分布于我国海南省，印度、埃及、斯里兰卡等地也有分布。

形态特征 多年生草本。植株低矮，呈匍匐状生长，根茎圆柱形，匍匐茎多条，从根茎处发出，茎上有稀疏的节，节上生不定根及莲座状叶；基生的莲座叶丛，叶片倒披针形，常羽状浅裂，裂片1～3对，不规则菱形、三角形或椭圆形；匍匐茎上的其他莲座状叶丛，叶形、变化与基生者相同，只是较小；头状花序单生，花序梗短，总苞圆柱状，舌状小花常14朵，黄色，舌片顶端5齿裂；瘦果钝圆柱状，有4条大而钝的纵肋，成熟时浅青褐色，有横皱纹，冠毛白色。花果期6～12月。

野外识别要点 本种具有像蒲公英那样的莲座状叶，但具匍匐茎。

别名：蔓茎栓果菊	科属：菊科栓果菊属
用途：匍枝栓果菊常作优良的地被植物，尤其在海岸和沙质地区，可以防止水土流失。	

蒲儿根

Sinosenecio oldhamianus (Maxim.)B. Nord.

生境分布 常生长于草地、坡地、林缘、溪边和山沟等地。分布于我国大部分省区，国外主要分布于缅甸、泰国、越南等。

形态特征 多年生或二年生草本。株高40～80cm，根状茎木质，具多数纤维状根，茎直立，少分枝，常被白色蛛丝状毛；基部叶掌状，边缘浅裂，花期凋落，具长叶柄；茎下部叶卵状圆形或近圆形，膜质，基部心形，边缘具锯齿，齿端具小尖，掌状5脉，叶柄短；茎中上部叶渐小，卵形至卵状披针形；头状花序多数排列成顶生复伞房状花序，总苞宽钟状，苞片紫色，外面被白色蛛丝状毛或短柔毛；舌状花通常13朵，长圆形，无冠毛，黄色；管状花多数，黄色，冠毛白色；瘦果长椭圆形，无毛。花期全年。

野外识别要点 蒲儿根在同属植物中较为常见，且高矮和叶形有变异，但其有一个极易被识别的点：舌状花无冠毛，瘦果无毛。

别名：无	科属：菊科蒲儿根属
用途：全草可入药，在春、夏、秋三季采收，鲜用或晒干均可，具有清热解毒的功效，可治疗痈疖肿毒。	

蒲公英

Taraxacum mongolicum Hand.-Mazz.

花

果

蒲公英的英文名字来自法语dent-de-lion，意思是狮子牙齿，是因为蒲公英叶子的形状像一嘴尖牙。蒲公英成熟之后，花变成一朵圆的蒲公英伞，被风吹过会分成很多带着一粒种子的小白伞。各国儿童都以吹散蒲公英伞为乐。

生境分布 生于山坡草地、路旁、河岸沙地及田间。分布于中国各地。

形态特征 多年生草本，高10～25cm。全株含白色乳汁，被白色疏软毛。叶基生，排列成莲座状；具叶柄；叶片线状披针形、倒披针形或倒卵形，长6～15cm，宽2～3.5cm，边缘浅裂或作不规则倒向羽状分裂。花葶由叶丛中抽出，每株数个；头状花序顶生，全为舌状花，黄色；瘦果倒披针形，具纵棱，并有横纹相连，果上全部有刺状突起，果顶具长8～10mm的喙；冠毛白色，长约7mm。花期4～9月，果期6～10月。

野外识别要点 全株含白色乳汁；叶基生，边缘常呈倒向羽裂；花葶中空，头状花序全为舌状花，花黄色；瘦果顶端具长喙。

别名：蒲公草、仆公英、蒲公罂、婆婆丁、黄花地丁、蒲公丁、黄花草	**科属**：菊科蒲公英属
用途：①药用价值：全草入药，春至秋季花初开时采挖，除去杂质，洗净，晒干。主要功能是清热解毒，消肿散结，利尿通淋。可用于疗疮肿毒、乳痈、目赤、咽痛等疾病。②食用价值：蒲公英可以当作野菜食用。	

祁州漏芦

Stemmacantha uniflora (L.) Ditrich

在同类型植物中，祁州漏芦的头状花序几乎比其他野生种的都大，直径可达5cm，十分显眼，因而还有个怪名叫大脑袋花。

生境分布 生长于山坡、林下、丘陵等地，海拔300～500m。分布于我国华北、东北、西北等地，蒙古、朝鲜和日本也有分布。

形态特征 多年生草本。株高20～80cm，地下根黑褐色；茎直立，被白色绵毛或短柔毛；基生叶与茎下部叶长椭圆形，长可达30cm，羽状深裂至全裂，两面密生柔毛，边缘具齿；叶柄有厚绵毛；茎上部叶渐小；头状花序单生，总苞宽钟状，花淡紫红色；瘦果矩圆形，具4棱，棕褐色，冠毛羽毛状。花果期夏秋季。

野外识别要点 祁州漏芦的头状花序单生，直径达5cm，外层苞片干膜质，枯黄色，顶端外翻，易识别。

别名：漏芦、和尚头、大花口袋、大脑袋花	科属：菊科祁州漏芦属
用途：根可入药，具有清热解毒、消肿排脓的功效，可治疗痈疽、疔疮、肿毒、瘰疬、乳疮等症。此外，祁州漏芦株形高雅，花紫艳丽，很适合庭院种植观赏。	

千里光

Senecio scadens Buch.-Ham. ex D. Don

生境分布 常生长于森林、灌丛、山坡或路旁。我国大部分地区均有分布，国外主要分布于印度、尼泊尔、缅甸、泰国和日本等地。

形态特征 多年生蔓性草本。根状茎木质，茎长2～5m，多分枝，有微毛；叶互生，卵状披针形至长三角形，叶面被短柔毛至无毛，通常具浅裂或深齿；羽状脉，侧脉7～9对，弧状；叶柄短，基部常有小耳；茎上部叶渐小，披针形或线状披针形；头状花序在枝端排列成顶生复聚伞圆锥花序，总苞圆柱状钟形，苞片线状钻形，具3脉；舌状花8～10朵，长圆形，黄色；管状花多数，黄色；瘦果圆柱形，被柔毛；冠毛白色。花果期秋冬季至次年春。

野外识别要点 植物体常蔓性；叶卵状披针形至长三角形，常具浅裂或齿；头状花序具一轮总苞，舌状花和管状花均为黄色。

别名：九里明、九里光、黄花母、九龙光、九岭光	科属：菊科千里光属
用途：全草可入药，夏、秋采收，扎成小把或切段，晒干，具有清热解毒、明目止痒的功效，可治疗风热感冒、目赤肿痛、泄泻痢疾、皮肤湿疹、疮疖等症。	

日本续断

Dipsacus japonicus Miq.

果序和瘦果

生境分布 生长在山坡、草地等阴湿处。分布于我国东北、华北、华中、华东等地区，陕西、四川、贵州等地也有分布。

形态特征 多年生草本。株高可达2m，根粗壮，茎直立，被白色柔毛，茎和枝有纵棱沟，棱上有倒钩刺；基生叶长椭圆形，3裂或不裂，有长柄；茎生叶对生，倒卵形或椭圆形，羽状深裂，中央裂片最大，两侧裂片较小，边缘有锯齿，两面疏生白色柔毛，背面叶脉上具钩刺；叶柄向上渐短或无柄，柄上生有钩刺；头状花序顶生，呈球形或椭圆形，基部有数枚总苞片，苞片螺旋状排列，顶端有刺芒，芒两侧有硬质疣毛；花小，紫红色，花萼盘状，具4极浅的齿，有白毛，花冠漏斗状，4裂；瘦果稍外露。花期6～9月，果期8～10月。

球形花序

野外识别要点 ①茎枝的棱上以及叶柄上有钩刺。②雄蕊4，分离。

中央裂片最大

侧裂片较小

别名：续断	科属：川续断科续断属
用途：根入可药，秋季采挖，去根茎及须根，洗净，晒干，切片备用，具有补肝肾、行血脉、续筋骨的功效，可治疗腰膝酸软、尿频、风湿痹痛、跌打损伤、胎动不安等症。	

三脉紫菀

Aster ageratoides Turcz.

花

生境分布 多生长在林缘、灌丛及山谷湿地。我国主要分布于东北、西北、西南等地，国外主要分布于朝鲜和日本。

形态特征 多年生草本。株高40～100cm，根状茎粗壮，茎直立，有棱，密生柔毛；基生叶和茎下部叶花期枯萎，宽卵形，急狭成长柄；茎中部叶椭圆形或长圆状披针形，纸质，顶端渐尖，边缘有3～7对锯齿，有离基三出脉，侧脉3～4对，网脉明显，故得名；头状花序排列成伞房状，总苞片3层，覆瓦状排列，长圆形，上部绿色或紫褐色，有短缘毛；舌状花紫色、淡红或近白色，管状花黄色；瘦果椭圆形，成熟时灰褐色，有边肋，冠毛红褐色或污白色。花果期7～12月。

茎密生柔毛

叶脉3条

叶缘有锯齿

野外识别要点 三脉紫菀和紫菀较为相似，区分时注意：①紫菀的舌状花花色较深，呈紫色，中央管状花较密，金黄色；三脉紫菀的舌状花花色较淡，且管状花稀疏，淡黄色。②紫菀主脉不分枝，侧脉细密，叶缘多为锯齿；三脉紫菀有离基3脉，叶脉和叶缘齿稀疏。

别名：野白菊花、山白菊、山雪花、三脉叶马兰、鸡儿肠	科属：菊科紫菀属
用途：全草可入药，具有清热解毒、利尿止血、止咳祛痰的功效，可治疗咽喉肿痛、痄腮、乳痈、小便淋痛等症。	

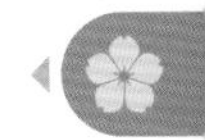

砂旋覆花

Inula salsoloides (Turcz.) Ostenf.

生境分布 生于河岸沙地、潮湿的沙质土、沙丘、干河床、沟渠、浅洼地等。分布于内蒙古、宁夏、陕西、甘肃、新疆等地。

形态特征 多年生草本，高20～30cm。茎直立或倾斜，多分枝；叶互生，微肉质，线状披针形或狭长圆形，长5～10mm，宽1～2mm，先端尖，基部抱茎，全缘，黄绿色；头状花序单生于小枝顶端，直径1.5cm；总苞狭细，长短不等，排列为数层，淡黄色；边缘为雌花，排列为1层，花冠舌状，黄色；中央为两性花，多数，花冠筒状，黄色；瘦果圆柱形，冠毛白色。花期7～8月，果期8～9月。

野外识别要点 叶互生，基部抱茎，全缘，叶片宽一般不超过2mm；头状花序黄色，冠毛白色。

花黄色，边缘为雌花，中央为两性花

叶肉质，黄绿色

别名：蓼子朴、沙地旋覆花、黄喇嘛、秃女子草	科属：菊科旋覆花属
用途：全草入药，夏、秋季采集，拣净，晒干。清热解毒，治疮痈肿毒、黄水疮、湿疹。附方：治黄水疮：砂旋复花适量，炒黄研末，撒于患处；如不流黄水者，可用麻油调敷患处。	

山尖子

Parasenecio hastatus (Linn.) H. Koyama

生境分布 生长在山地、林缘、草甸，也常见于林下、灌丛、河滩等处。分布于我国东北、华北地区，山西、内蒙古等地也有分布。

形态特征 多年生草本。株高40～150cm，有根状茎，地上茎直立，具细棱，上部多分枝；茎下部叶花期枯萎；茎中部叶三角状戟形，长达18cm，宽达19cm，先端尖，基部截形或近心形，边缘具不整齐的尖齿，叶面绿色而疏被短毛，叶背淡绿色而密被柔毛，叶柄较短；头状花序多数在茎顶排列成狭金字塔形，下垂，总苞筒状，管状花两性，淡白色；瘦果黄褐色，冠毛白色。花期7～8月。

野外识别要点 本种叶片较大，三角状戟形；头状花序全为管状花；瘦果具白色冠毛。

别名：戟叶兔儿伞、山尖菜	科属：菊科蟹甲草属
用途：①食用价值：嫩苗、嫩叶和嫩芽可作青菜，炒食或做汤食用。②工业价值：全株含单宁，可做烤胶原料。	

山马兰

Kalimeris lautureana (Debx.) Kitam.

舌状花1层，淡紫色

生境分布 生长于山坡、草原、灌丛和林中。分布于我国东北、华北等地区，陕西、山东等地也有分布，国外主要分布于俄罗斯远东地区和朝鲜。

形态特征 多年生草本。株高可达1m，茎直立，具沟纹，被白色向上、硬质糙毛，上部多分枝；茎下部叶花期枯萎；茎中部叶披针形或矩圆状披针形，质厚，叶正面有短粗毛，有蜜腺点，全缘或疏生锯齿或浅裂；茎上部叶细小；头状花序生于分枝顶端呈伞房状，舌状花1层，淡紫色；瘦果倒卵形，成熟时淡褐色，疏生短柔毛，通常有浅色边肋，易脱落。花果期7～9月。

野外识别要点 山马兰和狗哇花很相似，在野外可根据叶和冠毛来区别：①山马兰叶宽约1cm，全缘，具疏齿或浅裂；狗哇花叶较窄，宽约6mm。②山马兰管状花的冠毛极短，约1mm；狗哇花冠毛与管状花近等长。

别名：桃金娘、金丝桃、山苳、水刀莲、豆捻、乌肚子	科属：菊科马兰属
用途：山马兰花清秀淡雅，可以引种栽培为观赏花；根和全草可入药，具有清热解毒、凉血、利湿和理气等功效。	

山牛蒡

Synurus deltoids (Aiton) Nakai

生境分布 生长在海拔500～2300m的林缘、山坡、草甸等处。分布于我国西北、东北、华北、华东等地区，湖北、四川等地也有分布。

形态特征 多年生草本。株高可达1.5m，茎直立而粗壮，单生，茎枝灰白色，被厚绒毛，有条棱；基生叶和茎下部叶心形、宽卵形或卵状三角形，基部心形或戟形，边缘有三角形粗大锯齿，通常半裂或深裂；茎中上部叶渐小，卵形、椭圆形或长椭圆状披针形，边缘有锯齿或针刺；全部叶片叶面异色，叶正面绿色，有多细胞节毛，叶背面灰白色，被密厚的绒毛；头状花序大，通常单生茎顶，下垂，总苞球形，被稠密而膨松的蛛丝毛或脱毛而至稀毛，苞片13～15层，上部有时变紫红色；舌状花黄色；瘦果长椭圆形，成熟时浅褐色，顶端截形，有果缘，果缘边缘细锯齿，冠毛褐色。花果期6～10月。

野外识别要点 本种头状花序单生于茎顶，下垂，直径达4cm；总苞片多层，具长刺尖。

别名：无	科属：菊科山牛蒡属
用途：未详。	

鼠麴草

Gnaphalium affine D. Don

生境分布 生长在低海拔的坡地、草地或山沟中。分布于我国除东北以外的大部分省区，日本、朝鲜、菲律宾、印度尼西亚、印度也有分布。

形态特征 一年生草本。株通常高10～40cm，茎直立或从基部发出的枝下部斜升，有沟纹，被白色厚棉毛；叶从下到上渐小，匙状倒披针形或匙状倒卵形，顶端圆，具刺尖头，基部渐狭至下延，叶两面被白色棉毛，叶脉1条；头状花序较小，总苞钟形，苞片2～3层，外层倒卵形或匙状倒卵形，内层长匙形，苞片膜质，金黄色或柠檬黄色，花托中央稍凹入，无毛；雌花多数，花冠细管状，顶端3齿裂；两性花较少，管状，檐部5浅裂，无毛；瘦果倒卵形或倒卵状圆柱形，有乳头状突起，冠毛粗糙、污白色。花期1～4月，8～11月。

野外识别要点 ①植株被白色棉毛。②叶匙状倒披针形或匙状倒卵形。③总苞片膜质，金黄色或柠檬黄色。

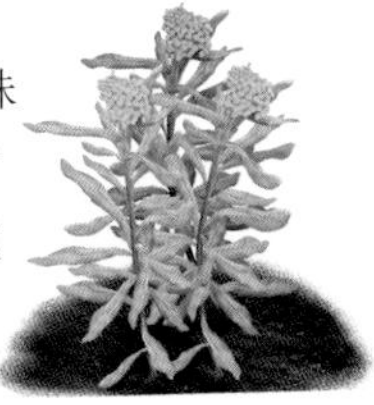

别名：鼠曲草	科属：菊科鼠麴草属
用途：茎叶可入药，具有镇咳祛痰的功效，可治疗气喘和支气管炎及非传染性溃疡、创伤，内服还有降血压疗效。	

桃叶鸦葱

Scorzonera sinensis Lipsch. et Krasch. ex Lipsch.

冠毛污黄色

瘦果

花黄色

生境分布 生长在海拔280～2500m的山坡、丘陵地、沙丘、荒地或灌木、林下。分布于我国东北、华北等地。

形态特征 多年生草本。植株低矮，高不过30cm，根粗壮，褐色或黑褐色，茎直立，簇生或单生，不分枝，光滑无毛，有白粉，基部有纤维状鞘状残遗物；基生叶披针形，长达15cm，顶端急渐尖，基部渐狭成长或短柄，边缘皱状弯曲；茎生叶少数，窄小，披针形或钻状披针形，基部心形，半抱茎或贴茎；头状花序单生茎顶，总苞圆柱状，苞片约5层，外层三角形或偏斜三角形，中层长披针形，内层长椭圆状披针形，总苞片外面光滑无毛；舌状花黄色；瘦果圆柱状，有多数高起纵肋，冠毛污黄色。花果期4～5月。

野外识别要点 基生叶长披针形，边缘卷曲而皱缩，具白色乳汁，几乎没有茎生叶。

别名：老虎嘴	科属：菊科鸦葱属
用途：根可入药，具有清热解毒、消炎的功效。	

兔儿伞

Syneilesis aconitifolia (Bunge) Maxim.

生境分布 生长于山坡、荒地。分布于东北、华北及华东等地。

形态特征 多年生草本。株高可达1m，有匍匐的根状茎，横走，具多数须根；茎直立，具纵肋，紫褐色；基生叶1片，花期枯萎；茎生叶通常2片，互生，叶片盾状圆形，掌状7～9深裂，裂片再1～2次叉状分裂，小裂片宽线形，边缘具锐齿，初时反折呈闭伞状，密被蛛丝状绒毛，后开展成伞状，变无毛，叶面淡绿色，叶背灰色；茎上部叶渐小，披针形；头状花序多数在茎端密集成复伞房状，总苞圆筒状，苞片1层，长圆形，边缘膜质；管状花8～11朵，花冠淡红色；瘦果圆柱形，无毛，具肋，冠毛污白色或变红色。花期6～7月，果期7～9月。

叶掌状7～9深裂

裂片再1～2次叉状分裂

瘦果

根状茎横走

野外识别要点 叶呈圆盾状，好似一把伞，7～9深裂，裂片再1～2次叉状分裂。

别名：雷骨散、雨伞菜、水鹅掌	科属：菊科兔儿伞属
用途：①药用价值：根或全草可入药，具有祛风除湿、解毒活血、消肿止痛的功效，可治疗肢体疼痛、跌打损伤、月经不调、痈疽肿毒、痔疮等病症。②观赏价值：兔儿伞叶形独特，可引种种植观赏，或作地被植物配置。	

豨莶

Siegesbeckia orientalis L.

苞片

头状花序

生境分布 生长于海拔110～2700m的山野、灌丛、林缘或耕地。分布于我国南方大部分省区，国外广布于欧洲、北美、东南亚。

形态特征 一年生草本。株高30～100cm，茎直立，上部常复二歧状分枝，茎枝被灰白色短柔毛；基生叶花期枯萎；茎中部叶三角状卵圆形或卵状披针形，纸质，基部下延成具翼的柄，边缘浅裂或具粗齿，叶面绿色，叶背淡绿色，具腺点，两面被毛，基出脉3条；茎上部叶渐小，边缘浅波状或全缘，近无柄；头状花序多数聚生于枝端排列成圆锥状，花序梗密生短柔毛；总苞阔钟状，苞片被紫褐色头状具柄的腺毛；舌状花雌性，黄色；管状花两性，上部钟状，顶端4～5齿裂；瘦果倒卵圆形，有4棱，顶端有灰褐色环状突起。花期4～9月，果期6～11月。

野外识别要点 本种与腺梗豨莶的主要区别在于茎上部常复二歧状分枝，花序梗极短。

别名：火莶、猪膏莓、火枚草、猪冠麻叶、四棱麻、大接骨	科属：菊科豨莶属
用途：全草可入药，具有解毒、镇痛的功效，可治疗全身酸痛、四肢麻痹，并有平降血压的作用。	

狭苞橐吾

Ligularia intermedia Nakai

狭苞橐吾株形高大，叶富于变化，花序长而直立，呈塔形，极具观赏性，可惜目前还没有大范围的引种栽培。

花序枝

生境分布 生长于高山林下、山沟水湿处。分布于我国东北、华北、西北、西南等地，朝鲜、日本也有分布。

形态特征 多年生草本。株高可达1m，根肉质，多数，茎直立，上部疏生白色蛛丝状柔毛；基生叶和茎下部叶肾形或心形，长达16cm，宽达21cm，质厚，基部两侧各具一圆耳，叶脉掌状，边缘具三角状小齿，叶柄长；茎中上部叶与下部叶同形，较小，叶柄短，鞘略膨大；茎顶部叶更小，卵状披针形；头状花序集生成总状，总苞钟形，舌状花4～6朵，舌片黄色，管状花多数；瘦果圆柱形，有纵沟，冠毛污褐色。花果期7～10月。

野外识别要点 基生叶大型，呈肾形，边缘具整齐的牙齿状齿；头状花序排列成顶生总状。

别名：无	科属：菊科橐吾属
用途：根茎可入药，具有润肺化痰的功效，可治疗咳嗽。狭苞橐吾株形潇洒，花黄色耀眼，是很好的观赏植物。	

咸虾花

Vernonia patula (Dryand.) Merr.

生境分布 常生长在海拔150～800m的田边、旷野及路旁等处。主要分布于我国台湾，印度、菲律宾、印度尼西亚有少量分布。

形态特征 一年生草本。株高30～90cm，根垂直，具多数纤维状根，茎直立，分枝多而开展，具条纹和腺点，被灰白色短柔毛；基生叶和茎下部叶花期枯萎，卵形或卵状椭圆形，顶端钝或稍尖，基部宽楔形或有时下延成叶柄，叶缘具圆齿状浅齿或波状，或近全缘，侧脉4～5对，叶面绿色，被疏短毛或近无毛，叶背被灰色绢状柔毛和腺点，叶柄较短，长约2cm；茎中、上部叶渐小，头状花序通常2～3个在枝顶排列成圆锥状，花梗极短，密被绢状长柔毛，总苞扁球状，苞片4～5层，披针形，绿色，边缘杆黄色；花托稍凸起，边缘具细齿的窝孔；花多数，淡红紫色，花冠管状；瘦果近圆柱状，具4～5棱，具腺点，冠毛白色，易脱落。

野外识别要点 本种头状花序全为管状花，总苞片4～5层，但冠毛不为羽毛状。

别名：大叶咸虾花、万重花、狗仔菜、狗仔花	科属：菊科咸虾花属
用途：全草可入药，具有散寒、清热的功效，可治疗急性肠胃炎、风热感冒、头痛、疟疾等症。	

腺梗豨莶

Siegesbeckia pubescens Makino

松散的圆锥花序

叶对生，边缘有齿

基出3条脉

生境分布 生长于海拔160～3400m的山坡、林缘、灌丛、草坪、河谷及旷野等处。分布于东北至江南一带。

形态特征 一年生草本。株高可达1m，茎直立，上部多分枝，密生灰白色长柔毛和糙毛；叶对生，基生叶卵状披针形，花期枯萎；茎中部叶卵圆形，开展，边缘有不规则齿，基部下延呈翼状抱茎；茎上部叶渐小，卵状披针形，基出3脉，两面有短柔毛，沿脉有长柔毛；头状花序在枝端排列成松散的圆锥花序，花序梗密生紫褐色头状具柄腺毛和长柔毛；总苞宽钟状，苞片密生褐色头状有柄的腺毛；舌状花先端2～3齿裂，黄色，管状花黄色；瘦果倒卵形，4棱，顶端有灰褐色环状突起。花期5～8月，果期6～10月。

野外识别要点 ①茎生叶对生，密生短柔毛，基出3条脉。②花序梗密生紫褐色头状具柄腺毛和长柔毛，总苞片密生头状有柄腺毛。

别名：毛豨莶、棉苍狼、珠草	科属：菊科豨莶属
用途：全草可入药，具有祛风湿、降血压的功效，可治疗风湿性关节炎、高血压等病症。	

小红菊

Dendranthema chanetii (Lévl.) Shih.

小红菊是园林中地被菊的亲本之一，在众多菊科植物中，叶形非常接近菊花，因而也被称为菊花的近亲。

舌状花白色、粉红色或紫色

上部叶较小

叶3～5掌状或羽状浅裂或半裂

叶脉在叶背隆起

生境分布 生长于草原、山坡林缘、灌丛、河滩或沟边。分布于我国的东北、华北、西北等地。

形态特征 多年生草本。植株低矮，地下根状茎匍匐，地上茎枝疏生柔毛；基生叶和茎下部叶宽卵形或肾形，常3～5掌状或羽状浅裂或半裂；茎中部叶与下部叶同形，但较小；茎顶部叶椭圆形或长椭圆形，羽裂、齿裂或不裂；头状花序在茎枝顶端呈疏松伞房状，苞片边缘白色或褐色膜质，舌状花白色、粉红色或紫色，顶端2～3齿裂；瘦果顶端斜截，下部收窄，有4～6条脉棱。花果期7～10月。

野外识别要点 ①小红菊的叶片和菊花很相似，未开花时宽卵形或肾形，长不过5cm，甚至更短。②舌状花白色、粉红色或紫红色。

别名：无	科属：菊科菊属
用途：可种植于花境、花坛、岩石园，或作地被丛植。	

旋覆花

Inula japonica Thunb.

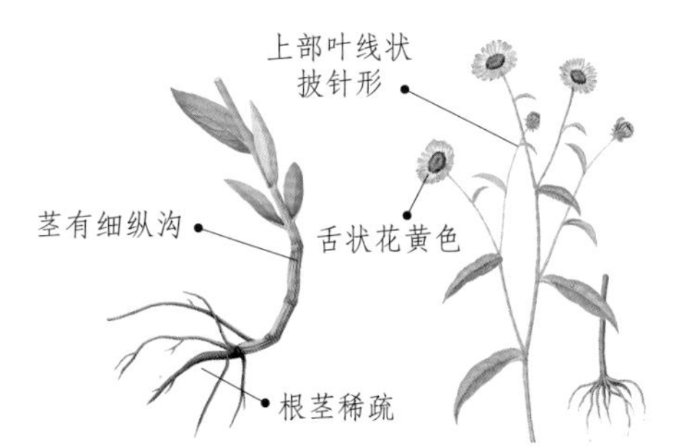

生境分布 生于海拔150～2400m的山坡路旁、湿润草地、河岸和田埂上。广布于东北、华北、华东、华中等地区，广西等地也有分布。

形态特征 多年生草本，株高30～80cm。茎绿色或紫色，有细纵沟，被长伏毛；基部叶花期枯萎，中部叶长圆形或长圆状披针形，基部常有圆形半抱茎的小耳，全缘或有疏齿；上部叶线状披针形；头状花序排列成疏散的伞房花序；总苞半球形，约5层；舌状花黄色，舌片线形，长约1cm；管状花多数，棕黄色，长约5mm；瘦果圆柱形有10条纵沟，被疏短毛。花期6～10月，果期9～11月。

野外识别要点 旋覆花和蒲公英、苣荬菜的花序相似，但是旋覆花不具乳汁，叶通常全缘，头状花序具管状花，且数目达200余朵。

别名：戴椹、金钱花、野油花、滴滴金、夏菊、金沸花	科属：菊科旋覆花属
用途：花序入药，夏、秋二季花开放时采收，除去杂质，阴干或晒干。有降气、消痰平喘的功用，常用于风寒咳嗽，喘咳痰多等病。	

烟管蓟

Cirsium pendulum Fisch. ex DC.

花

花序顶生枝端，下垂

生境分布 生长于草地、林缘、岩石缝隙、溪旁和山沟等地。分布于我国东北、西北一带，国外主要分布于朝鲜和日本。

形态特征 多年生草本。株高可达1.2m，地下根圆锥形，簇生，肉质，表面棕褐色；茎直立，有细纵纹，上部分枝，基部有白色丝状毛；基生叶和茎下部叶花期枯萎，倒披针形或倒卵状披针形，羽状深裂，边缘齿状，齿端具针刺，上面疏生脉丝状毛，下面脉上有长毛，具短柄；茎中部叶狭椭圆形，基部抱茎；茎上部叶较小；头状花序顶生枝端，下垂，花序梗细长，密生蛛丝状毛，总苞卵形，苞片4～8层，披针形，有尖刺，端反曲；管状花紫色；瘦果长椭圆形，冠毛多层，羽状，暗灰色。花期5～8月，果期6～8月。

野外识别要点 ①烟管蓟与刺儿菜很像，但前者植株较高，且头状花序下垂，十分特别。②魁蓟是烟管蓟的近缘种，二者株形相似，但魁蓟的茎生叶羽状浅裂至深裂，头状花序直立。

别名：马蓟、虎蓟、鸡脚刺、野红花、大刺儿菜	科属：菊科蓟属
用途：全草和根可入药，具有凉血止血、消肿散瘀的功效，可治疗吐血、衄血、崩漏、尿血、血淋等症。	

烟管头草

Carpesium cernuum L.

由于头状花序酷似烟袋锅或挖耳勺，所以既可叫烟管头草，也可以叫金挖耳。

生境分布 常生长在山坡、草地、林缘和沟里。广泛分布于我国各地，欧洲、东亚等地也有分布。

形态特征 多年生草本。株高可达1m，茎直立，多分枝，有明显纵条纹，全株有毛；基生叶花期枯萎，茎下部叶卵形或匙状长椭圆形，长可达20cm，基部渐狭成有翅的长柄，叶面有毛，全缘或有波状齿；茎中上部叶渐小，叶形与下部叶相似，近无柄；头状花序单生茎端及枝端，开花时略下垂，基部有叶状苞，总苞半球形，苞叶多枚，最外层还有几片更大的苞片，呈叶状；雌花狭筒状，两性花筒状，黄色；瘦果线形，多棱，有短喙，两端稍狭，上端有黏液。花果期7～10月。

头状花序开放时略下垂

叶柄渐狭成有翅的长柄

全株有柔毛

野外识别要点 本种头状花序下垂，全为黄色的管状花，外面常具2～5片叶状苞片。

别名：杓儿菜、金挖耳	科属：菊科天名精属
用途：①药用价值：全草可入药，秋季采收，具有清热解毒、消肿止痛的功效，可治疗感冒发热、咽喉痛、牙疼、急性肠炎、尿路感染等症。②食用价值：嫩叶可食，春季采摘，焯熟后洗净，凉拌即可。	

夜香牛

Vernonia cinerea (L.) Less.

生境分布 常生长在旷野、荒地、田边、路旁。广泛分布于我国南部各省市，印度、日本、印度尼西亚有少量分布。

形态特征 一年生或多年生草本。株高可达1m，根垂直生长，茎直立，具条纹和腺点，被灰色贴生短柔毛；茎中下部叶菱状卵形至卵形，基部下延成具翅的柄，叶缘具齿或波状，侧脉3～4对，叶面疏生短柔毛，叶背被灰白色或淡黄色短柔毛，叶脉尤密，两面均有腺点；茎上部叶渐小，长圆状披针形或线形，近无柄；头状花序通常在茎枝顶端排列成伞房状圆锥花序，花序梗极短，总苞钟状，苞片绿色或有时变紫色，背面被短柔毛和腺点；花托边缘具细齿的窝孔，花淡红紫色，花冠管状；瘦果圆柱形，被密短毛和腺点，冠毛白色。花期全年。

植株部分图

野外识别要点 夜香牛和小花夜香牛比较相似，识别时注意：①夜香牛株高可达1m，而小花夜香牛高不过20cm。②夜香牛叶菱状卵形、菱状长圆形或卵形，小花夜香牛叶通常为椭圆状卵形、宽卵形至近圆形。

别名：寄色草、假咸虾花、消山虎、伤寒草、染色草、缩盖斑鸿菊、拐棍参	科属：菊科斑鸠菊属
用途：全草及根可入药，具有散热、凉血、解毒、安神的功效，可治疗感冒、咳嗽、痢疾、神经衰弱或蛇咬伤等症。	

一点红

Emilia sonchifolia (L.) DC.

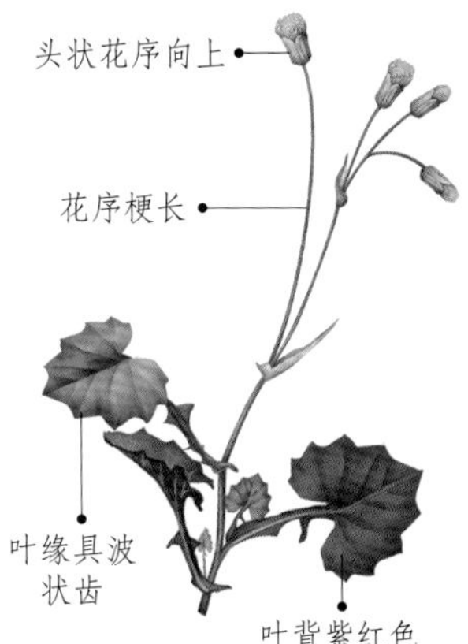

生境分布 生长在海拔800～2100m的山坡荒地、田埂、路旁。分布于我国华东、华中和西南地区，另外，亚洲热带、亚热带和非洲分布较广泛。

形态特征 一年生草本。植株低矮，根垂直，茎灰绿色，常自基部分枝，偶被疏短毛；茎下部叶密集，近匙形，大头羽状分裂，顶生裂片较大，宽卵状三角形，边缘具齿，侧生裂片通常1对，长圆形或长圆状披针形，边缘具波状齿，叶面深绿色，叶背紫红色，两面被短卷毛；茎中上部叶稀疏而小，卵状披针形至线形，全缘或有细齿，叶柄短或近无；头状花序常2～5个在枝端排列成疏伞房状，花前下垂，花后直立，花序梗细，总苞圆柱形，苞片黄绿色；花粉红色或紫色；瘦果圆柱形，具5棱，肋间被微毛，冠毛白色。花果期7～10月。

野外识别要点 ①叶面深绿色，叶背紫红色。②花序开花前下垂，花谢后直立。

别名：红背绒缨菊	科属：菊科一点红属
用途：①药用价值：全草可入药，具有消炎、止痢的功效，可治疗腮腺炎、乳腺炎、小儿疳积、皮肤湿疹等症。②观赏价值：花形小巧秀气，适合布置花坛、花境，或作为地被植物大片种植。	

一枝黄花

Solidago decurrens Lour.

生境分布 生长在海拔500～3000m的林缘、林下、灌丛中、山坡、荒野等处。分布于我国华南、西南等地区，陕西、台湾等地也有分布。

形态特征 多年生草本。株高可达2m，茎直立而细弱，常单生，中部以上分枝，全株被粗毛；叶向上渐小，茎中部叶长椭圆形、卵形或宽披针形，质厚，顶部渐尖，基部楔形渐窄，叶面粗糙，叶背有毛，叶缘在中部以上全缘或有细齿，叶柄短，具翅；茎下部叶、上部叶和中部叶同形；头状花序较小，多数在茎顶排列成圆锥状花序，总苞片4～6层，披针形或狭披针形，舌状花黄色；瘦果光滑，无冠毛。花期6～7月。

野外识别要点 本种头状花序排列成总状式的圆锥状花序，花全为黄色。

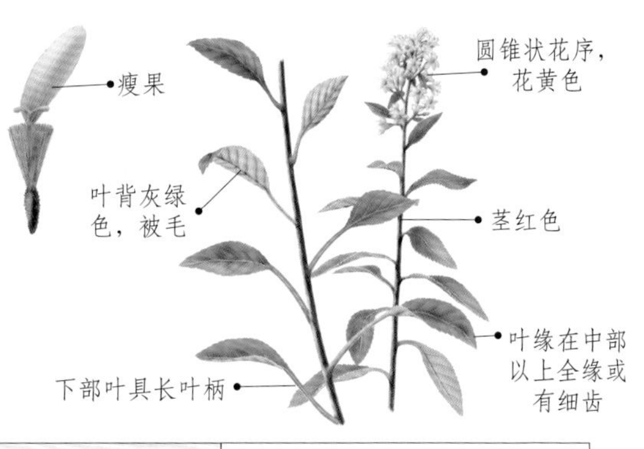

别名：一枝箭、蛇头王、金柴胡、洒金花、莶子草、土泽兰、加拿大一枝黄花	科属：菊科一枝黄花属
用途：①观赏价值：一枝黄花既可作花坛、花境的背景材料，也可丛植作地被植物或作切花观赏。②药用价值：全草可入药，具有疏风清热、抗菌消炎的功效，可治疗扁桃体炎、咽喉肿痛、肺炎、毒蛇咬伤等症。	

银背风毛菊

Saussurea nivea Turcz.

叶和花序

生境分布 生长在海拔可达2300m的石质地带。主要分布于我国东北、华北等地区，陕西等地也有分布。

形态特征 多年生草本。株高30～50cm，根状茎斜升，颈部有褐色残叶柄，茎直立，不分枝，嫩时疏生蛛丝毛，后渐脱落；基生叶花期枯萎；茎下部叶披针状三角形或卵状三角形，顶端尖，基部戟形或心形，边缘有小尖的疏锯齿，叶柄长；茎中部叶长椭圆状披针形，渐无柄；茎上部叶渐小，条状披针形，叶面绿色，叶背灰白色，密生白绒毛；头状花序少数在茎顶排成伞房状花序，总苞圆柱形，外层苞片顶端有黑色胼胝，外面被白色绵毛；花紫红色，冠毛白色；瘦果圆柱状，成熟时褐色。花果期8～9月。

野外识别要点 本种茎下部叶卵状三角形或披针状三角形，叶背银白色，易识别。

别名：无	科属：菊科风毛菊属
用途：未详，可考虑作为观赏植物引种栽培。	

羽叶千里光

Senecio argunensis Turcz.

舌状花黄色，管状花黄褐色

生境分布 生长于林缘、草甸。主要分布于我国东部、东北和西北一带，国外主要分布于日本、朝鲜、蒙古、前苏联。

叶羽状深裂

形态特征 多年生草本。株高20～100cm，茎直立，上部有分枝，具纵棱，初被蛛丝状毛；基生叶呈莲座状，花期枯萎；茎下部叶密集，椭圆形，无柄，羽状深裂，裂片常6对，条形，全缘或有1～2小裂片，叶背疏生疏蛛丝状毛；茎中部叶大头羽状裂，裂片线形，向上渐增宽，具缺刻；茎上部叶羽状全裂，裂片长圆形，基部抱茎，边缘具齿；头状花序多数排列成复伞房状，总苞钟状，舌状花10余朵，黄色，管状花多数，黄褐色；瘦果圆柱形，有纵沟，冠毛白色。花期夏季，果期秋季。

根茎横走

野外识别要点 顾名思义，羽叶千里光的识别要点就在叶片，不论是基部叶，还是顶部叶，几乎都是羽状分裂。

别名：额河千里光	科属：菊科千里光属
用途：全草可入药，具有清热解毒的功效，可治疗疖疮、目赤、咽喉肿痛、斑疹、伤寒、痢疾、湿疹、皮炎等症。	

泽兰

Eupatorium lindleyanum DC.

泽兰属香草，在《诗经》和《楚辞》中常被用来指代君子。而在春秋战国时期，只有士大夫才可以佩戴泽兰，以象征其高尚的道德。

生境分布 生长于海拔200～2600m的山谷湿地、林下湿地或草原上。除新疆未有发现记录外，遍布全国各地。

形态特征 多年生草本。株高30～150cm，根茎短，有多数细根，茎直立，常自基部分枝或仅上部伞房状分枝，茎枝密生白色柔毛；叶对生，茎下部叶较小，花期脱落；茎中部叶长椭圆状披针形或线状披针形，质厚，3裂或不裂，两面粗糙，被白色粗毛及黄色腺点，边缘具疏锯齿，无柄或几乎无柄；茎上部叶较小，与中部叶同形同质；头状花序多数在茎顶或枝端排成紧密的伞房花序，花序枝及花梗紫红色或绿色，被白色密集的短柔毛；总苞钟状，苞片绿色或紫红色，外层苞片披针形、较短，中层及内层苞片长椭圆形或长椭圆状披针形、渐长；两性花常5朵，筒状，白色、粉红色或淡紫红色；瘦果黑褐色，椭圆状，5棱，散生黄色腺点，冠毛1层，白色。花果期7～9月。

野外识别要点 该植物并非古代士大夫所佩戴的泽兰，后者为同属植物佩兰（*E.fortunei*），区别在于：泽兰叶无柄，叶背有黄色腺点，而佩兰叶有短柄，3全裂，叶背无腺点。

花序

别名：白鼓钉、升麻、杆升麻、白头婆	**科属：**菊科泽兰属
用途：①食用价值：叶可提炼油制成香料。②药用价值：全草可入药，具有化湿清暑的功效，可治疗头重发热、胸闷腹胀、食欲不振。	

珠光香青

Anaphalis margaritacea (L.) Benth. et Hok. f.

生境分布 生长在海拔300～3400m的山沟、草地、石砾地及路旁。广泛分布于我国西南、西北等地区，湖南、广西等地也有分布。

形态特征 多年生草本。株高30～60cm，根茎具褐色鳞片的短匍枝，茎粗壮，被灰白色绵毛；茎下部叶花期常枯萎；茎中部叶线形或线状披针形，革质，顶端有小尖头，基部下延抱茎；茎上部叶渐小，叶形与下部叶相似；头状花序多数在枝端排列成复伞房状，花序梗极短，总苞宽钟状或半球状，苞片基部褐色，上部白色；花托蜂窝状；雌株头状花序外围有多层雌花，紫色，冠毛较花冠稍长；中央有3～20朵雄花，上部较粗厚，有细锯齿；瘦果长椭圆形，有小腺点。花果期8～11月。

野外识别要点 珠光香青与零零香青的区别在于叶较狭，在茎上不下延成翅，总苞长5～8mm，而零零香青的叶在茎上下延成翅，总苞长8～11mm。

别名：山萩	科属：菊科香青属
用途：根及全草可入药，具有清热燥湿的功效。	

紫菀

Aster tataricus L. f.

花

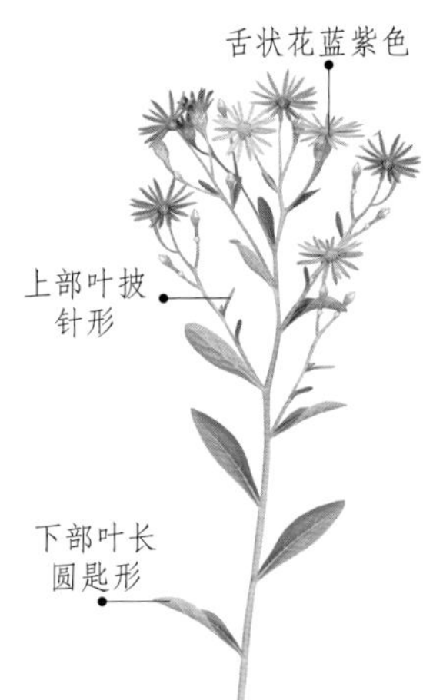

紫菀是10月27日的生日花，也是祭祀基督教圣人圣迪鲁菲那的花朵。这种花原产欧洲，但由于生长很分散，所以很晚才被发现。当紫菀绽放时，星星点点般犹如从四面八方聚集而来的紫色小天使，给孤单的荒野带来了清新和活力。

生境分布 适应性强，一般生长于山坡、林下或山沟中。我国主要分布于东北、华北、西北等地。

形态特征 多年生草本。植株可达1.5m，根状茎短，生多数细根，茎直立，上部多分枝；叶互生，基生叶大，丛生，长圆匙形，边缘疏生锯齿；茎生叶较小，披针形，两面疏生小刚毛，边缘具锐齿；头状花序排列成复伞房状，中间管状花，黄色，边缘舌状花，蓝紫色；瘦果扁平，冠毛灰白色或红褐色。花果期夏秋季。

野外识别要点 叶表面生有小刚毛，手触之感到粗糙；头状花序排列成伞房状，舌状花紫色，管状花黄色。

别名：紫菀花	科属：菊科紫菀属
用途：全草、根和根茎可入药，具有润肺下气、化痰止咳的功效，可治疗痰多喘咳、咳血等症。花朵可用于插花。	

紫苞风毛菊

Saussurea iodostegia Hance

紫苞风毛菊和其他野花不同，它最吸引人的地方不是花序，而是上部的紫色苞叶。因为花序在花蕾时含苞待放，令人十分期待，可绽放后，才发现花是紫黑色的，并没有观赏性。

生境分布 一般生长在海拔1800m以上的山坡、草地或草甸。分布于我国东北、华北及西北等地。

形态特征 多年生草本。株高30～50cm，根状茎平展，颈部被多数膜质残叶柄；茎直立，带紫色，被白色长柔毛；基生叶条状矩圆形，长20～30cm，顶部渐尖，基部渐狭成鞘状半抱茎；茎生叶长圆状披针形，边缘有疏锐细齿，无柄；茎上部叶渐小，椭圆形，呈苞叶状，紫色，全缘；头状花序4～7个在茎顶密集成伞房状，有短梗，总苞近球形，苞片4层，卵形或卵状披针形，顶端紫色，被白色长柔毛及腺毛；花冠紫色；瘦果矩圆形，冠毛污白色，外层糙毛状，内层羽毛状。花期8～9月。

野外识别要点 茎上部叶椭圆形，呈苞叶状，紫色，这也是其名字的由来。

总苞近球形，顶端被白色长柔毛及腺毛

茎上部叶呈苞叶状，紫色

基部渐狭成鞘状半抱茎

叶缘有疏锐细齿

茎和叶被白色长柔毛

别名：紫苞雪莲	科属：菊科风毛菊属
用途：紫苞风毛菊为低等饲用植物，早春茎叶柔嫩，马、牛、羊采食。	

糙叶黄耆

Astragalus scaberrimus Bunge

花背面　花正面

奇数羽状复叶

全株伏生白毛和丁字形毛

根系发达

生境分布 生长在山坡、草地、沙丘及河岸处。分布于我国西北、东北、华北及华东等地。

形态特征 多年生草本。植株低矮，根状茎短缩，多分枝，地上茎极短，贴地匍匐状生长，全株伏生白毛和丁字形毛；奇数羽状复叶，小叶7～15片，椭圆形或近圆形，长不超过1.5cm，先端圆，基部宽楔形或近圆形，具短叶柄；托叶下部与叶柄贴生，长4～7mm，上部呈三角形至披针形；总状花序腋生，有花3～5朵，花梗极短，苞片披针形，花萼管状，花冠淡黄色或白色，旗瓣倒卵状椭圆形，翼瓣较旗瓣短，瓣片长圆形，龙骨瓣较翼瓣短，瓣片半长圆形；荚果披针状长圆形，具短喙，背缝线凹入，密被白色伏贴毛，假2室。花期4～8月，果期5～9月。

野外识别要点 ①地上茎短缩，贴地匍匐状生长。②奇数羽状复叶，密被白色丁字毛。③花黄白色，多生于茎基部叶腋。

别名：粗糙紫云英、春黄耆	科属：豆科黄耆属
用途：糙叶黄耆适应性强，分布广泛，耐干旱，既可作牧草，又可作地被植物种植保持水土。	

草木樨

Melilotus officinalis (L.) Pall.

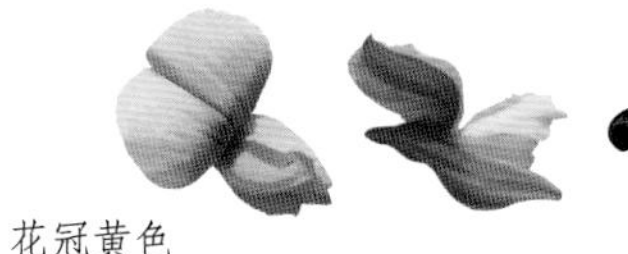

花冠黄色

种子肾形

草木樨具有多种用途和抗逆性强、产量高的特点，被誉为“宝贝草”。

生境分布 生长在坡地、林缘、草甸等处。分布于我国东北、华北、华南和西南地区，国外主要分布于地中海沿岸和亚洲。

形态特征 一年生或二年生草本。株高可达1m，有香气；地下根系发达，入土深度可达2m；茎圆柱形，中空，分枝；三出羽状复叶，小叶椭圆形、狭椭圆形或狭倒披针形，顶端钝圆，边缘有细齿；托叶小，先端尖；总状花序腋生，花梗较长，具花30～60朵，白色；花冠黄色，萼齿三角形，旗瓣与翼瓣近等长；荚果倒卵形，每荚有种子1粒，种子肾形，成熟时黄褐色。花果期6～8月。

野外识别要点 三出羽状复叶，小叶边缘有齿；花黄色，香气极浓。

别名：野苜蓿、草木犀	科属：豆科草木樨属
用途：①饲料价值：嫩茎、嫩叶含充足水分和粗蛋白、粗纤维等物质，既是优良的牧草，也是很好的绿肥植物和蜜源植物。②地被价值：草木樨根系深，覆盖度大，防风防土效果极好，是改良草地、建设牧场的良好资源。	

达乌里黄耆

Astragalus dahuricus (Pall.) DC.

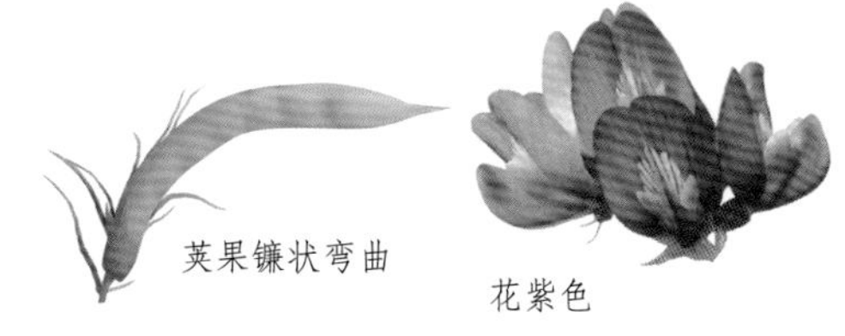

生境分布 一般生长在海拔400～2500m的山坡、河滩、草地、荒地及山沟。分布于我国西北、东北、华北、华东及四川北部，蒙古、朝鲜也有分布。

形态特征 一年生或二年生草本。株高30～80cm，全株开展，有白色柔毛；茎直立，上部分枝，有细棱；奇数羽状复叶，长4～8cm，叶柄短，托叶分离，狭披针形或钻形，长4～8mm；小叶11～23片，长圆形、倒卵状长圆形或长圆状椭圆形，长达2.5cm，先端略尖，基部钝或近楔形，叶背疏生柔毛，近无柄；总状花序腋生，具花10～20朵，花梗极短，苞片线形或刚毛状，花萼斜钟状，萼齿线形；花冠紫红色，旗瓣近倒卵形，翼瓣弯长圆形，基部耳向外伸，龙骨瓣近倒卵形；荚果线形，先端凸尖喙状，直立，内弯，假2室，含20～30颗种子；种子肾形，淡褐色或褐色，有斑点，平滑。花期6～8月，果期8～10月。

野外识别要点 ①茎直立，全株尤其是上部密生白色柔毛。②花序短圆，花紫红色，边开花边结果。③果实弯成镰刀状。

全株开展，有白色柔毛

别名：兴安黄耆	科属：豆科黄耆属
用途：①观赏价值：本种花紫红色，很适合做美化草本。②饲料价值：全株可作饲料，牛、羊、马等极喜食，尤其是驴，因此也称驴干粮。	

大山黧豆

Lathyrus davidii Hance

· 生境分布 生长在海拔1800m的山坡、林缘、灌丛等处。分布于我国西北、东北、华东等地区，安徽、湖北等省区也有分布，朝鲜、日本及俄罗斯远东地区也有分布。

· 形态特征 多年生草本。株高可达5m，具块根，茎圆柱状、粗壮，具纵沟；偶数羽状复叶，小叶3～4对，通常为卵形，叶面绿色，叶背灰白色，光滑无毛，全缘；上部叶轴末端的卷须分枝，下部卷须不分枝；托叶大；总状花序腋生，花10余朵，深黄色，萼钟状，旗瓣长圆形，翼瓣具耳及线形长瓣柄，龙骨瓣卵形，基部具耳及线形瓣柄；花柱扁圆形，内部上面有柔毛；荚果长圆形，种子球形、多粒。花期5～7月，果期8～9月。

植株部分图

· 野外识别要点 大山黧豆、野豌豆和豌豆三者的植物很相似，野外识别时注意：大山黧豆的花柱扁圆柱形；野豌豆的花柱圆柱形；豌豆的花柱向外纵折，托叶大于小叶。

别名：茳芒香豌豆、茳芒决明	**科属**：豆科山黧豆属
用途：大山黧豆叶大花繁，可引种栽培观赏。种子可入药，具有镇痛的功效，可治疗子宫内膜炎和痛经。	

大猪屎豆

Crotalaria assamica Benth.

· 生境分布 生长在海拔50～3000m的山坡、沟谷、草坡及路边。广泛分布于我国长江以南地区。

· 形态特征 直立草本。株高可达1.5m，茎枝圆柱形，被锈色柔毛；单叶，倒披针形或长椭圆形，质薄，先端钝圆，基部楔形，叶面无毛，叶背被锈色短柔毛，叶柄极短；托叶细小，线形，贴伏于叶柄两旁；总状花序项生或腋生，具花20～30朵，苞片线形，花萼2唇形，萼齿披针状三角形，被短柔毛；花冠黄色，旗瓣圆形或椭圆形，基部具胼胝体2枚，翼瓣长圆形，龙骨瓣弯曲，中部以上变狭形成长喙，伸出萼外；荚果长圆形，种子20～30粒。花果期5～12月。

· 野外识别要点 本种单叶；花冠黄色，雄蕊结合成单体。

别名：大猪屎青、凸尖野百合、大叶猪屎豆	**科属**：豆科猪屎豆属
用途：全草和根可入药，具有祛风除湿、消肿止痛的功效，可治疗风湿麻痹、关节肿痛等症。	

甘草

Glycyrrhiza uralensis Fisch.

甘草，是中药中应用最广泛的药物之一，许多处方都离不开它。据说，从前有一个老医生，去外地给人看病时给徒弟留下几包药，嘱咐他用来应付来家里的病人。谁知，老医生很多天都没有回来，药都用完了。这天，徒弟把用来烧水的干柴切碎，妄称是师傅留下的，这种干柴嚼起来甜丝丝的，他经常边烧水边嚼几根。谁知，那些脾胃虚弱、咳嗽痰多、咽喉疼痛的病人吃了这种药，病竟然好了。这就是甘草，从此甘草入药至今。

生境分布 多生长在干旱、半干旱的荒漠草原、沙漠边缘和黄土丘陵地带。广泛分布于我国长江流域以北地区。

野外识别要点 ①植株有鳞片状、点状及刺毛状腺体。②荚果弯曲成镰刀状或环状，有刺状腺毛。

形态特征 多年生草本。株高30～120cm，根与根状茎粗壮，外皮褐色，里面淡黄色，具甜味；茎直立，多分枝，全株密被鳞片状腺点或刺毛状腺体及白色或褐色的绒毛；奇数羽状复叶，叶柄较短，托叶极小，三角状披针形，两面密被白色短柔毛；小叶5～17片，卵形、长卵形或近圆形，顶端渐尖，基部近圆形，叶面暗绿色，叶背绿色，两面均密被黄褐色腺点及短柔毛，全缘或微呈波状，多少反卷；总状花序腋生，花多数，总花梗极短，苞片长圆状披针形，褐色，膜质，外面被黄色腺点和短柔毛；花萼钟状，花冠紫色、白色或黄色，旗瓣长圆形，顶端微凹，基部具短瓣柄，翼瓣短于旗瓣，龙骨瓣短于翼瓣；荚果弯曲呈镰刀状，密集成球，密生瘤状突起和刺毛状腺体；种子肾形，3～11粒，成熟时暗绿色。花期6～8月，果期7～10月。

别名：国老、甜草、甜根子、甜草根、红甘草	科属：豆科甘草属
用途：甘草是一种补益中草药，根和根茎可入药，具有清热解毒、祛痰止咳的功效。	

花苜蓿

Medicago ruthenica (L.) Trautv.

生境分布 生长在山坡、草地、沙地、渠边及路旁。分布于东北、华北、西北等地区，四川等地也有分布。

形态特征 多年生草本。株高30～100cm，茎、枝四棱形，有白色柔毛；羽状三出复叶，叶柄极短或近无柄，托叶披针形；顶生小叶卵形、狭卵形或倒卵形，长5～12mm，宽3～7mm，先端圆形或截形，基部楔形，叶背有伏生长毛，边缘常中部以上有锯齿；2片侧生叶较小；总状花序腋生，具花3～8朵，花梗近无，花萼钟状，萼齿三角形，被白色柔毛；花冠黄色，具紫纹；荚果矩圆形，扁平，表面具横纹，先端短尖，种子2～4个。花期6～8月。

野外识别要点 ①羽状三出复叶，顶生小叶边缘中部以上有锯齿。②花带紫色纹。③荚果扁平，两面有网纹。

花冠黄色，具紫纹

顶生叶边缘中部以上有锯齿

侧生小叶

茎被白色柔毛

别名：扁豆子、苜蓿草、野苜蓿	科属：豆科苜蓿属
用途：①饲料价值：本种含有较多量的粗蛋白质，是优等牧草，适口性好，各种家畜均喜食。②绿化价值：本种抗风、抗旱能力较强，适合作地被植物种植于沙质地、丘陵坡地及地下水位较高的沙窝子地。	

苦参

花

荚果

Sophora flavescens Ait

苦参和槐树有亲缘关系，虽然初生时植株似草本，但茎干逐渐木质化。另外，花形、果实也与槐树的很像。

生境分布 常生长于海拔200～1500m的山坡、沙地、草坡、灌木林及田野附近，目前已开展人工引种栽培。广泛分布于我国各地。

形态特征 多年生草本或亚灌木。株高通常1m，茎具纹棱，幼时疏被柔毛；羽状复叶大型，酷似槐树叶，长可达25cm，小叶6～12对，椭圆形、卵形至披针状线形，纸质，叶面无毛，叶背疏生灰白色柔毛或近无毛，中脉在叶背隆起；托叶极小，长6～8mm，披针状线形；总状花序顶生，花多数，花梗纤细，苞片线形，花萼钟状，花冠白色或淡黄白色；荚果圆柱形，长5～10cm，成熟后开裂成4瓣，种子1～5粒；种子长卵形，深红褐色或紫褐色。花果期夏秋季。

野外识别要点 ①奇数羽状复叶。②总状花序顶生，蝶形花冠淡黄白色，雄蕊10枚，分离。③荚果稍呈串珠状。

总状花序顶生

奇数羽状复叶酷似槐树叶

块根棕黄色

别名：地槐、苦参麻	科属：豆科槐属
用途：根可入药，具有清热除湿、祛风杀虫的功效，可治疗疮毒、便血、黄疸等症。	

蓝花棘豆

Oxytropis caerulea (Pall.) DC.

· 生境分布 常生长在海拔1400m以上的山林、草甸和沟谷中。分布于我国华北地区，山西一带也有分布。

· 形态特征 多年生草本。植株低矮，高不过30cm，主根粗壮，外皮暗褐色，地上茎缩短或无地上茎；奇数羽状复叶，长5～20cm，较窄，直立状；托叶披针形，膜质，先端长渐尖，中部以下与叶柄合生，被柔毛；小叶17～41片，卵状披针形或长圆状披针形，先端锐尖或钝，基部圆形，两面疏生长柔毛，全缘；总状花序，花多数、稀疏，花梗细，有长柔毛；苞片线状披针形，花萼钟状，萼齿披针形；花冠蝶形，紫红色或蓝紫色，旗瓣宽倒卵形，翼瓣和龙骨瓣与旗瓣等长或稍短；荚果长圆状卵形，肿胀，先端具喙，外有白色平伏的短柔毛。花期6～7月，果期7～8月。

· 野外识别要点 ①奇数羽状复叶，叶丛生、直立。②总状花序长于叶，花多数却稀疏。③龙骨瓣顶端具小尖喙。

别名：无	**科属：**豆科棘豆属
用途：①药用价值：根可入药，具有补气固表、脱毒生肌、利水退肿的功效，可治疗气短心悸、盗汗、久泻、面目浮肿、小便不利等症。②观赏价值：本种株美花艳，抗旱性强，既可美化环境，又可防止水土流失。	

链荚豆

Alysicarpus vaginalis (L.) DC.

· 生境分布 多生长在海拔100～700m的林缘、坡地、草地及路边等。分布于我国长江流域以南地区。

· 形态特征 一年生或多年生草本。株高30～90cm，茎簇生或基部多分枝，稍被短柔毛；单叶，较小，叶形变化大，茎下部叶通常为心形、近圆形或卵形，茎上部叶卵状长圆形至线状披针形，叶面无毛，叶背稍被短柔毛，侧脉4～5条，全缘；叶柄极短；托叶线状披针形，干膜质，具条纹，无毛；总状花序腋生或顶生，有花6～12朵，成对排列于节上，苞片膜质，卵状披针形，花萼膜质，花冠紫蓝色，略伸出于萼外，旗瓣宽，倒卵形；荚果扁圆柱形，被短柔毛，有不明显皱纹，荚节4～7个，分界处有略隆起线环。花期9月，果期9～11月。

· 野外识别要点 ①单叶，叶形变化大。②花冠紫蓝色，荚果具4～7荚节。

荚果扁圆柱形

下部叶一般为心形、近圆形或卵形

侧脉4～5条

别名：小豆、水咸草、蓼蓝豆、单叶草	**科属：**豆科链荚豆属
用途：本种是良好绿肥植物，还可作饲料；全草则可入药，常用来治疗刀伤、骨折。	

两型豆

Amphicarpaea edgeworthii(Miq.)Baker ex Kitag.

生境分布 生长在海拔300～1800m的山坡、路旁、旷野和草地上。分布于我国东北、华北、华东等地区，陕西等地也有分布。

形态特征 一年生缠绕草本。株高30～130cm，茎纤细，被淡褐色柔毛；三出羽状复叶，顶生小叶菱状卵形，薄纸质，先叶面绿色，叶背淡绿色，两面贴生柔毛，基出脉3条，叶柄短；侧生叶小，斜卵形；小托叶极小，常早落。花二型：一种是从地上茎叶腋生出的短总状花序，花2～7朵，淡紫色，花萼管状，5裂；另一种是生于茎下部叶腋的闭锁花，无花瓣，柱头弯至与花药接触，子房受精后伸入地下结果实，果实卵球形，仅含1粒种子。花果期7～9月。

野外识别要点 ①三出羽状复叶。②花二型，具地上茎生出的有瓣花和茎下部叶腋的闭锁花。③有瓣花的荚果具3粒种子。

别名：阴阳豆、三籽两型豆、山巴豆、野毛扁豆	科属：豆科两型豆属
用途：①食用价值：种子可食，秋季采收，洗净煮熟即可。②药用价值：种子可入药。	

米口袋

Gueldenstaedtia multiflora Bunge

叶面有白色绵毛

花紫堇色 荚果

奇数羽状复叶丛生

主根长而粗壮

生境分布 生长在草地、丘陵、坡地、山地、草甸和路旁等处。我国大部分地区都有分布，朝鲜、俄罗斯也有分布。

形态特征 多年生草本。株高不过20cm，全株被白色绵毛，果期后毛渐少；主根圆锥形，粗壮，上端具短缩的茎或根状茎；叶从生于短缩的茎或根状茎，奇数羽状复叶，小叶9～21枚，广椭圆形、长圆形、卵形或近披针形，两面被白色长绵毛，全缘；托叶卵状三角形至披针形，基部与叶柄合生；总花梗自叶丛间抽出，2～8朵花密集成顶生的伞形花序，花梗极短，苞片披针形至线形，萼钟状，花冠紫堇色；荚果圆筒状，被长柔毛；种子肾形，表面有光泽，具浅蜂窝状凹陷。花果期春夏季。

野外识别要点 ①奇数羽状复叶，从生于短缩的茎上。②总花梗自叶丛间抽出，顶端具2～8朵花密集成的伞形花序。③荚果圆筒状，形似装米的口袋。

别名：小米口袋、米布袋、甜地丁、莎勒吉日	科属：豆科米口袋属
用途：嫩叶和种子可食，春季采嫩叶，夏季采种，嫩叶焯熟后凉拌食用，种子煮熟食用。	

披针叶黄华

Thermopsis lanceolata R. Br.

生境分布 生长在湿润的丘陵、草原、沙地、河岸和草滩等处。分布于我国东北、华北、西北等地区，四川等地也有分布。

形态特征 多年生草本。茎直立，密生棕色长伏毛；掌状三出复叶，小叶倒披针形或长椭圆形，叶背被棕色长伏毛；托叶大形，椭圆形或卵状披针形；总状花序顶生，花轮生，每轮2～3朵，花冠蝶形，黄色；荚果长椭圆形，先端急尖，内含种子多数。花期5～6月，果期7～8月。

野外识别要点 ①掌状三出复叶，托叶叶状。②花黄色，雄蕊10枚，不形成二体雄蕊。③荚果扁平。

别名：黄花苦豆、野决明、牧马豆	**科属**：豆科决明属
用途：①观赏价值：披针叶黄华适合种植于沙质土壤，有保土固沙的作用。②药用价值：全草可入药，具有祛痰、止咳的功效；种子有毒，忌食用。	

山野豌豆

Vicia amoena Fisch. ex DC.

生境分布 生长在海拔1000～2000m的路边、草地及林缘。分布于我国西北、东北、华北、华东等地。

复叶顶端有卷须

形态特征 多年生草本。株高30～100cm，主根粗壮，须根发达，茎斜升或攀援，细软，多分枝，全株疏生柔毛；偶数羽状复叶，顶端卷须有2～3分支；小叶4～7对，椭圆形至卵披针形，叶面被贴伏长柔毛，中脉较密，叶背粉白色；托叶半箭头形，边缘有3～4裂齿；总状花序生于叶腋，具花10～30朵，花冠蝶形，蓝紫色、紫色或淡紫色；花萼斜钟状，萼齿近三角形；旗瓣倒卵圆形，翼瓣与旗瓣近等长，瓣片斜倒卵形，龙骨瓣短于翼瓣；荚果长圆形，种子1～6枚，圆形，成熟时褐色，具花斑。花期4～6月，果期7～10月。

野外识别要点 ①偶数羽状复叶，顶端有2～3分支的卷须。②小叶的倒脉在叶边缘处不联合成波状脉纹。

别名：落豆秧、山黑豆、透骨草	**科属**：豆科野豌豆属
用途：全草可入药，具有清热解毒的功效。另外，山野豌豆含有粗蛋白质，是优良牧草，各种家畜均爱吃。	

歪头菜

Vicia unijuga A. Br.

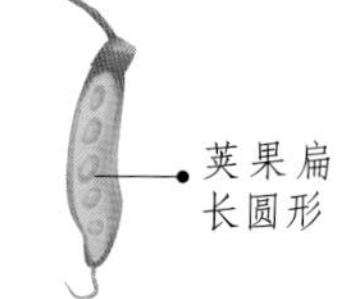

生境分布 常生长在山沟、林下、草地及灌丛。广泛分布于我国南北方各山地。

形态特征 多年生草本。株高40～100cm，根茎粗壮，黑褐色；茎直立，通常数茎丛生，具棱，幼时疏被柔毛，后渐脱落，茎基红褐色或紫褐红色；偶数羽状复叶，小叶1对，菱状卵形、椭圆形或狭椭圆形，叶脉疏生柔毛，边缘具小齿；叶轴末端的卷须退化为尖头状，托叶较小，戟形或近披针形，边缘有锯齿；总状花序腋生，花8～20朵，花萼钟状，旗瓣倒提琴形，中部缢缩，先端圆有凹，翼瓣先端钝圆，龙骨瓣短于翼瓣，花冠蓝色或蓝紫色；荚果扁长圆形，成熟时棕黄色，内含种子4～6粒，成熟时红褐色。花期7～8月，果期8～9月。

野外识别要点 ①豆科植物的叶大部分为奇数羽状复叶，唯独歪头菜是偶数羽状复叶，且只有1对小叶，如一只绿色的小蝴蝶。②茎上无卷须。

托叶

小叶1对

别名：两叶豆苗、三铃子、草豆、野豌豆、山绿豆	科属：豆科野豌豆属
用途：本种嫩叶营养丰富，可作为野菜食用；全草可入药，具有理气止痛、调虚补肝、清热利尿的功效。另外，本种是优良的观花植物，可用于城市绿化或作地被植物种植。	

直立黄耆

Astragalus adsurgens Pall.

由于在花期，总状花序从上部分枝的叶腋长出，并且始终保持直立，直到花谢后，因此被称为直立黄耆。

生境分布 一般生长在向阳山坡、灌丛及林缘地带。分布于我国西北、东北、华北、西南地区，蒙古、日本、朝鲜和北美地区也有分布。

形态特征 多年生草本。植株低矮，根茎粗壮，暗褐色，茎多丛生，被丁字毛，有分枝；奇数羽状复叶，托叶极小，三角形；小叶9～25片，长圆形或狭长圆形，叶面近无毛，叶背密生丁字毛和伏毛；总状花序腋生，花梗极短，苞片狭披针形至三角形，花萼管状钟形，被黑褐色或白色毛；花冠近蓝色或红紫色；荚果长圆形，两侧稍扁，背缝凹入成沟槽，顶端具下弯的短喙，被黑色、褐色和白色混生毛，假2室。花期6～8月，果期8～10月。

野外识别要点 ①茎有分枝，且分枝多斜出主茎生长，枝与叶均被丁字毛。②花开时花序直立，花紫红色或蓝紫色。

别名：斜茎黄耆、沙打旺	科属：豆科黄耆属
用途：种子可入药，具有益肾固精、补肝明目的功效。另外，本种富含蛋白质，是优良的牧草和绿肥植物。	

紫云英

Astragalus sinicus L.

很久以前，人们常将紫云英种植在硒丰富的地区，紫云英用根系从土壤中吸收硒后存于枝干内，等它一成熟，人们便会将其割倒、晒干、烧成灰，从中提取出硒元素，小小的紫云英真是令人刮目相看！

· 生境分布 一般生长在海拔400～3000m间的山坡、溪边及潮湿处。分布于我国长江流域各省区，目前已见有少量人工引种栽培。

· 形态特征 二年生草本。植株低矮，高不过30cm，茎多分枝，匍匐状生长，全株被白色柔毛；奇数羽状复叶，长可达15cm，叶柄较长；托叶离生，卵形，先端尖，基部近合生，边缘有毛；小叶7～13片，倒卵形或椭圆形，长10～15mm，宽4～10mm，先端钝圆或微凹，基部宽楔形，叶背疏生白色柔毛，具短柄；总状花序腋生，具花5～10朵，花序梗较长，苞片三角状卵形，花萼钟状，萼齿披针形，长约为萼筒的1/2，花冠紫红色或橙黄色，旗瓣倒卵形，先端微凹，基部渐狭成瓣柄，翼瓣较旗瓣短，瓣片长圆形，基部具短耳，龙骨瓣与旗瓣近等长，瓣片半圆形；荚果线状长圆形，稍弯曲，具短喙，成熟时黑色，且具隆起的网纹；种子肾形，栗褐色。花期2～6月，果期3～7月。

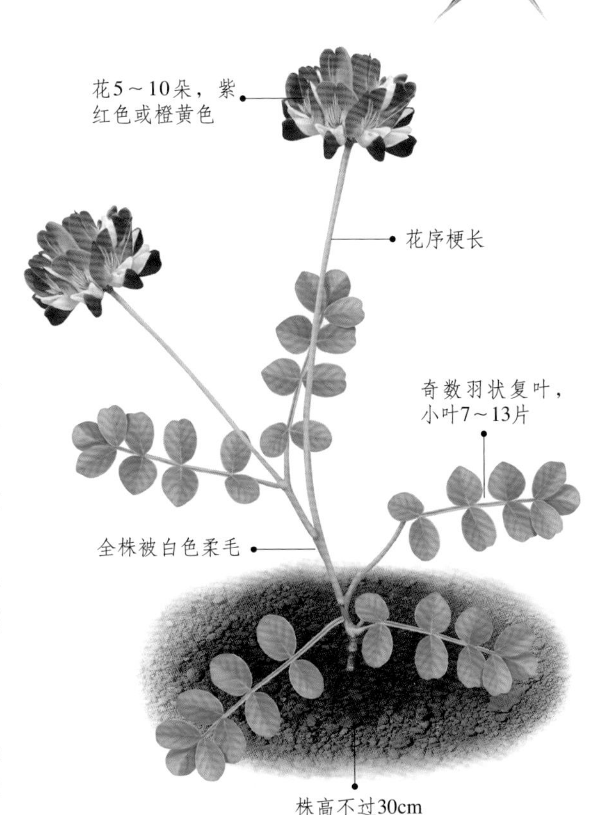

· 野外识别要点 ①茎多分枝，总是匐地生长。②奇数羽状复叶。③荚果线状长圆形，成熟时黑色。

别名：翘摇、红花草、草子等	**科属：**豆科紫云英属
用途：①饲料价值：本种茎、叶柔嫩多汁，叶量丰富，富含营养物质，是上等的优质牧草，不仅牛、羊、马、兔等喜食，还可喂猪、鸡、鹅等。②农用价值：作绿肥用于田地。③药用价值：全草和根可入药，具有健脾益气、解毒止痛的功效，可治疗急性结膜炎、神经痛、带状疱疹、肝炎、月经不调、痔疮等症。	

白苞筋骨草

Ajuga lupulina Maxim.

如果有机会去北京的东灵山或百花山，爬到海拔1800m以上时，你就会看见一种非常奇特的植物，茎上部有许多白色或淡绿色的苞片层层相叠，没错，这种形态独特的植物就是白苞筋骨草。

轮伞花序

生境分布 生长在河滩、高山草地或山坡上。分布于我国河北、山西、甘肃、青海、西藏及四川等地。

形态特征 多年生直立草本。植株低矮，高不过35cm，全株有白色长柔毛，茎直立；叶对生，矩圆状披针形，长达12cm，宽仅3cm，两面疏生柔毛，边缘具波状齿；叶柄短，具狭翅；轮伞花序密集成假穗状花序，顶生，每轮具花至少6朵，苞片大，白色、白黄色或绿紫色；花萼钟状；花冠白色、白绿色或白黄色，具紫斑，2唇形；花盘小，环状，前方具1指状腺体；4小坚果，倒卵状三棱形，背部具网状皱纹。花期6～8月，果期7～9月。

野外识别要点 ①植株矮小，茎单一。②苞片层层相叠，几乎将花全部遮盖。③花冠2唇形，白色带紫色纹，下唇中裂片延长很多。

叶缘有齿

叶两面疏生柔毛

根茎横走

别名：甜格宿宿草	科属：唇形科筋骨草属
用途：全草可入药，具有解热消炎、活血消肿的功效，主治肺痨咳嗽、跌损瘀凝、面神经麻痹等症。	

并头黄芩

Scutellaria sordifolia Fisch. ex Schrank

叶子锯齿特写

花成对生于叶腋内

生境分布 生长在河滩、草地、山地、林缘、荒地及路旁等阴湿处。广泛分布于我国西北、东北及华北地区。

形态特征 多年生草本。植株低矮，根状茎细长，淡黄白色，茎直立，四棱形，疏生柔毛，少分枝；单叶对生，三角状披针形或披针形，先端钝，基部近圆形或截形，叶面无毛，叶背疏被短柔毛，具多数凹腺点，稀全缘，叶柄极短或近无柄；花成对单生于茎上部叶腋内，偏向一侧，花萼钟状，2唇形，外密被短柔毛，上裂片背上有1盾片；花冠蓝紫色或蓝色，2唇形，上唇盔状，下唇3裂，两侧裂片向上唇靠合；小坚果近圆形或椭圆形，具瘤状突起。花期6～8月，果期8～9月。

野外识别要点 本种与黄芩的区别在于叶缘具圆锯齿，花成对单生于茎上部的叶腋内。

别名：头巾草、吉布泽	科属：唇形科黄芩属
用途：全草可入药，夏、秋季采收，洗净泥土，晒干，切段备用，具有清热解毒、泻热利尿的功效。	

百里香

Thymus mongolicus Ronn.

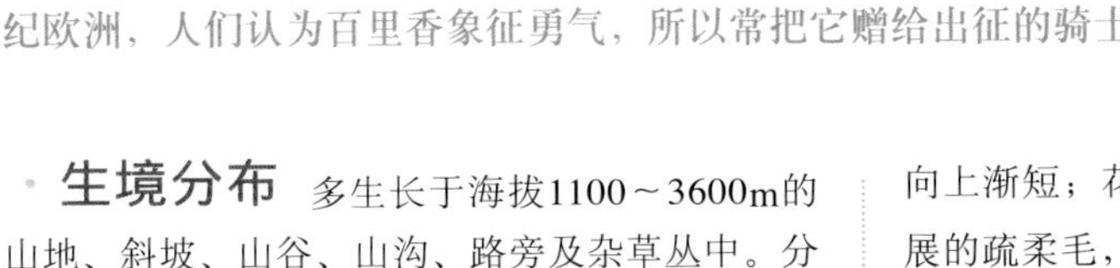

百里香是一种芳香草本，现在作为美食的香料被广泛种植。在中世纪欧洲，人们认为百里香象征勇气，所以常把它赠给出征的骑士。

· 生境分布 多生长于海拔1100～3600m的山地、斜坡、山谷、山沟、路旁及杂草丛中。分布于我国甘肃、陕西、青海、山西、河北、内蒙古等地。

· 形态特征 半灌木。植株低矮，高一般为15～30cm，全株有香味，茎多数，匍匐或上升，不育枝从茎的末端或基部生出，被短柔毛；叶卵圆形，较小，先端钝或稍锐尖，基部楔形或渐狭，侧脉2～3对，腺点明显，通常全缘，叶柄向上渐短；花枝高2～10cm，密被向下曲或稍平展的疏柔毛，轮伞花序密集成头状，苞叶与叶同形，花具短梗，花萼管状钟形或狭钟形，内面在喉部有白色毛环；花冠紫红、紫或淡紫、粉红色，冠筒伸长，向上稍增大；小坚果近圆形或卵圆形，压扁状，光滑。花期6～8月。

· 野外识别要点 ①半灌木，平卧地面。②叶小，长不超过1cm，有浓厚的香气。

别名：干里香、地椒叶、地角花、地椒、山椒	**科属：**唇形科百里香属
用途：①观赏价值：本种香气浓郁，常作花镜、花坛、岩石园或香料园的地被植物。②食用价值：百里香还可作食用调料，在欧洲，人们经常在炖肉、蛋或汤中放入，增加香味，我国则多用来冲茶饮，被称为上品。	

板蓝(马蓝)

Strobilanthes cusia (Nees) O. Kuntze
[*Baphicacanthus cusia* (Nees) Bremek.]

花冠筒状
根茎细长
叶纸质

生境分布 生长在山坡、路旁、草丛及林边潮湿处。分布于我国西南、华南、华东等地区，台湾等地也有分布。

形态特征 多年生草本。株高30～100cm，茎直立，基部稍木质化，通常成对分枝，幼枝常被锈色鳞片状毛；叶椭圆形或卵形，纸质，长达25cm，宽达10cm，光滑无毛，干时黑色，侧脉在两面凸起，边缘有粗锯齿，具短柄；穗状花序长10～30cm，花冠筒状，蓝色或蓝紫色，2唇形；蒴果长卵形，无毛。花果期9～11月。

野外识别要点 ①茎基部常成对分枝，幼枝常被锈色鳞片状毛。②叶脉在两面凸起，干时黑色。③穗状花序长达30cm，被锈色鳞片状毛，苞片对生。

别名：山青、大青、山蓝、马蓝	科属：爵床科马蓝属
用途：根、叶可入药，具有清热解毒、凉血消肿的功效，可治疗流感、中暑、菌痢、急性肠炎、咽喉炎、口腔炎、扁桃体炎、丹毒、腮炎等症。另外，本种的叶含有蓝靛染料，提取后可用于染料。	

半蒴苣苔

Hemiboea henryi Clarke

生境分布 常生长在山谷、林下或沟边等阴湿处，海拔可达2000m。分布于我国华东、华南、西南等地区，陕西、甘肃等地也有分布。

形态特征 多年生草本。株高15～40cm，茎斜生，具4～8节，上部有时疏生短柔毛；叶对生，椭圆形或倒卵状椭圆形，稍肉质，长达23cm，宽达12cm，先端渐尖，基部下延，叶面深绿色，叶背淡绿色或带紫色，两面偶有白色短柔毛，全缘或有波状浅钝齿；叶柄长1～9cm，具翅，翅合生成船形；聚伞花序着花3～10朵，花序梗长，总苞球形，淡绿色，顶端具尖头，开放后呈船形；萼片5，干时膜质；花冠筒状，白色、具紫色斑点，口部2唇形，上唇2浅裂，下唇3深裂；蒴果线状披针形，稍弯曲，无毛。花期8～10月，果期9～11月。

野外识别要点 ①叶肉质，叶背淡绿色或带紫色。②叶柄翅合生成船形。③总苞在花期呈船形。

别名：石花、牛蹄草、山白菜、乌梗子、牛耳朵菜、石莴苣、降龙草	科属：苦苣苔科半蒴苣苔属
用途：全草可入药，主治喉痛、麻疹和烧烫伤等症。另外，嫩叶可食，春季采摘，洗净、焯熟，调拌可食。	

薄荷 >花语：美德

Mentha haplocalyx Briq.

薄荷是世界三大香料之一，有“亚洲之香”的美誉，将一块薄荷糖含在嘴里，立刻便会有一种清凉通透之感传遍全身，这就是薄荷给人最直接、最深刻的感受。现在，中国是薄荷油、薄荷脑的主要输出国之一。

生境分布 喜生于水旁潮湿地。主要分布于我国河北、江苏、江西及四川等地。

形态特征 多年生草本。株高30～80cm，具匍匐状根茎，地上茎直立，多分枝，四棱形，具4槽，无毛或略具倒生的柔毛；单叶对生，叶形变化大，披针形、卵状披针形、长圆状披针形至椭圆形，长3～7cm，宽0.8～3cm，先端锐尖，基部楔形至近圆形，侧脉5～6对，叶面深绿色，叶背淡绿色，边缘有齿，具叶柄；轮伞花序腋生，球形，花梗有或无，萼管状钟形，脉10，萼齿5，外具微柔毛及腺点；花冠淡紫色至白色，4裂，喉部内部微被柔毛；小坚果卵圆形，成熟时黄褐色，具小腺窝。花期7～9月，果期10～11月。

野外识别要点 ①轮伞花序腋生，球形，花冠淡紫色至白色，冠檐4裂。②叶对生，披针形，边缘具大小几乎相同的三角状齿。

别名：野薄荷、南薄荷、仁丹草、水益母、接骨草、水薄荷、鱼香草	**科属：**唇形科薄荷属
用途：①食用价值：嫩茎叶可作菜食、榨汁服，或作调味剂、作香料，还可配酒、冲茶等。②药用价值：全草可入药，具有散风热、清头目、利咽喉、解郁的功效。	

糙苏

Phlomis umbrosa Turcz.

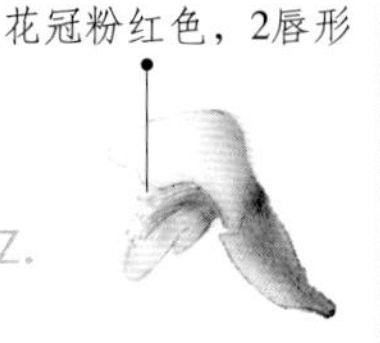

中部叶较大

块根椭圆状

· 生境分布 生长于山地、山坡等阴湿处。分布于我国西北、东北、华北、华东和西南等地。

· 形态特征 多年生草本。株高50～150cm，块根椭圆状、肉质，茎四棱形，多分枝，疏被向下短硬毛；叶对生，卵圆形至卵状长圆形，薄纸质，长、宽可达12cm，先端急尖，基部浅心形或圆形，两面疏生柔毛，边缘具锯齿；叶柄长1～12cm，上部渐短；轮伞花序，常2～5轮，每轮着花4～8朵，苞片线状披针形，草质，花萼管状，外被星状微柔毛，5裂，有刺尖；花冠粉红色，2唇形，上唇外有绢状毛，下唇密生绢状柔毛；小坚果4个，无毛。花期7～8月，果期9月。

· 野外识别要点 ①花冠2唇形，上唇浅2裂，下唇3裂。②雄蕊4个，2个较长，也称2强雄蕊。③子房4深裂，形成4个小坚果。④轮伞花序腋生，叶近圆形至卵状长圆形。

别名：续断、常山、山芝麻、小兰花烟、苏子	**科属：**唇形科糙苏属
用途：全草和根可入药，具有祛风活络、强筋壮骨、利水消肿的功效，可治疗感冒、慢性支气管炎、风湿关节痛、腰痛、跌打损伤、疮疖肿毒等症。	

草本威灵仙

Veronicastrum sibiricum (L.) Pennell

花序顶生，长尾状

花红紫色、紫色或淡紫色

叶缘具三角形齿

叶4～6枚轮生

茎圆柱形

· 生境分布 多生长在山坡、草地、灌木丛及路边，海拔可达2500m。分布于我国东北、华北等地区，陕西北部、甘肃东部、山东半岛也有分布。

· 形态特征 多年生草本。株高80～150cm，根状茎横走，节间短，多须根；茎直立，近圆柱形，常不分枝，有时略被柔毛；叶4～6枚轮生，无柄，叶片长圆形至宽条形，长达15cm，宽达5cm，先端渐尖，两面有时疏生柔毛，边缘具三角形齿；花序顶生，长尾状，花梗短，花萼5深裂，裂片不等长，钻形；花冠红紫色、紫色或淡紫色，花冠筒内面被毛，口部4裂，裂片宽度不等；蒴果卵形，4瓣裂，两面有沟；种子椭圆形。花期7～9月。

· 野外识别要点 ①叶4～6枚轮生。②穗状花序长尾状，花冠4裂，近辐射状对称。

别名：九盖草、山鞭草、狼尾巴花、九节草、能消、草龙胆、山红花	**科属：**玄参科威灵仙属
用途：嫩叶可食，夏季采摘，洗净、焯熟，调拌食用。另外，根可入药，具有清热解毒、祛风除湿的功效。	

丹参

Salvia miltiorrhiza Bunge

叶脉隆起

丹参是一味常用中药，因其外形与人参相似，表皮呈紫红色，故得此名。

生境分布 生长在山坡、草地、林缘、道旁或山地。全国大部分地区均有分布，但主产区位于四川、山东、浙江等省。

形态特征 多年生草本。株高40～80cm，根肥厚、肉质，表皮红色，内面白色，茎有长柔毛；奇数羽状复叶，小叶1～3对，卵形或椭圆状卵形，两面有毛；轮伞花序组成顶生或腋生假总状花序，花序梗密生腺毛或长柔毛；苞片披针形，花萼钟形、紫色；花冠蓝紫色，筒内有毛环，上唇镰刀形，下唇3裂；小坚果椭圆形，成熟时黑色。花期4～6月，果期7～8月。

野外识别要点 ①根肥大、肉质，外表皮红色。②轮伞花序多花，花序梗密生腺和长柔毛。

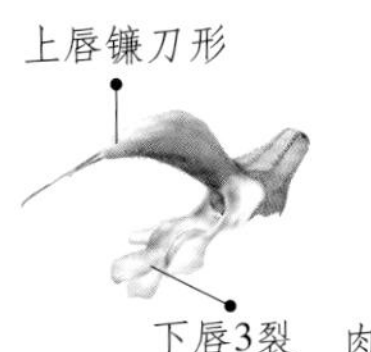

部分植株图

别名：紫丹参、葛公菜、红根、血参根、大红袍、山红萝卜	科属：唇形科鼠尾草属
用途：根茎可入药，11月挖取，晒干、切片备用，具有活血调经、祛瘀止痛、清心除烦、养血安神的功效。	

吊石苣苔

Lysionotus pauciflorus Maxim.

花冠2唇形，上唇2浅裂，下唇3裂

叶对生或3～5枚轮生　茎弯曲匍匐　脉凹陷　花冠筒状，有条纹　荚果细长

生境分布 生长在丘陵、山地、沟谷等处，海拔可达1500m。分布于我国西南、华南、华中等地区，安徽等地也有分布。

形态特征 常绿小灌木。植株低矮，全株无毛或上部疏生短毛；茎弯曲匍匐，下部生不定根；叶对生或3～5枚轮生，叶形变化大，线形至倒卵状长圆形，革质，叶面脉凹陷，叶缘上部具钝浅粗齿，叶柄短或近无柄；每花序着花1～5朵，花序梗纤细，苞片披针状线形，疏被短毛或近无毛；花萼管状，5深裂，裂片狭三角形；花冠筒状，白色带淡紫色条纹或淡紫色，具副冠，口部2唇形，上唇2浅裂，下唇3裂；花盘杯状，种子纺锤形；花期7～10月。

野外识别要点 ①茎弯曲、匍匐状生长，下部生不定根。②叶革质，叶缘中上部具钝浅粗齿。③花冠白色至淡红色，带有紫色条纹，具副花冠。

别名：石吊兰、接骨生、瓜子菜、石豇豆、地枇杷、石杨梅、岩头三七	科属：苦苣苔科吊石苣苔属
用途：全草可入药，具有消积止痛、活血调经、利湿祛痰的功效，可治疗咳嗽、支气管炎、风湿性关节炎等症。	

地黄

Rehmannia glutinosa Libosch

可以入药的块根

地黄在我国的栽培历史非常悠久，是我国的传统中药材，由于块根黄白色而得名。地黄的花管具蜜，有甜味，可吸食。

生境分布 生长在海拔50～1100m的沙质壤土、山坡、田埂、路旁等处。分布于我国甘肃、内蒙古、陕西、山西、辽宁、河北、河南、山东、江苏、湖北等省区。

形态特征 多年生草本。植株低矮，高不过30cm，全株有白色长柔毛和腺毛，根状茎肉质，黄白色，茎紫红色；叶基生成丛，大型，倒卵形至长椭圆形，基部渐狭成柄，叶面绿色、有皱纹，叶背略带紫色，边缘具不整齐齿；花茎自叶丛中抽出，总状花序，花密集，花萼5齿裂，花冠钟形，口部5裂，2唇形，密生腺毛，外面紫红色，内面黄紫色；雄蕊4个，内藏；蒴果卵形至长卵形，具宿萼和花柱。花期4～6月，果期7～8月。

野外识别要点 ①全株密被长柔毛及腺毛。②根鲜黄色，叶常基生，叶面皱缩不平。③花冠筒状而微弯，外面紫红色，内面黄色而有紫斑，上唇2裂，下唇3裂。

总状花序，花密集

花萼5齿裂

花冠钟形，口部5裂，密生腺毛

叶面皱缩

叶缘具不整齐齿

根茎发达，黄白色

别名：生地、酒壶花、山烟	科属：玄参科地黄属
用途：①景观用途：地黄初夏开花，花朵繁茂，可种植于园林、药用园观赏。②食用价值：根、叶可食，春季采收，根可炒食或熬粥，叶可煮汤或榨汁饮。③药用价值：块根可入药，具有清热生津、滋阴养血、凉血补血的功效，可治疗消渴、月经不调等症。	

返顾马先蒿

Pedicularis resupinata L.

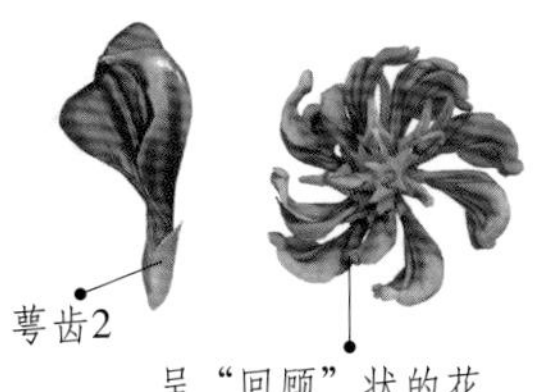

生境分布 生长在山坡林下、草甸或沟谷等阴湿处，海拔300～2000m。分布于我国东北、西北、西南及华东等地。

形态特征 多年生草本。株高30～70cm，根纤维状、细长，多数丛生；茎直立，中空，上部多分枝，有疏毛；叶互生，下部偶有对生，卵形至长圆状披针形，纸质，顶端渐狭，基部广楔形或圆形，两面无毛或有疏毛，边缘有羽状缺刻状重锯齿，齿上有浅色胼胝或刺状尖头，且常反卷，叶柄短；叶片向上渐小，在顶部成为花序的苞片；花单生于叶腋，花萼长卵圆形，萼齿2；花冠淡紫红色，2唇形，上唇盔状，下唇3裂；花冠管部直伸，近端处略扩大，自基部起向右扭旋，使下唇及盔部成为回顾之状，故得名；蒴果斜长圆状披针形。花果期夏秋季。

野外识别要点 ①叶片边缘有缺刻状重锯齿。②花冠紫红色，自基部向上扭转，使下唇及盔部成回顾之状。

别名：马先蒿、马尿泡	**科属**：玄参科马先蒿属
用途：①药用价值：全草和根可入药，可治疗风湿关节疼痛、关节疼、尿路结石、石淋、小便不畅、白带等症。②观赏价值：本种花形奇特，花色鲜艳，可栽培观赏。	

风轮菜

Clinopodium chinensis (Benth.) O. Ktze.

生境分布 一般生长在海拔1000m以下的山坡、草地、路边、沟边及灌丛。分布于我国华北至南方各地。

形态特征 多年生草本。株高可达1m，茎四棱形，多分枝，具细条纹，全株密被短柔毛；叶对生，卵圆形，纸质，叶面榄绿色，密被平伏短硬毛，叶背灰白色，被疏柔毛，脉上尤密，边缘具圆齿状锯齿；花密集成轮伞花序，苞叶叶状，向上渐小至苞片状，苞片针状，边缘有长缘毛；花萼狭管状，2唇形，上唇有3齿，端有硬刺，下唇有2齿，端有芒尖；花冠紫红色，2唇形，上唇直伸，下唇3裂；小坚果倒卵形，成熟时黄褐色。花期7～8月，果期8～9月。

野外识别要点 ①叶对生，叶缘具大小几乎相等的圆形锯齿。②轮伞花序生于分枝上部，而不是叶腋。

别名：紫云菜、节节草、九层塔、苦地胆、山薄荷、野薄荷	**科属**：唇形科风轮菜属
用途：嫩叶可食，春季采摘，焯熟后凉拌。另外全草可入药，具有疏风清热、解毒消肿的功效。	

广防风

Anisomeles indica (L.) Kuntze

生境分布 常生长在林缘、路旁或荒地，海拔可达2400m。主要分布于我国西南、华南等地区，西藏、湖南等地也有分布。

形态特征 直立草本。株高1～2m，茎四棱形，多分枝，密被白色贴生短柔毛；叶阔卵圆形，纸质，先端渐尖，基部阔楔形，两面伏生柔毛，脉上，边缘具齿，具短叶柄；轮伞花序，小苞片线形，花萼有时紫红色，外被长硬毛及腺柔毛，萼齿三角状披针形，边缘具纤毛；花冠淡紫色，2唇形，上唇长圆形，全缘，下唇3裂，中裂片倒心形，边缘微波状，侧裂片较小，卵圆形；花丝扁平，两侧边缘膜质，被小纤毛；坚果细小。花期8～9月，果期9～11月。

野外识别要点 ①全株均被柔毛。②轮伞花序腋生，花冠淡紫色。

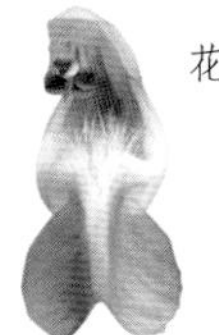
花剖面图

别名：野苏、野芝麻、土防风、落马衣、野紫苏	科属：唇形科防风草属
用途：全草是民间常用药草，可治疗感冒、呕吐腹痛、风湿骨痛、皮肤湿疹、乳痈、疮癣、肠胃炎等症。	

华北马先蒿

Pedicularis tatarinowii Maxim.

生境分布 生长在海拔1700～2300m的高山草甸上。为我国特有种，主要分布于内蒙古、山西、河北等地。

形态特征 一年生草本。株高20～40cm，根木质化，茎单一或自根茎发出多条，中上部常2～4轮轮生分枝，茎枝有4条毛线，常红紫色；叶通常4枚轮生，中下部早枯萎，叶片长圆形或披针形，羽状全裂，裂片5～15对，再次羽裂，一般中上部叶具叶柄；花序生枝端，苞片叶状，花萼膜质而膨大，前方略开裂，脉10条，外面多毛，齿5枚；花冠堇紫色，2唇形，上唇盔状，半圆形弯曲，喙向下，下唇长于上唇，3裂，侧裂大，中裂较小；蒴果顶端仅稍伸出于宿萼之外，歪卵形，端有小尖。花期7～8月。

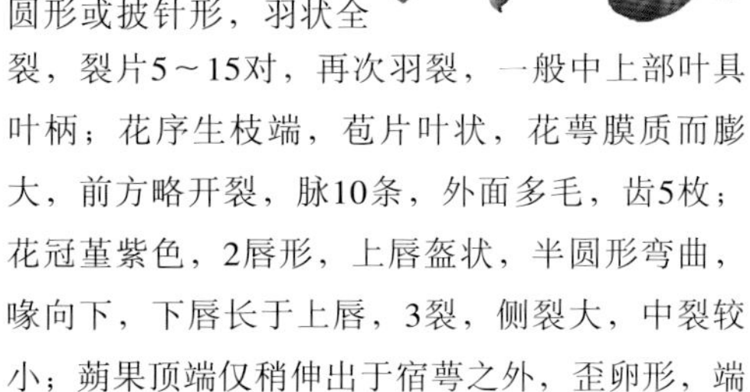
花侧面和正面图

野外识别要点 ①叶4枚轮生，下部叶早枯萎，叶片羽状全列，裂片再羽状浅裂或深裂。②花堇紫色，上唇半圆形弯曲，喙向下，像一个尖尖的钩子。

别名：塔氏马先蒿	科属：玄参科马先蒿属
用途：本种形美花艳，可引种栽培观赏。	

黄花列当

Orobanche pycnostachya Hance

生境分布 一般生长在沙丘、山坡、草地、山沟，喜寄生在蒿属种类的根上。分布于我国东北、华北、西北及华东等地。

形态特征 一年生寄生草本。植株低矮，高不过30cm，全株密生腺毛；茎单一、直立，黄褐色；叶互生，退化为小鳞片状，卵状披针形或披针形；密穗状花序长5～10cm，密生腺毛；苞片卵状披针形，顶端尾尖；花萼2深裂至基部，每一裂片顶端又2裂；花冠2唇形，淡黄色或近白色，花冠筒筒状，上唇2裂，下唇3裂且边缘生有腺毛；蒴果成熟后2裂；种子小，多数。花期4～7月，果期7～9月。

野外识别要点 ①全株无绿色，叶互生，全部退化成小鳞片状。②花冠淡黄色或近白色，2唇形，上唇2裂，下唇3裂，边缘生有腺毛。

别名：无	**科属：**列当科列当属
用途：功效同列当。	

黄芩

Scutellaria baicalensis Georgi

生境分布 常生长在向阳草地或荒地。分布于我国西北、东北、华北等地区，山东、四川等地也有分布。

形态特征 多年生草本。株高30～120cm，根茎肥厚、肉质，茎四棱形，自基部多分枝，具细条纹，绿色或带紫色，微被柔毛；单叶对生，披针形至线状披针形，纸质，顶端钝，基部圆形，叶面暗绿色，叶背淡绿色，密被下陷的腺点，全缘；叶柄短，腹凹背凸，被微柔毛；总状花序生于茎顶，花梗和花序轴被微柔毛，苞片下部者似叶，上部者较小；花萼2唇形，结果时闭合，上裂片再背面有一个盾片；花冠紫色、紫红色至蓝色，2唇形，上唇盔状，下唇3裂，中裂片三角状卵圆形，两侧裂片向上唇靠合；小坚果卵球形，成熟时黑褐色，具瘤，腹面近基部具果脐。花果期7～8月。

野外识别要点 ①叶对生，披针形，全缘。②花紫红色或蓝色，花萼2唇形，结果时闭合，上裂片在背面有一个盾片。

别名：香水水草、山茶根、土金茶根	**科属：**唇形科黄芩属
用途：根可入药，具有清热燥湿、凉血安胎、解毒的功效，主治上呼吸道感染、肺热咳嗽、湿热黄胆、肺炎、痢疾、咳血、目赤、胎动不安、高血压等症。	

活血丹

Glechoma longituba (Nakai) Kuprian

晒干入药的茎和叶
叶心形或近肾形
花对生
茎四棱形
逐节生根

生境分布 生长在海拔50～2000m的林缘、草地、溪边等阴湿处。除青海、甘肃、新疆、西藏外，我国各地均有分布。

形态特征 多年生草本。植株低矮，具匍匐茎，逐节生根，四棱形，基部常呈淡紫红色，幼枝疏生长柔毛；下部叶较小，上部叶较大，叶心形或近肾形，草质，脉隆起，两面被毛，边缘具圆齿，叶柄长为叶片的1～2倍；轮伞花序通常着花2朵，苞片及小苞片线形，花萼管状，齿5，齿端芒状，边缘具缘毛；花冠淡蓝、蓝至紫色，下唇具深色斑点，冠筒直立，上部渐膨大成钟形，冠檐2唇形，上唇2裂，下唇3裂；小坚果长圆状卵形，成熟时深褐色。花期4～5月，果期5～6月。

野外识别要点 ①匍匐茎逐节生根，基部常呈淡紫红色。②花萼管状，萼齿先端芒状。③花冠唇具深色斑点。

别名： 遍地香、地钱儿、钹儿草、连钱草、铜钱草、白耳莫、乳香藤	**科属：** 唇形科活血丹属
用途： 全草或茎叶可入药，可治疗流感、咳血、尿血、痢疾、疟疾、月经不调、痛经、产后血虚头晕、小儿支气管炎、口疮等症。叶汁治小儿惊痫、慢性肺炎。	

藿香

Agastache rugosa (Fisch. et Mey.) O. Ktze.

轮伞花序组成穗状花序
叶面皱缩
全株有香气

生境分布 多生长在海拔150～1600m的山坡、林间、山沟、河岸或路旁。分布于我国各省区，国外主要分布于俄罗斯、朝鲜、日本及北美洲各国。

形态特征 多年生草本。株高30～150cm，全株有香气，茎直立，上部被微柔毛；叶对生，心状卵形至长圆状卵形，先端尾状尖，基部心形，叶面深绿色，叶背淡绿色且微有柔毛和腺点，边缘有粗锯齿，叶柄短；轮伞花序组成顶生的穗状花序，花密集，苞片极短，披针形或线形；花萼管状，被微柔毛及腺点，5齿；花冠淡蓝紫色，2唇形，上唇直立，下唇3裂；小坚果倒卵状长圆形，顶端具短硬毛，成熟时深褐色。花果期6～9月。

野外识别要点 藿香和薄荷都是唇形科植物，二者较为相似，且都有香气，区别时注意：①藿香叶基部为浅心形，薄荷叶基部为楔形或近圆形。②藿香轮伞花序排列成顶生的穗状花序；薄荷轮伞花序腋生。

别名： 土藿香、大叶薄荷、排香草、水麻叶、山茴香	**科属：** 唇形科藿香属
用途： 全草可入药，具有清凉解热、行气和胃的功能，可治疗中暑、头痛、胸闷、食欲不佳、恶心等症。	

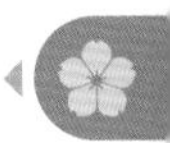

假杜鹃

Barleria crisata L.

花正面图

生境分布 生长在疏林下、山坡、野地等阴湿处，海拔可达1200m。主要分布于我国的西南部。

形态特征 直立小灌木。株高可达2m，茎圆柱形，有分枝，被淡蓝色柔毛；叶对生，长枝叶早落，长椭圆形或卵形，纸质，两面有毛，脉上尤密，全缘，叶柄短；腋生短枝叶较小，叶片椭圆形或卵形，叶柄极短；穗状花序生于叶腋，着花4～6朵，花大，苞片叶形，小苞片披针形或线形，先端具锐尖头，边缘被糙伏毛；花冠漏斗状，淡蓝色，喉部渐大，5裂，2唇形；蒴果长圆形，两端急尖，无毛。花期冬春季节。

野外识别要点 ①植株较高，直立或开展。②穗状花序，花密集，花紫堇色，有蓝或白色斑点，苞片叶状。

别名：洋杜鹃、蓝钟花	科属：爵床科假杜鹃属
用途：①药用价值：全草可入药，具有通筋活络、解毒消肿的功效。②园林价值：本种叶繁花艳，花期正逢春季期间，此时百花凋零，因而在华南地区可丛植观赏，也可盆栽摆设室内。	

角蒿

Incarvillea sinensis Lam.

花正面图

生境分布 常生长在山坡、田野、河滩、路边、荒地、山地阳坡等处，海拔可达3800m。主要分布于我国东北、华北、西北及西南等地。

形态特征 一年生草本。株高可达80cm，茎直立，基部半木质，有分枝，疏生细毛；基生叶对生，分枝叶互生，2～3回羽状细裂，裂片线状披针形，全缘或边缘具细齿；总状花序顶生，小花疏散，小苞片线形；花萼钟状，绿色带紫红色，5裂，萼齿钻状，基部膨大成腺体；花冠2唇形，桃红色；雄蕊内藏，2长2短，雌蕊有腺毛；花柱淡黄色，柱头为扁平的扇形；蒴果细长圆柱形，顶端长尾状；种子扁圆形，极小，四周有透明的膜质翅。花期5～9月，果期10～11月。

根茎长，须根多数

野外识别要点 ①基生叶对生，茎枝叶互生，叶细裂，很像艾蒿的叶。②花冠2唇形，桃红色。③果实长角状弯曲，故有角蒿之名。

别名：羊角蒿、猪牙菜、烂石草、萝蒿、冰耘草、冰糖花、大一枝蒿、莪蒿	科属：紫葳科角蒿属
用途：嫩叶可食，春季采摘，洗净、焯熟，调拌食用。另外全草可入药，具有祛风除湿、活血止痛、解毒的功效。	

金疮小草

Ajuga decumbens Thunb.

花萼漏斗状

轮伞花序，每轮小花密集

叶脉凹陷

基生叶丛生

根茎多分枝

生境分布 生长在海拔可达1400m的溪边、路边、田边及草坡等阴湿处。广泛分布于长江流域以南各地，北方仅内蒙古有分布。

形态特征 一年生或二年生草本。株高低矮，茎匍匐状生长，全株被白色长柔毛，老茎有时紫绿色；基生叶丛生，大型；茎生叶匙形或倒卵状披针形，纸质，长3～6cm，宽1～3cm，两面被毛，脉上尤密，全缘或具波状齿；叶柄短，具狭翅，紫绿色或浅绿色；轮伞花序排列成间断的穗状轮伞花序，苞片下部者叶状，上部者稍披针形，花萼漏斗状，具10脉，萼齿外被疏柔毛；花冠管状，淡蓝色或淡红紫色，2唇形，上唇短圆形，下唇3裂；小坚果倒卵状三棱形，背部具网状皱纹。花期3～7月，果期5～11月。

野外识别要点 ①植株平卧，具匍匐茎，逐节生根。②叶匙形，茎基部叶密。

别名： 青鱼胆、白毛串、白毛夏枯草、地龙胆、活血草	**科属：** 唇形科筋骨草属
用途： 全草可入药，可治疗痈疽疔疮、乳痈、鼻衄、咽喉炎、肠胃炎、烫伤、狗咬伤及外伤出血等症。	

荆芥

Nepeta cataria L.

生境分布 生长在海拔2500m以下的山谷、林缘、山坡或路旁。分布于我国西部、西南地区，河南、山东等地也有分布。

形态特征 多年生草本。株高40～150cm，茎四棱形，基部木质化，上部多分枝，具浅槽，被白色短柔毛；叶卵状至三角状心脏形，草质，先端钝至锐尖，基部心形至截形，侧脉3～4对，在叶面凹陷，在叶背隆起，边缘具粗圆齿或牙齿；叶柄短而细；聚伞状花序，苞叶叶状，向上渐小，苞片、小苞片钻形；花萼花时管状，外被白色短柔毛，花后增大成瓮状；花冠白色，2唇形，上唇短，先端微凹，下唇3裂；花丝扁平，花柱先端2等裂；小坚果卵形，熟时灰褐色。花果期夏秋季。

上部多分枝

侧脉3～4对

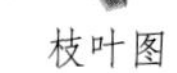
枝叶图

野外识别要点 ①叶卵状至三角状心脏形，侧脉在叶面微凹陷，叶背隆起。②花萼花时管状，花后增大为瓮状，纵肋十分清晰。

别名： 香荆荠、线荠、假苏、香薷、小荆芥、土荆芥、大茴香	**科属：** 唇形科荆芥属
用途： 茎叶和花穗可入药，有祛风解表、理血止痉的功效，主治感冒、头痛、咽痛、咳嗽、风疹、便血等症。	

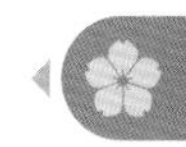

九头狮子草

Peristrophe japonica (Thunb.) Bremek.

2011年8月，植物学专家吴振海在商南县金丝峡景区意外发现了九头狮子草，这是秦岭地区首次发现此种植物，不仅将九头狮子草的生长范围向北扩展，而且也丰富了秦岭地区药用植物资源。

花粉红色至微紫色

叶无毛，边缘具齿

茎多分枝

生境分布 常生长在路旁、草地或林下。分布于华东、华南、中南、西南等地区，台湾等地也有分布。

形态特征 多年生草本。植株低矮，茎疏生柔毛，多分枝；叶通常为卵状矩圆形，顶端渐尖，基部楔形，光滑无毛，边缘具齿；聚伞花序着花2～10朵，苞片2枚，椭圆形至卵状矩圆形；花萼5裂，裂片钻形；花冠粉红色至微紫色，2唇形，外疏生短柔毛；蒴果卵圆形，长约1cm，被短柔毛，下部实心，上部具4颗种子，种子有小瘤状突起。花果期夏秋季。

野外识别要点 ①苞片2枚，一大一小。②蒴果下部实心，上部具4粒种子。

别名：接长草、土细辛	**科属：**爵床科观音草属
用途：全草可入药，具有祛风清热、散瘀解毒的功效，可治疗咳喘、目赤、小儿惊风、咽喉肿痛、乳痈等症。	

蓝萼香茶菜

花

Isodon japonicus(Burm.f.)H. Hara var. *glaucocalyx*(Maxim.)H. Hara

聚伞花序，花疏散

生境分布 多生长在海拔2100m以下的山坡、林下、沟谷或灌丛中。分布于我国西北、东北、华北等地区，山东等地也有分布。

形态特征 多年生草本。株高可达1m，根茎粗大，侧根细长；茎四棱形，多分枝，具4槽和细条纹，全株疏生柔毛；叶对生，卵形或阔卵形，叶面疏生短柔毛及腺点，边缘有锯齿；聚伞花序生于枝顶，着花3～7朵，花序梗和花梗轴均被微柔毛及腺点，下部1对苞叶卵形；花萼开花时钟形，常带蓝色，外被柔毛和腺点；萼齿5，三角形，2唇形；花冠淡紫色、紫蓝色至蓝色，2唇形，上唇反折，先端4裂，具深色斑点，下唇舟形，内凹；小坚果卵状三棱形，熟时黄褐色，顶端具疣状突起。花果期夏秋季。

野外识别要点 ①在同属植物中，植株较高，叶大，基部楔形。②聚伞花序组成疏散的圆锥花序，花萼蓝色，花冠下唇呈舟形。

别名：香茶菜、山苏子、倒根野苏、回菜花	**科属：**唇形科香茶菜属
用途：全草可入药，秋季采收，洗净、晒干、切段备用，具有清热解毒、活血化瘀的功效。	

列当

Orobanche coerulescens Steph.

列当是有名的寄生植物，靠吸收寄主的营养而生存。当你在野外发现列当时，小心地挖开它基部的泥土，“顺藤摸瓜”一直挖下去，就会看见它寄生在其他植物的根上。列当的主要寄主是菊科艾蒿类绿色草本。

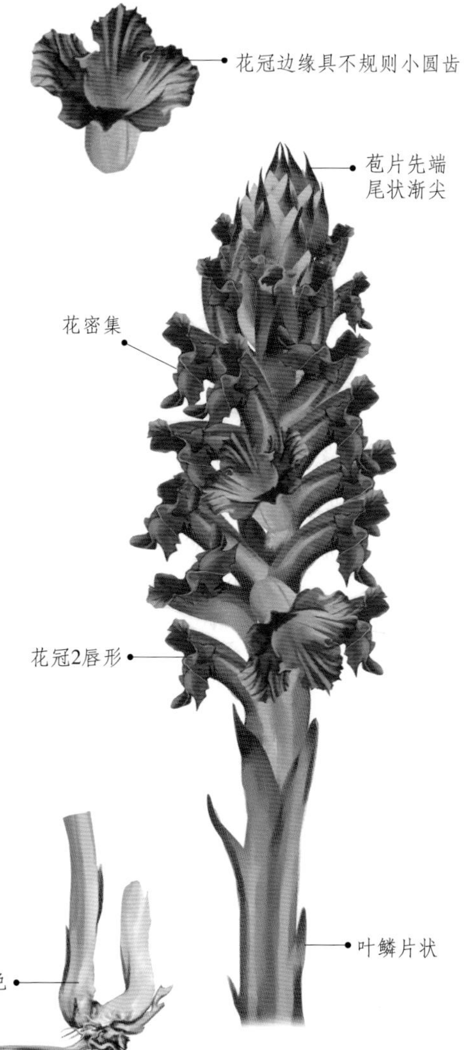

· 生境分布 多生长在山坡、沟谷、荒野及路边，是常见的寄生植物。分布于我国东北、华北、西北等地区，山东、四川、湖北和西藏也有分布。

· 形态特征 一年生寄生草本。株高10～50cm，全株密被蛛丝状长绵毛，茎直立，圆柱形，黄褐色，不分枝，具明显的条纹，基部常稍膨大；茎下部叶较密集，上部叶较稀疏，叶通常互生，鳞片状；穗状花序顶生，花密集，苞片卵状披针形，与叶近等大，先端尾状渐尖；花萼极短，2深裂，裂片再2尖裂，小裂片狭披针形；花冠深蓝色、蓝紫色或淡紫色，2唇形，上唇2浅裂，下唇3裂，裂片近圆形或长圆形，中间的较大，顶端钝圆，边缘具不规则小圆齿；蒴果卵状长圆形，干后深褐色；种子多数为不规则椭圆形或长卵形，干后黑褐色，表面具网状纹饰，网眼底部具蜂巢状凹点。花期4～7月，果期7～9月。

· 野外识别要点 ①全株无绿色，叶互生，全部退化成小鳞片状。②花萼5深裂，花冠5裂呈2唇形，上唇2裂，下唇3裂。

别名：兔子拐棍、独根草	**科属**：列当科列当属
用途：全草可入药，夏初采收，晒八成干，捆成小把，再晒干备用，具有补肾壮阳、强骨润肠的功效。	

刘寄奴

Siphonostegia chinensis Benth.

据《南史》记载，刘寄奴本是南北朝时期的一个皇帝，有一次，他带兵打仗，路上无意中射伤了一条蛇。谁知第二天，士兵们发现几个童子正在捣一种草药为蛇疗伤。士兵将童子赶走，好奇地将草药涂在自己的伤口上，伤口竟然很快就愈合了。从此，这种草药就被称为“刘寄奴”。

生境分布 常生长在山坡、林下、荒地或路旁。广泛分布于我国南北大部分省区。

形态特征 多年生草本。株高60～100cm，全株密被柔毛，茎直立，有明显纵肋，上部多分枝，密生锈色短毛，干时变黑色；茎中下部叶常对生，中上部叶近互生，叶长椭圆形或披针形，1～2回羽状细裂，裂片狭条形；总状花序生于枝顶，花密集，淡黄色，花梗短或近无；小苞片2枚，披针形，全缘；花萼长筒状，外具棱10条，棱上有短毛，先端5裂；花冠管状，2唇形，上唇兜状，微紫色，下唇黄色，3裂，裂片尖端有小蛇状突起，两旁半月形隆起；蒴果长椭圆形，黑褐色，成熟室背开裂，内含种子多数；种子细小，卵形，褐色，有数条纵棱和皱纹。花期7～9月，果期8～10月。

野外识别要点 ①叶下部对生，上部互生，1～2回羽状细裂，裂片条形。②总状花序顶生，花萼外有10条脉，脉上生毛；花冠2唇形，上唇带紫色，下唇鲜黄色。

株高可达1m，全株密被柔毛

别名： 阴行草、野生姜、五毒草、罐儿茶、山芝麻、吊钟草	**科属：** 玄参科阴行草属
用途： ①食用价值：嫩叶可食，春季采摘，洗净、焯熟，调拌食用。②药用价值：全草可入药，具有清热利湿、破血通经、消食化积、祛瘀止痛的功效，可治疗产后淤血、闭经、跌打损伤、水火烫伤、痈肿等症。	

柳穿鱼 ＞花语：顽强

Linaria vulgaris Mill.subsp.*sinensis*(Bebeaux)Hong

上唇2裂，直立

下唇隆起呈假面状

距

叶条形或披针状条形

主根细长

柳穿鱼是祭祀受罗马帝国迫害而殉教的土耳其牧羊少年之花。这种植物根部细小，但发芽迅速，繁殖力高，生命力极强！

生境分布 生长在草甸草原、山地草甸、沙地及路旁。分布于西北、东北、华北、华东等地区，江苏等地也有分布。

形态特征 多年生草本。植株低矮，茎直立；叶条形或披针状条形，具1条脉，光滑无毛，全缘；总状花序顶生，花多数，苞片披针形，花萼5裂，裂片披针形；花冠黄色，2唇形，上唇直立、2裂，下唇3裂；蒴果卵球形，种子圆盘状，具膜质翅，成熟时黑色。花期7～8月，果期8～9月。

花序图

野外识别要点 ①叶互生，叶片条形或披针状条形，具1条脉，全缘。②花黄色，花冠基部有长距。

别名：小金鱼草	科属：玄参科柳穿鱼属
用途：全草可入药，具有清热解毒、利尿消肿的功效，可治疗感冒头痛、黄疸、痔疮、烫伤等症。	

马鞭草

Verbena officinalis L.

花正面图

马鞭草原产欧洲，是一种极其神秘的植物。在中世纪希腊，人们认为马鞭草具有净化灵魂的作用，因此常用来施行法术、算命，有时打仗前还会祭祀敌人，充满诅咒意味。

生境分布 一般生长在山坡、溪边、林缘或路边。分布于我国大部分省区。

形态特征 多年生草本。株高30～120cm，茎基部近圆形，上部四方形，节和棱上被硬毛；单叶对生，卵圆形或长圆状披针形，两面有粗毛，边缘有粗锯齿或缺刻；茎生叶3深裂或羽裂，两面有硬毛，脉上尤密，边缘具不规则齿；穗状花序细弱，开花时形似马鞭，故得此名；花无梗，最初密集，果期疏散；每花有1个苞片，花萼管状，5裂；花冠管状，淡紫色或蓝色，近2唇形；子房4室，每室内有1个胚珠，成熟后分裂为4个长圆形的小坚果。花期6～8月，果期7～10月。

野外识别要点 ①花序很长，花开放后形似一条长长的马鞭。②子房四室，每室有1个胚珠，成熟后分裂为4个小坚果。

花序图　根茎图

别名：铁马鞭、风须草、蜻蜓草、野荆芥、紫顶龙芽草	科属：马鞭草科马鞭草属
用途：嫩叶可食，春季采摘，洗净、焯熟，用油盐调拌食用。另外，茎叶可入药，具有活血散瘀、利水消肿的功效。	

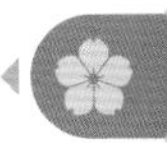

毛麝香

Adenosma glutinosum (L.) Druce

生境分布 生长在海拔300～2000m的荒山坡、疏林等潮湿处。主要分布于我国的江西、福建、广东、广西和云南等省区。

形态特征 直立草本。株高30～100cm，全株密被长柔毛和腺毛，茎下部圆柱形，上部近四棱形，中空；叶披针状卵形至宽卵形，两面有长柔毛，脉处尤密，叶背有黄色腺点（脱落后留下褐色凹窝），边缘具齿，叶柄短；花单生叶腋或在枝端集成总状花序，苞片叶状，花萼5深裂，与花梗、小苞片均被长柔毛及腺毛，并有腺点；花冠紫红色或蓝紫色，2唇形，上唇卵圆形，下唇常3裂；蒴果卵形，先端具喙，有2纵沟；种子矩圆形，褐色至棕色，有网纹。花果期7～10月。

植株部分图

野外识别要点 ①茎下部圆柱形，上部近四棱形，中空。②叶面有长柔毛，叶脉处较密，叶背有黄色腺点，腺点脱落后留下褐色凹窝。③花柱向上逐渐变宽而具薄质的翅。

别名：凉草、五凉草、麝香草、酒子草、毛老虎、饼草	科属：玄参科毛麝香属
用途：全草可入药，具有祛风湿、消肿毒、行气散瘀的功效，可治疗风湿痛、腹痛、疮疖肿毒、湿疹、瘙痒等症。	

母草

Lindernia crutacea (L.) F.-Muell.

生境分布 常生长在田边、草地、路边等低湿处。分布于我国长江流域以南大部分省区。

形态特征 多年生草本。植株低矮，根须状，茎多分枝，常铺散成密丛，无毛；叶较小，三角状卵形或宽卵形，叶背沿叶脉有稀疏柔毛，边缘有浅钝锯齿，叶柄极短或近无；花单生于叶腋或在茎枝顶聚合成总状花序，花梗细弱，有沟纹；花萼坛状，成腹面较深，而侧、背均开裂较浅的5齿，齿三角状卵形，外面有稀疏粗毛；花冠紫色，2唇形，上唇直立、卵形，有时2浅裂，下唇3裂，中间裂片较大且长于上唇；蒴果椭圆形，种子近球形，成熟时浅黄褐色，有明显的蜂窝状瘤突。花果期几乎全年。

野外识别要点 ①低矮草本，叶柄短或近无柄。②花冠紫色，2唇形，上唇2浅裂，下唇3裂。

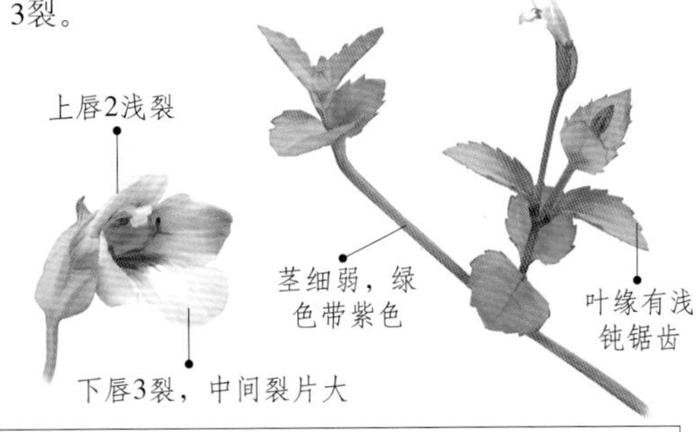

别名：四方拳草、气痛草、四方草、铺地莲、开怀草	科属：玄参科母草属
用途：全草可入药，具有清热利湿、活血止痛的功效，可治疗感冒、痢疾、肠炎、疔肿等症。	

拟地皮消

Leptosiphonium venustum (Hance) E. Hossain

花淡紫色，顶生

叶背灰绿色

叶面光滑，叶脉凹陷

生境分布 常生长在山坡草地、林下或田埂边。分布于我国华南一带。

形态特征 多年生草本。株高可达60cm，茎直立，偶有分枝；叶对生或互生，长圆状披针形、披针形或倒披针形，长达12cm，宽达3cm，先顶渐尖，基部楔形或下延，叶面光滑，边缘浅波状，具短柄；花单生上部叶腋或数朵集生于枝端，苞片披针形，花萼5深裂，裂片狭披针形；花冠漏斗状，淡紫色，口部5裂，裂片几乎相等，顶端浅波状；雄蕊4，2强；花柱疏生短柔毛，柱头2裂；蒴果长椭圆形。花期7～9月，果期8～10月。

野外识别要点 ①叶对生或互生，基部楔形。②花单生上部叶腋或数朵集生于枝端，花冠漏斗状，口部5裂。

别名：飞来蓝	**科属**：爵床科拟地皮消属
用途：全草可入药，具有清热解毒的功效。	

牛耳草

Boea hygrometrica(Bunge)R. Br.

生境分布 生长在沟谷、山坡、田边等阴湿处，海拔可达1400m。分布于我国大部分省区。

形态特征 多年生草本。植株低矮，近贴地生长；叶基生，密集呈莲座状，无柄，叶片卵圆形或倒卵形，厚质，叶面疏生长毛，叶背密生白毛，叶脉不明显，边缘具牙齿或波状浅齿；花葶1～5条，长达15cm，聚伞花序生于花葶顶部，着花2～5朵，花序梗密被淡褐色短柔毛和腺毛；苞片2，极小或不明显；花萼钟状，5深裂，裂片线伏披针形，外面被短柔毛，全缘；花冠淡蓝紫色，2唇形，上唇2裂，裂片相等，长圆形，下唇3裂，裂片短而窄，宽卵形或卵形；能育雄蕊2，退化雄蕊2～3枚，子房密生短毛，花柱外伸；蒴果长圆形，外面被短柔毛，成熟时螺旋状扭曲。花期7～8月，果期9月。

野外识别要点 ①植株低矮，近乎贴地生长。②叶片总是一对一对地交错基生，无柄，卵圆形，很像猫耳朵，叶面有毛，叶厚发皱。③花淡蓝色，蒴果成熟时螺旋状扭曲。

别名：旋蒴苣苔、猫耳朵、八宝茶、石花子	**科属**：苦苣苔科旋蒴苣苔属
用途：全草可入药，具有散瘀、止血、解毒的功效，可治疗创伤出血、跌打损伤、肠炎、中耳炎等症。	

山萝花

Melampyrum roseum Maxim

· 生境分布 常生长在山坡、疏林或灌丛中。分布于我国西北、东北、华东及华南等地。

· 形态特征 直立草本。株高20～80cm，全株疏被鳞片状短毛，茎直立，四棱形，常分枝；叶对生，披针形至卵状披针形，顶端渐尖，基部圆钝或楔形，全缘，叶柄极短；叶干后呈暗绿色至黑色；总状花序，花序基部的苞片与叶相似，向上渐小，苞片基部具尖齿或边缘有芒状齿；花萼常被糙毛，萼齿近三角形，生有短睫毛；花冠紫色、紫红色或红色，2唇形，上唇呈风帽状，下唇3裂；蒴果卵状，两端尖，被鳞片状毛，种子成熟时黑色。花期7～8月。

· 野外识别要点 ①叶干后暗黑色。②花2唇形，上唇风帽状，下唇3裂。③苞片基部具尖齿或边缘有芒状齿。

苞片似叶

总状花序，花紫色、紫红色或红色

叶干后呈暗绿色至黑色

全株被鳞片状短毛

根茎多分枝

别名：球锈草	科属：玄参科山萝花属
用途：全草及根可入药，具有清热解毒的功效，可治疗痈肿疮毒、腰痛、白带异常等症。	

珊瑚苣苔

Corallodiscus cordtulus (Craib) Burtt.

叶面不平，密生白色柔毛和黑褐色斑点

· 生境分布 生长在山坡或岩石上，海拔可达1000m。分布于我国西北、西南、中南、华南等地区，河北、河南等地也有分布。

· 形态特征 多年生草本。植株低矮，叶基生，倒卵形至卵形，长1～4cm，宽1～2cm，先端圆或渐尖，基部狭窄，两面密生白色柔毛和黑褐色斑点，叶面不平，干后皱缩，边缘有钝锯齿；下部叶较大，常有柄，上部叶稍小，无柄；花茎腋生，长达12cm，伞房状花序生于茎顶，高达13cm，花密集，花萼5裂，花冠淡紫色，2唇形；蒴果线形，成熟时2裂，种子纺锤形。花果期7～9月。

· 野外识别要点 ①叶基生，近菱状卵形，表面皱缩不平。②蒴果条形，成熟时不成螺旋状扭曲。

内面黄白色，外面淡紫色

花冠2唇形，上唇2裂，下唇3裂

别名：岩青叶、马耳朵还阳	科属：苦苣苔科珊瑚苣苔属
用途：全草可入药，具有健脾、化瘀的功效。	

水苏

Stachys japonica Miq.

下唇中裂片近圆形

生境分布 多生长在岸边、水沟旁等阴湿处。我国主要分布于内蒙古、辽宁等省，华东、华南等地也有分布。

形态特征 多年生草本。株高20～80cm，茎单一、直立，四棱形，具槽，棱和节上被刚毛；叶长圆状宽披针形，叶面绿色，叶背灰绿色，两面均无毛，边缘具圆齿状锯齿；叶柄从下向上渐短；轮伞花序组成穗状花序，每轮着花6～8朵，苞叶披针形，小苞片刺状，花梗极短，花萼钟形，10脉，齿5，三角状披针形，先端具刺尖头，边缘具缘毛；花冠粉红或淡红紫色，2唇形，上唇直立，倒卵圆形，下唇开张，3裂，中裂片最大，近圆形，先端微缺，侧裂片卵圆形，花盘平顶；子房黑褐色，无毛；小坚果卵珠状。花期5～7月，果期7～9月。

野外识别要点 ①茎棱和节部被刚毛。②轮伞花序组成顶生的穗状花序，花粉红或紫红色。

轮伞花序

花粉红或淡红紫色

茎四棱形

叶对生，中脉凹陷

别名：鸡苏、玉荟草、银脚鹭鸶、血见愁、天芝麻、白马蓝、望江青、元宝草、芝麻草	科属：唇形科水苏属
用途：全草或根可入药，具有疏风理气、止血消炎的功效，主治百日咳、扁桃体炎、咽喉炎、痢疾等症。	

松蒿

Phtheirospermum japonicum(Thunb.)Kanitz.

花侧面图

花正面图

未成熟的蒴果

生境分布 生长在海拔150～1900m的山坡、草地、沟谷、林下或路边。除新疆、青海以，我国各省区几乎均有分布。

形态特征 一年生草本。株高可达1m，全株有腺毛，茎多分枝；叶对生，长三角状卵形，下部叶羽状全裂，小裂片长卵形或卵圆形，边缘具重锯齿，具短柄，有狭翅；中部叶羽状深裂至浅裂，裂齿先端锐尖；上部叶腋生，常不分裂；单花腋生，花梗极短，花萼钟状，5裂，裂齿先端锐尖；花冠紫红色至淡紫红色，外面被柔毛，2唇形，上唇2裂，裂片三角状卵形，下唇3裂，裂片先端圆钝，2皱褶上有白色长柔毛；蒴果卵珠形，密生腺毛和短毛。花果期6～10月。

野外识别要点 ①花单朵腋生，花蕾淡黄色，开放后变为粉蓝色，花冠上唇边缘向外反卷。②叶形上下变化大，只有顶部的不分裂。

别名：小盐灶草	科属：玄参科松蒿属
用途：全草可入药，具有清热利湿的功效，主治湿热黄疸、水肿等症。本种花叶鲜嫩、娇媚，还可引种栽培观赏。	

穗花马先蒿

Pedicularis spicata Pall.

生境分布 常生长在山坡、草地、河岸、灌木丛或路旁，海拔可达2600m。分布于我国西北、东北、华北等地区，四川、湖南等地也有分布。

形态特征 一年生草本。植株低矮，根圆锥形，常有分枝，茎自根颈发出多条；基生叶较小，花期凋落，叶羽状深裂，裂片边缘多反卷，偶有胼胝，两面被毛，叶柄短，密被卷毛；茎生叶4枚轮生，中部者最大，叶片长圆状披针形至线状狭披针形，两面有白毛，叶缘羽状浅裂至深裂，裂片9～20对，边缘有具刺尖的锯齿，有时极多胼胝；穗状花序顶生，花萼短钟形，萼齿3枚，后方一枚三角形锐头而小；花红色，2唇形，上唇盔状，下唇3裂；蒴果狭卵形，上端向下弓曲，端有刺尖；种子5～6粒，脐点凹陷，有极细的蜂窝状网纹。花果期夏秋季。

花冠管在萼口，向前方以近似直角的角度膝屈

野外识别要点 ①茎生叶4片轮生，叶羽状浅裂至中裂。②花冠2唇形，上唇不伸长成喙，下唇长于上唇2倍。

别名：无	科属：玄参科马先蒿属
用途：本种株形优雅，花色艳丽，极适合栽培观赏，但目前尚未成功用种子繁殖栽培。	

通泉草

花2唇形

Mazus japonicus (Thunb.) O. Ktze

生境分布 生长在海拔2500m以下的草坡、沟边、路旁及林缘的阴湿处。除内蒙古、宁夏、青海和新疆外，广泛分布于我国南北各地。

形态特征 一年生草本。株高不超过30cm，全株无毛，茎自基部分枝；基生叶有时成莲座状或早落，倒卵状匙形至卵状倒披针形，膜质至薄纸质，基部有时下延成带翅的叶柄，边缘具不规则的粗齿或基部有1～2片浅羽裂；茎生叶少数，叶形与基生叶相似；总状花序顶生于枝端，着花3～20朵，花梗极短，花萼钟状，果期稍增大，裂片卵形；花冠白色、紫色或蓝色，2唇形，上唇裂片卵状三角形，下唇中裂片较小，稍突出，倒卵圆形；蒴果球形；种子小而多数，成熟时黄色，种皮上有不规则的网纹。花果期4～10月。

野外识别要点 ①植株低矮，具莲座状的基生叶以及对生或互生的茎生叶。②总状花序顶生，稍偏向一边，花冠蓝紫色，2唇形。

花稀疏

花萼钟状

叶背灰绿色

根系发达，须根多

叶脉在叶面隆起

别名：汤湿草、猪胡椒、鹅肠草、五瓣梅、猫脚迹	科属：玄参科通泉草属
用途：全草可入药，具有止痛、健胃、解毒的功效，可治疗消化不良、偏头痛、疔疮、烫伤等症。	

透骨草

根茎图

Phryma leptostachya L. subsp. asiatica Hara

生境分布 常生长在山沟、林下等阴湿处。广泛分布于我国南北方大部分省区。

形态特征 多年生草本。株高30～100cm，茎直立，四棱形，绿色或带紫色，有时疏生柔毛；单叶对生，卵状长圆形、卵状三角形或宽卵形，草质，先端渐尖，基部渐狭成翅，两面散生短柔毛，边缘有齿；叶柄短，向上近无；穗状花序顶生或腋生，花序梗长，苞片、小苞片钻形至线形，花多而疏离，紫红色或紫白色，具短梗，蕾期直立，开放时斜展至平展，花后反折；花萼唇形，上唇3齿呈芒钩状，下唇2齿；花冠漏斗状筒形，口部2唇形，上唇直立，先端2浅裂，下唇平伸，3浅裂，中央裂片较大；瘦果狭椭圆形，包藏于棒状宿存花萼内，反折并贴近花序；种子1，种皮薄膜质，与果皮合生。花期6～10月，果期8～12月。

野外识别要点 ①节上部膨大，单叶对生。②花初直立，花后下垂；瘦果反折紧贴花序轴。

别名：接生草、毒蛆草、老婆子针线	科属：透骨草科透骨草属
用途：全草可入药，具有清热利湿、活血消肿的功效，可治疗疮病、湿疹、跌打损伤等症。	

细叶婆婆纳

Veronica linariifolia Pall. ex Link

生境分布 多生长在沟谷、草地、灌木丛、路边等温暖的地方。分布于我国东北、华北等地区，陕西等地也有分布。

形态特征 多年生草本。株高50～90cm，茎直立，偶上部分枝，茎、叶和苞片上有白色细短柔毛；茎下部叶对生，上部叶互生，叶倒卵状披针形至条状披针形，先端渐尖，基部下延成柄，边缘有单锯齿；花密集于枝端，呈穗形的总状花序，花通常蓝紫色，花梗极短，具短柔毛；苞片窄条状披针形至条形；花萼4裂，裂片卵圆形或楔形，边缘的毛较长；花冠近辐射状，花筒短，4裂；花柱很长，通常花落后尚宿存于果端；蒴果扁圆，先端微凹。花期9～10月。

野外识别要点 ①蓝紫色花密集，在枝顶组成穗形的总状花序，顶部呈尾状。②蒴果成熟后，顶部仍有残留的花柱。

总状花，呈穗形

花冠筒

蒴果顶部残留的花柱

别名：追风草、水蔓菁、一支香、蜈蚣草、斩龙剑	科属：玄参科婆婆纳属
用途：全草可入药，夏、秋二季割取，具有清热解毒、止咳化痰、利尿的功效。另外，嫩叶可做凉菜食用。	

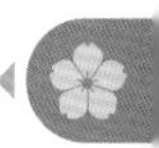

夏枯草

Prunella vulgaris L.

生境分布 生长在荒坡、草地、溪边及路旁等湿润地，海拔可达3000m。我国大部分省区都有分布，河南、安徽、江苏、浙江为主产区。

形态特征 多年生草木。植株低矮，茎直立，钝四棱形，自基部多分枝，有浅槽和细毛，常带紫红色；叶卵状长圆形或卵圆形，草质，叶面深绿色，叶背淡绿色，近无毛，侧脉3～4对，在叶背凸起，全缘或略带锯齿；轮伞花序，每轮着花6朵，花序下方的一对苞叶似茎叶，肾形，背面有粗毛；苞片宽心形，边缘具睫毛，浅紫色；花萼唇形，花冠紫色或白色，上唇风帽状，下唇平展，3裂，中裂片先端具流苏状小裂片；小坚果成熟时黄褐色，长圆状卵珠形，微具沟纹。花期4～6月，果期7～10月。

根茎横走，节处生根

野外识别要点 ①茎直立，常绿色带紫红色。②轮伞花序密集组成顶生的穗状花序，花萼唇形，前方有粗毛，上唇3裂，下唇2裂。

别名：铁线夏枯、夕句、乃东、燕面、铁色草、毛虫药、灯笼草、羊蹄尖	科属：唇形科夏枯草属
用途：①食用价值：本种嫩叶含有多种营养成分，具有很高的营养价值，凉拌、炒食、熬汤、煮粥或泡酒、泡茶喝。②药用价值：全株可入药，花序具有清肝、散结、利尿的功效，果穗具有降血压、消肿、明目的功效。	

夏至草

Lagopsis supina (Steph.) Ik.-Gal. ex Knorr.

成熟果实，褐色

夏至草在初春即出苗，之后不久便开花，花期一直到夏至前后才结束，故得此名。

生境分布 多生长在海拔100～2700m的田边、路旁、草地或灌丛。广泛分布于我国长江流域以北地区，为常见杂草。

形态特征 一二年生草本。株高不过35cm，主根圆锥形，茎四棱形，带紫红色，常自基部分枝，有沟槽和微柔毛；叶对生，宽卵形，掌状3裂，裂片边缘具圆齿，两面疏生微柔毛，偶具腺点；下部叶柄长，扁平，腹面微具沟槽；轮伞花序，花萼管状钟形，外密被柔毛，脉5、齿5；花冠白色，2唇形，上唇全缘，下唇3裂；小坚果长卵形，成熟时褐色，有鳞粃。花期3～4月，果期5～6月。

野外识别要点 本种与益母草的区别在于植株低矮，花冠白色，花冠筒包于萼内。

别名：笼棵、夏枯草、白花夏枯、白花益母	科属：唇形科夏至草属
用途：全草可入药，具有养血调经的功效，主治贫血性头晕、半身不遂、月经不调等症。	

香青兰

Dracocephalum moldavica L.

花淡蓝紫色，2唇形

生境分布 常生长在海拔220～1600m的干燥山地、山谷、河滩等处。分布于我国西北、东北、华北等地。

形态特征 一年生草本。株高20～40cm，根圆柱形，常直伸，茎直立，丛生，常带紫色，中部以下分枝，疏生倒向的小毛；基生叶卵圆状三角形，先端圆钝，基部心形，边缘具疏圆齿，很快枯萎，叶柄长；茎生叶与基生叶相似，略狭，披针形或条状披针形，叶脉疏生柔毛和黄色小腺点，边缘有疏锯齿，有时叶基部2齿成小裂片状，分裂较深，常具长刺，叶柄短；轮伞花序常具4花，花梗极短，苞片披针形、有小齿；花萼5裂，先端刺状；花冠淡蓝紫色，2唇形，上唇短舟形、微裂，下唇3裂，中裂片2裂，具深紫色斑点；小坚果长圆形，光滑。花期7～8月。

野外识别要点 本种较为容易识别，叶片边缘的锯齿齿尖常有细长的芒状毛。

叶缘芒状毛

别名：山薄荷、枝子花、玉米草、臭仙欢、青蓝、野青兰	科属：唇形科香青兰属
用途：①食用价值：嫩的茎叶可洗净、煮熟，凉拌食用；干的茎叶可作调料使用。②药用价值：全草可入药，具有清热解表、凉肝止血的功效，主治感冒、头痛、哮喘等症。	

玄参

Scrophularia ningpoensis Hemsl.

花特写

生境分布 常生长在海拔1700m以下的溪旁、丛林、草地等潮湿处。为我国特产，广泛分布于我国南北各省。

形态特征 高大草本。株高可达1m，根数条，纺锤形或胡萝卜状膨大，茎四棱形，常分枝，具浅槽，有时疏生白色卷毛；茎下部叶多对生而具柄，上部叶有时互生且柄极短，叶形变化大，通常为卵形、卵状披针形至披针形，长8～30cm，宽1～19cm，基部楔形或近心形，边缘具细锯齿；聚伞花序排列成疏散的大圆锥花序，植株高者花序长可达50cm，花梗极短，有腺毛；花萼裂片圆形，边缘稍膜质；花冠褐紫色，2唇形，上唇长于下唇；蒴果卵圆形，具短喙。花期6～10月，果期9～11月。

野外识别要点 ①叶对生或有时上部互生。②圆锥花序大而疏散。花紫褐色，花冠筒膨大成壶状或球形。

别名：浙玄参、元参、水萝卜	科属：玄参科玄参属
用途：根可入药，具有滋阴降火、消肿解毒等功效，可治疗身热、烦渴、舌绛、便秘、目涩、咽喉疼痛等症。	

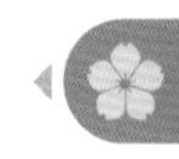

益母草

Leonurus japonicus Houtt

顾名思义，益母草是一种与母亲有关的草本，不仅能调经活血，还可治疗妇女胎前产后的各种疾病，堪称妇科良药，故得此名。

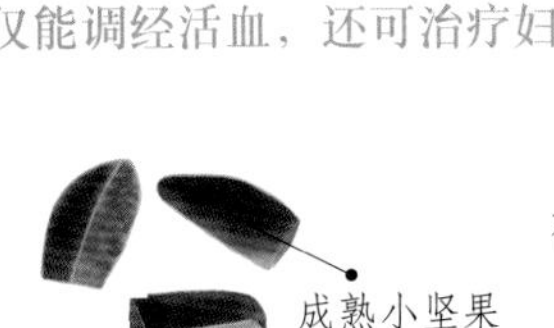

生境分布 生长在山野、荒地、田埂、草地等处，是常见的杂草。广泛分布于我国各地，俄罗斯、朝鲜、日本等地也有分布。

形态特征 一年生或二年生草本。株高可达1.2m，茎单一、直立，中空，四菱形，通常不分枝，有倒向短伏毛；叶对生，茎下部叶花期脱落，卵形，掌状3裂，裂片再继续分裂；茎中部叶也3全裂，裂片长圆状菱形，又羽状分裂，小裂片宽线形，全缘或有疏牙齿；茎上部叶向上分裂渐少至不分裂，全缘或具少数牙齿，两面密被短柔毛；花序部位的叶为条形；轮伞花序排列在茎上部的叶腋内，花小而密集，苞片针刺状，花萼管状钟形，具5刺状齿，都密被伏柔毛；花冠紫红色或淡紫红色，2唇形，上唇长圆形、直伸，下唇3裂，中裂片较大；小坚果长三棱形，先端平截，成熟时褐色。花期6～8月，果期7～9月。

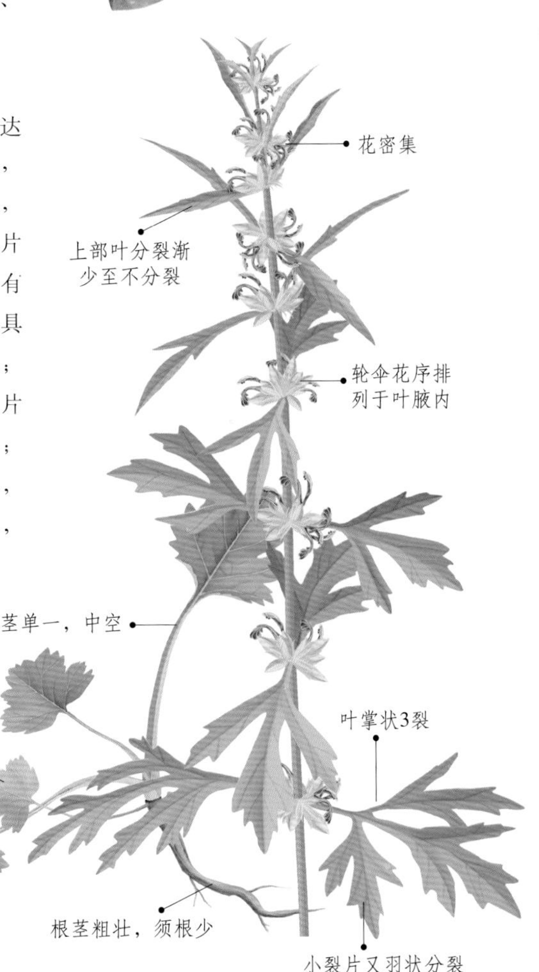

野外识别要点 益母草和细叶益母草较难区别，识别时注意：①益母草顶部叶不裂，细叶益母草顶部叶3全裂。②益母草的花稍小，长9～12mm，细叶益母草的花稍大，长15～18mm。

别名：益母蒿、益母艾、红花艾、坤草、郁臭苗	**科属：**唇形科益母草属
用途：全草和种子可入药，具有调经活血、利尿消肿、清热解毒的功效，可治疗妇女月经不调、胎漏难产、产后血晕、瘀血腹痛、崩中漏下、尿血等症。另外茎、叶、花、果可榨汁、煮粥或熬汤食用，有调经养血的功效。	

野芝麻

Lamium barbatum Sieb. et Zucc

生境分布 一般生长在荒坡、溪旁、田埂及路边，海拔可达2600m。分布于我国东北、华北、华东等地区，陕西、甘肃、湖北、湖南、四川、贵州等地也有分布。

形态特征 多年生草本。株高可达1m，茎单生、直立，四棱形，中空，有浅槽，近无毛；茎下部叶卵圆形或心脏形，草质，长4～9cm，宽3～5cm，先端渐尖，基部心形，两面被短硬毛，边缘有微内弯的锯齿，齿尖具胼胝体的小突尖，叶柄长达7cm；茎上部叶与下部同形，只是略狭长，叶柄短；轮伞花序着花4～14朵，生于茎端，苞片狭线形或丝状，锐尖，具缘毛；花萼钟形，膜质，萼齿披针状钻形，长7～10mm，具缘毛；花冠白或浅黄色，冠筒稍上方呈囊状膨大，内面冠筒近基部有毛环，2唇形，上唇直立、倒卵圆形或长圆形，下唇3裂，中裂片倒肾形，先端深凹，基部急收缩，侧裂片宽，先端有针状小齿；花盘杯状；子房裂片长圆形，无毛；小坚果倒卵圆形，先端截形，基部渐狭，成熟时淡褐色。花期4～6月，果期7～8月。

野外识别要点 ①叶卵圆形或心脏形，边缘齿尖具胼胝体的小突尖。②花冠白或浅黄色，花冠筒稍上方呈囊状膨大，2唇形，下唇中裂片倒肾形，先端深凹，基部急收缩。

冠筒上方呈囊状膨大

萼齿披针状钻形

轮伞花序着花4～14朵

上部叶略狭长

花冠白或浅黄色

叶两面被短硬毛

茎四棱形，中空

叶缘有微内弯的锯齿

别名：地蚤、山麦胡、野藿香、山苏子	科属：唇形科野芝麻属
用途：本种可入药，花可治疗子宫及泌尿系统疾病，全草可治疗跌打损伤、小儿疳积等症。	

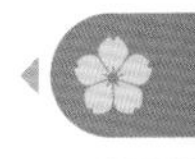

野菰

Aeginetia indica L.

生境分布 一般生长在林下草地或较阴湿地，或寄生于禾草类植物根上，如芒草、芦苇等。分布于我国华东、华南、西南等地区，台湾等地也有分布。

形态特征 一年生寄生草本。植株低矮，高不过35cm，茎直立，自基部分枝，黄褐色或紫红色；叶疏生于茎基部，鳞片状，较小，光滑近无毛，叶面深绿色，叶背淡绿色，全缘或疏生锯齿；花单生，花梗较长，花萼佛焰苞状，一侧斜裂，顶端尖；花冠紫色，近唇形，筒部宽、稍弯曲，口部5浅裂，裂片近圆形；雄蕊4，着生于筒的近基部处；心皮2，胎座4个，柱头盾形。蒴果圆锥状，种子小，多数。

野外识别要点 ①茎黄褐色或紫红色，叶疏生于茎基部，鳞片状。②花单生，花冠紫红色，近唇形，口部5浅裂。

花冠筒口部5浅裂

花萼佛焰苞状，一侧斜裂

叶鳞片状，抱茎

根茎短而稀疏

茎自基部分枝

别名：蛇箭草、烟管头草、僧帽花、烧不死	科属：列当科野菰属
用途：全草可入药，具有解毒消肿的功效，可治疗扁桃体炎、咽喉炎、尿路感染、疔疮等症。	

岩青兰

Dracocephalum rupestre Hance

生境分布 生长在海拔650～2400m的高山草原、草坡或山脊干燥处。分布于我国西北、华北等地区，辽宁一带也有分布。

形态特征 多年生草本。株高20～50cm，全株具香气，茎基部丛生，四棱形，疏被倒向的短柔毛，绿色带紫色；基出叶多数，三角状卵形，先端钝，基部常为心形，两面疏被柔毛，边缘具圆锯齿，叶柄较长，长达14cm，被不密的伸展白色长柔毛；茎生叶向上渐小，叶形似基出叶，中部叶具明显叶柄，长2～6cm，花序处的叶具鞘状短柄，长4～8mm；轮伞花序多成头状，花具短梗，苞片倒卵形至披针形，边缘有刺；花萼常带紫色，花冠紫蓝色，2唇形，上唇微裂，下唇3裂，中裂片小，无深色斑点及白长柔毛；4小坚果。花期7～9月。

野外识别要点 本种与香青兰相同之处在于苞片边缘的齿端具刺毛，不同之处在于叶为三角状卵形，花冠长达4cm。

轮伞花序顶生

叶缘具圆锯齿

别名：毛建草、毛尖、毛尖茶	科属：唇形科岩青兰属
用途：①药用价值：全草可入药，具有解热消炎的功效，主治风湿头痛、咳嗽、胸胀等症。②食用价值：叶片可代茶饮用，尤其是嫩叶，河北、山西一带土名毛尖茶。③观赏价值：本种株形秀气，花大色艳，可栽培观赏。	

荫生鼠尾草

Salvia umbratica Hance

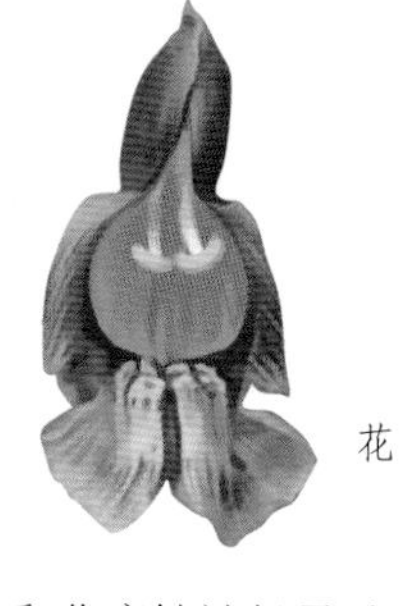
花

生境分布 生长在海拔600～2000m的山坡、谷地、路旁或山沟等阴湿处。分布于我国河北、山东、山西、陕西、甘肃等地。

形态特征 一年生或二年生草本。株高可达1.2m，根粗大，圆锥形，木质，表皮褐色；茎直立，四棱形，有长柔毛，偶有腺毛；叶对生，三角形或卵圆状三角形，长达16cm，宽达16cm，先端渐尖，基部心形或戟形，叶面绿色，被长柔毛或短硬毛，叶背淡绿色，沿脉被长柔毛，余部散布黄褐色腺点，边缘具牙齿；叶柄长1～9cm，被疏或密的长柔毛；轮伞花序组成顶生或腋生总状花序，花疏离，每轮2朵，苞片披针形，花梗和花序轴被长柔毛及腺短柔毛，花萼2唇形，冠蓝紫或紫色，冠筒基部狭长，向上突然膨大，并弯曲呈喇叭状，冠檐2唇形，上唇长圆状倒心形，下唇较上唇短而宽，3裂，中裂片阔扇形；小坚果椭圆形。花期7～9月，果期8～10月。

野外识别要点 ①单叶对生，叶近三角形，长宽几乎相同。②轮生花序由2花组成顶生或腋生的总状花序。

别名：山苏子、山椒子、臭大脚	科属：唇形科鼠尾草属
用途：全草入药，可治疗咽炎。	

中国马先蒿

Pedicularis chinensis Maxim.

全世界大约有600种马先蒿属植物，我国有300多种，因而我国是马先蒿属种类最多的国家。而中国马先蒿是我国的特产种类。

生境分布 常生长在高山草地上，海拔可达2900m。分布于我国的青海、甘肃、山西、河北等地。

形态特征 一年生草本。植株低矮，茎柔弱，近无毛；叶互生，披针状矩圆形至条状矩圆形，羽状浅裂至半裂，裂片7～13对，长圆卵形，边缘有重锯齿；下部叶的叶柄较长，被长毛；总状花序，苞片有长而密的睫毛，花萼管状，有白色长毛，萼齿2，先端叶状；花冠黄色，外面有毛，管部狭细，顶端2唇形，上唇盔状，先端具半环状长喙，下唇3裂；蒴果矩圆状披针形。花期7～8月。

野外识别要点 ①叶羽状浅裂至半裂，裂片边缘有重锯齿。②花冠黄色，管部细长，长达4.5cm，上唇盔状，前端半环状弯曲。

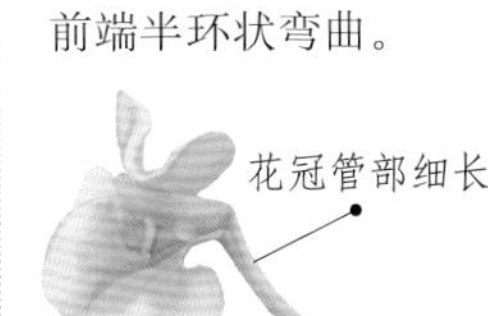

别名：无	科属：玄参科马先蒿属
用途：本种形美花艳，可引种栽培观赏。	

紫色翼萼

Torenia violacea (Azaola)Pennell

生境分布 生长在海拔200～2000m的山坡、林下、草地、田边及路旁等阴湿处。分布于我国华东、华南、西南、华中等地区，台湾也有分布。

形态特征 直立草本。植株低矮，高不过35cm，茎通常自基部分枝；叶向上渐小，卵形或长卵形，先端渐尖，基部楔形或截形，两面疏被柔毛，边缘具略带短尖的锯齿，具短柄；花多数，聚合成伞形花序生于枝顶或单生叶腋，花梗短，花萼矩圆状纺锤形，具5翅，翅略带紫红色；花冠淡黄色或白色，2唇形，上唇直立、近圆形，下唇3裂，中裂片中央有1黄色斑块，两侧裂片有1枚蓝紫色斑块。花果期8～11月。

野外识别要点 本种花萼明显具5翅，翅略带紫红色，而花冠淡黄色或白色。

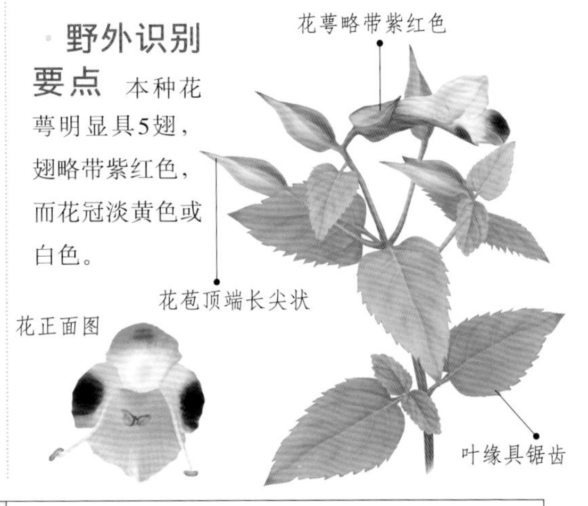

别名：紫萼蝴蝶草	科属：玄参科翼萼属
用途：可作为地被植物，也可用于观赏。	

白芨

Bletilla striata (Thunb.) Rchb. f.

生境分布 常生长在林下、草丛、路边或岩石缝中，海拔可达3200m。分布于我国西北、西南、华东、华南、华中地区。

形态特征 多年生球根花卉。株高20～60cm，假鳞茎扁球形，上面具荸荠似的环痕，富黏性；茎直立、粗壮；叶互生，3～6枚，阔披针形，长达30cm，最宽仅4cm，先端渐尖，基部渐狭成鞘并抱茎，平行叶脉明显而突出，叶面皱褶；总状花序顶生，着花3～10朵，花大，紫红色或粉红色，苞片长圆状披针形，开花时常凋落；萼片狭长圆形，花被片6枚，其中1枚较大，呈唇形，3深裂，中裂片波状具齿。花期4～5月。

野外识别要点 ①地下根状茎粗厚，呈鸡头状，富有黏性。②叶3～6枚互生，阔披针形，基部渐狭成鞘并抱茎，平行叶脉明显而突出使叶面皱褶。③花紫色或淡红色，由3枚萼片、2 枚花瓣和1枚特化的唇瓣组成。

总状花序顶生

叶阔披针形，较长

茎粗壮

假鳞茎扁球形，具环痕

别名：凉姜、甘根、紫兰、朱兰、紫蕙、双肾草	科属：兰科白芨属
用途：①药用价值：块茎可入药，具有收敛止血、消肿生肌的功效。②景观用途：本种株形健美，花大色艳，可丛植于林缘或配植于岩石园，也可盆栽观赏。	

苞舌兰

Spathoglottis pubescens Lindl.

生境分布 生长在山坡、草甸、林间或荒野，海拔可达1700m。分布于我国长江流域以南大部分省区。

形态特征 多年生草本。植株高可达1m，假鳞茎扁球形，被革质鳞片状鞘，顶生1～3枚叶；叶带状或狭披针形，长15～45cm，宽1～2cm，先端渐尖，基部收窄为细柄，两面无毛，全缘或浅波状；花葶高达50cm，密布柔毛，下部被数枚筒状鞘包裹；总状花序顶生，疏生2～8朵花，苞片披针形，与花梗均被柔毛；萼片具7条脉，背面被柔毛；花黄色，花瓣宽长圆形，先端钝，具5～6条主脉，外侧的主脉分枝；唇瓣3裂，侧裂片直立、镰刀状长圆形，两侧裂片之间凹陷而呈囊状，中裂片倒卵状楔形，先端凹缺，基部具爪，爪短而宽，上面具一对半圆形的、肥厚的附属物；唇盘上具3条纵向的龙骨脊，其中央1条隆起而成肉质的褶片；蒴果长圆形。花期6～8月。

野外识别要点 本种花葶及花梗均被柔毛，花黄色，唇瓣3裂。

别名：兰草	科属：兰科苞舌兰属
用途：假鳞茎可入药，具有清热、补肺、止咳、生肌的功效。本种株形优美，花姿艳丽，芳香飘逸，可种植观赏。	

北马兜铃

Aristolochia contorta Bunge

生境分布

生长在沟谷、山坡及林缘，攀缠在灌木丛或树上。分布于我国东北、华北、西北等地区，湖北等地也有分布。

形态特征

多年生草本。茎藤长可达2m，有气味，无毛，干后有纵槽纹；叶互生，卵状心形或三角状心形，纸质，叶面绿色，叶背淡绿色，光滑无毛，主脉7条，全缘；叶柄柔弱，长2～7cm；总状花序有花2～8朵或有时仅一朵生于叶腋，基部小苞片卵形，具长柄；花被单层，呈管状，口部缩小，再扩大成檐部，基部膨大呈球形，具6条纵脉，隆起并有网状脉，上面带紫色，下面绿色，内部有软腺毛；柱头膨大，6裂；蒴果下垂，熟时黄绿色，基部向上6瓣开裂；果梗下垂，随果开裂；种子三角状心形，灰褐色，扁平，具小疣点和浅褐色膜质翅。花期5～7月，果期8～10月。

下垂的蒴果

未开放花苞

茎长可达2m，有气味

野外识别要点

①草质藤本，叶耳状心形，有7条脉。②花被单层，合生成管状。

别名：马兜铃、铁扁担、臭罐罐、吊挂篮子、茶叶包、天仙藤	科属：马兜铃科马兜铃属
用途：本种茎叶又称天仙藤，具有行气治血、止痛、利尿的功效。果称马兜铃，具有清热降气、止咳平喘之效。根称青木香，具有健胃、理气、降血压的功效。另外本种花形奇特，果大诱人，常种植于园林中观赏。	

北乌头

Aconitum kusnezoffii Reichb.

生境分布

常生长在海拔300～2400m的山坡、沟谷、草甸或草坡上。分布于我国山西、内蒙古、辽宁、吉林、黑龙江和河北。

形态特征

多年生草本。株高70～150cm，全株无毛，块根倒圆锥形，暗黑褐色，茎直立，常分枝；叶片五角形，长达16cm，宽达20cm，基部心形，先端掌状3全裂，中央全裂片菱形，近羽状分裂，侧全裂片斜扇形，不等2深裂，叶面疏生短曲毛，叶背无毛；总状花序顶生，花大而密，下部苞片三裂，其他苞片长圆形或线形，小苞片生花梗中部或下部，线形或钻状线形；萼片5，蓝紫色，上面1萼片呈盔状，下面2萼片长圆形，侧面2萼片较宽；花瓣2，较小，向后弯曲或近拳卷，具长爪；蓇果较小，种子扁椭圆球形，沿棱具狭翅，只在一面生横膜翅。花期夏季。

花蓝紫色

可以入药的块根

叶大型，呈五角形

野外识别要点

①叶掌状全裂，末回裂片三角形至披针形。②花紫色，上萼片盔形。

别名：草乌、鸡头草、蓝附子、五毒根、鸦头、小叶芦	科属：毛茛科乌头属
用途：块根有巨毒，经炮制后可入药，具有祛风湿、散寒止痛的功效。	

翠雀

Delphinium grandiflorum L.

由于花形别致，酷似一只只飞翔的燕子，故被称为大花飞燕草、鸽子花。翠雀的花色非常美丽，纯净的蓝色让人犹如置身于蔚蓝的天空中，有种轻盈、洒脱、自由之感。

生境分布 一般生长在山坡、草地或丘陵沙地，海拔可达3000m。分布于我国的东北、西北及西南地区。

形态特征 多年生草本。株高60～90cm，全株被柔毛，茎直立，疏散而多分枝；叶圆五角形，掌状3全裂，中裂片近菱形，1～2回细裂，侧裂片扇形，不等2深裂，全部小裂片条形，宽不超过2mm，干时边缘稍反卷，两面疏生短柔毛；基生叶和茎下部叶具长柄，上部叶柄较短，顶部叶常无柄；总状花序顶生或腋生，着花3～15朵，下部苞片叶状，其他苞片线形；花梗与轴密被贴伏的白色短柔毛；萼片5，紫蓝色，外面有短柔毛；花瓣4，2侧瓣蓝色，距伸入花萼的距中，有分泌组织，2后瓣白色，无距，多数有眼斑；退化雄蕊2，蓝色，瓣片宽倒卵形，微凹，有黄色髯毛；雄蕊多数，心皮3；蓇葖果直，种子倒卵状四面体形，沿棱有翅。花期6～10月。

野外识别要点 ①萼片5，紫蓝色，上部1片基部延长成距。②花瓣2，基部有距伸入萼距内，心皮3枚。

★注意：本种有毒，谨防入口。

别名：鸽子花、大花飞燕草、鸡爪连、百部草	科属：毛茛科翠雀属
用途：①景观用途：本种花形别致，色彩淡雅，既可种植于花坛、花境，也可作切花。②药用植物：全草可入药，可治痔疮或作杀虫剂。	

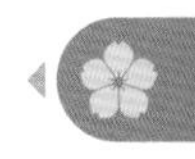

大花杓兰

Cypripedium macranthum Sw.

生境分布 一般生长在林间、草甸或坡地，海拔可达2400m。分布于我国东北、华北及内蒙古、河北、山东和台湾。

形态特征 多年生草本。株高20～60cm，茎直立，有时被短柔毛，基部具数枚鞘，鞘上方具3～4枚叶；叶互生，椭圆形或椭圆状卵形，长达20cm，宽达10cm，基部有短鞘包在茎上，两面略被柔毛，边缘具细缘毛；花单生植株顶部，通常1花，苞片叶状，椭圆形；花大，紫色、红色或粉红色，通常有暗色脉纹，极罕白色；花瓣披针形，不扭转，内表面基部具长柔毛，唇瓣深囊状，形如口袋，故又称大口袋花；蒴果狭椭圆形，无毛。花期6～7月，果期8～9月。

野外识别要点 ①茎直立，叶3～4枚互生，基部有短鞘抱茎。②花顶生，常1朵，紫红色，唇瓣呈囊状，好像一只大口袋。

别名：大口袋花、拖鞋兰	科属：兰科杓兰属
用途：本种形态奇特，花大色艳，是一种极珍贵的野生草本，可引种栽培为高档的盆栽观赏花卉。	

杜鹃兰

Cremastra appendiculata (D. Don) Makino

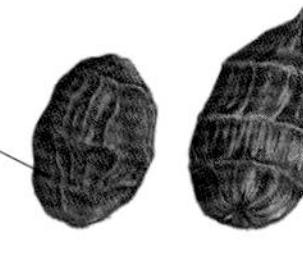

花葶长可达70cm

叶通常1枚，大型

假鳞茎近球形

生境分布 生长于沟边、林下、岸边等阴湿处。主要分布于西北、西南、华东等地区，西藏、台湾也有分布。

形态特征 多年生草本。株高可达1m，假鳞茎近球形，有关节，外被撕裂成纤维状的残存鞘；叶通常1枚，生于假鳞茎顶端，狭椭圆形或倒披针状狭椭圆形，长可达35cm，宽约8cm，光滑无毛，全缘；叶柄长，下部常为残存的鞘所包蔽；花葶从假鳞茎上部节上发出，近直立，长可达70cm，总状花序具花5～22朵，花常偏向一侧，淡紫褐色，稍下垂，有香气；蒴果近椭圆形，下垂。花期5～6月，果期9～12月。

野外识别要点 ①叶常1枚，大型，生于假鳞茎顶端。②花葶很高，花常偏花序一侧，淡紫褐色，稍下垂，有香气。③唇瓣中裂片基部在两枚侧裂片之间具1枚肉质突起。④蕊柱细长，顶端略扩大，腹面有时有很狭的翅。

别名：人头七、算盘七、三七笋	科属：兰科杜鹃兰属
用途：假鳞茎可入药，秋季采挖，洗净，晒干或鲜用，具有清热解毒、润肺止咳、活血止痛的功效。	

二叶舌唇兰

Plantanthera chlorantha Cust. ex Rchb.

距圆筒状

总状花序具花10余朵

基生叶2枚

· 生境分布 多生长在海拔400～3300m的山坡、林下或草丛中。分布于我国东北、华北、西北、西南等地。

· 形态特征 多年生草本。株高30～50cm，块茎卵状，茎直立，全株近无毛；基生叶2枚，椭圆形或倒披针状椭圆形，长达20cm，宽8cm，两面散生柔毛，全缘；总状花序顶生，着花10余朵，苞片披针形，花萼3，侧萼片椭圆形，中萼片宽卵状三角形，顶端钝或截平；花大，白色，花瓣条状披针形，基部较宽，唇瓣条形、肉质、不裂；距圆筒状，顶端钝，前部膨大；蒴果。花期6～8月。

· 野外识别要点 本种在野外很容易识别，只有两片叶，且为基生，叶椭圆形或倒披针状椭圆形；唇瓣条形不裂，距圆筒状。

别名： 土白芨	**科属：** 兰科舌唇兰属
用途： 块茎可入药，秋季采挖，洗净晒干，具有补肺生肌、化瘀止血的功效。	

高乌头

花

Aconitum sinomontanum Nakai

· 生境分布 多生长在山坡草地或林中，海拔可达3700m。分布于我国青海、甘肃、陕西、山西、河北、四川、贵州、湖北等地。

· 形态特征 多年生草本。株高50～60cm，根圆柱形，茎直立，上部近花序处被反曲的短柔毛；基生叶1枚，叶形与茎生叶相似，叶片圆肾形，基部宽心形，3深裂，中裂片较小，楔状狭菱形，渐尖，边缘有不整齐的三角形锐齿，侧深裂片斜扇形，不等3裂，两面疏生短柔毛；叶柄由小向上渐短，具浅纵沟；总状花序长20～50cm，小花密集，花序轴和花梗密被紧贴的短柔毛，下部苞片叶状，其他苞片线形；上萼片圆筒形，蓝紫色或淡紫色，外被短曲柔毛；花瓣唇舌形，距长向后拳卷；蓇葖果，种子倒卵形，具3条棱，成熟时褐色，密生横狭翅。花期6～9月。

· 野外识别要点 ①茎高约1m，叶掌状深裂达4/5。②萼片深紫色，上萼片圆筒形。

别名： 穿心莲、麻布口袋、龙骨七、九连环、曲芍	**科属：** 毛茛科乌头属
用途： 根可入药，具有消肿止痛、活血散瘀的功效。	

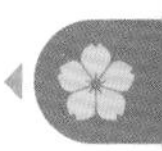

华凤仙

Impatiens chinensis L.

生境分布 多生长在水沟旁、田边或沼泽地等潮湿处，海拔可达1200m。分布于我国西南、华南等地区，江苏、浙江等地也有分布。

形态特征 一年生草本。株高30～60cm，茎纤细，节略膨大，有不定根，无毛；叶对生，线形或线状披针形，硬纸质，叶面绿色，被微糙毛，叶背粉绿色，无毛，边缘疏生刺状锯齿，叶基有托叶状的腺体；花单生叶腋，粉红色或白色，苞片线形；侧生萼片2，线形，基部1片渐狭成内弯或旋卷的长距；旗瓣圆形，背面中肋具狭翅，顶端具小尖；翼瓣2裂，下部裂片近圆形，上部裂片宽倒卵形至斧形，外缘近基部具小耳；蒴果椭圆形，中部膨大，顶端喙尖；种子数粒，圆球形，熟时黑色。花期7～9月。

野外识别要点 ①茎节处略膨大，生有不定根。②叶背粉绿色，叶基有托叶状的腺体。③花具长距，唇瓣舟状。

叶缘疏生刺状锯齿

别名：水边指甲花、象鼻花	科属：凤仙花科凤仙花属
用途：全草可入药，具有清热解毒、消肿拔脓、活血散瘀的功效。另外，本种还可种植于花坛、花境观赏。	

黄金凤

Impatiens siculifer Hook. f.

生境分布 常生长在山坡草地、水沟边、沟谷或密林等阴湿处，海拔可达2500m。主要分布于我国华中、华南及西南地区。

形态特征 一年生草本。株高30～60cm，茎细弱，少分枝；叶互生，通常密集生于茎或分枝的上部，叶片卵状披针形或椭圆状披针形，长达13cm，宽5cm，先端渐尖，基部楔形，边缘有粗圆齿，齿间有小刚毛；下部叶的叶柄长达3cm，上部叶近无柄；总花梗生于上部茎枝的叶腋，总状花序着花5～8朵，花梗纤细，基部有1披针形苞片、宿存；侧生萼片2，窄矩圆形，先端突尖，下面倒置的1枚萼片（唇瓣）基部延长成内弯或下弯的长距；花黄色，旗瓣近圆形，背面中肋增厚成狭翅；翼瓣2裂，基部裂片近三角形，上部裂片条形；蒴果棒状。花期几乎全年。

野外识别要点 ①叶片边缘有粗圆齿，齿间有小刚毛。②花黄色，萼距内弯或下弯。

1枚萼片基部延长成长距

叶缘齿间有小刚毛

茎细弱，略带紫色

别名：岩胡椒、纽子七	科属：凤仙花科凤仙花属
用途：茎可入药，夏、秋季采收，洗净，鲜用或晒干，具有清热解毒、消肿止痛的功效。还可盆栽摆设观赏。	

还亮草 >花语：清明、正义

Delphinium anthriscifolium Hance

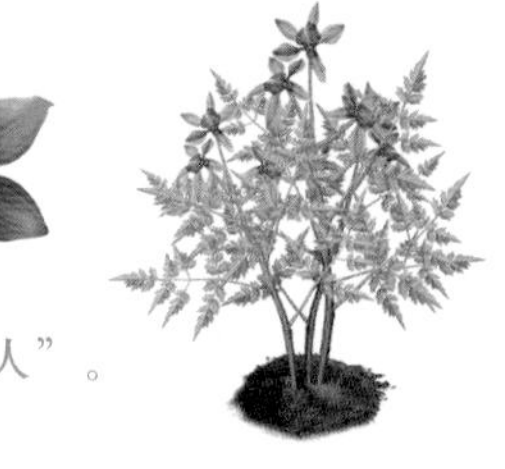

还亮草株形挺拔、叶片清秀、花序饱满，被称为欧洲园林中的“俏佳人”。

部分植株图

生境分布 一般生长在丘陵、林中、草地或溪边，海拔可达1200m。分布于我国西南、华南、华东、华东等地区，山西等地也有分布。

形态特征 一年生草本。株高20～80cm，茎直立，有分枝，上部偶疏生柔毛；叶菱状卵形或三角状卵形，2～3回羽状全裂，裂片狭卵形或披针形；总状花序顶生，着花2～15朵，花序轴和花梗有反曲的微柔毛，小苞片条形；萼片5，蓝紫色，距钻形；花瓣2，瓣片不等3裂；蓇葖果。花期夏季。

野外识别要点 ①一年生草本，叶2～3回羽状全裂。②花淡蓝色，直径不超过1.5cm，距长约1cm.

别名：鱼灯苏、还魂草	**科属：**毛茛科翠雀属
用途：①药用价值：全草可入药，主治风湿骨痛、痈疮等症。②景观用途：本种株形挺拔，叶纤细清秀，花繁色艳，是极好的花坛和切花材料。	

灰绿黄堇

Corydalis adunca Maxim.

生境分布 生长在山地、河滩或荒漠、草原中，海拔可达4000m。主要分布于我国西藏、青海、甘肃、宁夏、内蒙古、陕西等地。

形态特征 多年生草本。株高20～60cm，全株被白粉，主根具多头根茎，茎自根茎向上发出；基生叶具长柄，大型，2回羽状全裂，羽片又3深裂或2～3浅裂，末回裂片顶端圆钝或具端尖，近无柄；茎生叶与基生叶同形；总状花序长达15cm，小花密集，苞片狭披针形，顶端渐狭成丝状；花梗极短；萼片卵圆形，渐尖；花黄色，外花瓣顶端兜状、浅褐色，上花瓣的距约占花瓣全长的1/4，末端圆钝，蜜腺体约占距长的1/2，下花瓣舟状内凹；内花瓣具鸡冠状突起；蒴果长圆形，种子黑亮，具小凹点。花期6～8月。

野外识别要点 ①全株被白粉，基生叶可达茎的1/2～2/3处，叶2回羽状全裂。②小花黄色，内花瓣具鸡冠状突起，外花瓣顶端兜状、浅褐色。

别名：早生紫堇、师子色巴	**科属：**罂粟科紫堇属
用途：全草可入药，具有清热止血、祛风明目的功效。	

堇菜

Viola verecunda A. Gray

生境分布 生长在草地、山坡、灌丛、林缘、田野等潮湿处。广泛分布于我国南北各地。

形态特征 多年生草本。植株低矮，高不过20cm，根状茎短粗，节较密，须根多条；地上茎常数条丛生，平滑无毛；基生叶较小，宽心形、卵状心形或肾形，先端圆或微尖，基部宽心形，两侧垂片平展，边缘具向内弯的浅波状圆齿，具长柄，托叶褐色，下部与叶柄合生，上部离生呈狭披针形，边缘疏生细齿；茎生叶稀疏排列，叶形与基生叶相似，但基部的弯缺较深、幼叶的垂片常卷折，叶柄较短，具极狭的翅，托叶离生，绿色，卵状披针形或匙形，全缘或具细齿；花单生于茎生叶的叶腋，白色或淡紫色，花梗细弱，中部以上有2枚近于对生的线形小苞片；萼片卵状披针形，先端尖，基部附属物短；花瓣3，下部花瓣有深紫色条纹，距呈浅囊状；子房无毛，花柱棍棒状，柱头2裂，2裂片间的基部有斜升的短喙，喙端具圆形的柱头孔；蒴果长圆形或椭圆形，种子卵球形，成熟时淡黄色，基部具狭翅状附属物。花果期5～10月。

野外识别要点 ①茎常数条丛生，平滑无毛。②基生叶的叶柄较长，托叶褐色，下部与叶柄合生，上部离生呈狭披针形，边缘有齿；茎生叶叶柄短，托叶绿色，离生，通常全缘。

花正面图

小花白色或淡紫色

花梗细长

叶缘具向内弯的浅波状圆齿

株高不超过20cm

根状茎短而粗，须根多条

别名：堇堇菜、葡堇菜	**科属**：堇菜科堇菜属
用途：全草可入药，具有清热解毒的功效。	

两色乌头

Aconitum alboviolaceum Kom.

白紫色花

生境分布 生长在海拔350～1400m的山地、沟谷、灌木丛或林中。分布于我国河北、辽宁、吉林及黑龙江等地。

圆柱形根

形态特征 多年生缠绕草本。根圆柱形，茎细长，长达2.5m，有时疏生反曲的短柔毛；基生叶1枚，与茎下部叶具长柄，茎上部叶渐小，叶柄渐短；叶片五角状肾形，长、宽可达17cm，基部心形，掌状3中裂，中裂片菱状倒梯形或菱形，顶端钝或微尖，有时上部3浅裂，边缘自中部以上具齿，侧深裂片斜扇形，不等2浅裂近中部，两面疏生短毛；叶柄长；总状花序腋生，长6～14cm，着花3～8朵，小苞片生花梗基部或中部，形似苞片；萼片5，淡紫色或近白色，被柔毛；花瓣2，其距呈拳卷形；蓇葖果，种子倒圆锥状三角形，生横狭翅。花期8～9月。

野外识别要点 ①茎先直立生长，后缠绕生长。②花色常为白色和淡紫色的混合色。

花枝图

别名：无	科属：毛茛科乌头属
用途：本种姿色均美，很适合作地被植物绿化阴湿地带。另外，根可入药，具有散寒止痛的功效。	

牛扁

★注意：本种与北乌头、乌头一样，全草有毒，忌采摘。

Aconitum barbatum Pers. var. *puberulum* Ledeb.

蓇葖果3，长角状

花黄色，上萼片呈圆筒形

生境分布 常生长在海拔400～2000m的山地阳坡或沟谷。分布于我国新疆、内蒙古、山西、陕西、河北等地。

形态特征 多年生草本。株高60～110cm，茎直立，下部常分枝，茎、叶均被反曲紧贴的短柔毛；基生叶1～5片，和茎下部叶皆具长柄，叶片圆肾形，长达15cm，宽达20cm，3全裂，中裂片菱形，边缘浅裂，侧裂片羽状深裂，小裂片小披针形；总状花序顶生，花序较长，密生反曲微柔毛，小苞片线形，花萼5片，黄色，上萼片呈圆筒形，直立；花瓣2枚，具长爪。蓇葖果3，较短小。花期6～8月。

果序图

花序图

叶圆肾形，3全裂

根圆柱形，可入药

野外识别要点 ①叶集中于茎下部，大型，掌状3全裂，裂片又细裂，裂片间有黄白色斑痕。②花序长，花淡黄色，上萼片圆筒状。

别名：黄花乌头、扁桃叶根、扁特、扁毒	科属：毛茛科乌头属
用途：本种密集的黄白色小花像一顶顶黄色的小帽子，十分喜人，可种植于花境、花坛，也可作切花。	

曲花紫堇

Corydalis curviflora Maxim.

生境分布 常生长在林下、灌木丛和草丛中，海拔可达4000m。主要分布于我国西南、西北和华北。

形态特征 多年生草本。株高10～50cm，无毛，须根簇生，中部增粗呈狭纺锤形，末端线状延长，淡黄色或褐色；茎1～4条，基部丝状；基生叶少数，圆形或肾形，3全裂，裂片2～3深裂，小裂片长圆形或倒卵形，叶柄短；茎生叶1～4枚互生于茎上部，掌状全裂，裂片条形，无叶柄；总状花序顶生，花梗淡褐色；萼片小，常早落；花冠蓝色至紫红色，上花瓣舟状宽卵形，背部鸡冠状突起，距圆筒形，下花瓣宽倒卵形，背部鸡冠状突起较矮，内花瓣提琴形，具1侧生囊，爪宽线形；蒴果线状长圆形，熟时褐红色；种子4～7个，黑色，具光泽。花果期5～8月。

野外识别要点 ①茎基部丝状，绿色或下部带紫红色。②基生叶3全裂；茎生叶1～4枚互生，掌状全裂。③花蓝色，在紫堇属的植物中比较特殊。

别名：洛阳花、玉周丝哇	科属：罂粟科紫堇属
用途：全草可入药，具有清热解毒、凉血止血、清热利胆的功效。	

全叶延胡索

Corydalis repens Mandl et Muhldorf

生境分布 生长在灌木丛或林缘，海拔可达1000m。主要分布于我国黑龙江、吉林、辽宁和河北。

形态特征 多年生草本。株高低矮，块茎球形，棕黄色，有时瓣裂；茎细长，基部以上具1鳞片，枝条自鳞片发出；叶2回3出复叶，小叶披针形至倒卵形，叶面常具浅白色条纹或斑点，全缘或有时分裂；总状花序着花3～14朵，花梗纤细，果期长达20cm，多少具乳突状毛，苞片披针形至卵圆形；萼片早落，花浅蓝色、蓝紫色或紫红色，上花瓣有距，内轮2花瓣狭小，先端连合，下花瓣略向前伸；蒴果椭圆形或卵圆形，两端渐尖，下垂，具4～6种子，2列；种子成熟时黑色，有白色种阜。花期4～6月。

野外识别要点 本种较为容易识别，早春出苗，2～3回三出复叶，小叶长圆形、倒卵形，全缘或有时3裂。

别名：匍匐延胡索	科属：罂粟科紫堇属
用途：块茎可入药，具有理气止痛、活血散瘀的功效。	

山梗菜

Lobelia sessilifolia Lamb.

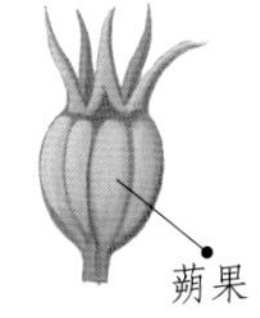
蒴果

花特写

· 生境分布 常生长在平原、草甸、河边、沼泽等水湿处，海拔可达3000m。主要分布于我国东北地区，河北、山东、浙江、云南、广西、台湾等地也有分布。

· 形态特征 多年生草本。株高60～120cm，根状茎斜生，具多数白色细须根；茎直立，圆柱状，通常不分枝，无毛；单叶互生，茎下部叶稀疏，长圆形，茎中部和上部叶密集，线状披针形至披针形，两面无毛，边缘有微锯齿；总状花序长达35cm，苞片似叶，花萼钟形，5裂，萼筒有棱角，萼齿线状披针形；花冠蓝紫色，内面生长柔毛，2唇形，上唇2裂片长匙形，下唇3裂片长圆形或披针形，边缘密生白色缘毛；蒴果倒卵状，种子多数，卵形，成熟时深褐色，有光泽。花果期7～9月。

· 野外识别要点 ①茎中上部叶密集，下部叶稀疏。②花序长，花深蓝色，花萼、花瓣5枚。③花药接合线上密生柔毛，下方2枚花药顶端生笔毛状髯毛。

下部叶稀疏

别名：半边莲、水折菜、水苋菜、苦菜、节节花、大种半边莲、对节白	科属：桔梗科山梗菜属
用途：①食用价值：嫩叶可食，春季采摘后，洗净、焯熟，用油盐调拌即可食用。②药用价值：根、叶或全草可入药，夏、秋季采挖，具有清热解毒、化痰止咳、利尿消肿的功效。	

双花黄堇菜

Viola biflora L.

· 生境分布 多生长在海拔1200～4000m的高山地带草甸、灌丛或林缘。分布于我国西北、西南、东北、华北等地区，台湾等地也有分布。

· 形态特征 多年生草本。株高10～25cm，根状茎垂直或斜生，具结节，有多数细根；地上茎细弱，簇生；基生叶数枚，肾形、宽卵形或近圆形，叶面散生短毛，叶背常无毛，边缘具钝齿，叶柄长4～8cm；茎生叶较小，叶形与基生叶相似，叶柄较短；托叶与叶柄离生；花1～2朵腋生，黄色或淡黄色，在开花末期有时变淡白色；花梗细长，上部有2枚披针形小苞片；萼片披针形，基部附属物极短；花瓣5，长圆状倒卵形，具紫色脉纹，下方花瓣有短筒状距；蒴果长圆状卵形，无毛。

花果期夏秋季。

· 野外识别要点 ①植株低矮，有地上茎。②叶小，肾形，边缘具钝齿。③花黄色，花瓣5枚，下花瓣具紫色条纹。

花瓣5，具紫色脉纹

托叶较小

叶略内卷成筒状

残留叶柄

根状茎有多数细根

别名：短距黄堇、孪生堇菜	科属：堇菜科堇菜属
用途：全草可入药，主治跌打损伤。	

手参

Gymnadenia conopsea (L.) R. Br.

传说，药王孙思邈有一年在陕西太白山上采药，无意中发现了一个人参娃娃，于是带回了家。这天，药王外出，人参娃娃溜下太白山，一路向北走到了长白山，这里有很多人参娃娃，它高兴地住下了。没过多久，药王找来，要带它回去，可人参娃娃不愿走，于是药王把它的双手捆住，拖回了太白山。回家后才发现，人参娃娃早死了，身子也不见了，只剩下绳子上的一双手。药王难过极了，就把这双手埋在了太白山，那里很快长出一种植物，人们就叫它手参。

生境分布 多生长在草甸、山坡、林间、河谷及灌木丛中。分布于我国西南、西北、华北、东北一带。

形态特征 多年生草本。株高20～60cm，块茎椭圆形，肉质，下部掌状分裂似人手，故得名；茎直立，圆柱形，基部具2～3枚筒状鞘；茎下部具4～5枚叶，上部多为苞片状小叶，叶片线状披针形、狭长圆形或带形，长达15cm，宽达3cm，先端渐尖或稍钝，基部渐狭成抱茎的鞘；穗状花序，花密集，粉红色，罕为粉白色；苞片披针形，直立伸展，先端长渐尖成尾状；萼片3，侧萼片斜卵形，反折，边缘向外卷，中萼片宽椭圆形或宽卵状椭圆形，具3脉，先端略呈兜状；花瓣直立，斜卵状三角形，边缘具细锯齿；花冠的唇瓣倒卵形，上部3裂，中裂片稍大，唇瓣有细而长的距；距狭圆筒形，下垂，稍向前弯，末端略增粗或略渐狭；蒴果长圆形。花期6～8月。

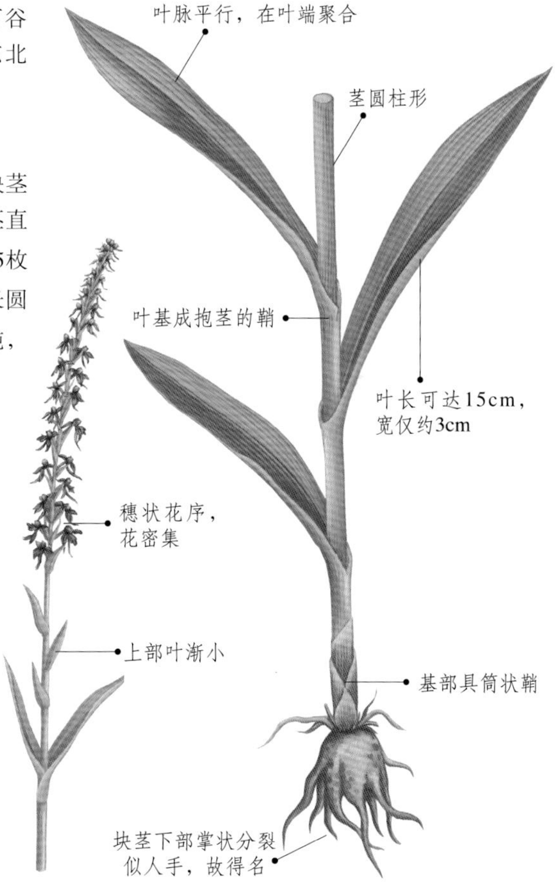

野外识别要点 ①植株挺拔，叶少，花序顶生，高于叶，花密集，通常为粉红色。②块根分裂，似人的手掌。

叶脉平行，在叶端聚合
茎圆柱形
叶基成抱茎的鞘
叶长可达15cm，宽仅约3cm
穗状花序，花密集
上部叶渐小
基部具筒状鞘
块茎下部掌状分裂似人手，故得名

别名：掌参、阴阳参	**科属**：兰科手参属
用途：块根可入药，秋季采挖，去须根、洗净，放入开水锅内煮至心白捞出，晒干备用，具有补肾益精、理气止痛、生津止渴的功效。	

绶草

Spiranthes sinensis (Pers.) Ames

由于螺旋状的小花犹如一条龙盘在花茎上，而且肉质根似人参，因而也称为盘龙参。绶草虽是野草，但并不常见，一是因为混生于杂草中，不易分辨；二是作为中药遭到过度采掘。

指状根茎

生境分布 多生长在山坡林下、河滩、沼泽、灌木丛或草丛中，海拔可达3400m。分布于我国大部分省区。

形态特征 多年生草本。植株低矮，根数条簇生于茎基部，指状，白色或淡黄色；茎短，叶基生，条状披针形或倒披针形，直立伸展，全缘；茎上部叶呈鞘状；穗状花序直立，花螺旋状着生，淡红色；苞片卵状披针形；萼片3；两侧花瓣直立，长圆形；唇瓣上缘因不整齐细裂而皱褶，顶端略反曲，基部凹陷呈浅囊状，囊内具2枚胼胝体；蒴果椭圆形。花期7～8月。

野外识别要点 本种显著特点就是花序呈螺旋状扭转生长，容易辨认。

花螺旋状着生

别名：盘龙参、龙抱柱、双瑚草、猪鞭草、胜杖草、盘龙箭	科属：兰科绶草属
用途：本种花序奇特，花秀雅艳丽，很适合栽培观赏。另外，全草可入药，具有抗癌性。	

水金凤

Impatiens noli-tangere L.

水金凤虽是野花，却非常娇嫩，只要稍微攀折或摇动一下就会破损，有时花朵还会掉下，所以，如果有机会欣赏它，请慢慢地走过去，更不要碰它。

生境分布 生长在山沟、林下、灌丛或草地边缘等阴湿处。分布于我国西北、东北、华北及华中地区。

形态特征 一年生草本。株高40～100cm，茎直立、粗壮，有分枝，全株光滑柔软；叶互生，卵形或椭圆形，薄纸质，长达10cm，宽达5cm，先端钝或渐尖，基部楔形，边缘具粗锯齿；具叶柄，上部叶近无柄；无托叶；总花梗腋生，花序呈伞状，着花2～3朵，花黄色，喉部具橙红色斑点，唇瓣宽漏斗状；花梗细，花下垂；萼片3，其中一片的基部延长成一向内弯的长距；花瓣5；雄蕊5；蒴果条状矩圆形，成熟时开裂，弹出种子。花期6～7月。

野外识别要点 ①茎多汁，近半透明状，节部膨大。②花黄色，萼距长约1cm。

植株部分图

别名：水凤仙	科属：凤仙花科凤仙花属
用途：全草可入药，具有理气和血、舒筋活络的功效。另外，本种株形优雅，花形奇特，还可种植观赏。	

乌头

Aconitum carmichaelii Debx.

可入药的附子

· **生境分布** 多生长在山地、草坡、灌木丛中，海拔可达1000m。广泛分布于我国长江中下游的各个省区。

· **形态特征** 多年生草本。株高60～150cm，块根倒圆锥形，茎直立，下部光滑无毛，中上部疏生反曲的短柔毛，有分枝；茎下部叶在开花时枯萎，叶五角形，薄革质或纸质，3全裂，裂片又细裂；叶柄由下向上渐短，甚至近无，疏被短柔毛；总状花序顶生，花序轴和花梗有反曲而紧贴的短柔毛；基部苞片3裂，中上部苞片狭卵形至披针形；萼片蓝紫色，外面被短柔毛，上缘呈盔状，先端具喙，下缘稍凹，喙不明显；蓇葖果长卵形，种子极小，三棱形，二面密生横膜翅。花期9～10月。

· **野外识别要点** 块根常带子根，即在主根旁生出较小的块根，也称附子。与北乌头的区别在于茎中上部疏生反曲的短柔毛，花序轴和花梗密生反曲细柔毛。

别名：川乌头、鹅儿花、乌药、铁花	**科属：**毛茛科乌头属
用途：块根所长出的附子可入药，具有温经止痛、散寒燥湿、回阳救逆的功效。	

蔓茎堇菜

Viola diffusa Ging.

· **生境分布** 常生长在草坡、林缘、林下、沟谷、石缝隙中。分布于我国西藏、四川、云南、浙江和台湾。

· **形态特征** 一年生草本。植株低矮，全株被糙毛或白色柔毛，根状茎短，具多条白色细根及纤维状根；基生叶多数，丛生呈莲座状，或在花期生出的地上匍匐枝上互生，叶较小，卵形或卵状长圆形，先端钝或稍尖，基部楔形或下延至叶柄，嫩叶两面密生白色柔毛，后除叶脉处渐稀少，边缘具钝齿及缘毛；叶柄长2～5cm，具翅，有毛；托叶基部与叶柄合生，上部离生，线状披针形，边缘具稀疏细齿或流苏状齿；花梗自叶腋抽出，纤细，长达9cm，花淡紫色或浅黄色，1对线形苞片生于花梗中部；萼片披针形，基部附属物短，边缘疏生睫毛；蒴果长圆形，无毛，顶端常具宿存的花柱。花期3～5月，果期5～8月。

· **野外识别要点** ①全株被糙毛或白色柔毛。②茎生叶丛生呈莲座状，具匍匐枝。

别名：七星莲、茶匙黄	**科属：**堇菜科堇菜属
用途：全草可入药，具有清热解毒、消肿排脓的功效。另外，本种株形秀气，花姿淡雅，可作吊盆观赏。	

西伯利亚远志

Polygala sibirica L.

鸡冠状附属物

蒴果具狭翅

远志的蓝紫色花朵虽然很喜人，但幼苗很不起眼，常被叫作“小草”。东晋时期，谢安原本是隐居名士，后被举荐做了大将桓温的司马官。有一天，桓公问谢安：“这种植物的药名叫远志，为什么小苗却叫‘小草’？”谢安还没回答，一位官员抢先说：“隐居就叫远志，出山便是小草。”谢安听了这句话，想起仍住在山中的王羲之等名士，再看看自己，不禁羞愧的满脸通红。

生境分布 生长在山地、林缘、灌丛、草地或林下，海拔可达4300m。广泛分布于我国大部分省区。

形态特征 多年生草本。株高10～40cm，根直立或斜生，木质，茎丛生，被短柔毛；叶互生，卵状披针形或长圆形，纸质至革质，先端常具骨质短尖头，基部楔形，两面被短柔毛，主脉在叶面凹陷、在叶背面隆起，全缘，略反卷，具短柄；总状花序腋生，最上一个假顶生，通常高出茎顶，花稀少，小苞片3枚，钻状披针形，被短柔毛；萼片5，里面2枚花瓣状，外面3枚披针形，背面被短柔毛，具缘毛；花蓝紫色，花瓣3，侧瓣倒卵形，中央1瓣龙骨瓣状，有鸡冠状附属物；雄蕊8，合生；蒴果近倒心形，顶端微缺，具狭翅及短缘毛；种子长圆形，成熟时黑色，密被白色柔毛。花期4～7月，果期5～8月。

野外识别要点 本种在野外较为容易识别，花蓝紫色，其中央的一个花瓣呈龙骨状，上部有撕裂成鸡冠状的附属物，十分奇特。

植株低矮，根直立或斜生

别名：宽叶远志	**科属**：远志科远志属
用途：根可入药，具有安神益智、祛痰止咳、活血散瘀的功效。	

小黄紫堇

Corydalis raddeana Regel.

蒴果和种子

· 生境分布 生长在沟谷、林边、田边等阴湿处。分布于我国东北、华北等地区，东南沿海省区也有分布。

· 形态特征 一年生草本。株高60～90cm，主根粗壮，茎有分枝，具纵棱；基生叶具长柄，三角形或宽卵形，2～3回羽状分裂，裂背具白粉，边缘常具2～3缺刻；茎生叶多数，叶形及变化与基生叶相似，叶柄自下向上渐短；总状花序着花5～20朵，苞片狭卵形；花萼肾形，边缘具缺刻状齿；花瓣4枚，黄色至棕黄色，上花瓣背部鸡冠状突起，距圆筒形，末端略下弯，下花瓣中部稍缢缩，下部呈浅囊状，内花瓣倒卵形，具1侧生囊，爪线形；蒴果条形，下垂，具4～12枚种子；种子近圆形，成熟时黑色，具光泽。花期6～10月。

· 野外识别要点 ①叶2～3回羽状分裂，末回裂片倒卵形或椭圆形。②花黄色或橙黄色，距长8～9mm。③蒴果狭倒披针形，光滑而下垂。

花枝图

别名：黄花地丁	科属：罂粟科紫堇属
用途：可引种栽培供观赏。	

早开堇菜

Viola prionantha Bunge

花正面图

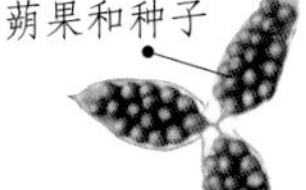

蒴果和种子

· 生境分布 常生长在草地、沟边、坡地、林下、路边及山谷。分布于我国西北、东北、华北等地区，湖北等地也有分布。

· 形态特征 多年生草本。植株低矮，根状茎垂直，上端常留有上一年的残叶，须根数条，灰白色，无地上茎；叶基生，初出叶小，后出叶较长，叶片长圆状卵形或狭卵形，叶面有时被细毛，边缘密生细圆齿；叶柄粗壮，上部有狭翅，果期增长；托叶苍白色或淡绿色，干后呈膜质，2/3与叶柄合生；花梗自叶丛中抽出，花单生，花瓣5，紫堇色或淡紫色，喉部紫红色带淡紫色条纹，无香味；花梗中部有2枚线形小苞片；萼片5，先端具白色膜质缘，基部有附属物和小齿；蒴果长椭圆形，顶端具宿存花柱；种子多数，卵球形，熟时深褐色且有棕色斑点。花期4～6月。

· 野外识别要点 ①株高不过10cm，无地上茎，叶基生。②花瓣5，蓝紫色，喉部紫红色淡并有紫色条纹，最下一瓣较大，具距。

别名：无	科属：堇菜科堇菜属
用途：本种花大色艳，是一种很美丽的早春观赏植物，常作为早春绿化植物被广泛应用。	

窄萼凤仙花

Impatiens stenosepala Pritz. ex Diels

生境分布 常生长在草丛、林缘等潮湿处，海拔可达1800m。分布于我国西南、西北、华东等地区，湖北省也有分布。

形态特征 一年生草本。株高20～70cm，茎直立，茎、枝有紫色或红褐色斑点；叶常密集于茎上部，长圆形或长圆状披针形，侧脉7～9对，边缘有圆锯齿；具短叶柄；总花梗腋生，着花1～2朵；花梗纤细，基部有1条形苞片；侧生萼片4，下面倒置的1枚萼片（唇瓣）囊状，基部圆形，有内弯的短矩；花大，紫红色，旗瓣宽肾形，背面中肋有龙骨突，中上部有小喙；翼瓣2裂，背面有近圆形的耳；蒴果条形。花期6～8月。

叶密集于茎上部

花大，紫红色

茎、枝有紫色或红褐色斑点

野外识别要点 ①茎和枝有紫色或红褐色斑点。②叶密集于茎上部，互生。③花紫红色，侧生萼片4，唇瓣囊状，有内弯的短矩。

别名：无	科属：凤仙花科凤仙花属
用途：本种属优良野生观赏花卉，既可种植于花坛、花境、园林等地，也可盆栽摆设观赏。	

珠果黄堇

Corydalis speciosa Maxim.

蒴果串珠状

生境分布 常生长在林缘、路边或岸边等地。分布于我国南北大部分省区。

形态特征 多年生草本。株高40～60cm，具主根，茎三年生者分枝；茎下部叶具柄，上部叶近无柄；叶长圆形，2回羽状全裂，裂片线形至披针形，具短尖，叶面绿色，叶背苍白色；总状花序，小花密集，花梗极短，果期下弯，苞片披针形；萼片小，近圆形，中央着生，具疏齿；花金黄色，近平展或稍俯垂，外花瓣较宽展，通常渐尖，内花瓣具短尖和粗厚的鸡冠状突起；上花瓣背部平直，腹部下垂，末端囊状；下花瓣基部部分具小瘤状突起；蒴果线形，俯垂，串珠状；种子稍扁，熟时黑色，边缘具密集的小点状印痕。花期7～9月。

叶2回羽状全裂

野外识别要点 ①叶2～3回羽状全裂，末回裂片线状披针形或线形。②总状花序密集，花金黄色，距长约8mm。③蒴果线形，在种子间收缩成串珠状。

别名：狭裂珠果黄堇	科属：罂粟科紫堇属
用途：本种是典型的野生观叶、观花、观果草本花卉，很适合布置花坛、花境或作地被种植，也可盆栽摆设观赏。	

竹叶兰

Arundina graminifolia (D. Don) Hochr.

据说，在我国云南的西双版纳，有一位姑娘因误吃了有毒的食物而奄奄一息，大夫便给她喝了用竹叶兰煮的水，谁知那姑娘很快就苏醒过来，没过几天完全康复了，从此，当地傣族同胞把美丽的竹叶兰叫做“农尚嗨”，意思是一种解毒良药。

· 生境分布 多生长在林间、草坡、沟谷、岸边及灌木丛等阴湿处，海拔可达1800m。主要分布于我国西南、中南、华中。

· 形态特征 多年生草本。株高40～80cm，地下根状茎常在连接茎基部处膨大呈卵球形，似假鳞茎，纤维根多；茎直立，常数个丛生，细竹杆状，通常被叶鞘所包裹，具多枚叶；叶线状披针形，薄革质，长达20cm，宽达15cm，先端渐尖，基部具圆筒状的鞘，鞘抱茎；总状花序顶生，具2～10朵花，但每次仅开1朵；花苞片宽卵状三角形，基部围抱花序轴；萼片狭椭圆形或狭椭圆状披针形；花粉红色或略带紫色或白色；花瓣椭圆形，唇瓣3裂，侧裂片钝，内弯，围抱蕊柱，中裂片近方形，先端2浅裂或微凹，唇盘上有3～5条褶片；蕊柱稍向前弯；蒴果近长圆形。花果期9～11月。

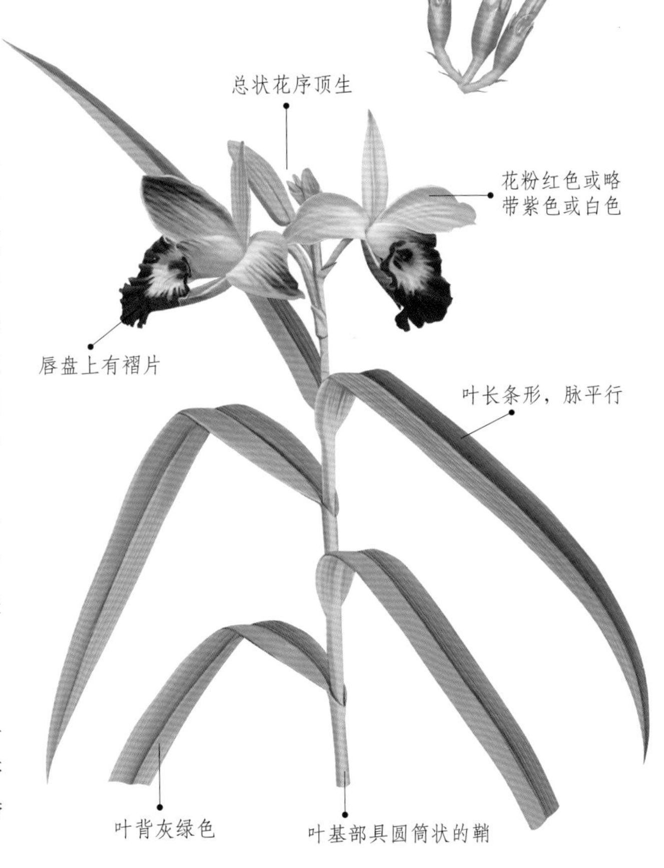

· 野外识别要点 ①叶线状披针形，似禾本科植物的叶片。②总状花序顶生，具2～10朵花，花粉红色或略带紫色或白色。

别名：苇草兰、鸟仔兰	**科属**：兰科竹叶兰属
用途：竹叶兰生性强健，形美色艳，很容易生长，在夏威夷已经成为当地的野生兰花。现在，一些培育出的矮生品种很适合盆栽观赏。	

八角莲

Dysosma versipellis (Hance) M. Cheng

可入药的根茎

叶先端锐尖

茎直立

裂片阔三角形、卵形或卵状长圆形

根茎多须根

由于是极好的解毒植物，所以八角莲的名气很大，也正是如此，八角莲被肆无忌惮地采挖，现在野外已经很难见到它们的身影了。

生境分布 一般生长在疏林、山坡、灌木丛或岸边等阴湿处。分布于我国西南、华东、华南及中南地区，河南、陕西也有分布。

形态特征 多年生草本。株高40～150cm，根状茎粗壮，横生，多须根；茎单一、直立；茎生叶2枚，卵圆形，薄纸质，4～9掌状浅裂，叶背被柔毛且脉隆起，边缘具细齿；叶柄长12～25cm；花5～8朵簇生，花梗纤细、下弯，萼片6；花深红色，花瓣6，勺状倒卵形；浆果椭圆形，种子多数。花期3～6月，果期5～9月。

野外识别要点 本种茎生叶2枚，4～9掌状浅裂；花深红色，萼片和花瓣都是6片。

别名：金魁莲、旱八角	科属：小蘖科八角莲属
用途：根状茎可入药，可治疗跌打损伤、半身不遂、关节酸痛等症。另外，本种还是极好的观叶植物。	

巴天酸模

Rumex patientia L.

生境分布 常生长在山谷、水沟、田边、溪畔等湿地，海拔可达4000m。分布于我国东北、华北、西北等地区，河南、山东、四川和西藏等地也有分布。

成熟的瘦果

形态特征 多年生草本。株高可达1.5m，根肥厚，黄色；茎直立，具深沟槽，上部分枝；基生叶大型，长圆形或长圆状披针形，先端急尖，基部圆形或近心形，边缘波状，具粗壮叶柄；茎生叶向上渐小、渐窄，叶柄渐短；圆锥状花序，花梗细弱，中下部的关节结果时稍膨大；花两性，白色，花被片6，2轮，外轮3片长圆形，内轮3片宽心形，结果时增大，通常其中1片有瘤状体；瘦果卵形，具3锐棱，成熟时褐色，有光泽。花果期春夏季。

野外识别要点 ①基生叶大型，长可达30cm，具膜质托叶鞘。②花被6片，内轮3片，果时增大，其中1片有瘤状体。

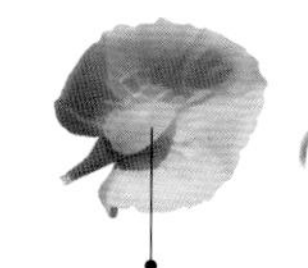

1片花瓣正面有瘤状体

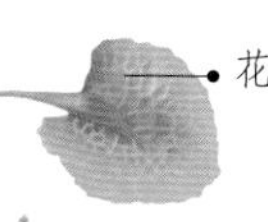

花被背面

花序枝图

别名：洋铁叶、土大黄、洋铁酸模	科属：蓼科酸模属
用途：根可入药，具有清热解毒、活血散瘀的功效。另外，嫩叶富含维生素、钾和草酸，可以煮食或凉拌食用。	

半夏

Pinellia ternate (Thunb.) Breit.

甘肃省陇南市西和县素有“千年药乡”之称，半夏是该县重要药用栽培植物之一，2004年，中国农业部授予西和县“中国半夏之乡”的美誉。

生境分布 常生长在山坡、草丛、林间和沟谷等阴湿处。分布于我国东北、华北、华东至西南地区。

形态特征 多年生草本。植株低矮，高不过30cm，块茎近球形，叶自块茎顶端发出，叶柄长6～23cm，基部鞘状，内侧常有一白色珠芽；一年生叶为单叶，心状箭形或椭圆状箭形，二年生或三年生为3小叶，小叶椭圆形至披针形，先端锐尖，基部楔形，无毛，全缘；花葶直立而高，佛焰苞绿色，生于花葶顶部，肉穗花序生于佛焰苞内，花单性，无花被，雌雄同株；雄花着生在花序上部，白色，附属物狭长，超出佛焰苞，雄蕊2；雌花生于花序下部，与佛焰苞合生；浆果卵状椭圆形，黄绿色。花期5～7月，果期8～9月。

野外识别要点 ①一年生叶为单叶，二年生或三年生为3小叶复叶，叶柄较长。②肉穗花序，佛焰苞绿色或绿白色，雌花与佛焰苞合生，雄花上部的附属物超出佛焰苞。

成熟的浆果

雄花的狭长附属物

佛焰苞绿色

肉穗花序生于佛焰苞内

叶面光滑无毛

叶脉明显、凹陷

叶柄长6～23cm

二年生或三年生为3小叶

株高不超过30cm

块茎近球形，顶端生须根

别名：地文、守田、羊眼半夏、蝎子草、麻芋果、三步跳、和姑	科属：天南星科半夏属
用途：本种有毒，块茎加工后可入药，具有开胃祛痰、镇静压惊的功效。	

白头翁

Pulsatilla chinensis (Bge.) Regel

果顶端的花柱宿存在花后呈羽毛状，似毛发

在果熟期，蓝紫色的小花消失的无影无踪，只有果顶端宿存的白色羽毛状的长花柱随风摇摆，犹如一个白发苍苍的老人，故得此名。

生境分布 常生长在荒坡、田野、沟谷或灌木丛。分布于西北、东北、华北、华东及中南地区。

形态特征 多年生草本。株高20～40cm，全株密生白柔毛，根圆锥形，茎有纵纹；基生叶4～5片，具长柄，3出复叶，厚纸质，中央小叶宽卵形，3深裂，小裂片先端具2～3圆齿，侧小叶倒卵形，2～3深裂，叶背密生伏毛，边缘具齿；花葶1～2，自叶丛中抽出，高可达35cm；总苞片3，基部合成筒状，外面密生白色柔毛；花单生顶部，萼片花瓣状，6片排成2轮，蓝紫色，外被白色柔毛；雄蕊多数，鲜黄色；花柱宿存，花后延长呈羽毛状，似毛发，白色；聚合果由多数瘦果组成，呈头状。花期4～5月。

野外识别要点 ①叶基生，三出复叶，中央小叶3深裂，侧小叶2～3深裂。②萼片6，花瓣状，蓝紫色。③宿存花柱羽毛状。

雄蕊鲜黄色

总苞片基部合成筒状

花葶高可达35cm

叶2～3深裂，边缘具齿

根圆锥形，粗壮

可入药的根茎

别名：奈何草、老公花、毛骨朵花、粉乳草、白头草、老翁花	**科属：**毛茛科白头翁属
用途：①药用价值：根可入药，具有清热解毒、凉血止痢、燥湿杀虫的功效。②景观用途：本种是理想的地被植物，也是很好的观花、观果植物，可种植于花坛、花境、溪旁或路边。	

百合 ＞花语：顺利、心想事成、祝福、高贵

Lilium brownie F. E. Brown ex Miellez var. *viridulum* Baker

百合花是世界名花，一直被认为是圣洁的象征，而优雅的花姿，宜人的清香，更使百合花享有“云裳仙子”之美名，深受人们的喜爱。另外，其球形鳞茎由层层鳞片抱合而成，有“百年好合”之意，被认为是吉祥花。

略下垂的花苞

蒴果有棱

花被片开花时上部向外反卷

生境分布 一般生长在山坡草丛或石缝中。广泛分布于我国南北各地，尤以湖南、浙江出产最多。

形态特征 多年生草本。株高可达1m，鳞茎扁球形，黄白色，由肉质鳞片合抱成球形；茎直立，不分枝，草绿色，茎秆基部带红色或紫褐色斑点；单叶互生，狭倒卵形，无叶柄，基部下延至茎秆上，叶脉平行；总状花序，花簇生或单生于茎秆顶端，花冠较大，花筒较长，呈漏斗形喇叭状，花药褐红色，花被片乳白色，背面中脉带紫褐色纵条纹，开花时上部稍向外反卷；蒴果矩圆形，有棱，具多数种子。花果期8～10月。

花药褐红色

花冠呈漏斗形喇叭状

野外识别要点 ①茎直立，不分枝，草绿色，茎秆基部带红色或紫褐色斑点。②叶互生，狭倒卵形，叶脉平行，无柄。③花乳白色，花冠呈漏斗形喇叭状，芳香。

叶脉平行

单叶互生

株高可达1m

可入药的鳞片

鳞茎由肉质鳞片合抱成球形

别名：强瞿、番韭、山丹、倒仙、六瓣花、卷丹	科属：百合科百合属
用途：①食用价值：鳞茎又称百合蒜，秋、冬季采收，洗净，沸水烫或略蒸过，干燥，煎汤、煮食或蒸食均可，具有养阴润肺、清心安神的功效。②药用价值：肉质鳞叶、鳞茎可入药，疗效同食用。	

瓣蕊唐松草

Thalictrum petaloideum L.

瓣蕊唐松草是夏季常见的一种野花，盛开时花色洁白，纯洁而高雅，在一片姹紫嫣红中，给人一种宁静清凉之感。

生境分布 常生长在山地、草坡或沟谷，海拔可达2500m。分布于我国西南、西北、华北、东北等地区，安徽等地也有分布。

形态特征 多年生草本。株高20～70cm，茎有分枝，无毛；叶互生，3～4回三出复叶，小叶倒卵形、近圆形或菱形，不裂或3裂，小裂片全缘；伞房状聚伞花序，花梗极短，萼片4，白色，早落；花无瓣，雄蕊多数，花丝中上部呈棍棒状，披针形，白色，极像花瓣，故名“瓣蕊”；瘦果卵球形，宿存花柱直。花期6～7月，果期8～9月。

雄蕊白色，极像花瓣
茎基部有叶鞘
叶3～4回三出复叶
根茎细长

野外识别要点 花是本种最大的特点，也是识别的标志：花丝变宽，呈棍棒状，很像花瓣，远远看去，整朵花酷似菊花。

别名：马尾黄连、多花蔷薇	**科属：**毛茛科唐松草属
用途：①根茎可入药，夏、秋季采挖，去除茎叶和泥土，切段，晒干备用，具有清热解湿、泻火解毒的功效。②景观用途：本种花姿潇洒，很适合种植于风景区、植物园、小区、花境或庭院观赏，也可盆栽。	

北重楼

Paris verticillata M. Bieb.

外轮花被片绿色
内轮花被片黄绿色
叶5～8枚轮生茎顶
根状茎细长，横走

生境分布 常生长在山坡林下、草丛或沟谷等阴湿地。分布于我国东北、华北、西北等地区，河北、安徽、浙江、四川一带也有分布。

形态特征 多年生草本。株高20～60cm，具细长的根状茎，茎单一，绿白色，有时带紫色；叶5～8枚轮生茎顶，披针形、狭矩圆形或倒卵状披针形，纸质，长4～15cm，宽1.5～3.5cm，先端渐尖，基部楔形，全缘，具短柄或近无柄；花茎自轮生叶中心抽出，花单生茎顶，较大，外轮花被片绿色，叶状，常4～5枚，纸质，平展；内轮花被片黄绿色，狭条形，形似花丝；雄蕊8，药隔可延长达1cm；子房近球形，紫褐色；花柱1～2分枝，分枝细长向外反卷；蒴果浆果状，不开裂，具几颗种子。花期5～6月，果期7～9月。

野外识别要点 本种形态别具一格，极易识别：叶5～8枚轮生茎顶，花绿色，花瓣轮生，外轮花被片叶状，内轮花被片狭条形，形似花丝，子房紫色。

别名：重楼、七叶一枝花、露水一颗珠、上天梯	**科属：**百合科重楼属
用途：全草及根茎可入药，具有清热解毒、散瘀消肿的功效。	

萹蓄

Polygonum aviculare L.

生境分布 常生长在田边、路旁、岸边等湿地。分布于我国大部分省区，主产于新疆。

形态特征 一年生草本。植株较矮，高不过40cm，全株被白粉；茎匍匐丛生，具沟纹；单叶互生，披针形、窄椭圆形或宽卵状披针形，先端圆钝或稍尖，基部狭楔形，两面无毛，脉在叶背突起，全缘；托叶鞘膜质，有脉纹，上部白色，下部褐色或火红色，先端多裂；花1～5朵簇生于叶腋，花梗极短，花被5深裂，裂片椭圆形，暗绿色，沿缘白色、粉红色或紫红色；瘦果卵形，具3棱，成熟时黑褐色，密生小点。花果期5～9月。

野外识别要点 ①植株矮小，全株被白粉。②叶小，互生，多为披针形，全缘。③花1～5朵簇生于叶腋，花被5深裂，裂片边缘白色、粉红色或紫红色，雄蕊8。

别名：扁竹、猪牙菜、地蓼、竹节草	科属：蓼科蓼属
用途：①食用价值：本种是一种美味且营养丰富的野菜，春、夏采摘嫩叶，炒食、凉拌、蒸食、晒干食用均可。②药用价值：全草可入药，夏季采集，洗净、阴干，切碎备用，有清热解毒、抗菌消炎、利尿通淋的功效。	

蝙蝠葛

Menispermum dauricum DC.

生境分布 生长在山地林缘、灌木丛、疏林或石缝中。分布于我国东北、华北及华东地区。

形态特征 缠绕藤本。根状茎垂直生，褐色，茎自根顶部的侧芽生出，基部木质化，嫩茎纤细，有条纹，无毛；叶心状扁圆形或卵圆形，纸质，长、宽可达12cm，基部心形至近截平，两面无毛，叶背被白粉，掌状脉9～12条，在背面凸起，全缘或3～9裂；叶柄盾状着生，长3～10cm，有条纹；圆锥状花序，花梗纤细，小花密集，单性，雌雄异株，黄绿色；雄花有萼片4～8枚，倒披针形至倒卵状椭圆形；花瓣6～8，肉质，凹成兜状，有短爪；雄蕊通常12，有时稍多或较少；核果圆肾形，成熟时紫黑色，基部弯缺。花期6～7月，果期8～9月。

野外识别要点 ①缠绕藤木，叶片心状扁圆形或卵圆形，掌状脉9～12条，全缘或3～9裂；叶柄盾状着生。②花小，黄绿色；果圆肾形。

别名：山豆根、汉防己	科属：防己科蝙蝠葛属
用途：根及根茎入药，春、秋季采挖，去残茎及须根，洗净，晒干，切片备用，具有清热解毒、消肿止痛的功效。	

叉分蓼

Polygonum divaricatum L.

花白色

茎常作二叉状分枝

叶背灰绿色

生境分布 多生长在山坡、草地、山谷或灌木丛，海拔可达2100m。分布于我国东北、华北。

形态特征 多年生草本。株高70～120cm，茎直立，自基部作二叉状分枝，疏散开展，故得名；叶披针形或长圆状披针形，长达12cm，宽达2cm，顶端急尖，基部楔形，两面有时散生柔毛，边缘具短缘毛；叶柄极短，托叶鞘膜质，常疏生柔毛，开裂；圆锥状花序顶生，分枝开展；苞片卵形，边缘膜质，每苞片内具2～3花；花梗极短，顶部具关节；花密集，白色，花被椭圆形，5深裂；雄蕊7～8，花柱3，极短；瘦果宽椭圆形，具3锐棱，黄褐色，具光泽，成熟后超出宿存花被约1倍。花期7～8月，果期8～9月。

边缘有缘毛

野外识别要点 ①花期株高可达1.2m，茎不明显，枝分叉开展。②圆锥状花序，花白色，花被5深裂。

别名：酸不溜、分叉蓼、酸梗儿、酸姜	科属：蓼科蓼属
用途：全草或根可入药，具有驱寒、温肾的功效。本种嫩茎含有酸甜的汁液，无毒，在野外干渴时还可采食解渴。	

长瓣铁线莲

Clematis macropetala Ledeb.

紫色萼片

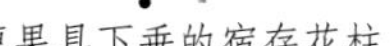

瘦果具下垂的宿存花柱

簇生根茎

退化雄蕊呈披针形

2回三出复叶

生境分布 生长在山坡、草地、林缘后石缝中，海拔可达2400m。主要分布于我国西北地区。

形态特征 木质攀援藤本。茎长可达2m，幼枝微被柔毛；叶为2回三出复叶，小叶常9片，卵状披针形或菱状椭圆形，纸质，中央小叶有时3深裂至全裂，两侧小叶常偏斜，叶缘有锯齿；小叶柄短，微被柔毛；花单生枝顶，花梗长可达13cm；花大，无花瓣，花萼钟状，萼片4枚，蓝色或淡紫色，顶部渐尖，两面有短毛；退化雄蕊成花瓣状；瘦果倒卵形，宿存花柱长达5cm，向下弯曲，被灰白色长柔毛。花期7月，果期8月。

野外识别要点 ①2回三出复叶，小叶常9片，叶缘常有锯齿。②花朵大，退化雄蕊呈披针形，辐射状对称排列，花冠蓝紫色。

别名：大瓣铁线莲	科属：毛茛科铁线莲属
用途：本种形态优美，花大色艳，可作为园林攀援植物栽培观赏。	

大百部

Stemona tuberora Lour.

生境分布 一般生长在山坡、林下、溪边或路旁等温暖湿润处。主要分布于我国长江流域以南各省。

形态特征 多年生攀援性草本。株高可达1m，块根纺锤形、肉质，茎直立，无毛；叶对生或轮生，卵状披针形或宽卵形，顶端渐尖，基部心形，主脉7～13条，全缘，叶柄长3～10cm；花单生或2～3朵排成总状花序，生于叶腋，花黄绿色；花被片4，披针形；雄蕊4，紫色；花丝粗、短；花药条形，直立，顶端具附属物；蒴果倒卵形，熟时2瓣裂，种子多数。花期5～6月。

野外识别要点 ①叶大型，对生或轮生，卵状披针形或宽卵形，主脉7～13条，全缘。②花单生或2～3朵排成总状花序，花黄绿色，雄蕊4，花药顶端具附属物。

别名：对叶百部	科属：百部科百部属
用途：块根可入药，具有润肺下气、止咳、杀虫的功效。另外，本种还是极好的垂直绿化材料和地被植物。	

大火草

Anemone tomentosa (Maxim.) Pei

生境分布 生长在山地、草坡或旷野、路边，海拔可达3400m。分布于我国西南、西北及东北地区，还有湖北、河南、河北一些省区。

形态特征 多年生草本。株高40～150cm，根状茎粗壮；基生叶3～4枚，有长柄，叶为三出复叶，偶有单叶，小叶卵形至三角状卵形，顶端急尖，基部浅心形，3裂，叶面有糙伏毛，叶背密被白色绒毛，边缘有粗锯齿或小牙齿；叶柄长16～48cm，密被白色或淡黄色短绒毛；花葶高可达1.2m，密生绒毛，聚伞花序着生顶端，2～3回分枝，花梗长，密生绒毛；总苞3片，叶状；花小，无花瓣，萼片5，淡粉红色或白色，背面有短绒毛；聚合果球形，瘦果有细柄，密被绵毛。花期5～8月，果期6～9月。

野外识别要点 ①基生叶三出复叶，偶有单叶，叶背密生白色绒毛；叶柄长可达48cm。②花葶高可达1.2m，密生白色或淡黄色短绒毛，无花瓣，萼片5，淡粉红色或白色。

别名：野棉花、大头翁	科属：毛茛科银莲花属
用途：根可入药，可治疗肠炎、痢疾、蛔虫病。另外，本种形美花艳，花期很长，且适应性强，很适合种植观赏。	

大戟

Euphorbia pekinensis Rupr.

果具瘤

生境分布 生长在荒地、草丛、疏林、山坡、灌木丛或路旁。除台湾、云南、西藏和新疆，广泛分布于我国各省区。

形态特征 多年生草本。株高50～90cm，根圆柱状，茎多分枝，有柔毛；叶互生，椭圆形或披针状椭圆形，先端渐尖，基部渐狭，主脉明显，侧脉羽状，叶背有时疏生柔毛，全缘；总花序常具5～7伞梗，基部具4～7枚轮生苞叶，杯状聚伞花序单生于二歧分枝顶端；总苞杯状，边缘4裂；腺体4，淡褐色；雄花多数，伸出总苞之外，雌花1枚；蒴果球状，有瘤状突起，成熟时分裂为3个分果爿；种子长球状，暗褐色，腹面具浅色条纹。花期5～8月，果期6～9月。

杯状聚伞花序

可入药的根茎

野外识别要点 与乳浆大戟的区别在于：杯状聚伞花序总苞裂片之间的腺体不为新月形，而为椭圆形；子房及蒴果均有瘤状突起。

别名：京大戟、湖北大戟	**科属：**大戟科大戟属
用途：根可入药，具有逐水通便、消肿散结的功效。	

大叶铁线莲

Clematis heracleifolia DC.

三出复叶

生境分布 喜生长在阴湿的沟谷、林边、灌木丛或岸边。分布于我国东北、华北、华东、中南及西南地区。

形态特征 多年生草本。株高40～100cm，主根粗大，木质化，棕黄色；茎直立、粗壮，有明显纵条纹，密生白色糙绒毛；三出复叶，小叶宽卵形或近圆形，厚纸质，叶面近无毛，叶背密生曲柔毛，叶脉尤密，叶脉在叶背隆起，边缘具不整齐的齿；叶柄粗壮，长可达15cm，有毛，顶生小叶叶柄长，侧生小叶叶柄短；聚伞花序顶生或腋生，2～3轮排列；花梗有淡白色的糙绒毛；花杂性，无花瓣，花萼下半部呈管状，顶端常反卷，萼片4枚，蓝紫色，长椭圆形至宽线形，外面和边缘有白色毛；雄蕊多数，有短毛；心皮多个，离生；瘦果卵圆形，两面凸起，红棕色，被短柔毛，宿存花柱丝状。花果期夏秋季。

蓝紫色萼片

野外识别要点 ①三出复叶，叶柄较长。②聚伞花序，小花2～3轮排列，花杂性，无花瓣，花萼基部成管状，上部反卷，蓝紫色。

别名：木通花、草牡丹、草本女萎	**科属：**毛茛科铁线莲属
用途：全草及根可入药，具有清热解毒、祛风除湿、消肿排脓的功效。本种株形挺拔，花色较美，还可种植观赏。	

独角莲

Typhonium giganteum Engl.

叶柄圆柱形

佛焰苞紫色

卵球形块茎

生境分布 多生长在荒地、山坡、岸边或林间，海拔通常在1500m以下。为我国特有，主要分布于华北、东北、西北、西南。

形态特征 多年生草本。具卵球形块茎，外被暗褐色小鳞片，有7～8条环状节，茎部生多条须根；一年生或二年生者通常只有1叶，3～4年生者有3～4叶，叶幼时内卷如角状，故得名，后渐渐展开呈箭形，后裂片叉开成70°左右的角，中肋背面隆起；叶柄圆柱形，长达60cm，密生紫色斑点，中部以下具膜质叶鞘；花序与叶同出，佛焰苞紫色，管部圆筒形，檐部卵形，先端渐尖常弯曲；肉穗花序生于佛焰苞内，雌花序圆柱形，雄花序具紫色附属器；蒴果。花期6～8月，果期7～9月。

野外识别要点 ①叶幼时内卷如角状，后渐渐展开呈箭形。②叶柄圆柱形，密生紫色斑点，中部以下具叶鞘。

可入药的块茎

别名：滴水参、野芋、白附子、麻芋子	科属：天南星科犁头尖属
用途：块茎可入药，具有祛风、化痰、镇痉、去痛的功效，中药中的“白附子”系独角莲加工而成。	

短尾铁线莲

Clematis brevicaudata DC.

生境分布 常生长在山地灌木丛、疏林或平原路边。主要分布于我国东北、西北、华东、西南等地。

形态特征 草质藤本。株高40～100cm，枝有棱，小枝疏生短柔毛；叶对生，1～2回羽状复叶或2回三出复叶，小叶5～15片，长卵形、卵形至宽卵状披针形或披针形，顶端渐尖呈长尾状，基部圆形至浅心形，边缘具疏齿或偶3裂；圆锥状聚伞花序腋生或顶生，花梗短柔毛，花小，无花瓣，萼片4，开展，狭倒卵形，白色，两面有短柔毛；雄蕊多数；瘦果卵形，密生柔毛，短花柱宿存，在果期呈羽毛状。花期7～8月，果期9～10月。

野外识别要点 ①本种属藤本，1～2回羽状复叶或2回三出复叶，小叶顶端渐尖呈长尾状。②花白色，无花瓣，由花萼和雄蕊组成（瓣蕊唐松草萼片早落）。

别名：林地铁线莲、石通	科属：毛茛科铁线莲属
用途：藤茎可入药，具有清热利尿、通乳、消食、通便的功效。	

杠板归

Polygonum perfoliatum L.

球形瘦果

生境分布 常生长在田边、路旁、山谷、沟边、溪旁、园林等湿润肥沃处。分布于我国南北大部分省区。

形态特征 一年生攀援草本。植株匍匐生长，茎长1～2m，多分枝，具纵棱，沿棱有稀疏的倒生皮刺；叶互生，较小，近三角形，薄纸质，叶背脉处疏生皮刺，全缘；具叶柄，有倒生皮刺，盾状着生于叶片的近基部；托叶鞘叶状，草质，绿色，圆形或近圆形，穿叶；数个穗状花序排列成总状花序，顶生或腋生，苞片卵圆形，每苞片内具花2～4朵；小花白色或淡红色，花被5深裂；雄蕊8；花柱3，中上部合生；瘦果球形，成熟时黑色，有光泽，包于宿存花被内。花期6～8月，果期7～10月。

野外识别要点 ①茎具纵棱，沿棱有稀疏的倒生皮刺。②叶盾状着生，薄纸质，叶背和叶柄有皮刺。③数个穗状花序排列成总状花序，花白色或淡红色，花被5深裂。

别名：刺犁头、贯叶蓼	科属：蓼科蓼属
用途：①景观用途：本种为园林垂直绿化材料，可种植于建筑周围、小区、广场、花径、庭院。②药用价值：全草可入药，具有清热解毒、利尿消肿的功效。	

茖葱

Allium victorialis L.

密集的花

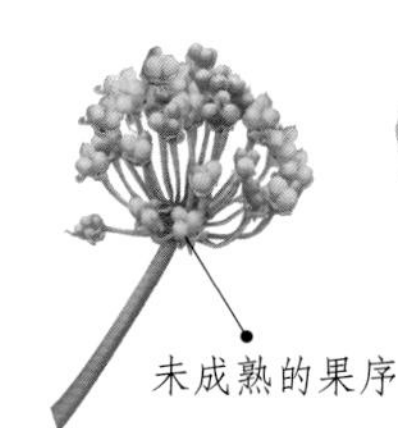

未成熟的果序

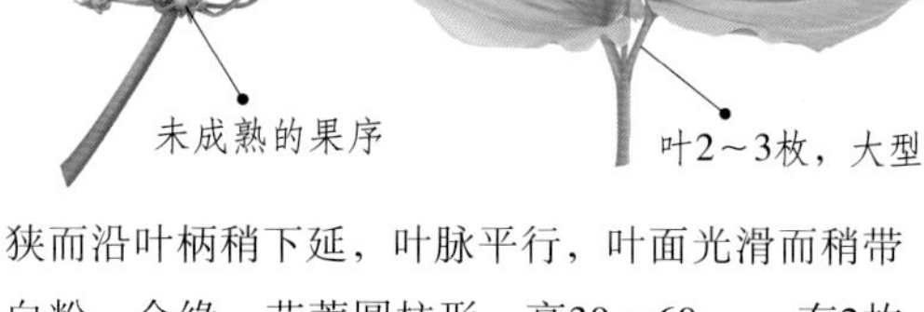

叶2～3枚，大型

生境分布 多生长在山野、草地、沟边或林下，海拔可达2500m。主要分布于我国东北、西北等地区，河北、河南、浙江、湖北、四川等地也有分布。

形态特征 多年生草本。鳞茎长椭圆形，黑褐色或灰褐色，茎皮网状纤维；叶2～3枚，长卵形、长椭圆形或宽椭圆形，长达20cm，宽达10cm，先端钝或尖，基部渐狭而沿叶柄稍下延，叶脉平行，叶面光滑而稍带白粉，全缘；花葶圆柱形，高30～60cm，有2枚卵形苞片，花密集成伞形花序，白色或带绿色，花被片6，长椭圆形，顶端钝圆；雄蕊6；花丝长；子房3室，每室1颗胚珠；蒴果成熟后室背开裂，种子黑色；花果期6～8月。

野外识别要点 ①叶宽大，椭圆形，通常只有2～3枚，有葱蒜味。②伞形花序，花密集，白色或带绿色。

鳞茎长椭圆形

别名：格葱、天蒜、角蒜、山葱、隔葱、鹿耳葱	科属：百合科葱属
用途：嫩叶可食，洗净，焯熟，凉拌、炒食或腌制均可。另外鳞茎可入药，具有活血散瘀、止血止痛的功效。	

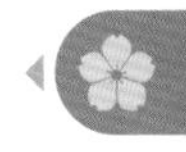

红蓼

Polygonum orientale L.

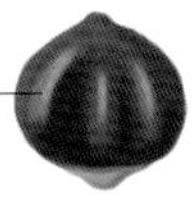

生境分布 一般生长在山沟、岸边等湿地，海拔可达2700m。除西藏外，广泛分布于我国各地。

形态特征 一年生草本。株高1～2m，茎直立、粗壮，上部多分枝，茎、叶密被长柔毛；叶互生，宽卵形或卵状披针形，先端尖，基部圆形或近心形，两面有毛，全缘；具叶柄，托叶鞘筒状，下部膜质、褐色，上部草质、绿色，有缘毛；总状花序呈穗状，顶生或腋生，微下垂，通常数个再组成圆锥状；苞片卵形，每苞内可出多朵花，花密集，粉红色或玫瑰红色；花被椭圆形，5深裂；花柱2，中下部合生，柱头头状；瘦果近圆形，双凹，成熟时黑褐色，有光泽，包于宿存花被内。花果期夏秋季。

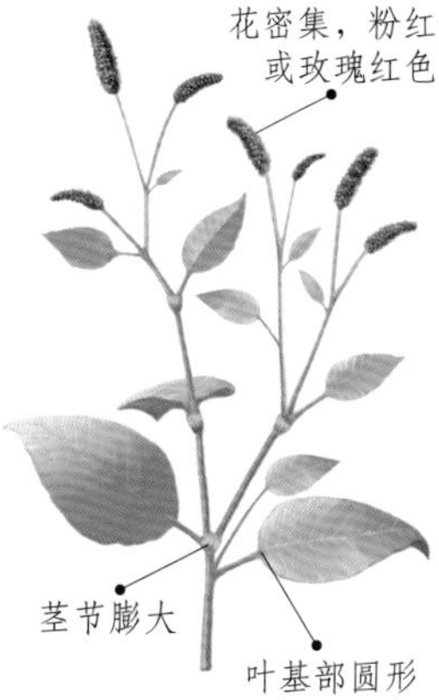

野外识别要点 ①茎节膨大。②托叶鞘筒状，下部膜质、褐色，上部草质、绿色，有缘毛。③花穗下垂，花密集，粉红色。

别名： 红草、八字蓼、东方蓼、狗尾巴花、丹药头	**科属：** 蓼科蓼属
用途： ①药用价值：果实可入药，具有活血止痛、利尿消肿的功效。②景观用途：本种株形挺拔，叶大而绿，花序宽大、鲜艳，既可丛植于庭院，也可作切花观赏。	

花蔺

Butomus umbellatus L.

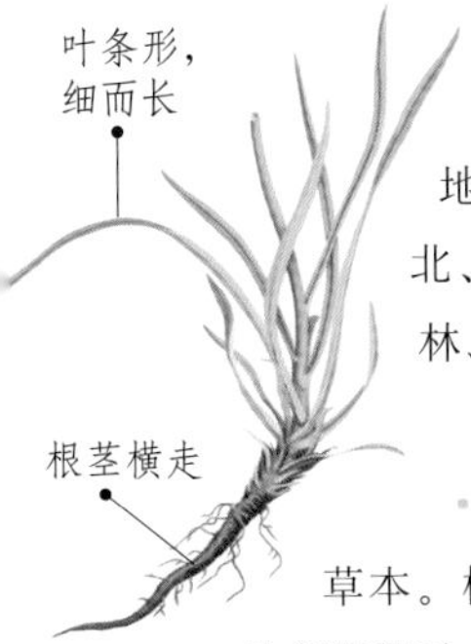

生境分布 多生长在湖泊、水塘、沟渠或沼泽地等低洼湿地。分布于我国华北、华东等地区，黑龙江、吉林、山西和新疆也有分布。

形态特征 多年生水生草本。株高可达1m，根茎横走，密生须根和叶；叶基生，条形，呈三棱状，先端渐尖，基部成鞘状抱茎，鞘缘膜质；花葶直立，圆柱形，顶生伞形花序，着花10～20朵；花序基部3枚卵形苞片，膜质；花两性，外轮花被3片，较小，萼片状，绿色稍带红色，内轮花被3片，花瓣状，粉红色，早落；蓇葖果较小，顶端具长喙，成熟时沿腹缝线开裂；种子多数，细小，有沟槽。花期6～7月，果期7～8月。

野外识别要点 ①叶基生，三棱状，长可达60cm，最宽只有1cm。②花葶高30～70cm，伞形花序顶生，外轮3枚花被萼片状，绿色而稍带红色，内轮3枚花被花瓣状，粉红色，雄蕊9枚。

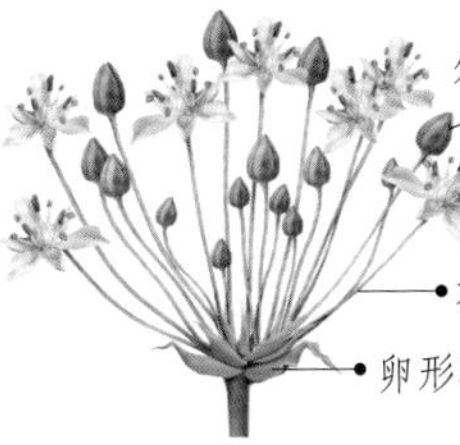

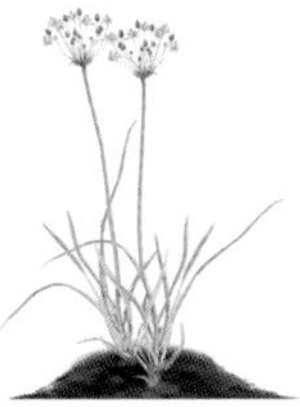

别名： 猪尾菜、蕕嫂	**科属：** 花蔺科花蔺属
用途： 根可食，夏、秋季挖，可酿酒，或蒸食或炒食。另外，本种还是很好的观花、观叶植物。	

华北耧斗菜

Aquilegia yabeana Kitag.

花背面观

花正面观

成熟蓇葖果

蓇葖果呈指状

华北耧斗菜有5个分离的花瓣，每个花瓣都有一个长长的距，甜甜的蜜腺就贮存在距的末端里，不过短喙昆虫只能望洋兴叹，奇特的距只允许长喙昆虫为它们采蜜传粉。

生境分布 生长在山坡、林间、沟谷等湿润的地方，分布于我国东北、华北及西北地区。

形态特征 多年生草本。株高40～60cm，全株疏生短柔毛和腺毛，茎直立，多分枝；基生叶为1～2回三出复叶，小叶菱状倒卵形或宽菱形，3裂，边缘具小圆齿；茎生叶较小，与基生叶同形，叶柄短或无；聚伞花序，萼片5，花两性，紫色，花瓣5片，每瓣顶端圆截形，下部为一个细长的距，距端内弯；果。花期春夏季。

野外识别要点 ①植株低矮，叶1～2回三出复叶。②花瓣、萼片同为紫色，花瓣下部有细长的距。

别名：无	**科属：**毛茛科耧斗菜属
用途：①景观用途：本种叶形秀气，花奇特而美丽，很适合种植于花坛、花境、草坪边缘、庭院或植物园观赏。②食用价值：根含有糖分，可提取制饴糖或酿酒。种子可提取出油。	

华北大黄

Rheum franzenbachii Munt.

瘦果

基出脉5～7条

大型基生叶

生境分布 生长在山坡草地、石滩、林缘或沟谷。分布于我国西北、东北、华北等地。

形态特征 多年生草本。株高50～90cm，根茎粗壮，表面深黄色，内面淡黄色；茎直立、粗壮，中空，具细沟纹；基生叶大型，心状卵形至宽卵形，质厚，基出脉5～7条，叶面灰绿色或蓝绿色，光滑无毛，叶背暗紫红色，疏生短柔毛，边缘波状；叶柄半圆柱状，常暗紫红色；茎生叶较小，与基生叶相似，近无柄，有膜质托叶鞘；大型圆锥花序，具2次以上分枝，花序轴被短毛；花梗下垂，花白色，3～6朵簇生于苞腋内；瘦果。花果期夏秋季。

野外识别要点 ①叶面灰绿色或蓝绿色，叶背暗紫红色，生短柔毛。②花被6片，2轮，每片6深裂。③瘦果三棱状，棱角延伸而成翅。

果序　花序

别名：河北大黄、波叶大黄、祁黄、山大黄、土大黄、庄黄	**科属：**蓼科大黄属
用途：根可入药，春、秋季采挖，洗净、晒干，切片备用，具有泻热、通便、破积、活血、散瘀的功效。	

黄花铁线莲

Clematis intricata Bunge

生境分布 常生长在山坡、草地、灌木丛或路旁。分布于我国青海、甘肃、内蒙古、陕西、山西、河北和辽宁等地。

形态特征 草质藤本。植株匍匐状生长，茎纤细，多分枝，有细棱；叶1～2回羽状复叶，小叶又2～3全裂或深裂，中间裂片线状披针形或狭卵形，全缘或疏生牙齿，两侧裂片较短，基部常2～3浅裂；聚伞花序腋生，常具3朵花，花序梗粗而短，疏被柔毛；苞片2枚，叶状，全缘或2～3裂；花大，无花瓣，萼片4，黄色，外缘有短绒毛；瘦果卵形，稍扁，边缘增厚，被柔毛，宿存花柱具长柔毛。花期6～7月，果期8～9月。

野外识别要点 ①草质藤本，叶1～2回羽状复叶，再2～3全裂或深裂。②萼片4，黄色，花瓣状。

别名：狗豆蔓、萝萝蔓	科属：毛茛科铁线莲属
用途：①药用价值：全草及叶可入药，夏、秋采收，晒干，可治疗风湿性关节炎和牛皮癣。②景观用途：本种的果实极具观赏性，可种植于庭院、花境、园林或植物园。	

黄花油点草

Tricyrtis maculate(D. Don.) Machride

生境分布 常生长在山坡、草地或林下。分布于我国西南、西北等地区，河南、河北、湖南、湖北一带也有分布。

形态特征 多年生草本。株高可达1m，全株无毛或疏被微毛；叶互生，长圆形、椭圆形至倒卵形，先端渐尖，基部通常为心形而抱茎，无毛，具光泽，全缘，无叶柄；聚伞花序顶生，小花稀疏，总花梗和花梗密生微毛和腺毛；花小，花被片6，2轮生，矩圆形，黄色或黄绿色，有紫褐色斑点，外轮花被水平开展，基部具囊；雄蕊6，子房具3柱头，柱头具乳头状突起；蒴果棱状矩圆形，具3棱。花期6～7月。

花

野外识别要点 本种在野外很容易识别：叶面常有油污状斑点；花黄绿色，布满紫褐色斑点，也像洒上了油污一样。

别名：无	科属：百合科油点草属
用途：全草可入药，具有清热解毒、化痰止咳的功效。另外，本种叶片大而翠绿，花形奇特，可引种栽培观赏。	

黄精

Polygonatum sibiricum Delar. ex Red.

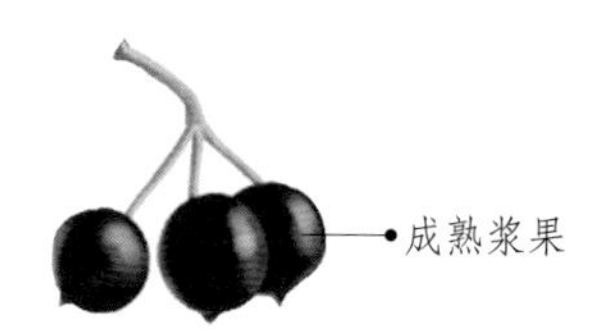

生境分布 常生长在沟谷、林间、灌木丛或山坡的半阴处。分布于我国东北、华北、西南等地区，内蒙古、河北、安徽、浙江等地也有分布。

形态特征 多年生草本。株高50～80cm，具圆柱形的根状茎，肥大肉质，黄白色，横生，节部膨大，有数个茎痕，生少数须根；茎单一、直立，圆柱形，不分枝，光滑无毛；叶通常4～6枚轮生，线状披针形至线形，长达11cm，宽仅1.2cm，先端弯曲，钩状或卷曲，叶面绿色，叶背淡绿色，全缘；花序生于叶腋，着花2～4朵，似伞形；花下垂，乳白色，花被片6，下部合生呈筒状，先端6齿裂，带绿白色；雄蕊6，内藏，生于花冠筒内壁上；花丝光滑；雌蕊1；子房上位，柱头上有白色毛；浆果球形，成熟时黑色。花期5～6月，果期6～7月。

野外识别要点 ①具圆柱形、肥大、白色的根状茎，横生，节部膨大。②叶轮生，叶尖卷拳状。③花管状，有6个小裂片。

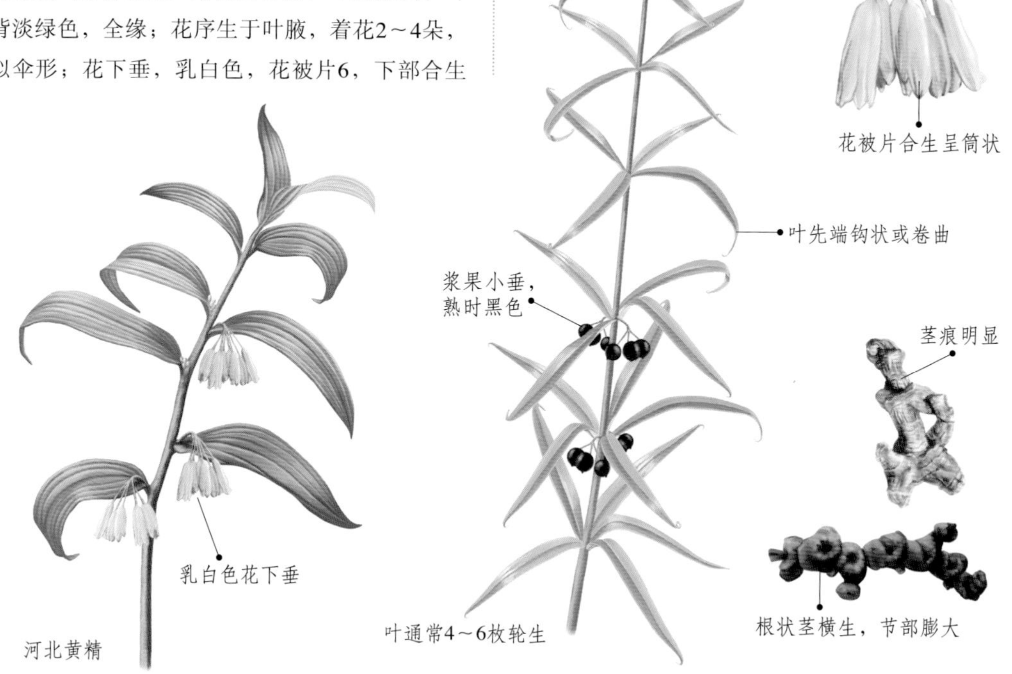

别名： 老虎姜、鸡头参、救穷、马箭、土灵芝、鸡头参	**科属：** 百合科黄精属
用途： ①食用价值：根及叶可食，春季采摘，叶洗净、焯熟后凉拌食用。根是冬季滋补佳品，可用于炖煮。②药用价值：根茎可入药，9～10月采挖，具有补气养阴、健脾、润肺、养肾的功效。	

火炭母

Polygonum chinense L.

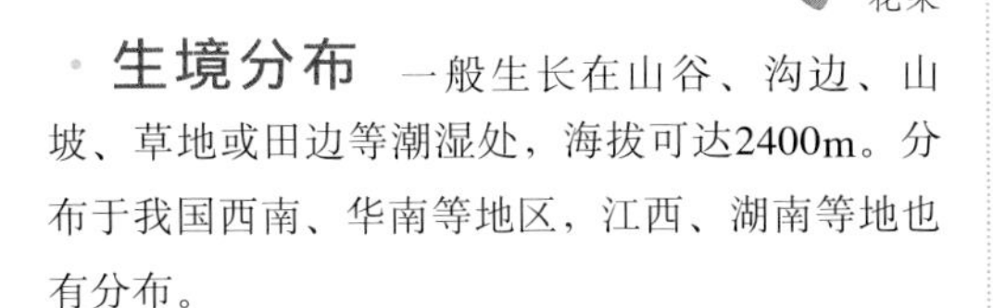

花果

生境分布 一般生长在山谷、沟边、山坡、草地或田边等潮湿处，海拔可达2400m。分布于我国西南、华南等地区，江西、湖南等地也有分布。

形态特征 多年生草本。株高70～100cm，全株有酸味，根状茎粗壮；茎直立，多分枝，具纵棱，浅红色，有红色而膨大的节；叶卵形或长卵形，先端渐尖，基部截形，叶面有人字形暗紫色纹，叶脉紫红色，全缘；叶柄浅红色，通常基部有叶耳；托叶鞘膜质，具脉纹；头状花序常数个排成圆锥状，花序梗被腺毛，苞片宽卵形，每苞内具1～3朵花；花白色或粉红色，花被5深裂；瘦果宽卵形，具3棱，熟时浅蓝色，半透明，汁多，味酸可食。花果期夏秋季。

野外识别要点 ①茎、叶柄浅红色，叶面有人字形暗紫色纹，叶脉紫红色。②果熟时浅蓝色，半透明，味酸可食。

别名：清饭藤、乌炭子、火炭星	科属：蓼科蓼属
用途：根状茎可入药，具有清热解毒、散瘀消肿、凉血解毒的功效。另外，本种还是优良的园林垂直绿化材料。	

金线吊乌龟

Stephania sepharantha Hayata

生境分布 生长在旷野、林缘或山坡等阴湿处。广泛分布于我国南北大部分省区。

形态特征 草质藤本。株高1～2m，块根近圆锥状，褐色，表面有突起的皮孔，茎纤细，嫩枝紫红色；叶三角状扁圆形至近圆形，纸质，先端具小凸尖，基部近截平，掌状脉7～9条，两面无毛，全缘或浅波状；叶柄纤细；雄花序常于小枝上排成总状花序，总梗丝状，萼片6～8，匙形，花瓣常3～4枚，近圆形或阔倒卵形；雌花序单个腋生，总梗粗壮，萼片常1，花瓣2～4，肉质；核果阔倒卵圆形，熟时红色，果核背部二侧各有10～12条小横肋状雕纹。花果期春夏季。

野外识别要点 ①块根近圆锥状，褐色，一年生枝紫红色。②叶三角状扁圆形至近圆形，先端具小凸尖。③雌雄花序均为头状，雄花序总梗丝状，萼片6～8，雌花序单个腋生，总梗粗壮，萼片常1。

叶背浅绿色
掌状脉7～9条
红色核果
黄绿色的雄花序
块根近圆锥状

别名：金线吊蛤蟆、铁秤砣、白药、扣子藤、盘花地不容、头花千金藤	科属：防己科千金藤属
用途：本种根可入药，具有清热解毒、消肿止痛的功效，同时也是极好的垂直绿化材料和盆栽观赏植物。	

金莲花 >花语：孤寂之美

Trollius chinensis Bunge

金莲花形态高雅，开花时一片金黄灿烂，十分迷人，早在清代时便已负盛名，康熙皇帝命人将一万株金莲花从五台山移植在宫中观赏，而乾隆皇帝对金莲花更是作诗赞美。

生境分布 生长在山地、草坡或林间，海拔可达2200m。分布于我国内蒙古、山西、河北、河南、辽宁和吉林。

形态特征 多年生草本植物。植株低矮，高不过50cm，根茎发达，地上茎不分枝，无毛；基生叶1～4枚，大型，五角形，长15～35cm，宽6～13cm，基部心形，3全裂，中央全裂片菱形，先端渐尖，再3裂达中部，边缘密生大小不等的三角形锐锯齿，侧全裂片斜扇形，2深裂近基部，小裂片斜菱形，具长柄，长可达30cm，基部具狭鞘；茎生叶似基生叶，下部的具长柄，上部的短柄或无柄；花单生或2～3朵组成稀疏的聚伞花序，花梗稍长，苞片3裂，萼片常10～15枚，金黄色，最外层的倒卵形，顶端疏生三角形牙齿；花金黄色，花瓣18～21枚，狭线形，酷似莲花，故得名；蓇葖果多个，表面有脉网，顶端具短喙；种子近倒卵球形，成熟时黑色，具光泽，有4～5棱角。花期6～7月，果期8～9月。

野外识别要点 ①基生叶和茎下部叶具长柄，近五角形，3全裂，裂片再3裂至中部。②花金黄色，萼片10～15，花瓣状，花瓣18～21，狭线形。

别名：旱荷、旱莲花、寒荷	科属：毛茛科金莲花属
用途：①药用价值：花朵可入药，具有清热、解毒、泻火的功效。②食用价值：花还可当茶饮，味道清香淡雅，被誉为“坝上龙井”。③景观用途：本种株形低矮，叶绿形奇，花朵灿烂，很适合种植于庭院、园林、花境、花坛或盆栽观赏。	

吉祥草

Reineckea carnea(Andr.)Kunth

在印度，吉祥草被视为神圣的草，每逢举行圣典仪式，都会将吉祥草铺在会场中，而行者坐禅时也以吉祥草为坐卧之具。据说，为旅途中死去的人或失踪的人举行葬礼，就用吉祥草做成人形，当作尸体火葬。

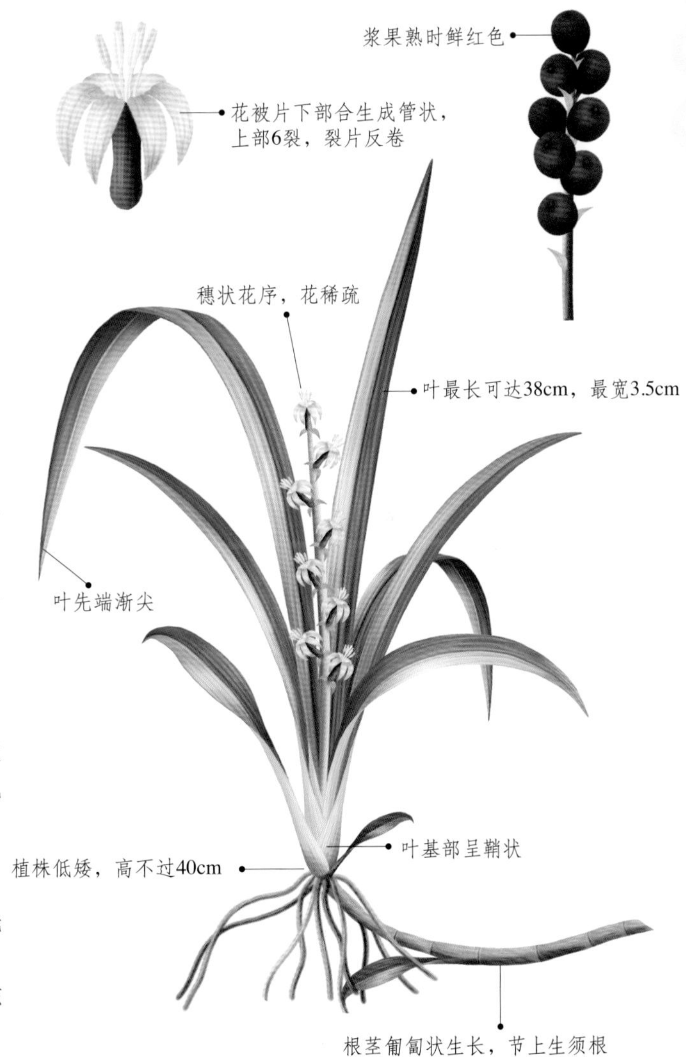

生境分布 常生长在阴湿山坡、山谷或密林。分布于我国长江流域以南各省区。

形态特征 多年生草本。株高20～40cm，具地下匍匐根茎，多节，节上生须根，地上具匍枝；叶3～8枚簇生于茎顶或茎节，叶片线状披针形至披针形，长10～38cm，宽0.5～3.5cm，先端渐尖，基部渐狭成柄，具叶鞘；花葶高5～15cm，疏松穗状花序生于顶部，苞片卵状三角形，膜质，淡褐色或带紫色；花无柄，花被片合生成短管状，上部6裂，裂片长圆形，稍肉质，开花时反卷，粉红色，花芳香；雄蕊6；花丝丝状；花药两端微凹，子房瓶状，3室；花柱丝状，柱头头状，3裂；浆果球形，熟时鲜红色。花果期9～10月。

野外识别要点 ①叶基生，线状披针形至披针形。②穗状花疏松，花漏斗形，上部6裂，裂片反卷，雄蕊直立外露。

别名：观音草、松寿兰、小叶万年青	**科属：**百合科吉祥草属
用途：①药用价值：全草可入药，全年可采，洗净，鲜用或切段晒干，具有润肺止咳、祛风、接骨的功效。②景观用途：本种株形优美，叶色青翠，以观叶为主，可水养栽培观赏，也可盆栽或种植于园林、花境、林下等。	

聚花草

Floscopa scandens Lour.

生境分布 多生长在沟谷、草地、林间或岸边等湿地，海拔常在1400m以下。分布于我国华东、华南、中南、西南等地区，西藏、台湾等地也有分布。

形态特征 多年生草本。株高20～70cm，根状茎极长，节上密生须根；茎直立，不分枝，全株除叶鞘和花序外被多细胞腺毛；叶片椭圆形至披针形，先端渐尖，基部渐狭，叶面有鳞片状突起，叶无柄或有带翅的短柄；圆锥花序顶生或腋生，常数个组合成复圆锥花序，下部总苞片叶状，上部者鳞片状；花梗极短；萼片浅舟状；花瓣倒卵形，蓝色或紫色，少白色；蒴果卵圆状，稍扁，种子半椭圆状，灰蓝色，有从背部白色胚盖发出的辐射纹。花果期7～11月。

野外识别要点 ①被多细胞腺毛，有抱茎的叶鞘。②圆锥花序顶生或腋生，常数个组合成复圆锥花序。

别名：水草、竹叶草、水竹菜	科属：鸭跖草科聚花草属
用途：全草可入药，具有清热解毒、利尿消肿的功效。	

类叶牡丹

Leontice robustum (Maxim.) Diels

生境分布 一般生长在林下、沟谷或灌木丛等阴湿处。分布于我国东北、西北、西南、华北、华东。

形态特征 多年生草本。株高40～80cm，根状茎粗短，地上茎直立；茎生叶2片，互生，2～3回三出复叶，小叶卵形、长圆形或阔披针形，先端渐尖，基部宽楔形，叶面绿色，叶背淡绿色或带灰白色，全缘或2～3裂；顶生小叶具柄，侧生小叶近无柄；圆锥花序顶生，苞片3～6，萼片6，倒卵形，花瓣状；花淡黄色，花瓣6，蜜腺状，基部缢缩呈爪；种子浆果状，微被白粉，熟后蓝黑色，外被肉质假种皮。花果期春夏季。

野外识别要点 ①茎生叶2片，互生，2～3回三出复叶，小叶叶面绿色，叶背淡绿色或带灰白色。②花淡黄色，花瓣、萼片为6片。③果实熟后蓝黑色，微被白粉，且有假种皮。

别名：红毛七	科属：小檗科牡丹草属
用途：根及根茎可入药，具有清热解毒、活血散瘀、祛风止痛的功效。	

狼毒

Stellera chamaejasme L.

花序

狼毒的花含有剧毒，人、家畜、飞禽食后均会致死，故还有“断肠草”之名。狼毒根系发达，吸水能力强，在干旱寒冷地区也能茂密生长，其他植物很难与它们抗争，在一些地方生长泛滥，堪称草原荒漠化的“警示灯”。

生境分布 常生长在高山草坡、河滩等干燥而向阳处，海拔可达4000m。主要分布于我国长江流域以北和西南地区。

形态特征 多年生草本。株高20～50cm，根茎木质，粗壮，圆柱形，表面棕色，内面淡黄色，茎丛生，不分枝，有时带紫色；叶互生，较小，披针形至椭圆状披针形，先端渐尖，基部圆形或楔形，叶背灰绿色，两面无毛，叶脉在叶背隆起，全缘；叶柄短，基部具关节，有时具纵沟；头状花序顶生，花密集，白色、黄色至紫红色，芳香；总苞片叶状，无花梗；花萼筒细瘦，基部略膨大，具明显纵脉，5裂，裂片顶部常具紫红色的网状脉纹；雄蕊10，2轮排列，生于花被筒中部以上；果实圆锥形，顶部有灰白色柔毛，种皮膜质，淡紫色。花期6～7月，果期7～9月。

小苞片绿色

头状花序顶生，花白色、黄色或紫红色

小叶互生

茎下部带紫色

根茎圆柱形，棕色

野外识别要点 ①茎直立、丛生，低矮。②头状花序顶生，总苞绿色，花管状，上部5裂，平展，白色、黄色或紫红色。

别名：红狼毒、红火柴头、一把香	科属：瑞香科狼毒属
用途：①药用价值：根可入药，具有泻水逐饮、破积杀虫的功效。②景观用途：本种花密集而鲜艳，具有一定的观赏性，可引种栽培。③工业用途：根还可提取工业用酒精，根及茎皮可造纸。	

藜芦

Veratrum nigrum L.

生境分布 常生长在山坡、林缘或草丛中，海拔可达3300m。分布于我国东北、华北、西北、西南。

形态特征 多年生草本。株高可达1m，茎粗壮，基部有鞘残留的黑色纤维网；叶形变化大，椭圆形至卵状披针形，薄革质，先光滑无毛，全缘，具短柄或近无柄；圆锥花序密生黑紫色花，侧生成总状花序，通常具雄花；顶生总状花序常较侧生花序长2倍以上，几乎全部着生两性花；花序轴和花枝密生白色绵状毛，小苞片披针形，边缘和背面有毛；花被片开展或在两性花中略反折，矩圆形，先端浑圆，基部略收狭；蒴果。花果期7～9月。

根

野外识别要点 ①叶大，形多变，无毛。②圆锥花序长而挺直，顶生总状花序常比侧生花序长2倍以上，花被片全缘，黑紫色。

别名：黑藜芦、山葱	科属：百合科藜芦属
用途：根及根茎可入药，可治疗中风、痰多、癫痫、喉痹、恶疮等症。	

铃兰

Convallaria majalis L.

成熟浆果　花白色

生境分布 常生长在山坡、沟谷或疏林。分布于我国西北、东北、华北、华东等地区，山东、浙江、湖南等地也有分布。

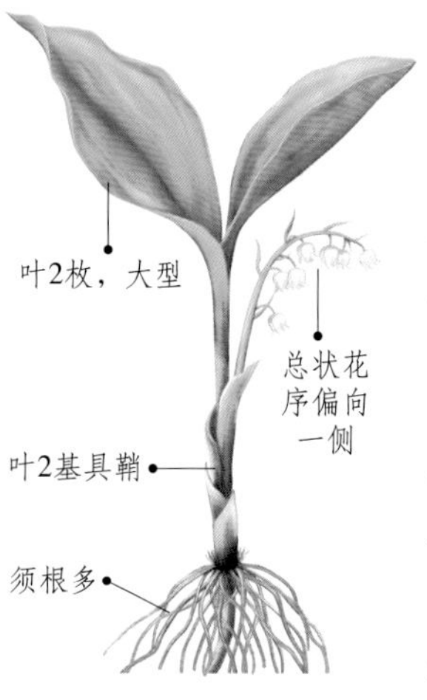

铃兰小巧迷人，果实耀眼喜庆，淡淡清香更是令人陶醉，现在已是芬兰、瑞典和南斯拉夫的国花。而在浪漫的法国，铃兰是纯洁、幸福的象征，每年5月1日，人们都会互赠铃兰花，以祝福彼此新的一年幸福永驻。

形态特征 多年生草本。株高20～30cm，具匍匐根茎、横走，白色；叶2枚自根茎顶端长出，大型，椭圆形或椭圆状披针形，弧形脉；有长柄，叶柄下部具数枚鞘状膜质鳞片；花葶自基部伸出，总状花序偏向一侧，着花6～10朵，花钟状，下垂，乳白色，香气浓郁；花被先端6裂；浆果球形，熟时红色，种子椭圆形，扁平，4～6颗。花期5～6月，果期6～7月。

野外识别要点 本种叶2枚，自根茎顶端发出；花钟状，乳白色，具香气。

别名：草玉玲、香水花、鹿铃、小芦铃、芦藜花、山谷百合	科属：百合科铃兰属
用途：铃兰植株小巧，幽雅清丽，红果妖艳，是一种优良的观赏植物。另外，全草可入药，花可以提取芳香精油。	

龙须菜

Asparagus schoberioides Kunth

生境分布 常生长在草坡或林下，海拔可达2300m。分布于我国东北、华北等地区，山西、陕西、甘肃等地也有分布。

形态特征 多年生直立草本。株高可达1m，根细长，茎直立，多分枝，具纵棱；叶状枝常3～7枝成簇，窄条形，略弯曲呈镰刀状，基部近锐三棱形，上部扁平；叶鳞片状，极小，白色；花2～4朵腋生，黄绿色；花梗很短；雄花被片仅约2mm长，雄蕊6；雌花于雄花近等长；浆果球形，初绿色，成熟时红色，由于果梗极短，使果实看起来紧贴在枝条上，种子1～2粒。花期5～6月，果期7～9月。

野外识别要点 ①变态枝3～7枚成簇，纤细如叶状，并弯曲如镰刀状。②叶片退化成鳞片，极小，白色膜状物。

幼枝

别名：雉隐天冬	**科属：**百合科天门冬属
用途：①药用价值：根状茎和根可入药，具有清热解毒、利湿化积的功效。②观赏价值：本种在7～9月果实成熟，一片喜庆的红色，是很好的观果野花，可引种栽培观赏。③食用价值：嫩叶营养丰富，是优良的绿色保健蔬菜，具有清肺通便、排毒瘦身、降血压、降血脂的功效。	

鹿药

Smilacina japonica A. Gray

· 生境分布 常生长在沟谷和林间，海拔可达1000m。广泛分布于我国南北各地。

花序枝

· 形态特征 多年生草本。株高20～40cm，根茎肥厚、横卧，有多数须根；茎单生，直立，疏生粗毛，基部有鳞片状叶；叶互生，5～9片，集中生于茎的中上部，卵状椭圆形或广椭圆形，长可达16cm，宽可达7cm，先端尖，基部浑圆，全缘，有短柄；圆锥花序顶生，密生柔毛，花密集，白色，花被片6，分离，椭圆形；雄蕊6；子房球形，花柱1；浆果近球形，成熟时红色，种子1～2。花期5～6月。

· 野外识别要点 ①叶与玉竹叶相似，但被毛。②圆锥花序顶生，密生柔毛。

浆果熟时红色

叶脉自基部出发，在叶端聚合

别名：鞭杆七、铁梳子	**科属**：百合科鹿药属
用途：根茎可入药，春、秋季采挖，洗净，晒干，具有补气益肾、祛风除湿、活血调经的功效。	

驴蹄草

Caltha palustris L.

· 生境分布 生长在山谷、溪边、草甸、林下或草甸等阴湿处，海拔可达4000m。分布于我国西南、西北等地区，西藏、河南、河北、浙江等地也有分布。

· 形态特征 多年生草本。株高10～50cm，根茎粗壮，肉质根多数；茎直立，具细纵沟，常中部以上分枝；基生叶3～7枚，圆形、圆肾形或心形，基部深心形或2裂片互相覆压，边缘密生三角形状小齿；叶柄长可达24cm；茎生叶向上渐小，圆肾形或三角状心形，叶柄短或近无；聚伞花序生于茎或分枝顶部，花1～3朵，黄色；花梗极短，苞片三角状心形，边缘具小齿；萼片5；花药长圆形，花丝狭线形，花柱短；蓇葖果较短，具短喙；种子狭卵球形，黑色，有光泽，有少数纵皱纹。花期5～9月，果期6～10月。

· 野外识别要点 ①基生叶常圆肾形，边缘具齿。②花1～3朵，萼片5，黄色，花瓣状。

小花黄色，萼片5

基生叶基部深心形或2裂片互相覆压

叶缘密生三角形状小齿

植株低矮，高不过50cm

肉质根多数

别名：马蹄草、马蹄叶、驴蹄菜	**科属**：毛茛科驴蹄草属
用途：根及叶可入药，夏秋采集，晒干备用，具有清热利湿、解毒的功效。	

马蔺

Iris lacteal Pall.var.*chinensis*(Fisch.)Koidz.

成熟的种子
花蓝紫色
叶条形，长可达50cm

马蔺根系发达，生命力顽强，栽培管理简单，是绿化气候干燥、土壤沙漠化地区的优良地被植物，堪称荒漠世界里的一位播撒春天的“使者”。

·生境分布 生长在荒地、山坡、山野或路旁。分布于我国西北、东北、华北及华东地区。

·形态特征 多年生草本。株高30～80cm，根状茎短而粗，上端有红紫色的纤维状枯死叶梢；叶数枚基生，条形或狭剑形，质坚，长可达50cm，最宽仅约0.6cm，灰绿色带紫红色；花葶自叶丛中抽出，苞片3～5枚，绿色，边缘白色，含有1～3朵花；花蓝紫色，花被片6，内轮3片直立，裂片狭倒披针形，外轮3片裂片呈匙形，中部有黄色条纹；蒴果长椭圆形，具6条纵肋，顶端尖喙状；种子近球形。花期5～6月，果期6～9月。

·野外识别要点 本种叶丛生，条形，质地坚韧；花蓝紫色，花被片6，2轮排列。

别名：马莲、马兰花、旱蒲、剧草、豕首、马韭	**科属：**鸢尾科鸢尾属
用途：①药用价值：叶、花与种子可入药，具有清热解毒、止血利尿的功效。②景观用途：本种生长力强盛，在干旱地区常作地被植物保持水土湿润，也可绿化园林或作种植观赏。	

绵枣儿

Scilla scilloides (Lindl.) Druce

·生境分布 生长在丘陵、山坡或田间。除新疆、西藏、青海和内蒙古，我国大部分地区均有分布。

·形态特征 多年生草本。鳞茎卵球形，黑褐色，下部生多数须根；叶基生，常2～5枚，狭带状，平滑而柔软，叶面凹，全缘；花茎由叶丛中抽出，高可达60cm，总状花序，花开放前密集，开放后疏离，苞片线状，花紫红色、粉红色至白色，花被片6，近椭圆形，有1条深紫色的脉纹，基部稍合生而成盘状；蒴果倒卵形，种子1～3颗，成熟时黑色。花果期7～11月。

·野外识别要点 ①叶基生，狭带状，常2～5枚。②总状花序顶生，花紫红色至近白色，中脉显著。

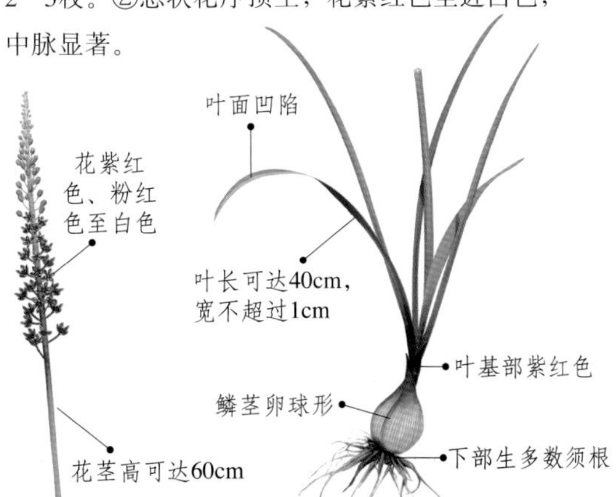

别名：石枣儿、地兰、天蒜、山大蒜、鲜白头、地枣、老鸭葱、独也一枝	**科属：**百合科绵枣儿属
用途：根可食，6~7月采收，洗净后煮熟即可。另外，鳞茎和全草可入药，具有活血解毒、消肿止痛的功效。	

棉团铁线莲

Clematis hexapetala Pall.

生境分布 多生长在山坡草地、林缘、沟谷或灌木丛中。主要分布于我国东北和西北地区。

根

形态特征 多年生直立草本。株高可达1m，茎直立，嫩枝疏生柔毛，老枝圆柱形，有纵沟；叶对生，1～2回羽状全裂，裂片披针形、长椭圆状披针形至椭圆形，两面或沿叶脉疏生长柔毛，网脉突出，先端尖，基部再2～3裂，小裂片宽不超过2cm，全缘；聚伞花序通常具花3朵，花大，无花瓣，萼片常6，长椭圆形或狭倒卵形，白色，外面密生绵毛，花蕾时像棉花球；瘦果多，倒卵形，扁平，密生柔毛，宿存花柱在果期呈羽毛状，犹如棉团，故得名。花期6～8月，果期7～9月。

花柱犹如棉团

野外识别要点 ①叶1～2回羽状全裂，干后由绿色变为黑色。②花小，白色，无花瓣，萼片通常6片，白色。③瘦果宿存花柱呈羽毛状，白色，好似一个棉团，很有特色。

别名：棉花子花、山蓼、野棉花	科属：毛茛科铁线莲属
用途：根可药用，俗称威灵仙，具有解热、镇痛、利尿、通经的功效。	

七筋菇

Clintonia udensis Trautv. et Mey

生境分布 常生长在疏林、阴坡或草甸，海拔可达4000m。分布于我国东北、西北、西南等地区，河北、河南、湖北也有分布。

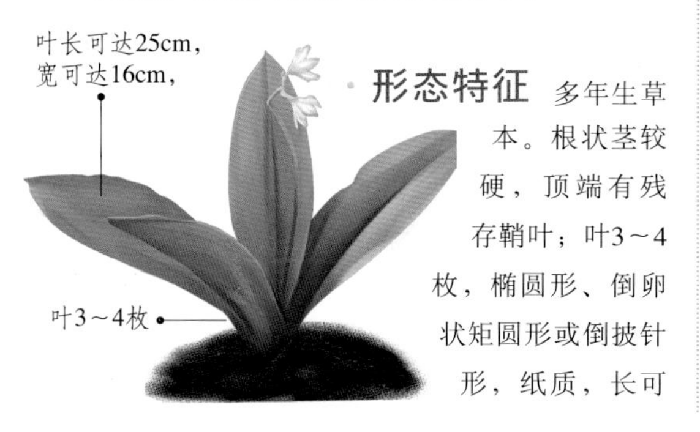

形态特征 多年生草本。根状茎较硬，顶端有残存鞘叶；叶3～4枚，椭圆形、倒卵状矩圆形或倒披针形，纸质，长可达25cm，宽可达16cm，基部成鞘状抱茎或延长成柄，边缘有时具毛；花葶果期高可达60cm，密生白色短柔毛，总状花序着花3～12朵，苞片披针形，密生柔毛，早落；花白色，偶有淡蓝色，花被片矩圆形，具5～7脉，外被微毛；果实球形，从顶端至中部沿背缝线作蒴果状开裂，每室有种子6～12颗。花期5～6月，果期7～10月。

野外识别要点 ①叶基生，椭圆形至倒披针形，基部渐狭。②花单生或2～3朵成疏松总状，高出叶，花白色。

果实熟时蓝黑色

花白色，略有淡蓝色

别名：对口剪、剪刀七、久母兰、雷公七、麻口子	科属：百合科七筋姑属
用途：根有小毒，加工后可入药，具有散瘀止痛的功效，主治跌打损伤。	

荞麦叶大百合

Cardiocrinum cathayanum (Wils.)Stearn

花狭喇叭形，下垂，喉部淡红棕色

叶似荞麦叶，网状脉明显

生境分布 常生长在山地、林间、灌木丛等阴湿处。主要分布于我国华中、华东地区。

形态特征 多年生草本。株高可达1.5m，具鳞茎，地上茎直立；叶在距地面25cm处聚生，向上渐散生；叶卵状心形或卵形，纸质，似荞麦叶，叶面深绿色，叶背淡绿色，网状脉明显，全缘；叶柄长6～20cm，基部扩大；总状花序具花3～5朵，每花具一枚矩圆形苞片，花梗短而粗；花狭喇叭形，乳白色，喉部淡红棕色，花被片条状倒披针形；蒴果近球形，种子扁平，成熟时红棕色，周围有膜质翅。花期7～8月，果期8～9月。

野外识别要点 ①叶大，卵状心形，有柄，叶脉网状似荞麦叶。②每1朵花有1枚长圆形苞片，花狭喇叭形，乳白色，喉部淡红棕色。

别名：无	科属：百合科百合属
用途：本种植株高大，叶片翠绿，花色洁白，可种植于花境、花坛或庭院观赏，也可丛植于林下。	

拳蓼

Polygonum bistorta L.

生境分布 常生长在山坡、草地、草甸或路边，海拔可达3000m。分布于我国西北、东北、华北、华东、中南地区。

形态特征 多年生草本。株高50～90cm，根状茎肥厚，黑褐色；茎常2～3条自根状茎发出，直立，不分枝；基生叶宽披针形或狭卵形，纸质，顶端渐尖，基部截形或近心形，有时下延成翅，边缘外卷，微呈波状，叶柄长10～20cm，有翅；茎生叶披针形或线形，无柄；托叶筒状，鞘膜质，下部绿色，上部棕色，顶端偏斜，开裂至中部；穗状花序顶生，苞片卵形，膜质，淡褐色，苞片内含3～4朵花；花密集，白色或淡红色，花被椭圆形，5深裂；瘦果三棱形，两端尖，成熟时红褐色，有光泽，上半部不包在花被内。花果期夏秋季。

叶缘微波状

野外识别要点 ①基生叶大型，披针形，边缘外卷，微呈波状，具长柄，柄有翅。②花序穗状，花密集，白色或粉红色。

根茎弯曲，黑褐色

别名：紫参、拳参	科属：蓼科蓼属
用途：根状茎可入药，称“紫参”，具有清热解毒、凉血止血、散结消肿的功效。	

芹叶铁线莲

Clematis aethusifolia Turcz.

在民间，芹叶铁线莲还被称为断肠草，因为它是一种毒性很强的植物，虽然根可药用，但全草不能食用。在花期，一朵朵黄色小花犹如悬挂在藤蔓上的小铃铛，十分可爱、喜人。

· 生境分布 常生长在山区、沟谷、灌木丛或平原路边。分布于我国青海、甘肃、宁夏、内蒙古、陕西、山西和河北。

· 形态特征 多年生草质藤本。植株幼时直立，后匍匐状生长，根细长，棕黑色，茎纤细，有纵沟纹，微被柔毛；叶2～3回羽状复叶或羽状细裂，末回裂片线形，顶端渐尖，叶背有一条中脉隆起，幼时微被柔毛；叶柄较短，有时具翅；聚伞花序腋生，着花1～3朵，苞片羽状细裂，花钟状，淡黄色，无花瓣，萼片4枚，长方椭圆形或狭卵形，内面有3条清晰的中脉，边缘密被乳白色绒毛；瘦果扁平，宽卵形或圆形，成熟后棕红色，宿存花柱密被白色柔毛。花期7～8月，果期9月。

· 野外识别要点 ①叶片2～3回羽状复叶或羽状细裂，末回裂片线形，叶背中脉隆起。②花钟状，淡黄色，萼片内有3条清晰的中脉，边缘密被乳白色绒毛。③瘦果宽卵形或圆形，成熟后棕红色。

别名：透骨草、芹叶铁丝、芹叶铁线	**科属：**毛茛科铁线莲属
用途：根可入药，俗称“透骨草”，不仅能健胃、消食，还能治疗慢性风湿性关节炎和关节痛。	

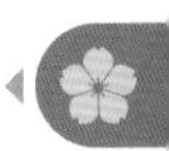

乳浆大戟

Euphorbia esula L.

成熟蒴果和花

生境分布 生长在山坡、林下、草地及路旁等处。除海南、贵州、云南和西藏，我国大部分地区均有分布。

形态特征 多年生草本。株高不过50cm，根圆柱状，常曲折生长，褐色或黑褐色，茎多分枝；叶线形至卵形，光滑无毛，全缘；不育枝叶常为松针状，无柄；花单性同株，无花被；总苞叶4～5枚轮生茎端，数个伞梗自总苞内长出，伞梗顶端各具2个半圆形苞片；多数雄花和1雌花生于小伞梗顶端的苞片腋内，组成杯状聚伞花序，杯状总苞顶端4裂，裂片间有新月形腺体；雌花单生于杯状总苞中央；蒴果三棱状球形，具3个纵沟，花柱宿存；成熟时分裂为3个分果爿；种子卵球状，熟时黄褐色，种阜盾状。花果期4～10月。

野外识别要点 ①全株具白色乳汁，无毛。②杯状聚伞花序，总苞顶端4裂，裂片间有腺体，中央雌花花柱的上部二分叉。

别名：猫眼草、华北大戟、松叶乳汁大戟、乳浆草	科属：大戟科大戟属
用途：①药用价值：全草可入药，具有拔毒止痒的功效。②景观用途：本种虽为野草，但株形秀气，花形奇特，极具观赏性，可丛植于花境、园林、林缘或庭院。	

山丹

Lilium pumilum DC.

花正面观

生境分布 常生长在山地阴坡、疏林、沟谷，有时在悬崖峭壁上，海拔可达2600m。分布于我国西北、东北、华北及华东地区。

形态特征 多年生草本。株高30～60cm，鳞茎球形，白色，地上茎直立，带紫色条纹，有小乳头状突起；叶互生，狭条形，略弯曲，密集生于茎中部以上；花单生或数朵顶生成疏松的总状花序，花自然下垂，花被片6，反卷，鲜红色，通常无斑点，有香气；雄蕊6，花药红色；子房圆柱形；蒴果矩圆形。花果期夏秋季。

野外识别要点 ①叶狭窄，略弯，集中生长在茎中上部。②花自然下垂，红色，花被片反卷。

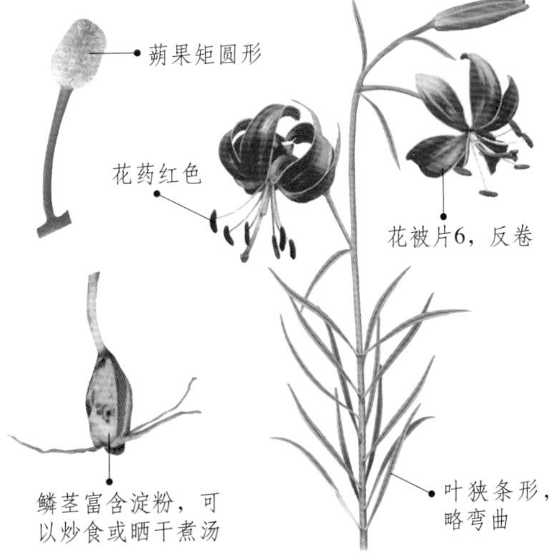

别名：细叶百合、山丹丹花	科属：百合科百合属
用途：本种形态潇洒，花大而艳，常种植于花境、岩石园、植物园或庭院观赏，也可盆栽或作切花。	

射干

Belamcanda chinensis (L.)DC.

不规则的地下块根

花橙红色至橘黄色

蒴果

叶互生成一个平面

须根多

生境分布 常生长在林缘、山坡草地或沟谷，海拔通常在2200m以下。广泛分布于我国南北各地。

形态特征 多年生草本。株高50～150cm，地下块根不规则，黄色或黄褐色，须根多数，茎直立，近圆柱形；叶互生，嵌迭状排列，广剑形，扁平，长可达60cm，最宽仅约4cm，光滑无毛，稍被白粉，叶脉平行；花序二歧状分枝，花梗及花序分枝包有膜质苞片，苞片披针形或卵圆形；花大，花被片6，基部合生成极短的筒，橙红色至橘黄色，有红色斑点，外轮花被片开展，内轮花被片稍小，花谢后花被片旋转状；蒴果倒卵形或长椭圆形，熟时室背开裂，果瓣外翻，中央有直立的果轴；种子圆球形，黑紫色，有光泽。花果期夏秋季。

野外识别要点 ①叶基生，2列互生成一个平面，叶片广剑形，扁平，较长。②二歧状花序顶生，花橙红色至橘黄色，有红色斑点。

别名：乌蒲、乌扇、黄远、夜干、草姜、扁竹、蚂螂花	**科属：**鸢尾科射干属
用途：根状茎可入药，具有清热解毒、散结消炎、消肿止痛、止咳化痰的功效。	

水鳖

Hydrocharis dubia (Blume)Backer

雌花单生

叶背红紫色，有海绵状浮飘组织

叶先端圆，基部心形，

叶脉5～7条

须根长可达30cm

生境分布 常生长在湖泊、池沼等静水中。分布于我国华北及长江流域以南各省区。

形态特征 多年生浮水草本。具发达匍匐茎和须根，具茎节，须根发达，顶端生芽；叶簇生，多漂浮，圆形或肾形，叶面深绿色，叶背略带红紫色且有海绵状浮飘组织，全缘，具长柄；雌雄同株异花，雄花5～6朵生于佛焰苞内，每次仅1朵开放；佛焰苞透明，具红紫色条纹；萼片3，离生，具红色斑点；花瓣3，黄色，与萼片互生，近轴面有乳头状凸起；雌花单生，佛焰苞小，萼片3，具红色斑点；花瓣3，白色，基部黄色，近轴面具乳头状凸起；浆果球形，具沟纹；种子多数，椭圆形，顶端渐尖，种皮有毛状凸起。花果期8～10月。

野外识别要点 ①浮水草本，有匍匐根状茎。②叶背有一群凸起的内充气泡的海绵状浮飘组织。

别名：马尿花	**科属：**水鳖科水鳖属
用途：本种形美花艳，常栽培于水族箱中观赏，也可种植于水景园绿化水面。另外，全草还可作饲料和绿肥。	

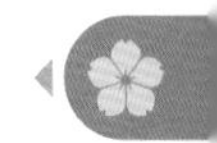

酸模叶蓼

Polygonum lapathifolium L.

穗状花序

叶披针形或宽披针形

茎节生根

生境分布 生长在草地、沟谷、岸边或路边等湿地，海拔可达4000m。广泛分布于我国南北大部分省区。

形态特征 一年生草本。株高可达1m，茎直立，多分枝，节部膨大，表面有紫色斑点和绵毛；叶互生，披针形或宽披针形，叶面深绿色，疏生绒毛，叶背被灰白色绵毛，全缘或微波状；叶柄短或无，托叶鞘筒状，膜质，淡褐色，具多数脉；花穗数个组成圆锥状花序，花密集，淡绿色或粉红色；花序梗被腺体，苞片漏斗状；花被4～5深裂，裂片椭圆形，脉粗壮，顶端分叉；瘦果卵圆形，稍扁平，熟时黑褐色，包于宿存花被中。花果期夏秋季。

野外识别要点 本种茎有紫色斑点和绵毛；小花密集成穗状，花被4～5深裂；叶背有时密生白毛，是其变种。

瘦果熟时黑褐色

别名：旱苗蓼、马蓼、白辣蓼	科属：蓼科蓼属
用途：茎叶可食，早春采摘，洗净、焯熟，凉拌、炒食或蒸食均可。全草可入药，具有清热解毒、利湿止痒、解毒健脾的功效。	

万寿竹

Disporum cantoniense (Lour.) Merr.

生境分布 生长在山坡林下或沟谷林间。分布于我国长江流域以南各省和陕西、西藏。

形态特征 多年生草本。株高30～70cm，根状茎粗壮、横走，簇生多数马尾状须根；茎直立，上部多分枝，下部有棕褐色膜质鞘状叶；叶互生，椭圆形、卵形至阔披针形，厚纸质，先端渐尖呈尾状，基部近圆形，弧形脉多条，叶背脉处和叶缘粗糙，具短柄；伞形花序顶生，着花2～6朵，总苞片叶状；花下垂，白色或淡黄绿色；花被片6，倒卵状披针形，花梗极短；浆果球形，成熟时黑色；种子3～6枚，成熟时棕色，表面有细纹。花期5～6月，果期7～8月。

马尾状须根

野外识别要点 ①叶互生，卵形至阔披针形，弧形脉多条。②花2～6朵排列成伞状，浆果球形，熟时黑色。

别名：白龙须	科属：百合科万寿竹属
用途：根茎及根可入药，主治风湿痛、筋骨疼、肺热咳嗽、手足麻木、烧烫伤等症。	

舞鹤草

Maianthemum bifolium (L.) F. W. Schmidt

果序枝
小花白色
成熟浆果
总状花序
叶三角状卵形
根茎细长

生境分布 生长在沟谷和阴坡林下，海拔在1200m以下。分布于我国东北、西北、西南等地区，河北等地也有分布。

形态特征 多年生草本。植株低矮，根状茎细长，具节，节上生少数根；茎直立，散生柔毛；基生叶1枚，具长柄，花期枯萎；茎生叶2枚，偶有3枚，互生于茎上部，叶片三角状卵形，基部深心形，叶背脉处有柔毛，边缘具细小的锯齿状乳突；叶柄短，常有柔毛；总状花序直立，有10～25朵花，花白色，花瓣4，矩圆形，具1条脉；花梗细，顶端有关节；浆果熟时红色；种子卵圆形，种皮黄色，有颗粒状皱纹。花果期夏秋季。

野外识别要点 ①植株矮小，基生叶1枚，茎生叶2枚，基部深心形。②总状花序直立，花小，白色，花被片4，雄蕊4。

别名：无	科属：百合科舞鹤草属
用途：全草可入药，具有润肺止咳、活血止血的功效。	

小花草玉梅

Anemone rivularis Buch.-Ham. ex DC. var. *flore-minore* Maxim.

花侧面图
萼片白色，酷似梅花

生境分布 常生长在山地、沟谷、林下、草地等湿润处。分布于我国西北等地区，四川、河北等地也有分布。

形态特征 多年生草本。株高30～80cm，主根粗壮，圆锥形，棕褐色，茎直立；基生叶肾状五角形，基部心形，3全裂，中裂片菱形，两侧裂片斜卵形，裂片又2～3裂，边缘有锐锯齿，全部叶两面贴身柔毛，有长柄；聚伞花序1～3回分枝，总苞3个，轮生，有柄，总苞片3～5深裂；两性花小，白色，无花瓣，萼片5枚，白色，形似梅花；瘦果狭卵形，聚生，花柱宿存，呈钩状弯曲。花期6～8月。

野外识别要点 ①基生叶肾状五角形，3全裂，小裂片再裂，裂片和边缘齿都尖。②花白色，无花瓣，看起来很像花瓣，实际是萼片，5枚。

苞片轮生
茎生叶裂成条形
叶肾状五角形，3全裂

别名：河岸银莲花	科属：毛茛科银莲花属
用途：全草及根可入药，具有健胃消炎、消肿散瘀的功效。	

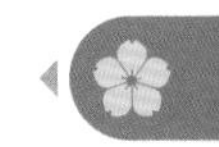

小黄花菜

Hemerocallis minor Mill.

据说，秦末农民起义领袖陈胜曾经讨过饭。这天，一对黄氏母女给了他一碗黄花菜饭，他吃后觉得堪比美味佳肴，终生难忘。于是起义胜利后，他不仅让百姓大量种植黄花菜，还以那姑娘金针的名字命名这种菜，即金针菜。

花侧面图

细圆形的花苞

花淡黄色，外有褐晕

花梗很短

花葶细弱

苞片近披针形

蒴果椭圆形或矩圆形

平行叶脉

叶基生，条形，长可达60cm，最宽约1.5cm

· 生境分布 常生长在草地、林缘、山坡或灌丛中，海拔可达2300m。主要分布于我国东北、华北等地区，陕西、甘肃、山东等地也有分布。

· 形态特征 多年生草本。株高30～60cm，主根短、细，呈绳索状，须根稍粗；叶基生，条形，长20～60cm，宽0.3～1.5cm，先端渐尖，基部成鞘状抱茎，叶脉平行，全缘；花葶多个，通常低于叶，花序不分枝或稀叉状分枝，顶生1～2朵花，花梗很短，苞片近披针形，花小，淡黄色，外有褐晕，具芳香；花被片6；雄蕊6，生于花被管上端；子房3室，胚珠多；蒴果椭圆形或矩圆形。花期6～7月，果期7～9月。

· 野外识别要点 ①根较细，绳索状。②叶基生，条形。③花序通常不分枝，顶生1～2朵花，花被片黄色，有时带褐色晕。

株高30～60cm

别名：黄花菜、金针菜	科属：百合科萱草属
用途：①食用价值：本种是我国的传统干菜，味道鲜美，采摘后经高温煮熟才可食。②景观用途：小黄花菜形态秀气，花大而金黄灿烂，可丛植或作林下地被植物。③药用价值：根可入药，具有清热解毒、利尿消肿的功效。	

兴安升麻

Cimicifuga dahurica (Turcz.) Maxim.

· 生境分布 生长在山地、林缘、灌木丛、草地及沟谷中，海拔可达1200m。分布于我国西北、东北及华北等地区。

· 形态特征 多年生草本。株高可达1m，有臭气，根状茎粗壮，棕黑色，茎具纵沟；茎下部叶2～3回3出复叶，顶生小叶宽菱形，羽状3浅裂至深裂，边缘具齿，侧生小叶长椭圆状卵形，叶背沿脉疏生柔毛，边缘具缺刻状齿或深锯齿；圆锥花序长达40cm，密生腺毛和柔毛，苞片钻形；花单性，雌雄异株，雌花萼片白色，叉状2深裂，无花瓣；蓇葖果被白色柔毛；种子3～4粒，椭圆形，熟时褐色，四周生膜质鳞翅，中央生横鳞翅。花期7～8月，果期8～9月。

· 野外识别要点 本种有臭气，根茎黑褐色，顶部有老茎残基；下部叶2～3回3出复叶，花单性，白色。

别名：北升麻	科属：毛茛科升麻属
用途：根状茎入药称“升麻”，具有清热解毒、发表透疹的功效，主治斑疹、麻疹等症。	

鸭跖草

Commelina communis L.

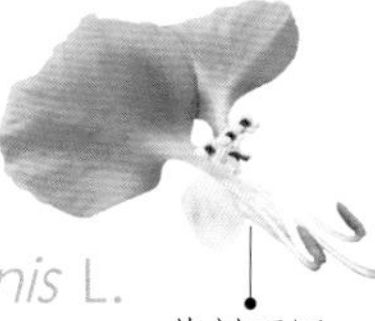
花剖面图

· 生境分布 常生长在山坡、田边、河岸、林缘及路旁等阴湿处。广泛分布于全国各地。

· 形态特征 一年生草本。株高可达1m，茎圆柱形，基部枝呈匍匐状，节上生根，节间较长，绿色或暗紫色，具纵细纹；单叶互生，披针形至卵状披针形，质厚，全缘；总状花序具花3～4朵，总苞片心状卵形，边缘对合折叠；花两性，蓝紫色，萼片3；花瓣3，分离，圆形；蒴果椭圆形，稍扁，成熟时开裂；种子4枚，三棱状半圆形，暗褐色，有纹和窝点。花果期6～10月。

· 野外识别要点 ①具明显的叶鞘。②总苞片心状卵形，成佛焰苞状，边缘对合折叠。

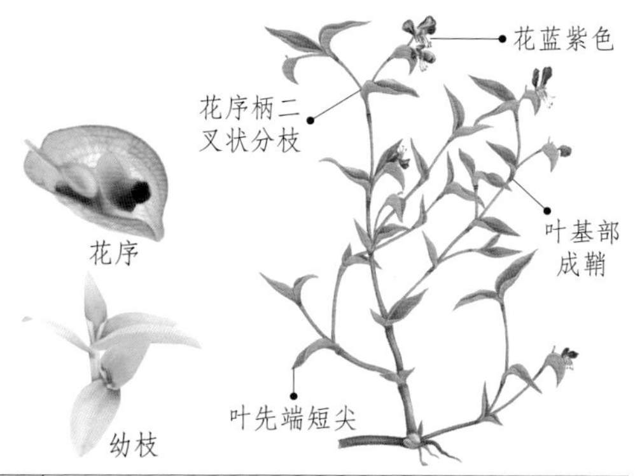

别名：鸡舌草、竹节菜、翠蝴蝶、竹叶菜、鹅儿菜、淡竹叶	科属：鸭跖草科鸭跖草属
用途：①药用价值：全草可入药，6~7月采收，洗净、晒干、切段备用，具有清热解毒、消肿利尿的功效。②食用价值：嫩茎叶可食，营养丰富，春季采摘，凉拌、炒食或熬汤均可。	

野慈菇

Sagittaria trifolia L.

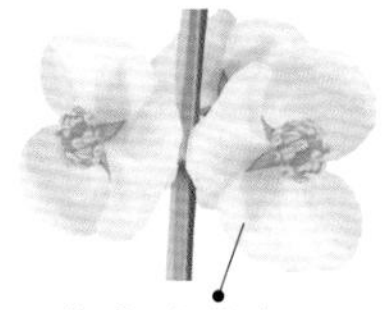

生境分布 多生长在湖边、河边、池畔、沼泽地和水田里。分布于我国南北大部分省区。

形态特征 多年生沼生草本。株高50～100cm，根状茎粗壮，横生，顶端有土黄色球茎；叶基生，常为狭箭形，裂片卵形或线形，顶裂片通常短于侧裂片，长可达15cm，侧裂片开展，顶裂片与侧裂片之间缢缩；叶柄长而粗壮，基部扩大成鞘状，边缘膜质；花葶直立，高20～80cm，粗壮；总状或圆锥状花序，花密集，常3朵轮生在一节上；雄花在上，雌花在下，萼片形花瓣边缘反卷，花瓣3枚，白色；瘦果斜倒卵形，扁平，背腹有翅。花期6～8月，果期10～11月。

叶常为狭箭形

花序长

叶柄长可达40cm

野外识别要点 本种的叶比较特殊，常呈"箭"状，在野外容易识别。

别名：水慈菇、剪刀草、燕尾草、三脚剪、箭搭草	科属：泽泻科慈姑属
用途：全草及块茎可入药，具有清热解毒、止血消肿、滑胎利窍的功效。另外，本种嫩茎可作野菜食用，且由于叶姿优美，常种植于水池中或溪边观赏。	

野鸢尾

Iris dichotoma Pall.

生境分布 生长在山坡或山野等干燥向阳处。主要分布于我国长江流域地区。

叶剑形，顶部呈镰刀形

形态特征 多年生草本。株高30～80cm，具不规则块茎，棕褐色或黑褐色，须根发达、黄白色；茎二歧状分枝；叶基生或生于茎下部，剑形，长可达35cm，宽可达3cm，叶面蓝绿色，顶部多弯曲呈镰刀形，基部鞘状抱茎，全缘；花茎实心，高达60cm，上部二歧状分枝，分枝处生有披针形的茎生叶，花序生于分枝顶端；苞片4～5枚，披针形，膜质，边缘白色，含3～4朵花；花白色，有紫褐色斑点，花被片6；蒴果狭长圆形，有3棱，果皮黄绿色；种子暗褐色，椭圆形，有小翅。花果期夏秋季。

蒴果狭长圆形

花白色，有紫褐色斑点

苞片膜质

野外识别要点 ①根状茎较小，叶基生或生于茎下部，剑形，叶面蓝绿色，顶部多弯曲呈镰刀形。②花白色，花柱分枝花瓣状。③果实长圆柱形，种子有小翅。

别名：白花射干、扇子草、二歧鸢羊角草	科属：鸢尾科鸢尾属
用途：本种花大而美丽，耐寒、耐旱，生性强健，可种植于花坛、花境或植物园。	

淫羊藿

Epimedium grandiflorum Merr.

据记载，南北朝时有一位著名医学家叫陶弘景，有一天，一位老羊倌告诉他，一头公羊吃了灌木丛中的怪草后，与母羊交配次数明显增多。陶弘景听了很好奇，于是把这种野草采来仔细研究，发现这种野草竟是一味补肾良药，于是取名“淫羊藿”。

生境分布 喜生长在灌木丛或疏林等阴湿处。主要分布于我国西北、西南、华中及东北地区。

形态特征 多年生草本。植株低矮，高不过30cm，具根状茎，须根多，地上茎常丛生；基生叶和茎生叶均为2回三出复叶，小叶卵形，先端渐尖，基部斜心形，叶面深绿色，叶背灰绿色，叶缘有刺状细齿；总状花序下垂，着花4～8朵，花白色或紫色；萼片花瓣状，8枚，2轮排列；花瓣4枚，白色，每瓣都有长距；蒴果。花期4～5月。

野外识别要点 ①叶为2回三出复叶，小叶基部斜心形，边缘有刺状细齿。②萼片8，花瓣状；花瓣4，白色，有长距。

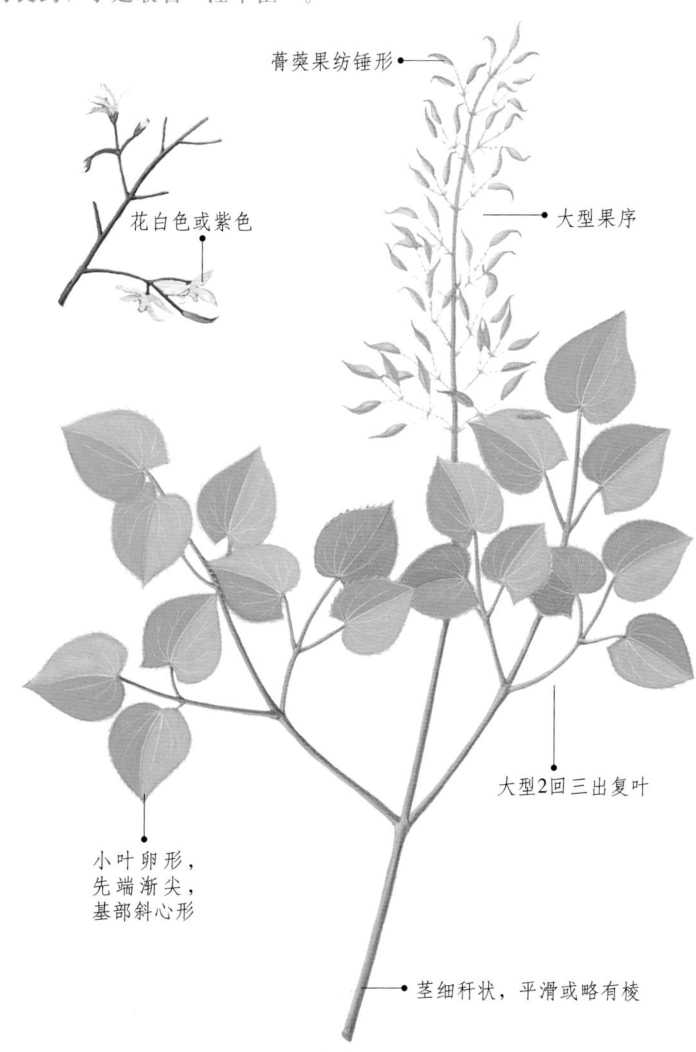

别名：伏牛花	科属：小檗科淫羊藿属
用途：①药用价值：茎叶可入药，具有补肾阳、强筋骨、祛风湿的功效。②景观用途：本种形美花艳，可种植于花坛、花境、庭院或园林，也可丛植作绿化地被植物。	

一把伞南星

Arisaema erubescens (Wall.) Schott

叶呈放射状分裂，好像一把伞

小叶7～25片

小叶先端呈细丝状

浆果熟时红色

可入药的块茎

块茎扁球形

生境分布 常生长在林间、灌木丛或沟谷等阴湿处。分布于我国南北大部分省区。

形态特征 多年生草本。块茎扁球形，叶常1枚，具长柄，叶片呈放射状分裂，小叶7～25片，似一把伞，故得名；小叶披针形至椭圆形，先端延伸呈细丝状；花雌雄异株，佛焰苞绿色，下部圆筒状，上部紫色带白色纹，内有圆柱形的肉穗花序；花序顶有一段棒状附属物，不生花；果序圆柱形，果序柄下弯；浆果球形，成熟时红色。花期5～9月。

野外识别要点 本种形态特殊，极易辨认：叶1枚，叶柄较长，叶为掌状复叶，小叶条形，酷似一把伞。

别名：天南星、山苞米、山包谷、蛇头芋	科属：天南星科天南星属
用途：块茎有毒，加工后可入药，具有祛风定惊、化痰散结、利尿消肿的功效。	

有斑百合

Lilium concolor Salisb. var. *pulchellum* (Fisch.) Regel

花瓣有紫色斑点

蒴果

白色鳞茎

生境分布 常生长在高山草甸、阴坡林下及沟谷，海拔可达2000m。分布于我国东北部和中部的广大地区。

形态特征 多年生草本。株高30～60cm，鳞茎卵状球形，白色，顶端簇生很多不定根；茎直立，基部带紫色，上部有白绵毛；叶互生，条形或条状披针形，先端渐尖，基部楔形，叶脉3～7条，光滑无毛，无柄；花单朵或数朵生于茎顶端，花直立向上开放，呈星状，花被片6，椭圆形或卵状披针形，不反卷，红色或橘红色，有紫色斑点；雄蕊6，花药紫红色；蒴果矩圆形，种子多数。花期6～7月，果期8～9月。

野外识别要点 ①茎基部带紫色，上部有白绵毛。②叶条形，最宽可达6mm。③花向上开放，花被片不反卷，具紫色斑点。

别名：渥丹	科属：百合科百合属
用途：鳞茎可食用或入药，具有润肺化痰的功效。另外，本种花大色艳，也是很受欢迎的观赏花卉。	

银莲花 ＞花语：期待

Anemone cathayensis Kitag.

银莲花是一种很难见到的美丽野花，尤其是雪白的花朵，因为它生长在高海拔地方，花期又在早春，而人们往往在炎热的夏季才会登山、避暑，所以常常会错过。也因为这样，人们认为，银莲花是一种凄凉而寂寞的花。

· 生境分布 常生长在海拔较高的山地、草甸或阔叶林下。分布于我国东北地区，北京、河北、山西等地也有分布。

· 形态特征 多年生草本。植株低矮，高不过40cm，具根状茎；叶基生，4～8枚，圆肾形或圆卵形，长2～5.5cm，宽4～9cm，3全裂，中裂片宽菱形或菱状倒卵形，再3裂，2回小裂片又浅裂，末回裂片卵形或狭卵形，侧全裂片斜扇形，不等3深裂；叶柄长6～30cm，疏生长柔毛，基部尤密；花葶2～6，高可达40cm，聚伞花序着生顶端，苞片5枚，不等大；无花瓣，萼片5～6枚，倒卵形或狭倒卵形，白色或带粉红色，极像花瓣；雄蕊、心皮多数；瘦果宽椭圆形或近圆形，扁平。花期5～6月。

· 野外识别要点 ①叶圆肾形或圆卵形，3全裂，中裂片再3裂，2回小裂片又浅裂，侧全裂片斜扇形，不等3深裂。②花萼片5，白色或带粉红色。

果序枝
萼片白色或带粉红色，似花瓣
聚伞花序着生顶端
中裂片又3裂
叶柄长可达30cm
叶圆肾形或圆卵形，3全裂
根状茎黑褐色

别名：复活节花、风花、华北银莲花	**科属：**毛茛科银莲花属
用途：本种株形优雅，花色纯美，具有很高的观赏性，可种植于花坛、花境、庭院或园林，也可盆栽摆设。	

雨久花

Monochoria korsakowii Regel. et Maack.

雨久花姿形高雅，花朵较大，绽放后犹如一只只飞翔的蓝色鸟儿，因而也被称为“蓝鸟花”。目前，这种水生植物在亚洲许多国家都有栽培，是很受人们喜爱的新型花卉。

· 生境分布 常生长在水沟、沼泽或池塘等湿地。分布于我国东北、华东、华南及华中地区。

· 形态特征 一年生直立水生草本。株高30～90cm，根状茎短，匍匐状，地上茎直立，基部有时带紫红色，全株光滑无毛；叶分为基生叶和茎生叶，叶宽卵状心形，质地厚，具光泽，具多数弧状脉，先端短尖，基部心形，全缘；基生叶具长柄，可达30cm，有时膨大成囊状，茎生叶叶柄渐短，基部有时成鞘抱茎；花茎直立，高出叶丛，总状花序顶生，花10余朵，花被片椭圆形，蓝紫色或稍带白色；雄蕊6枚，其中1枚较大；蒴果长卵圆形，种子长圆形，有纵棱。花期7～8月，果期9～10月。

总状花序具花10余朵

花蓝紫色或稍带白色

叶基部心形

叶先端短尖

叶宽卵状心形，质地厚

叶具多数弧状脉

· 野外识别要点 ①叶宽卵状心形，具多数弧状脉。②花序总状，明显高出叶丛。③雄蕊6，其中1枚花药较大，浅蓝色，其余为黄色。

别名： 浮蔷、蓝花菜	**科属：** 雨久花科雨久花属
用途： ①景观用途：本种是一种极为美丽的水生花卉，可单植或丛植于池边或溪边观赏，也可盆栽。②药用价值：全草可入药，具有清热、去湿、定喘、解毒的功效。	

玉竹

Polygonatum odoratum (Mill.) Druce

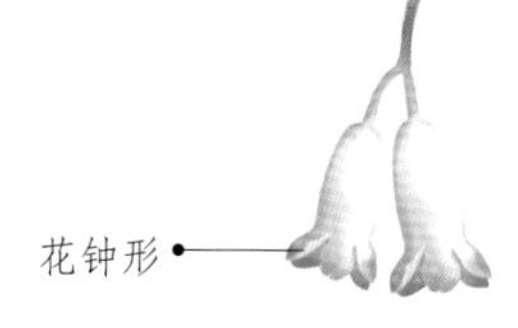

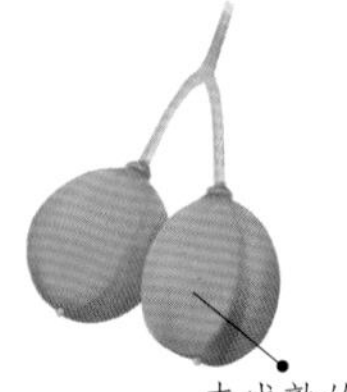

玉竹自古便是道家服用的仙品，可让人聪明，滋补强身。据《三国志·阿樊》记载，名医华佗有一天上山采药，见一位僧人在吃玉竹，于是也采来吃，觉得味道极好，于是回去后告诉了徒弟阿樊，阿樊也采来吃，并坚持食用，后来活到100岁。

生境分布 常生长在沟谷林下或山野阴坡，海拔可达3000m。主要分布于我国东北、华北和西北地区。

可入药的根茎

形态特征 多年生草本。株高40～60cm，具横走的地下根茎，黄白色，密生多数细小的须根；茎单一、直立，有棱，光滑无毛；叶二列状互生于茎中部以上，椭圆形至卵状矩圆形，革质，先端渐尖，基部楔形，叶面绿色，叶背淡粉绿色，叶脉隆起，全缘，无柄；花腋生，着花1～4朵，白色或黄绿色；花被筒状，先端6裂，裂片卵圆形或广卵形；雄蕊6，生于筒中部；花丝扁平；花药狭长圆形，黄色；子房上位，具细长花柱，柱头3裂；浆果球形，成熟时紫黑色。花期5～6月，果期7～9月。

花下垂，白色或黄
绿色

叶互生，叶脉隆起

野外识别要点 ①白色的根状茎横走，地上茎直立，有棱。②叶二列状互生于茎中部以上，一般8～9枚，叶背淡粉绿色。③花腋生，常着花2～3朵，花梗短；浆果成熟时蓝黑色。

地下根茎横

别名：葳蕤、女萎、地节、丽草、玉术、竹节黄、黄鸡脚	**科属**：百合科黄精属
用途：①药用价值：根茎可入药，春、秋季采挖，具有滋阴润燥、生津止渴的功效。②食用价值：幼苗及根可食，春季采摘，幼苗可炒食或做汤，根茎可蒸食。③景观用途：本种株形美观大气，小花秀雅纯洁，可作为地被植物种植或盆栽观赏。	

鱼腥草

Houttuynia cordata Thunb.

生境分布 常生长在林间、沟谷、岸边等阴湿处。在我国分布较为广泛，东起台湾至云南、西藏，北达甘肃。

形态特征 多年生草本。株高30～60cm，茎下部伏地，上部直立，具4～8节，节上生根且常被毛，绿色带紫色；叶卵形或阔卵形，薄纸质，顶端渐尖，基部心形，两面疏生柔毛和腺点，叶背紫红色，叶脉5～7条；叶柄较短，托叶膜质，顶端钝，下部与叶柄合生为短鞘，基部扩大略抱茎，有缘毛；总状花序常顶生，花梗短，总苞片长圆形或倒卵形；4枚，白色；蒴果顶端有宿存的花柱。花期4～7月。

叶面疏生柔毛和腺点

茎绿色带紫色

茎节生根

野外识别要点 ①茎下部伏地，上部直立，节上生根且有毛。②叶面绿色，叶背紫红色，两面疏生柔毛和腺点。③总苞片4枚，白色。

别名：蕺菜、菹菜、狗贴耳、侧耳根、岑草	科属：三白草科蕺菜属
用途：全株可入药，具有清热解毒、利水消肿的功效。另外嫩根茎可食，在我国西南地区常作野菜或调味品食用。	

掌裂叶秋海棠

Begonia pedatifida Hance

花红色，5～6朵聚生

叶掌状深裂，裂片5～7

根茎肥大，红色

生境分布 生长在沟谷、疏林或灌木丛等湿斜处。分布于我国西南、中南至华南地区。

形态特征 多年生草本。植株低矮，高不过30cm，具红色、肥大多节的根茎，附有纤维状根；叶自根上端发出，2枚，近圆形，长达15cm，宽18cm，掌状深裂，裂片5～7，两面具稀疏柔毛，边缘有缺刻；叶柄长12～20cm，被疏短毛；托叶膜质，卵圆形，先端钝尖；花红色，5～6朵，呈二歧聚伞花序，雌雄同株，花序梗较长，花梗极短；雄花常先开，花被4，内外各2片，雄蕊多数；雌花花被5，花柱两分叉，柱头肥厚多皱曲，有毛；子房光滑，具3翅，最大翅呈三角形，2室；蒴果，胞背裂开，种子多数。花期夏、秋季。

野外识别要点 ①植株低矮，根茎肥大多节、红色。②叶2枚，生于根顶端，掌状深裂，裂片5～7。③聚伞花序二歧状分枝，花5～6朵，红色。

别名：蜈蚣七	科属：秋海棠科秋海棠属
用途：根茎可入药，具有活血、止血、消肿、止痛的功效。	

泽泻

Alisma orientalis (Sam.) Juzep.

生境分布 多生长在湖泊、河湾、溪畔、沼泽、沟渠等低洼湿地。分布于我国东北、西北等地区，新疆、云南、河北等地也有分布。

形态特征 多年生沼生草本。株高50～100cm，地下块茎球形，外皮褐色，密生须根；叶基生，沉水叶多为条形或披针形，挺水叶多为宽披针形至卵形，两面光滑，叶脉5～7条，全缘，有长柄；花茎由叶丛中抽出，高可达80cm，圆锥形花序3～5轮分枝，分枝下有披针形苞片；花两性，外轮花瓣宽卵形，绿色，内轮花被宽倒卵形，膜质，白色；雄蕊6，雌蕊多数；瘦果多数，倒卵形，扁平，背部有2浅沟，褐色，花柱宿存。花期6～7月，果期7～9月。

野外识别要点 ①沉水叶多为条形或披针形，挺水叶多为宽披针形至卵形，叶脉5～7条。②花茎高达80cm，圆锥形花序3～5轮分枝，花白绿色。

花果枝

别名：水泻、水泽、芒芋、一枝花、天鹅蛋	科属：泽泻科泽泻属
用途：球茎可入药，具有清热解毒、利尿消肿的功效。另外本种常作水生观赏植物，种植于公园或庭院的水池边。	

中华秋海棠

雌雄同株，花粉红色

Begonia grandis Dryand. subsp. *sinensis* (A. DC.) Irmsch.

生境分布 一般生长在沟谷、岸边、疏林等阴湿处，海拔可达2900m。分布于我国长江流域至华北一带。

形态特征 多年生草本。植株低矮，块茎球形，须根细长而多，茎直立，上部有分枝，全株光滑无毛；叶宽卵形，薄纸质，先端渐尖呈尾状，基部偏心形，光滑无毛，边缘呈尖波状，叶背和叶柄淡绿色；叶柄细长，托叶膜质；聚伞花序，雌雄同株，粉红色；雄花被片4，雌花被片5；蒴果有3翅。花期7～8月，果期9～10月。

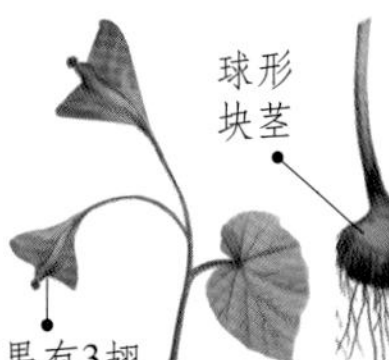

球形块茎

叶基紫红色

野外识别要点 ①本种植株光滑，常生长在阴湿的山沟中。②叶大，偏心形，先端渐尖呈尾状，基部偏心形，叶背和叶柄淡绿色。③花粉红色，雄花被片4，雌花被片5，子房有3翅。

别名：红黑二丸、野秋海棠	科属：秋海棠科秋海棠属
用途：全草及块茎可入药，具有活血调经、止血止痢的作用。另外，本种还可种植在室外或盆栽摆设在室内观赏。	

珠芽蓼

Polygonum viviparum L.

珠芽蓼是一种十分有趣的植物，它的花序里有珠芽，这种珠芽不仅可以在花序内萌发出新叶，就像胎生一样，还可以落地自行繁殖、生长。其实，这种繁殖方式是适应高山环境的结果。

· 生境分布 常生长在坡地、草甸或林间，海拔可达5000m。分布于我国西北、华北、东北和西南地区。

· 形态特征 多年生草本。株高20～60cm，地下根茎粗壮，弯曲，黑褐色；茎直立，常2～4条自根状茎发出，不分枝；叶长圆形或卵状披针形，长3～12cm，宽0.5～3cm，顶端渐尖，基部心形或楔形，两面无毛，边缘脉端增厚、外卷；基生叶具长叶柄，茎上部叶近无柄；托叶鞘筒状，膜质，下部绿色，上部褐色，开裂；穗状花序顶生，花密集，下半部或几乎全部苞片腋内有珠芽（珠芽卵圆形，是一种营养器官，可在母株上萌发，也可落地自行繁殖为个体）；苞片卵形、膜质，每苞内具1～2花；花白色或淡红色，花被片椭圆形，5深裂；雄蕊8，花柱3，下部合生，柱头头状；瘦果卵形，具3棱，成熟时深褐色，有光泽，包于宿存花被内。花期5～7月，果期7～9月。

· 野外识别要点 本种在花期最容易识别，花序的苞片内有珠芽，有时珠芽在母株上已萌发出小叶。

穗状花序顶生，花密集
茎上部叶抱茎
叶缘外卷
茎自根状茎发出
株高20～60cm
地下根茎粗壮，黑褐色

别名： 山高粱、猴娃七、蝎子七、剪刀七	**科属：** 蓼科蓼属
用途： ①药用价值：根状茎可入药，具有清热解毒、止血散瘀的功效。②饲用价值：本种草质柔软，青鲜时马、牛、羊喜食；果实成熟后富含蛋白质，是催肥抓膘的优质饲料。	

白花碎米芥

Cardamine leucantha (Tausch.) O. E. Schulz

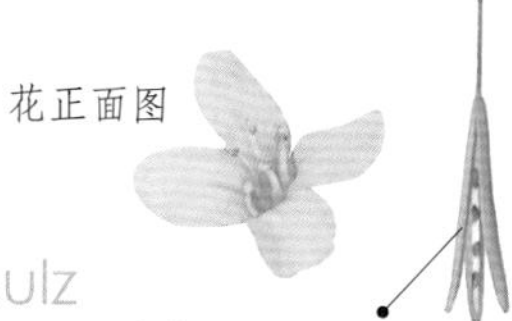

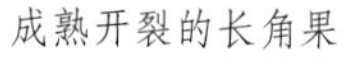

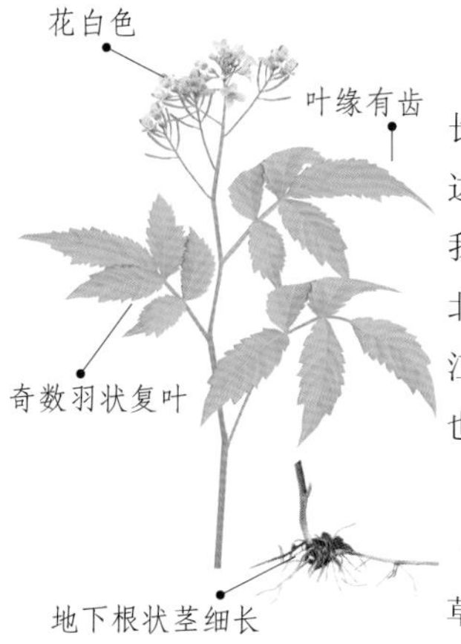

生境分布

常生长在山地、林下、沟边及湿草地。分布于我国东北、华北、西北等地区，江苏、浙江、湖北、四川等地也有分布。

形态特征

多年生草本。株高30～80cm，地下根状茎细长，地上茎直立，具纵槽，被柔毛；叶为奇数羽状复叶，小叶2～3对，宽披针形，先端渐尖，基部宽楔形，幼时叶背密生短硬毛，边缘有锯齿；总状花序顶生，花密集，白色，花梗极短，花瓣4；长角果条形，具宿存花柱，顶端具喙，散生柔毛；果梗近直展，种子卵形，成熟时栗褐色。花果期6～7月。

野外识别要点

①奇数羽状复叶，小叶2～3对，边缘有齿。②花白色，长角果。

别名：白花菜、白花野芝麻、白花石芥菜	**科属：**十字花科碎米荠属
用途：根状茎及全草可入药，具有化痰止咳、活血止痛的功效。另外全草晒干可代茶饮；嫩茎叶可作野菜食用。	

白屈菜

Chelidonium majus L.

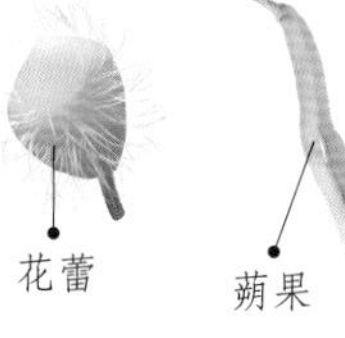

生境分布

生长在山谷、坡地、林边或草地，海拔可达2200m。广泛分布于我国大部分省区。

形态特征

多年生草本。株高30～100cm，主根粗壮，侧根多，土黄色；茎直立，多分枝，内部有黄色乳汁，表面被白粉，疏生柔毛，节上尤密；叶互生，倒卵状长圆形或宽倒卵形，1～2羽状全裂，基生叶全裂片5～8对、早落，茎生叶全裂片2～4对，小裂片叶面绿色，叶背有白粉，疏生短柔毛，边缘具不整齐齿或缺刻；叶柄短，基部扩大成鞘；花数朵聚伞花序，花梗纤细，萼片2，舟状，早落；花瓣4，倒卵形，黄色；蒴果狭圆柱形，熟时自基部向上开裂；种子多数，黄褐色，具光泽及蜂窝状小格。花果期夏秋季。

野外识别要点

①植株内有黄色汁液。②叶互生，1～2羽状全裂，叶背有白粉，边缘有不整齐缺刻。③蒴果成熟时由基部向上开裂，种子黄褐色。

★**注意：**该植物为有毒植物，应慎食。

别名：土黄连、断肠草、牛金花、八步紧、山黄连	**科属：**罂粟科白屈菜属
用途：全草可入药，5~7月开花时采收，具有清热解毒、止咳平喘、镇痛消肿的功效。	

白鲜

Dictamnus dasycarpus Turcz.

生境分布 常生长在林下、草甸、山坡或荒地。主要分布于我国西北、华北、华东及东北地区。

叶面有油点

形态特征 多年生草本。株高30～90cm，根粗长、肉质，淡黄白色，茎直立，基部木质；叶互生，通常密集于茎中部，奇数羽状复叶，小叶9～13片，卵形、长圆状卵形至卵状披针形，先端渐尖，基部广楔形，两面疏生柔毛，脉上尤密，叶面有油点，边缘有细锯齿；总状花序顶生，花大，花瓣5，倒披针形，淡红色或紫红色，稀为白色，有明显红紫色条纹，基部渐细成爪状；蒴果成熟时5裂，裂瓣顶端具尖喙；种子近球形，黑色，种脐一端伸出一小尖。花期5～7月，果期7～9月。

野外识别要点 ①叶密集于茎中部，奇数羽状复叶，小叶9～13片。②花淡红色或紫红色，稀为白色，花瓣有明显红紫色条纹，花轴、花梗、花瓣及果瓣密被黑紫色腺点和白柔毛。

别名：北鲜皮、鲜皮、臭根皮	科属：芸香科白鲜属
用途：根皮可入药，具有清热燥湿、祛风止痒的功效，主治湿疹、瘙痒、荨麻疹等症。	

白芷

果

Angelica dahurica (Fisch. ex Hoffm.) Benth. et Hook. ex Franch. et Sav.

生境分布 常生长在林下、溪旁、灌丛及山谷草地。主要分布于我国东北和华北地区。

形态特征 多年生草本。株高可达2.5m，主根圆柱形，粗壮，有分枝，黄褐色至褐色，有浓烈香气，茎中空，多分枝，具纵长沟纹，基部常带紫色；基生叶和茎下部叶具长柄，基部鞘状抱茎；叶卵形至三角形，2～3羽状分裂，第1回羽片3～4对，第2回羽片2～3对，末回裂片椭圆状披针形，边缘有锯齿；茎上部叶较小，常简化成无叶的、显著膨大的囊状叶鞘；复伞形花序宽大，伞辐18～70根，花密集，白色，花瓣顶端内曲成凹头状；双悬果长圆形，背棱扁，侧棱翅状，熟时黄棕色，有时带紫色。花果期夏秋季。

野外识别要点 本种高大，有香气，叶2～3回羽状分裂，末回裂片较窄；上部叶柄基部膨大成鞘状，常带紫色；复伞形花序，花白色或绿白色，双悬果侧棱有翅。

根可入药

别名：走马芹、安白芷、大活、香大活、狼山芹	科属：伞形科当归属
用途：根可入药，具有发表散寒、祛风除湿、活血止痛的功效，是传统中药之一。	

草芍药

Paeonia obovata Maxim.

幼株 白色花

生境分布 生长在山坡草地或林间，海拔可达2600m。分布于我国东北、华北、西北、西南及华中等地。

形态特征 多年生草本。株高30～70cm，根长圆柱形，粗壮，茎直立，基部生数枚鞘状鳞片；茎下部叶为2回3出复叶，具长柄，顶生小叶倒卵形或宽椭圆形，叶面深绿色，叶背淡绿色，有时脉上具毛，全缘，具短柄；侧生叶同形，较小，无柄；茎上部叶为3出复叶或单叶，叶柄长5～12cm；单花顶生，大型，萼片3～5，宽卵形，淡绿色；花瓣6，倒卵形，白色、红色或紫红色；蒴果卵圆形，成熟时红色外皮反卷，种子黑色。花期春季。

野外识别要点 ①茎下部叶为2回3出复叶，茎上部叶为3出复叶或单叶，小叶倒卵形，全缘。②花单生，大形，白色居多。③果实成熟时外皮反卷，种子呈红色。

紫红色花蕾 果开裂图

别名：山芍药、野芍药	科属：毛茛科芍药属
用途：根可入药，称“赤芍”，具有养血调经、凉血止痛、祛瘀止痛的功效。另外本种花大色艳，可种植观赏。	

叉歧繁缕

Stellaria dichotoma L.

生境分布 常生长在干燥向阳的石头、石缝中或林缘。分布于我国东北、华北及西北地区。

形态特征 多年生草本。株高20～60cm，全株呈扁球形，主根圆柱形，粗壮，茎丛生，自基部起多次二歧分枝，被腺毛或短柔毛；叶对生，较小，卵形或卵状披针形，两面有毛，全缘；二歧聚伞花序顶生，花多数，花梗细，被柔毛；萼片5，披针形，边缘膜质，外被腺毛或短柔毛；花瓣5，白色，倒披针形，先端2浅裂；蒴果宽卵形，成熟时6瓣裂；种子1～2粒，卵圆形，褐黑色，微扁，脊具少数疣状凸起。花果春夏季。

二歧聚伞花序

野外识别要点 ①全株呈扁球形，茎多次二歧分枝。②叶对生，卵形，两面有柔毛和腺毛。③二歧聚伞花序，花白色，花瓣2裂。

茎、叶被柔毛

花背面和正面图

别名：歧枝繁缕、双歧繁缕、叉繁缕、银柴胡	科属：石竹科繁缕属
用途：根或全草可入药，夏、秋季采收，具有清热、凉血、通虚热的功效。	

柴胡

Bupleurum chinense DC.

柴胡为著名的中药，自《神农本草经》就开始有记载，并被列为上品，用于治疗感冒发热、寒热往来等多种疾病，现在还开发出了柴胡注射液，作为治疗感冒的常用药，但肝阳止亢，肝风内动及阴虚火旺者禁用。

生境分布 常生长在山坡、沟谷、草丛、林缘或路边。分布于东北、华北、西北、华中及华东地区。

形态特征 多年生草本。株高40～70cm，主根粗壮，生少数须根，表皮灰褐色，茎直立，上部分枝，单一或2～3枝丛生；基生叶早落，长圆状披针形至倒披针形，长4～7cm，宽不及1cm，全缘；茎生叶互生，向上渐小，线状披针形、倒披针形至镰刀形，先端具突尖，基部渐窄至长柄，有7～9条纵脉，全缘；数个小伞形花序组成大型复伞花序，花多而稀疏，总苞片1～2，披针形，常脱落；小总苞片5～7，有3条明显脉纹；花瓣5，黄色，先端向内弯曲；雄蕊5；子房椭圆形，花柱2，花柱基黄棕色；双悬果椭圆形，成熟时棕黄色，果棱狭翅状。花期7～9月，果期8～10月。

野外识别要点 ①叶长圆状披针形至倒披针形，叶脉近平行。②复伞形花序，花黄色。

大型复伞花序，花黄色

叶先端具突尖

茎上部分枝

叶有7～9条纵脉

灰褐色主根

花瓣先端向内弯曲

花序正面图

别名：地藨、山菜、柴草	科属：伞形科柴胡属
用途：根可入药，具有解表、疏肝、壮阳的功效。	

臭矢菜

Cleome viscose L.

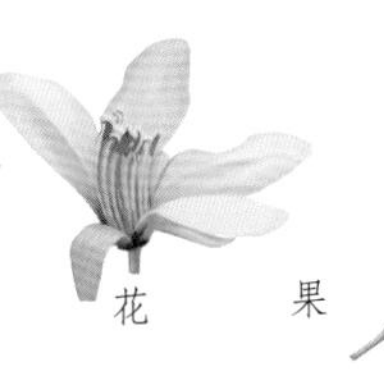

生境分布 常生长在山野、荒地或路旁等干燥处。分布于我国华东、华南、中南等地区，云南、台湾等地也有分布。

形态特征 一年生草本。株高可达1m，茎直立，具细槽纹，全株密被黏质腺毛与淡黄色柔毛，有恶臭气味；叶全部为掌状复叶，小叶通常3～5片，倒披针状椭圆形，薄草质，顶生小叶较大，侧脉3～7对，全缘但具缘毛，叶柄短或近无柄；花单生于茎上部叶腋，萼片小，分离，有细条纹，叶背及边缘具黏质腺毛；花瓣淡黄色，倒卵形或匙形，具多数纵脉，基部具爪；蒴果圆柱形，直立，熟后果瓣自顶端向下开裂，表面具纵向凸起的棱与凹陷的槽；种子黑褐色，表面有多条横向皱纹。花果期5～7月。

野外识别要点 ①全株密被黏质腺毛与淡黄色柔毛。②花黄色，花瓣基部具爪。③蒴果直立，成熟时开裂，表面具棱和槽。

花淡黄色
果圆柱形
茎具细槽纹
掌状复叶

别名：黄花草、黄花菜、向天黄	科属：山柑科白花菜属
用途：本种花色鲜艳，绿叶成丛，极具观赏性，可丛植或孤植于花境、花坛、路旁或庭院观赏，或作疏地被植物。	

粗根老鹳草

Geranium dahuricum DC.

叶掌状5～7深裂

生境分布 常生长在草甸、林缘或灌丛，海拔可达1600m。分布于我国东北、华北及西北地区。

形态特征 多年生草本。株高30～60cm，根纺锤形，肉质，茎直立，常二歧分枝；叶对生，肾状圆形，掌状5～7深裂，裂片狭窄，不规则羽状分裂，小裂片披针状条形；叶柄向上渐短；花序顶生或腋生，通常2花，花梗纤细而长，疏生柔毛，在果期顶部弯向上；萼片卵形；花冠淡紫色；花瓣5，长椭圆形，具深紫色纹脉；雄蕊10；蒴果成熟时，果瓣与中轴分离，喙部略向上反卷。花果期6～8月。

野外识别要点 ①茎常二歧分枝，叶掌状5～7深裂，裂片再羽状分裂。②花淡紫色，花瓣具深紫色纹脉，花丝无毛。③蒴果成熟时果瓣与中轴分离，喙部由下向上反卷。

别名：无	科属：牻牛儿苗科老鹳草属
用途：全草及果实可入药，中药称“老鹳草”，具有清热解毒、祛风活血的功效。	

酢浆草

Oxalis corniculata L.

一般来说，酢浆草只有3片小叶，但如果你在野外碰见4片小叶的酢浆草，那就赶紧许个愿望吧，因为这是一株“幸运草”，据说可以帮你实现任何心愿。酢浆草是爱尔兰的国花，当地童子军的徽章图正是酢浆草。

· 生境分布 常生长在山坡草地、河谷、林缘、荒地、田边或路边。广泛分布于我国南北各地。

· 形态特征 多年生草本。株高10～35cm，全株疏生柔毛，根茎肥厚，地上茎匍匐状生长，有多数柔弱分枝，节上生有不定根；叶基生或茎上互生，掌状复叶，叶柄细长，托叶小；小叶3片（偶有4片，是一种突变现象），倒心形，先端凹入，基部宽楔形，叶片正中叶脉明显，边缘具缘毛，无柄；花单生或数朵聚合成伞形花序，腋生，总花梗淡红色，小苞片2，披针形，萼片5，披针形或长圆状披针形，叶背和边缘具缘毛；花瓣5，黄色，长圆状倒卵形；雄蕊10；花丝白色半透明，基部合生；子房长圆形，5室，被短伏毛；花柱5，柱头头状。蒴果长圆柱形，5棱，种子宽卵形，成熟时褐色，具横向肋状网纹。花果期夏秋季。

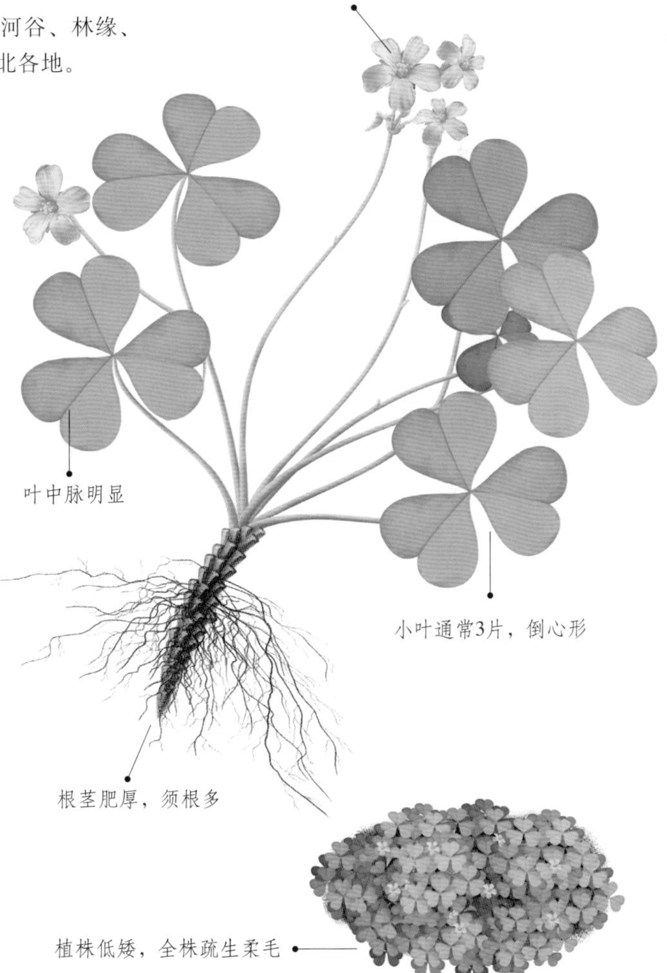

· 野外识别要点 本种叶较为特别，掌状复叶，有3片小叶，倒心形，中脉明显，容易识别。

别名： 酸味草、酸醋酱、鸠酸、酸酸草、三叶酸、小酸茅	**科属：** 酢浆草科酢浆草属
用途： ①药用价值：全草可入药，具有解热凉血、消肿解毒的功效。②食用价值：茎叶可食，四季皆可采摘，洗净、焯熟，凉水浸泡2h，凉拌、炒食或做汤均可。	

大苞景天

Sedum amplibracteatum K. T. Fu

生境分布 常生长在坡地、草地或林下等阴湿处，海拔达3000m。分布于我国西北、西南、中南等地区，河南也有分布。

形态特征 一年生草本。株高15～50cm，茎直立，无毛；叶互生，下部叶常落，上部叶常3枚轮生，叶菱状椭圆形，长达6cm，宽达2cm，先端和基部渐狭，全缘，叶柄短；聚伞花序，常三歧状分枝，每枝着花1～4朵，无花梗；萼片5，宽三角形，有钝头；花瓣5，黄色，长圆形；雄蕊10或5；心皮5，略叉开，基部稍合生；花柱长；蓇葖果，种子大，1～2粒，纺锤形，具乳头状突起。花期6～9月，果期8～11月。

野外识别要点 ①叶互生，上部叶常3枚轮生。②聚伞花序常三歧状分枝，每枝着花1～4朵。

别名：苞叶景天、山胡豆、活血草	科属：景天科景天属
用途：可用于林下地被植物。	

灯心草蚤缀

Arenaria juncea Bieb.

花

生境分布 生长在疏林、草地、荒漠或山区，海拔可达2200m。主要分布于我国东北、西北等地区，河北也有分布。

形态特征 多年生草本。株高30～70cm，根圆锥状，肉质，灰褐色或灰白色，上部具环纹，茎直立、丛生，基部宿存较硬的枯萎叶茎，上部有腺毛；基生叶簇生，窄条形，硬质；茎生叶较短，叶形与基生叶相似，顶端渐尖，基部合生成鞘状抱茎，具1脉，边缘具疏齿状短缘毛，常内卷或扁平；聚伞花序顶生，花梗短，密生腺毛；苞片卵形；萼片5，边缘宽膜质，被腺毛；花瓣5，白色，稀椭圆状矩圆形或倒卵形；蒴果卵圆形，熟时黄色，6瓣裂；种子三角状肾形，褐色或黑色，背部具疣状凸起。花果期7～9月。

野外识别要点 ①茎丛生，基生叶丛生，和茎生叶一样均为线形，宽不足1mm。②聚伞花序，花白色，花瓣全缘。

聚伞花序，花白色

成熟蒴果

根肉质，上部具环纹

叶窄条形，硬质

别名：老牛筋、小无心菜、山银柴胡、毛轴蚤缀、毛轴鹅不食	科属：石竹科蚤缀属
用途：根可入药，中药称“山银柴胡”，秋季茎叶枯萎时采挖，洗净、晒干、切片备用，具有清热凉血的功效。	

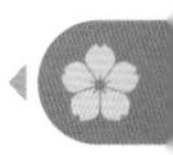

地榆

Sanguisorba officinalis L.

可入药的根茎

花密集，无花瓣

由于初生时布地，小叶似榆树叶，因而称地榆。其实，将新鲜嫩叶揉碎闻一闻，会发现有一股淡淡的生黄瓜气味，因而地榆还有一个名字——黄瓜香。

生境分布 常生长在山坡、田边或路边，海拔可达3000m。广泛分布于我国南北各地。

形态特征 多年生草本。株高1～2m，主根纺锤形，粗壮，棕褐色或紫褐色，有纵皱及横裂纹，茎直立，有棱，基部常有稀疏腺毛；奇数羽状复叶，小叶5～19片，卵形或长圆状卵形，长可达7cm，宽达3cm，先端渐尖，基部心形或宽楔形，边缘具尖锐齿；有短叶柄；托叶小，近于镰刀状，边缘具三角形齿，抱茎；穗状花序呈圆柱形或卵圆形，花密集，每朵花基部都有1枚苞片和2枚小苞片，花萼4枚，花瓣状，暗紫红色，顶端常具短尖头；无花瓣；雄蕊4；瘦果包藏在宿存萼筒内，外面有纵棱。花果期6～8月。

野外识别要点 ①植株较高，奇数羽状复叶，小叶5～19片，嫩叶搓揉有一股生黄瓜味。②穗状花序，小花密集，暗紫红色，无花瓣，花萼4，花瓣状，顶端常具短尖头。

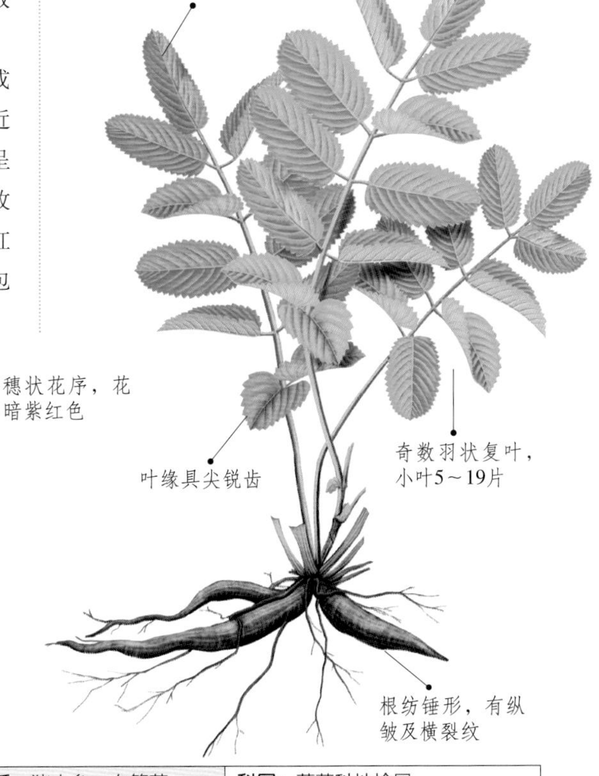

穗状花序，花暗紫红色

小苞片

株高1～2m

别名：黄瓜香、玉札、山枣子、酸赭、豚榆系、山地瓜、猪人参、血箭草	**科属**：蔷薇科地榆属
用途：①药用价值：根可入药，具有清热解毒、凉血止血、消肿敛疮的功效。②食用价值：嫩苗可食，洗净、焯熟，再漂洗去苦味，调拌或炒食。	

冬葵

绿色花蕾

生境分布 一般生长在平原或山野。广泛分布于我国南北各地。

形态特征 二年生草本。株高可达1m，茎直立，被星状长柔毛；叶肾形或圆形，通常掌状5～7裂，裂片三角形，两面有粗糙伏毛，边缘具粗齿；叶柄长2～8cm，近叶处槽内被绒毛；托叶卵状披针形，被星状柔毛；花数朵簇生叶腋，副萼3，线状披针形，被纤毛；花萼杯状，5裂，裂片疏被星状长硬毛；花瓣5，淡白色至淡红色，先端凹入，基部具爪；果扁球形，分果爿10～11，背面平滑，两侧具网纹；种子肾形，成熟时紫褐色。花果期3～11月。

野外识别要点 ①叶具长柄，掌状5～7裂。②花簇生于叶腋，浅红色至淡白色，副萼3。

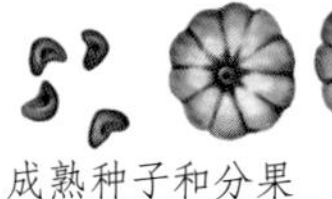
成熟种子和分果

别名：野葵、土黄芪、巴巴叶、冬苋菜、葵菜	科属：锦葵科锦葵属
用途：种子、根和叶可入药，具有利尿通便、下乳汁的功效。另外嫩叶可食，煮汤或煮粥，具有清热除湿的效果。	

短毛独活

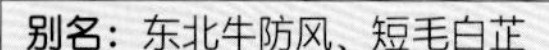

双悬果

花白色

顶生小叶先端3～5裂

上部叶基部为宽叶鞘

生境分布 常生长在山沟、林下、谷地等水湿处。分布于我国东北、华北及华东地区。

形态特征 多年生草本。株高可达2m，主根圆锥形，淡黄棕色，芳香，茎直立，中空，全株被短硬毛；奇数羽状复叶，小叶3～5片，顶生小叶较大，宽卵形或卵形，先端3～5裂，两面有短硬毛，边缘具不规则齿，侧生小叶稍小，斜卵形；茎上部叶简化，无叶柄，有宽叶鞘；复伞形花序，每伞形花序具花10～20朵，花梗极短，小总苞片6～8，条状锥形；萼齿小，三角形；花瓣5，白色；双悬果宽椭圆形，背腹压扁，侧棱宽薄翅状，熟时淡棕黄色。花果期7～9月。

奇数羽状复叶

野外识别要点 ①基生叶和茎下部叶具长柄，上部叶的叶柄基部鞘状。②花白色，花序周边的花具不整齐的辐射瓣，2深裂。

别名：东北牛防风、短毛白芷	科属：伞形科独活属
用途：根可入药，春、秋季采挖，可治疗风寒感冒、头痛、风湿痹痛、腰酸腿痛等症。	

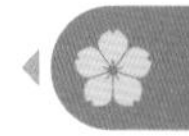

钝叶瓦松

Orostachys malacophyllus(Pall.)Fisch.

一年生植株图

花白绿色，密集呈穗状或总状花序

根茎多分枝

二年生植株图

生境分布 常生长在丘陵或坡地向阳的沙砾质土壤。主要分布于我国内蒙古、河北、吉林、辽宁和黑龙江等省。

形态特征 二年生草本。第一年植株低矮，仅长莲座状叶丛，叶长圆状披针形，基部抱茎；第二年株高可达30cm，茎生叶互生，叶形与基生叶相似；花葶自莲座状叶丛抽出，穗状或总状花序，花常无梗，苞片匙状卵形，萼片5，长圆形；花瓣5，白色或带绿色，边缘上部常带啮蚀状；蓇葖果，种子卵状长圆形，有纵条纹。花果期夏季。

野外识别要点 ①第一年仅有莲座状叶丛，第二年长出茎叶，且开花。②穗状或总状花序，花白色或带绿色，萼片5，花瓣5。

别名：石莲华、艾利格斯	科属：景天科瓦松属
用途：全草可入药，具有止血、活血的功效。另外，本种株形可爱，花色艳丽，可种植观赏，还是优良的牧草。	

二月蓝

Orychophragmus violaceus (L.) O. E. Schulz

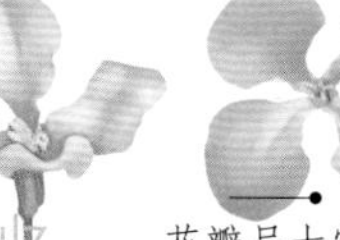

花侧面图

花瓣呈十字形排列

长角果

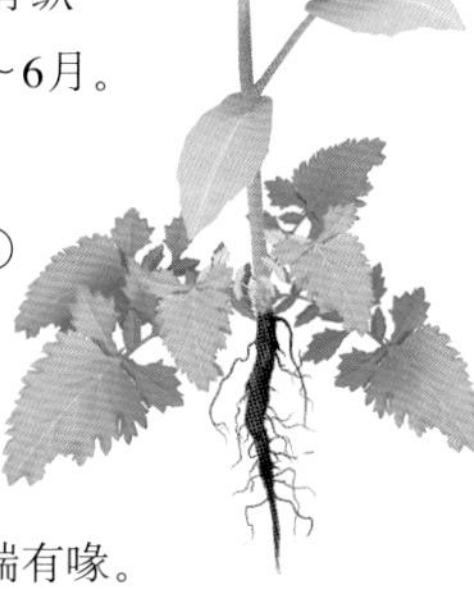

生境分布 常生长在平原、林缘、山地或田边。分布于我国西北、东北、华北、华东等地区，湖北、四川等地也有分布。

形态特征 一年生或二年生草本。株高30～50cm，茎单一，有分枝，浅绿色或带紫色，全株有粉霜；下部叶大头羽状全裂，中央裂片短卵形，侧裂片2～6对，卵形或三角状卵形，叶基部两侧耳状抱茎，全部裂片边缘有波状钝齿；茎上部叶不分裂，基部抱茎，边缘具缺刻；总状花序顶生，花紫色，花梗极短，花萼筒状，紫色；花瓣4，宽倒卵形，下部窄成爪；长角果线形，具4棱，裂瓣有1凸出中脊，先端有喙；种子卵形，扁平，黑棕色，有纵条纹。花期4～5月，果期5～6月。

野外识别要点 ①花淡紫色，花瓣十字形排列，宽倒卵形，下部窄成爪。②长角果线形，具4棱，裂瓣有1凸出中脊，先端有喙。

别名：诸葛菜、菜子花、二月兰	科属：十字花科诸葛菜属
用途：嫩茎叶可食，营养丰富，3～4月采摘，先用开水烫熟，再用冷水漂洗去苦味，炒食。	

防风

Saposhnikovia divaricata(Turcz.)Schischk.

未成熟果实

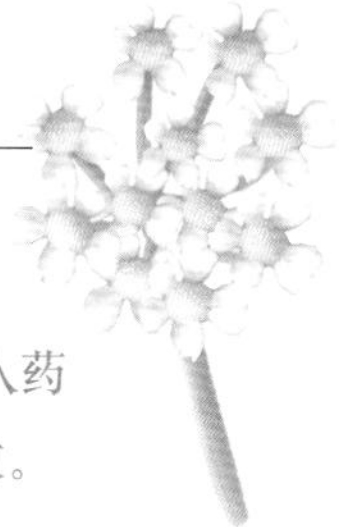

花瓣5，白色，先端向内卷

防风在古代又叫“屏风”，这是指它抵御“风病”的能力就像屏障一样，而入药的根部具有“风药中之润剂”的称号，对于风湿、风疹、破伤风等症有极好的疗效。

· 生境分布 常生长在山坡草丛、田边或路旁。分布于我国东北、西北及华北地区。

· 形态特征 多年生草本。株高30～80cm，根粗壮，茎直立，常二叉状分枝，茎基密生褐色叶柄残基，全株无毛；基生叶丛生，具长柄，基部成鞘抱茎，叶片三角状卵形，质厚，2～3回羽状分裂，最终裂片条形至披针形，两面灰绿色，无毛，全缘或先端具2～3缺刻；顶生叶简化，具扩展叶鞘；大型复伞形花序，顶生，每个小伞形花序具花4～9朵，小总苞片4～5，披针形；萼齿短三角形；花瓣5，白色，倒卵形，先端向内卷；子房下位，2室，花柱2，花柱基部圆锥形；双悬果卵形，嫩时外被瘤状突起，成熟时2瓣裂，分果有棱。花期8～9月，果期9～10月。

· 野外识别要点 ①茎二叉状分枝，叶2～3回羽状分裂。②复伞形花序，通常无总苞片，子房密被白色瘤状突起。

株高30～80cm

叶大型，2～3回羽状分裂

小伞形花序具花4～9朵

茎常二叉状分枝

顶生叶简化，叶梢扩展

基部具褐色叶柄残基

根粗壮，棕褐色

可入药的根茎

别名： 白毛草、山芹菜、茴草、百枝、铜芸	**科属：** 伞形科防风属
用途： ①食用价值：嫩叶可食，春季采摘，洗净、焯熟，凉拌、炒食或做汤。②药用价值：根可入药，春、秋季采挖，具有解表、止痛、祛风、解痉的功效。	

翻白草

Potentilla discolor Bunge

花正面图

花黄色

茎生叶

基生叶

块根常成纺锤形

生境分布 常生长在山地、草地、路旁和田边。分布于我国大部分省区。

形态特征 多年生草本。植株低矮，根多分枝，下端常成纺锤形膨大块根，茎直立或斜生，全株除叶面疏生长柔毛外其余都密被白色绒毛并混生长柔毛；基生叶丛生，奇数羽状复叶，具长柄，小叶3～9枚；茎生叶小而少，3出复叶，小叶长椭圆形或狭长椭圆形，边缘具锯齿，叶柄短；托叶披针形或卵形，被白绵毛；聚伞花序舒展，花萼5裂，裂片卵状三角形，副萼裂片线形；花瓣5，黄色，倒心形；瘦果卵形，多数，聚生于密生绵毛的花托上，具宿萼，成熟时淡黄色。花果期4～7月。

野外识别要点 本种除叶面疏生长柔毛外，其余部分都密生白绒毛并混生长柔毛，基生叶为奇数羽状复叶，茎生叶为3出复叶，叶背密被白色绒毛，故名“翻白草”，在野外容易识别。

别名：鸡腿根、天青地白、叶下白、鸡爪参、结梨、土洋参	科属：蔷薇科委陵菜属
用途：①药用价值：全草或根可入药，夏秋采集，洗净晒干，具有清热解毒、凉血止血的功效。②食用价值：根可食，夏、秋季开花前采挖，洗净、煮熟食，也可生吃。	

赶山鞭

Hypericum attenuatum Choisy

生境分布 常生长在荒野、林缘或沙砾地。分布于我国东北、西北、华东及华南地区。

形态特征 多年生草本。株高20～80cm，根茎发达，生多数须根，茎圆柱形，丛生，有2条纵线棱，散生黑色腺点；叶小，卵状长圆形或卵状披针形，叶背散生黑腺点，2对侧脉与中脉在叶面凹陷，叶背凸起，叶及边缘有黑色腺点，全缘；伞房状或圆锥状花序，花梗极短，苞片长圆形，萼片卵状披针形，表面及边缘散生黑腺点；花淡黄色，花瓣有稀疏的黑腺点，宿存；蒴果长卵球形，具长短不等的条状腺斑，种子圆柱形，微弯，两端具小尖突，两侧有龙骨状突起，表面有细蜂窝纹，成熟时黄绿、浅灰黄或浅棕色。花期7～8月，果期8～9月。

淡黄色花

中脉在叶面凹陷，叶背凸起

野外识别要点 本种茎、叶及花瓣、花萼及花药都具黑色腺点，在野外容易识别。

别名：胭脂草、小茶叶、小金钟、小金丝桃、紫草、小旱莲、打字草、香龙草	科属：金丝桃科金丝桃属
用途：全草可入药，具有止血、镇痛、通乳的功效。全草也可代茶饮。	

狗筋蔓

Cucubalus baccifer L.

生境分布 常生长在疏林、灌木丛、草地或岸边等湿地。主要分布于我国西南、中南、华东等地区，陕西、甘肃等地也有分布。

形态特征 多年生草本。株高1～2m，根茎粗壮，多头，白色，断面黄色，茎多分枝，全株有毛；单叶对生，卵形、卵状披针形或长椭圆形，先端渐尖，基部楔形，两面沿脉被毛，边缘具短缘毛，叶柄短；圆锥花序疏松，花梗细，有柔毛，具1对叶状苞片；花萼宽钟形，后期膨大呈半圆球形，具10条脉，5齿裂，萼齿果期反折；花瓣5，白色，喉部具2鳞片，先端凹下；蒴果圆球形，熟时黑色，不规则开裂；种子圆肾形，黑色。花果期夏秋季。

花白色

叶对生，两面沿脉被毛

根茎多头，白色

野外识别要点 ①叶对生，两面沿脉被毛，边缘具短缘毛。②花序单生于枝叉上，萼阔钟形，花瓣、萼齿均为5。③果成熟时黑色。

别名：抽筋草、长深根、大种鹅儿肠、小九股牛、白牛膝、被单草	科属：石竹科狗筋蔓属
用途：根可入药，秋末冬初挖采，具有祛风除湿、利尿消肿、散瘀止痛、接骨生肌的功效。另外，嫩叶可作野菜食用，春季采摘，洗净、焯熟，用油盐调拌即可。	

河北石头花

Gypsophila tschiliensis J. Krause

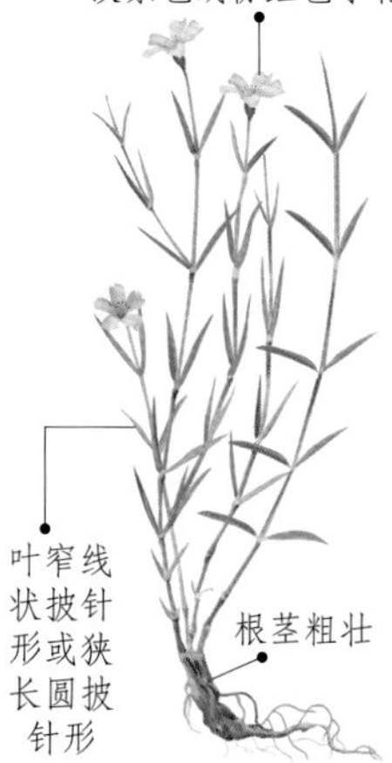

生境分布 生长于河北省小五台山、东灵山的山坡、灌丛、草地及林缘。为我国特产。

形态特征 多年生草本。植株低矮，高不过30cm，根较粗，茎直立、纤细，自基部分枝，全株无毛；叶对生，窄线状披针形或狭长圆披针形，顶端具小短尖头，基部渐狭，叶面只有1条中脉，全缘；聚伞花序顶生，花稀疏；花梗极短，淡褐色；苞片披针形，干膜质，白色，脉上端带褐色；花萼钟形，具5条紫褐色脉，脉间白色膜质；花瓣5，淡紫色或粉红色，先端微凹；雄蕊10；花柱2，细条形，子房长圆形；蒴果卵球形，成熟时4瓣裂；种子圆形，褐色，具钝的疣状凸起。花期7～8月，果期9月。

野外识别要点 ①植株常长在石头上，叶对生，节膨大。②初夏，花成片绽放，粉红色或淡紫色。

花瓣5，先端微凹

别名：河北霞草、河北丝石竹	科属：石竹科石头花属
用途：本种株形低矮，小花繁茂，可丛植于林缘、草坪边缘、植物园、花茎、小区等处观赏。	

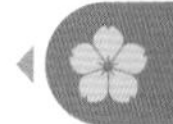

荷青花

Hylomecon japonica (Thunb.) Prantl et Kundig

生境分布 生长在高山林下或沟边。分布于我国东北、西北、西南、中南及华东等地区。

形态特征 多年生草本。植株低矮，高不过30cm，茎直立，上部稍分枝，茎叶含有黄色液汁，散生柔毛；奇数羽状复叶，基生叶有长柄，小叶5～7片，广卵形至菱状卵形，先端渐尖，基部楔形，边缘具缺刻或不整齐齿；茎生叶具短柄，小叶3～5片，叶形与基生叶相似；小花腋生，成稀疏的聚伞花序，花梗较长；花两性，萼片2，狭卵形，绿色，早落；花瓣4，圆卵形，黄色；雄蕊多数；雌蕊由2心皮合成，花柱的柱头2裂；蒴果线形，种子多数。花期4～6月，果期6～7月。

野外识别要点 ①茎叶含黄色液汁。②奇数羽状复叶，基生叶有小叶5～7片，茎生叶有小叶3～5片。③蒴果线形。

别名：拐枣七、刀豆三七、水菖三七、大叶老鼠七	科属：罂粟科荷青花属
用途：根可入药，具有舒筋活络、散瘀消肿、止血止痛的功效。	

黑柴胡

Bupleurum smithii Wolff.

成熟果实

生境分布 常生长在山坡草地、沟谷及林缘，海拔可达3400m。主要分布于我国青海、甘肃、内蒙古、陕西、山西、河北及河南。

形态特征 多年生草本。株高25～60cm，根黑褐色，质松，茎粗壮，具纵槽纹；基生叶丛生，狭长圆形或长圆状倒披针形，质厚，先端渐尖或具小突尖，基部渐狭成叶柄抱茎，叶基带紫红色，叶脉5～9，叶缘白色，全缘或具粗缺刻；茎中部叶狭长圆形或倒披针形，顶端短渐尖，基部抱茎，叶脉11～15，全缘；茎上部叶卵形，基部有时具耳，叶脉21～31，全缘；复伞形花序，伞辐4～9，小苞片黄绿色；花黄色，有时花瓣背面带淡紫红色；双悬果卵形，熟时褐紫色，棱薄，狭翼状。花果期夏秋季。

野外识别要点 ①根黑褐色，叶宽不超过2cm，上部叶的叶脉多。②花黄色，小总苞片黄褐色，卵形，稍长于小伞形花序。

小伞形花序

别名：小五台柴胡、杨家坪柴胡	科属：伞形科柴胡属
用途：根可入药，春、秋采挖，洗净，晒干，可治疗感冒发热、头痛头眩、胃下垂、乳胀、月经不调等症。	

红旱莲

Hypericum ascyron L.

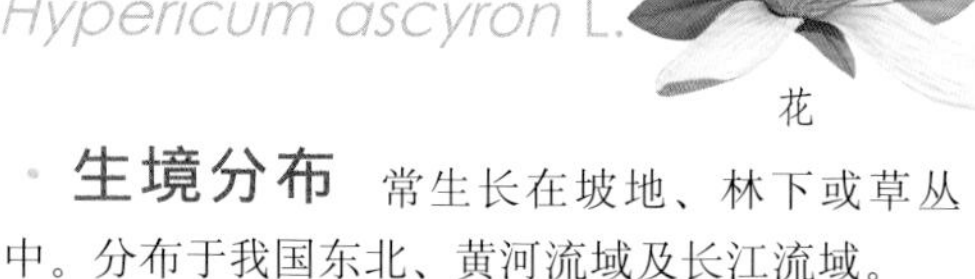
花

生境分布 常生长在坡地、林下或草丛中。分布于我国东北、黄河流域及长江流域。

形态特征 多年生草本。株高80～100cm，茎直立，有4棱；叶对生，卵状披针形至宽披针形，先端渐尖，基部抱茎，叶两面有黑色小斑点，无柄；聚伞花序顶生，花大、数朵，金黄色，萼片5，卵圆形，有半透明腺点；花瓣5，倒披针形，呈“万”字形旋转排列；雄蕊多数，基部连合成5束；花丝金黄色；子房上位，圆锥形，花柱5枚，中部以上5裂；蒴果圆锥形，种子多数，长椭圆形，成熟时褐色。花果期夏秋季。

野外识别要点 ①茎有4棱，叶对生，叶两面有黑色小斑点。②花大，金黄色，萼片5，有半透明腺点，花瓣5，呈“万”字形旋转排列。

花瓣呈“万”字形旋转排列

叶腋生小枝叶

叶面有黑色小斑点

茎具

别名：黄海棠、连翘、牛心菜、金丝蝴蝶、四方草、大金雀、箭花茶、鸡心菜、对经草	科属：藤黄科金丝桃属
用途：①药用价值：全草可入药，具有清热解毒、凉血止血、祛风除湿的功效。②景观用途：本种花叶秀丽，花期较长，可种植于草坪边缘或林缘，也可作切花。	

华北八宝

Hylotelephium tatarinowii (Maxim.) Ohba

紫色花密集

叶缘有疏锯齿至浅裂

生境分布 常生长在干燥向阳的山地石缝中，海拔可达3000m。主要分布于我国华北地区。

形态特征 多年生草本。植株低矮，高不过25cm，具块状根，茎直立、丛生，不分枝；叶互生，狭倒披针形至倒披针形，较小，先端渐尖，基部渐狭或下延至柄，边缘有疏锯齿至浅裂，叶柄短；聚伞花序，花密集，花梗极短，萼片5，卵状披针形，先端稍急尖；花瓣5，浅红色，卵状披针形；雄蕊10，花丝白色，花药紫色；心皮5，花柱直立；蓇葖果卵形。花期7～8月，果期9月。

野外识别要点 ①植株低矮，多生长在山坡石缝或石头上，叶肉质，近无柄。②聚伞花序，花浅红色，萼片5，花瓣5，花柱直立。

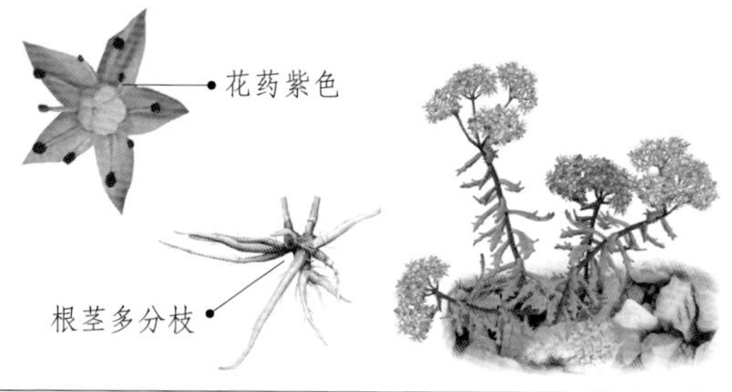

别名：华北景天	科属：景天科八宝属
用途：本种株形小巧，花色秀雅，且耐寒、耐旱，可种植于庭院假山或盆栽观赏，但目前还未见引种栽培。	

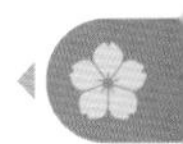

黄蜀葵

Abelmoschus manihot (L.) Medic.

黄蜀葵株形挺拔，花大而娇媚，是一种朝开暮落的美丽花卉。人们常说的“昨日黄花”就是黄蜀葵的写照。据说，汉武帝的宠妃李夫人美丽倾城，只是生命如黄蜀葵花般短暂，因此被后人称作“七月蜀葵花神”，以表示对她的赞美！

生境分布 生长在沟谷、草丛或林缘。主要分布于我国黄河流域以南地区。

形态特征 一年生或多年生草本。株高1～2.5m，茎直立、粗壮，有分枝，有紫红色斑点，疏生长硬毛；叶大形，互生，卵圆形，5～9掌状深裂，裂片长披针形，长可达30cm，两面有长硬毛，边缘有不规则粗锯齿；花大，单生叶腋或枝顶，淡黄色至白色，花瓣基部褐红色，副萼4～5，卵状披针形，花萼佛焰苞状，5裂，果时脱落；蒴果卵状长圆形，密生白色硬毛。花果期8～10月。

野外识别要点 ①植株高可达2.5m，茎有紫色斑点，疏生长硬毛。③叶5～9掌状深裂，裂片长可达30cm，两面有长硬毛。③花单生叶腋或枝顶，淡黄色至白色，花瓣基部褐红色，花萼佛焰苞状，果时脱落。

别名：秋葵、霸天伞、棉花蒿	科属：锦葵科秋葵属
用途：①药用价值：根、叶、花和种子可入药，秋季挖根收种，夏秋季采花收叶，有清热解毒、润燥滑肠的功效。②景观用途：本种叶大、花大，株形潇洒，常作园林背景材料，也可丛植林缘或小区、庭院观赏。③工业用途：茎秆可提炼出一种植物胶，作为食品添加剂，常用于冰淇淋、面包、糕点、果酱等食品。	

虎耳草 >花语：持续

Saxifraga stolonifera Meerb.

3枚花瓣较短，卵形

2枚花瓣较长，披针形

由于虎耳草喜欢生长在阴湿的山下或岩石裂缝里，因而在拉丁语中的意思便是“割岩者”。虎耳草还是四月十二日的生日花，凡是这天出生的人，都被认为是超级有耐性、并能够持之以恒完成某种成就的人。

· 生境分布 常生长在灌木丛、草甸、林下或石缝等阴湿处。除东北、华北地区及新疆、西藏外，我国大部分地区均有分布。

· 形态特征 多年生草本。植株低矮，高不过40cm，全株被疏毛，具细长的匍匐茎，其稍着地可生根另成单株；基生叶1～4枚，叶片近心形、肾形至扁圆形，先端钝圆，基部圆形至心形，叶面绿色，被腺毛，具白色条状脉，叶背通常紫红色，有腺毛和斑点，叶缘具浅齿；叶柄长2～20cm，被长腺毛；茎生叶极小，披针形，全缘，近无柄；数个聚伞花序组合成圆锥状，花序多分枝，花稀疏，花梗短而细弱，被腺毛；萼片卵形，在花期开展至反曲，3脉于先端汇合成1疣点，具缘毛，背面密被褐色腺毛；花瓣5枚，白色，基部具黄色斑点，中上部具紫红色斑点，其中3枚较短、卵形，另2枚较长，披针形。基部具爪；花丝棒状；花盘半环状，围绕于子房一侧，边缘具瘤突；心皮2，下部合生；子房卵球形，花柱2，叉开。蒴果。花期春夏季。

· 野外识别要点 ①植株低矮，全株被疏毛，匍匐茎细长，基生叶1～4枚，叶片近心形、肾形至扁圆形。②圆锥状花序多分枝，花稀疏，白色，萼片上3脉于先端汇合成1疣点，具缘毛，花瓣5枚，3枚较短，2枚较长。

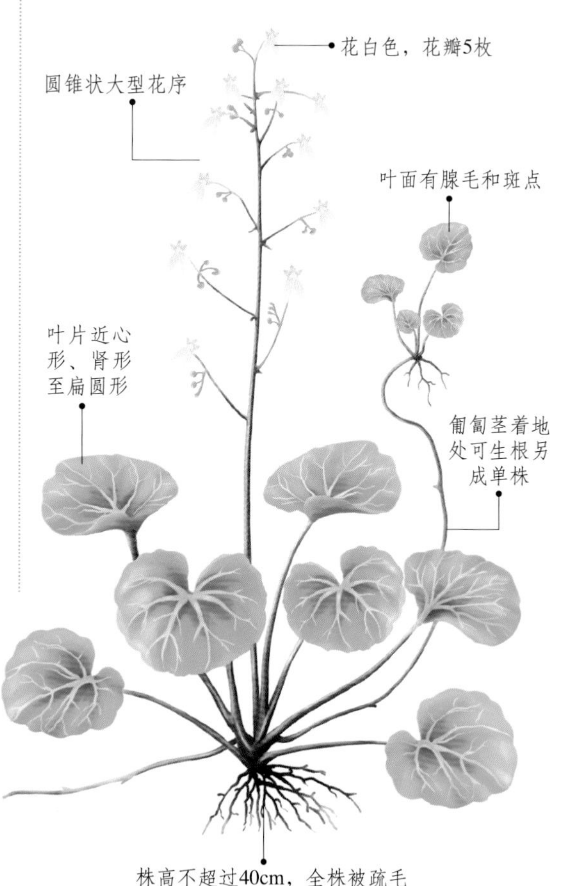

别名：石荷叶、丝棉吊梅、耳朵草、天青地红	**科属：**虎耳草科虎耳草属
用途：①药用价值：全草可入药，具有祛风清热、凉血解毒的功效。②景观用途：本种叶形独特，花色艳丽，常作地被植物种植于岩石园、墙垣及植物园等阴湿处，也可盆栽观赏。	

荠菜

Capsella bursa-pastoris (L.) Medic.

荠菜原产我国，是一种美味的野菜，在饥荒年月帮助无数老百姓活了下来，而民间有“三月三，荠菜胜灵丹”的说法，更说明了其营养价值很高。每年春天，荠菜绽放出一朵朵白色的小花，十分惹人喜爱。

生境分布 常野生于山坡、田边或路旁。广泛分布于我国南北大部分省区。

形态特征 一年生或二年生草本。株高15～50cm，茎直立，有分枝，全株被毛；基生叶呈莲座状，长达12cm，宽达3cm，大头羽状分裂或羽状裂，顶裂片卵形至长圆形，侧裂片3～8对，长圆形至卵形，全缘或有不规则粗锯齿，具短叶柄；茎生叶互生，披针形，基部箭形，抱茎，边缘有缺刻或锯齿；总状花序长达20cm，顶生，花稀疏，白色，花梗极短，萼片4枚，长圆形；花瓣4片，倒卵形，排列成十字，具短爪；心皮2，合生；短角果倒三角形，扁平，顶端微凹，成熟时开裂，裂瓣具网脉；种子多数，长椭圆形，淡褐色。花期3～4月，果期5～6月。

花稀疏，白色
果梗长
总状花序长达20cm
短角果倒三角形，扁平
茎生叶互生，披针形
根茎发达，棕黄色
基生叶大头羽状裂

野外识别要点 ①基生叶呈莲座状，叶片大头羽状分裂，茎生叶互生，叶片披针形，基部箭形、抱茎。②花白色，萼片4，花瓣4，倒卵形，排列成十字，具短爪。③短角果倒三角形。

植株低矮，全株被柔毛

别名：荠、枕头菜、护生草、菱角菜、地菜、鸡脚菜、清明草	科属：十字花科荠菜属
用途：①药用价值：全草及根可入药，冬季至次年3月采收，全草具和脾、明目、镇静的功效，种子具祛风、明目的功效，花序可治疗痢疾。②食用价值：嫩叶可食，春季采摘，营养价值高，食法多样。	

鸡眼梅花草

Parnassia wightiana Wall. ex Wight et Arn.

生境分布 生长在疏林、草坡、山沟或路边，海拔可达2000m。主要分布于我国陕西、湖北、湖南、广东、广西等省西南地区也有分布。

形态特征 多年生草本。植株低矮，高不过30cm，根状茎粗短，生须根多数；基生叶丛生，肾形或宽心形，质地厚，长达5cm，宽达7cm，先端钝或微尖，基部心形，全缘，叶柄长3～15cm；花茎直立，中部具1枚无柄叶，花单生顶部，白色或淡黄色，萼片5，倒卵形；花瓣5片，倒卵状矩圆形，在1/3以上是全缘，以下有流苏状毛，基部有爪；子房由3心皮合生，上位；花柱先端3裂；蒴果扁卵形。花期春季。

野外识别要点 ①基生叶丛生，肾形或宽心形，具长柄。②花单生茎顶，白色或淡黄色，花瓣上有流苏状毛。

别名：白侧耳根、鸡眼草、水侧耳根	科属：虎耳草科梅花草属
用途：全草可入药，可治疗咳嗽吐血、疮毒等症。	

剪秋萝

Lychnis fulgens Fisch.

花

生境分布 多生长在疏林、灌木丛、草甸或山沟等阴湿地。主要分布于我国东北、西北、西南等地区，河北等地也有分布。

形态特征 多年生草本。株高50～80cm，根纺锤形，簇生，茎单一，全株被柔毛；叶对生，卵状长圆形或卵状披针形，先端渐尖，基部圆形，两面和边缘均被硬粗毛，无柄；聚伞花序顶生，着花3～7朵，花梗短，苞片密被长柔毛；花大，花萼呈棍棒状，后期上部微膨大，萼齿三角状，具10条纵脉，被稀疏白色长柔毛，沿脉较密；花瓣5，上部平展，橘红色或鲜红色，先端2裂达瓣中部，瓣片两侧中下部各具1线形小裂片，下部为细长爪状；花瓣附属物2，长椭圆形，暗红色，呈小鳞片状；蒴果长卵形，熟时顶部5齿裂。花果期6～9月。

野外识别要点 ①全株有长柔毛，叶对生，两面有硬粗毛，无柄。②花橙红色至红色，花瓣先端2裂几达瓣中部，两侧中下部各具线形小裂片。

别名：大花剪秋罗	科属：石竹科剪秋萝属
用途：本种花形独特，颜色鲜艳，常种植于花坛、花境、岩石园或植物园，也可盆栽或作切花。	

角茴香

Hypecoum erectum L.

生境分布 常生长在山坡、草地或河边沙地，海拔可达1200m。分布于我国东北、华北和西北等地。

形态特征 一年生草本。植株低矮，高不过30cm，根圆柱形，向下渐狭，具少数细根；基生叶数枚，倒披针形，多回羽状细裂，裂片线形，叶柄细，基部扩大成鞘；茎生叶同形，但较小；二歧聚伞花序，花密集，淡黄色；苞片钻形；萼片卵形，先端渐尖，全缘；花瓣4片，2轮排列，外面2片倒卵形，先端宽，3浅裂，中裂片三角形，内面2片倒三角形，3裂至中部以上，先端微缺刻；蒴果长圆柱形，先端尖，两侧稍压扁，成熟时2瓣分裂；种子多数，近四棱形，两面有十字形突起。花果期5～8月。

野外识别要点 ①叶倒披针形，多回羽状细裂，裂片线形，叶柄基部扩大成鞘。②聚伞花序二歧状分枝，花淡黄色，花瓣4，雄蕊4，柱头2深裂，裂片向两侧伸展。③蒴果成熟时2瓣分裂，种子两面有十字形突起。

别名：麦黄草、咽喉草、黄花草、野茴香、雪里青	科属：罂粟科角茴香属
用途：全草可入药，具有清热泻火、化痰镇咳的功效，可治疗咽喉炎、气管炎、风寒感冒等症。	

景天三七

Sedum aizoon L.

生境分布 常生长在林缘、灌木丛或干旱山坡，海拔可达1000m。主要分布于我国西北、东北和华北，长江流域各省区也有分布。

形态特征 多年生草本。株高可达80cm，根状茎粗厚，近木质化，地上茎直立，不分枝；叶互生，椭圆状披针形至卵状披针形，先端钝或尖，基部渐狭，近全缘或边缘具细齿；聚伞花序顶生，成平顶形，萼片5，长短不一，线形至披针形；花瓣5，黄色，长圆状披针形，先端具短尖；蓇葖果5枚成星芒状排列，种子平滑，边缘具窄翼。花期6～7月，果期7～8月。

野外识别要点 本种聚伞花序成平顶形，花黄色，萼片5，长短不一，花瓣5，黄色，先端具短尖，在野外很容易识别。

别名：费菜、旱三七、血山草、蝎子草、草三七、蝎子草	科属：景天科费菜属
用途：本种繁茂艳丽，可种植或盆栽观赏。另外景天三七还是一种营养丰富的保健蔬菜，无苦味，口感好，食法多样，具有增强免疫力的食疗保健效果。全草或根可入药，具有活血化瘀、消肿止痛的功效。	

卷耳

Cerastium arvense L.

生境分布 生长在高山草地、林缘、灌木丛、沟谷或路边，海拔可达2600m。主要分布于我国西北、华北及西南等地。

形态特征 多年生草本。株高不过35cm，茎基部匍匐状分枝，上部直立，绿色带淡紫红色，被毛；叶小，线状披针形或长圆状披针形，先端急尖，基部楔形或下延抱茎，两面疏生长柔毛，叶腋具不育短枝；聚伞花序顶生，着花3～7朵，花梗密被白色腺柔毛；苞片披针形，被柔毛；萼片5，披针形，外面密被长柔毛；花瓣5，白色，倒卵形，顶端2裂；蒴果长圆形，熟时10瓣裂；种子肾形，褐色，略扁，具瘤状凸起。花果期夏秋季。

野外识别要点 ①茎下部匍匐状，上部直立，绿色并带淡紫红色。②叶较小，披针形，叶腋具不育短枝。③花瓣顶端2裂，花柱5。

花白色

茎多分枝

叶线状披针形或长圆状披针形

别名：苍耳	科属：石竹科卷耳属
用途：全草可入药，具有静心安神、降血压、去头痛的功效。	

辽藁本

白色花

成熟果实

花序图

Ligusticum jeholense(Nakai et Kitag.)Nakai et Kitag

生境分布 生长在山沟、林下、草甸及溪边等阴湿处。分布于我国东北等地区，山西、河北、山东等地也有分布。

形态特征 多年生草本。株高30～80cm，主根不明显，棕褐色，着生多数支根，有香气，茎直立，节间中空，具纵细纹，基部带暗紫色；基生叶和茎下部叶宽卵形，2～3回三出羽状全裂，小羽片长卵形或卵形，沿主脉被糙毛，边缘具缺刻状裂片或锯齿，齿端有小尖头；茎上部叶简化，较小；复伞形花序，每伞形花序具花15～20朵，花白色，花瓣具内折小舌片；花柱果期向下反曲；双悬果椭圆形，背棱突起，侧棱具狭翅。花果期8～10月。

野外识别要点 ①全株有香气，茎基常带紫色。②基生叶和茎下部叶2～3回三出羽状全裂。③花白色，双悬果的侧棱狭翅状。

别名：北藁本、香藁本	科属：伞形科藁本属
用途：根及根茎可入药，具有发散止寒、祛湿止痛的功效。	

柳兰

Epilobium angustifulium L.

由于种子裸露在地表时很容易发芽，因而柳兰在众多植物中有“火烧地上的先锋”之称号！柳兰常成片生长，每当初夏来临，一片壮观的紫色，令人不敢相信这是一种野花。

生境分布 生长在林缘、坡地、沟谷或河岸。分布于我国东北、华北、西北及西南地区。

形态特征 多年生草本。株高可达1m，具匍匐状根茎，茎直立，常不分枝；叶互生，披针形，近全缘，无柄；总状花序顶生，常数个组成大型圆锥状花序，苞片线形，花两性，大而开展，紫红色或淡红色，稀白色，萼片4，花瓣4，倒卵形，顶端微凹，基部具爪；雄蕊8，花柱弯曲，柱头4裂；子房密生毛；蒴果长圆柱状，种子多数，顶端有簇毛。花期6～8月。

野外识别要点 ①叶互生，披针形，似柳叶。②花紫红色，4枚花瓣开展，子房细长，犹如花梗，比较特别。

别名：独木牛	科属：柳叶菜科柳叶菜属
用途：全草可入药，具有利水消肿、下乳润肠的功效。另外，本种株形挺拔，穗长花艳，可种植观赏或作切花。	

柳叶菜

花和根茎

Epilobium hirsutum

生境分布 生长在沼泽地、沟边、溪边、林边或路边。分布于我国大部分省区。

形态特征 多年生草本。株高可达1m，根茎粗壮，簇生须根，茎直立，上部分枝，密生白色长柔毛及短腺毛；茎下部叶和中部叶对生，上部叶互生，叶长圆状披针形或长圆形，先端尖锐，基部渐狭而微抱茎，两面有长柔毛，边缘具细锯齿；花大，两性，单生上部叶腋，淡红色或紫红色，萼筒圆柱形，4裂，裂片披针形，外面被毛；花瓣4，倒卵形，先端凹缺成2裂，淡紫红色；雄蕊8，4长4短；柱头4裂；蒴果圆柱形，长达7cm；种子长椭圆形，先端有一簇白色长毛，密生小乳突。花果期6～8月。

野外识别要点 ①茎密生白色长柔毛及短腺毛，下部叶对生，上部叶互生，叶面有长柔毛。②花大，淡红色或紫红色，花瓣4，先端2裂，雄蕊4长4短。③种子密生小乳突，先端有一簇白色长毛。

别名：水丁香、地母怀胎草、通经草、水兰花、长角草、鱼鳞草、光明草	科属：柳叶菜科柳叶菜属
用途：根可入药，具有祛风除湿、消炎止痛、止血生肌的功效。另外4～6月采摘嫩茎叶，可作为野菜食用。	

龙牙草

Agrimonia pilosa Ledeb.

花

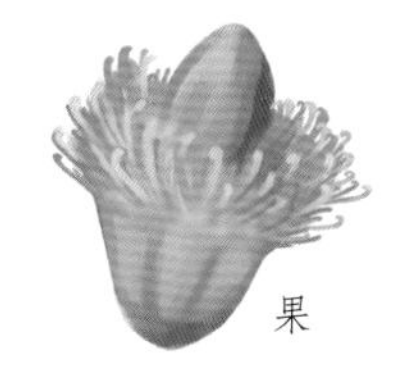

果

据说，有两个穷秀才进京赶考，路上，一个秀才突然流起了鼻血，怎么也止不住。正在两人着急发愁时，一只白鹤飞来，将口中衔着的一根草丢下来后又飞走了。流鼻血的秀才很好奇，拿起吃了，很快就不流鼻血了，因此这种草就被称为“仙鹤草”，也即龙牙草。

· 生境分布 常生长在沟边、林下、草地或灌丛等阴湿处。广泛分布于我国南北大部分省区，尤其是东北和华北。

· 形态特征 多年生草本。株高30～100cm，全株被白色长毛，根茎圆柱形、横走，秋末自先端生一圆锥形向上弯曲的白色萌芽，地上茎直立；奇数羽状复叶，小叶3～5对，大小不等，间隔排列，叶片椭圆形，无毛，边缘具粗锯齿；无柄，托叶卵形；总状花序细长，顶生，花密集，黄色，花萼筒状，5裂，外面有槽和毛，上部有一圈钩状刺毛；花瓣5，卵形；雄蕊10；心皮2；瘦果倒圆锥形，具宿存萼裂片。花期7～8月，果期9～10月。

· 野外识别要点 ①奇数羽状复叶，小叶3～5对，大小不等，间隔排列。②花黄色，花萼筒5裂，外面具槽和毛，上部有一圈钩状刺毛。

总状花序细长

叶缘具缺刻

花黄色

奇数羽状复叶，小叶3～5对，大小间隔排列

托叶卵形

根茎圆柱形、横走

别名：仙鹤草、地仙草	**科属：**蔷薇科龙牙草属
用途：①饲用价值：春季植株鲜嫩时，马、羊少量采食，牛乐食。②食用价值：本种是一种山野菜，富含胡萝卜素、维生素，春季采摘嫩茎叶，洗净、焯熟，炒食。③药用价值：全草、根和冬芽皆可入药，含仙鹤草素，具有止血的功效。	

轮叶八宝

Hylotelephium verticillatum(L.)H. ohba

花密集呈半球形

叶缘具齿

· **生境分布** 常生长在沟谷或草坡等阴湿处，海拔可达2900m。分布于我国西北、西南、中南、华东等地区，河南、辽宁、吉林等地也有分布。

· **形态特征** 多年生草本。株高40～100cm，具细长须根，茎直立，不分枝，无毛；叶4枚轮生，下部常为3叶轮生或对生，叶片长圆状披针形至卵状披针形，先端急尖，基部楔形，叶背泛白，边缘具整齐的疏牙齿；聚伞状花序顶生，花密集，常呈半球形，苞片卵形；萼片5，三角状卵形，基部稍合生；花瓣5，淡绿色至黄白色，长圆状椭圆形，分离；蓇葖果，种子狭长圆形，成熟时褐色。花期7～8月，果期9月。

· **野外识别要点** ①植株较高，叶通常4枚轮生，叶背泛白，边缘具齿。②聚伞状花序顶生，花淡绿色至黄白色，萼片5，花瓣5，雄蕊10，2轮排列。

别名：轮叶景天、还魂草、胡豆七、岩三七	**科属：**景天科八宝属
用途：全草可入药，夏、秋季采收，鲜用或晒干，具有活血化瘀、解毒消肿的功效。	

骆驼蒿

Peganum nigellastrum Bunge

· **生境分布** 常生长在戈壁滩、丘陵、低地或路旁等干旱处。主要分布于我国新疆、青海、甘肃、宁夏、内蒙古、陕西、山西和河北等地。

· **形态特征** 多年生草本。株高30～80cm，全株有特殊臭味，根肥大而长，茎直立或开展，自基部分枝，被短硬毛；叶互生，2～3回羽状全裂，裂片披针形或条形，先端渐尖，基部渐狭，花单生于茎端或叶腋，花梗被硬毛，萼片5，披针形，5～7条状深裂；花瓣5，白色或浅黄绿色，倒卵状矩圆形；雄蕊15；花盘杯状；子房3室；蒴果球形，黄褐色，3裂；种子多数，三棱状肾形，成熟时黑褐色。花果期6～8月。

· **野外识别要点** ①全株有臭味，茎下部平卧，上部斜生，叶互生，2～3回羽状全裂。②花单生于茎顶或叶腋，白色或浅黄绿色，萼片、花瓣皆为5。

全株有特殊臭味

叶2～3回羽状全裂，裂片细小

别名：苦苦菜、臭牡丹、臭草	**科属：**蒺藜科骆驼蓬属
用途：全草有毒，炮制后可入药，夏秋采收，具有清热解毒、活血止痛、润肺止咳的功效。	

落新妇

Astilbe chinensis (Maxim.) Franch.

生境分布 生长在沟谷、溪边、林下或草甸。分布于我国东北、华北、西北及西南地区。

形态特征 多年生草本。株高40～100cm，块状根茎肥厚，横走，须根暗褐色，茎直立，密被褐色长柔毛并杂以腺毛；基生叶2～3回3出羽状复叶，具长柄，托叶较狭；小叶卵状椭圆形或卵形，两面均被刚毛，脉上尤密，边缘有不整齐锯齿，具短柄；茎生叶2～3，较小，有托叶；花序轴高20～50cm，上端密被棕色长柔毛，下部具鳞状毛，圆锥花序狭长，花紫色或紫红色，苞片卵形，萼筒浅杯状，5深裂；花瓣5，窄线状；果2，熟时橘黄色，种子多数。花期6～7月。

野外识别要点 ①株高可达1m，茎密被褐色长柔毛，基生叶2～3回3出羽状复叶，茎生叶2～3枚。②圆锥花序长达30cm，花密集，紫红色，每花发育出2个蓇葖果。

圆锥花序狭长，花紫色或紫红色

茎密被长柔毛和腺毛

块状根茎肥厚，暗褐色

叶背绿色

别名： 红升麻、虎麻、金猫儿、金毛	**科属：** 虎耳草科落新妇属
用途： 全草或根状茎可入药，具有祛风除湿、散瘀止痛的功效。另外本种还可种植于花境、林下或水边观赏。	

牻牛儿苗

Erodium stephanianum Willd.

花

生境分布 常生长在山坡、荒地或路边。分布于我国东北、华北、西北、西南、华中及华东地区。

形态特征 多年生草本。株高不过45cm，具粗壮直根，茎细弱、丛生，节明显，淡紫色，全株有柔毛；叶对生，长卵形或椭圆形，2回羽状深裂，小羽片狭条形，2～7对，两面有柔毛，全缘或有粗锯齿；叶具长柄，有托叶；伞形花序腋生，每梗具花2～5朵，总花梗被柔毛，苞片狭披针形；萼片矩圆状卵形，先端具长芒，被长糙毛；花瓣5，淡紫色或蓝紫色，倒卵形，先端微凹；蒴果顶端具长喙，5室，每室有1粒种子，熟时室间开裂，果瓣与中轴分离，喙部螺旋状卷曲；种子褐色。花果期春夏季。

野外识别要点 本种在果期较容易识别，子房顶端具长喙，极像鸟类的尖嘴，果实成熟时喙部螺旋状卷曲。

蒴果具长喙

别名： 太阳花、老鹳草	**科属：** 牻牛儿苗科牻牛儿苗属
用途： 全草可入药，具有清热解毒、祛风活血、强筋骨的功效。另外采摘嫩叶，洗净、焯熟、漂洗，调拌可食。	

毛草龙

Ludwigia octovalvis (Jacq.) Raven

花瓣4枚，很像一个“田”字

在许多湿地公园，你常常会看见一种植物上挂着许多“红色香蕉”，可千万别摘来吃哦，因为它们并不是真正的香蕉，而是毛草龙的蒴果，因而毛草龙也被称为“水香蕉”、“假蕉”。

生境分布 常生长在荒地、沟边、草丛或路旁。分布于我国华东、华南、中南地区，台湾也有分布。

形态特征 多年生草本。株高可达2m，茎直立，基部木质化，上部多分枝，具纵棱，常被伸展的黄褐色粗毛；叶披针形至线状披针形，先端渐尖，基部渐狭，侧脉9～17对，常在边缘处环结，两面有黄褐色粗毛，边缘具毛；具短柄或近无柄；托叶小，三角状卵形；花单生叶腋，近无梗，小苞片不明显，萼片4，卵形，具3脉；花瓣4，黄色，倒卵圆形，顶端微凹，具4对明显的脉纹；雄蕊8，2轮生；花盘隆起，基部围以白毛；子房圆柱状，4室；蒴果长圆柱形，具8条棱，被粗毛，熟时红褐黑色，室背开裂，果梗极短；种子每室多列，离生，圆而凹头，种脊明显，表面具横条纹。花期6～8月，果期8～11月。

野外识别要点 ①本种常生长在水边，株形挺拔，红褐色的茎部随着生长逐渐木质化。②花大，鲜黄色，4枚花瓣团团围著8枚雄蕊，而花瓣的排列很像一个“田”字。

萼片4，卵形
花单生叶腋
叶面有黄褐色粗毛，边缘具毛
蒴果熟时红褐黑色，室背开裂
叶披针形至线状披针形
株高可达2m
茎直立，具纵棱

别名：草里金钗、草龙、水丁香、扫锅草、针筒草、水香蕉、假蕉	科属：柳叶菜科丁香蓼属
用途：全草可入药，具有清热利湿、消肿解毒的功效。	

毛茛

Ranunculus japonicus Thunb.

生境分布 常生长在山沟、田野、溪边或林间草地等阴湿处。除西藏外，我国大部分省区都有分布。

形态特征 多年生草本。株高30～70cm，须根多数，茎直立，中空，具槽，多分枝；基生叶具长柄，圆心形，掌状3深裂，中央裂片3浅裂，边缘具粗齿或缺刻，侧裂片不等2裂，两面贴生柔毛，全缘；茎中下部叶与基生叶同形，叶柄短；上部叶较小，3深裂，无柄；单歧聚伞花序，花稀疏，萼片5，淡绿色；花瓣5，金黄色；聚合果倒卵形，扁平。花果期5～8月。

野外识别要点 ①基生叶和茎下部叶圆心形，3深裂但不达基部，较大的中央裂片3浅裂。②聚伞花序疏散，花金黄色，内侧有光泽，像抹了油一样，且花瓣内侧基部有一个密槽，外面覆盖小鳞片。

★**注意：**本种为有毒植物，全草含白头翁素，揉汁不可触碰皮肤，不可食用。

植株部分图

别名：五虎草、老虎脚迹、鸭脚板、野芹菜、山辣椒、起泡菜	**科属：**毛茛科毛茛属
用途：毛茛花多，花色金黄灿烂，可种植于水边供观赏。	

毛蕊老鹳草

Geranium eriostemon Fisch. ex DC.

成熟果实

生境分布 一般野生于海拔800m以上的阔叶林下或灌木丛中。主要分布于我国西北、东北、华北等地区，四川也有分布。

形态特征 多年生草本。株高可达1m，具粗短的根状茎，地上茎直立，被倒生白毛；基生叶丛生，茎生叶互生，叶肾状五角形，质厚，掌状5中裂，裂片菱状卵形，叶面有长柔毛，边缘有羽状缺刻或粗齿；叶柄从下至上渐短；托叶长三角形，膜质，离生；花茎2～3个出自叶状苞腋，有腺毛，聚伞形花序生于顶部，着花2～4朵；萼片5，卵状椭圆形，有密腺毛；花大，花瓣5，淡蓝紫色，宽倒卵形；蒴果有微毛。花果期夏秋季。

野外识别要点 毛蕊老鹳草和粗根老鹳草较为相似，野外识别时注意：①前者叶裂片稍宽，后者叶裂片较窄。②前者花大，直径可达3cm，雄蕊花丝扩大部分有长毛；后者花小，直径约1.5cm，花丝无毛。

别名：无	**科属：**牻牛儿苗科老鹳草属
用途：全草可入药，8～9月采收，洗净，晒干，具有疏风通络、强筋健骨的功效。	

梅花草

Parnassia palustris L.

花正面图

生境分布 生长在林下、草地、沟谷或湖边等阴湿处。分布于我国东北、华北、西北地区，新疆等地也有分布。

形态特征 多年生草本。植株低矮，根状茎短粗，须根多，茎2～4条，直立，基部有残存的褐色鳞片；基生叶卵形至长卵形，较小，叶面深绿色，叶背淡绿色，常被长圆形斑点，脉5～7条，边缘稍向外反卷；叶柄两侧有窄翼，且有长条形紫色斑点；托叶膜质，边缘具褐色流苏状毛，早落；茎生叶常1枚，位于茎中部，与基生叶相同，基部抱茎且有铁锈色附属物；花单生茎顶，花瓣宽卵形，白色，基部具爪，外面有紫色斑点；蒴果卵球形，熟时4瓣开裂，干后有紫褐色斑点；种子多数，褐色。花果期夏秋季。

野外识别要点 ①基生叶多数，叶柄有长条形紫色斑点；茎生叶位于茎中部，通常1枚。②花单生，花瓣白色，萼片密被紫褐色小斑点，花瓣外面有紫色斑点。

别名：轮叶景天、还魂草、胡豆七、岩三七	科属：虎耳科梅花草属
用途：全草可入药，秋季采集，晒干备用，具有清热解毒、止咳化痰的功效。	

千屈菜

Lythrum salicaria L.

花红紫色或淡紫色

生境分布 常生长在沼泽、河滩、湖畔、溪边或阴湿的草地。广泛分布于我国南北各地。

形态特征 多年生草本。株高可达1m，根茎粗壮，横走，茎直立，多分枝，枝条4～6棱，幼时被白色柔毛；叶对生或3叶轮生，披针形，先端钝或短尖，基部略抱茎，叶面明显，全缘，无柄；花密集、轮生，组成大型穗状花序，苞片阔披针形至三角状卵形，6裂，有纵棱12条，稍被粗毛，萼齿间有尾状附属物；花瓣6，红紫色或淡紫色，长椭圆形，生于萼筒上部，有短爪，稍皱缩；雄蕊12，6长6短，伸出萼筒外；子房上位，2室；蒴果椭圆形，成熟时2裂，裂瓣上部又2裂；种子细小，无翅。花期7～9月。

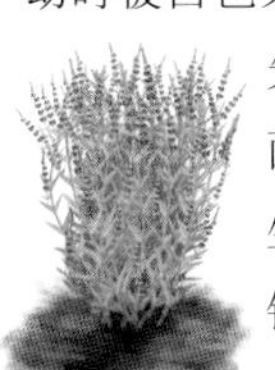

野外识别要点 ①叶对生或3片轮生，似柳叶。②花深红色，萼筒顶端6裂，齿间具尾状附属物，花瓣6，生于萼筒上部。

大型穗状花序

叶基部略抱茎

叶对生或3叶轮生，披针形

枝条具4～6棱

别名：水枝柳、水柳、对叶莲、败毒草	科属：千屈菜科千屈菜属
用途：本种全草可入药，具有解毒利湿、收敛止泻的功效。另外嫩叶可作蔬菜食用，还可盆栽或作切花观赏。	

全缘绿绒蒿

Meconopsis intergrifolia (Maxim.) Franch.

成熟果序

花正面图

·生境分布 多生长在草坡或林下，海拔可达5000m。分布于我国西藏、青海、四川等省，东北、西北地区也有分布。

·形态特征 一年生草本。株高30～90cm，茎直立，具纵条纹，全株被锈色和金黄色长柔毛；基生叶呈莲座状，叶片倒披针形、倒卵形或近匙形，先端圆或锐尖，基部下延成柄，全缘；茎下部叶与基生叶同形，向上渐小，茎中部叶狭椭圆形，茎上部叶常成假轮生状，狭披针形或条形，全缘；花通常3～5朵着生于茎上部叶腋，花梗长可达50cm，萼片舟状，花瓣6～8，黄色或稀白色；蒴果椭圆形，熟时自顶端开裂，种子近肾形，种皮具纵条纹及蜂窝状孔穴。花期5～6月。

·野外识别要点 全株被金黄色长柔毛，基生叶呈莲座状，上部叶成假轮生状；花黄色。

别名：鹿耳菜、黄芙蓉、鸦片花	**科属**：罂粟科绿绒蒿属
用途：全缘绿绒蒿是一种高山花卉，花大色艳，既可种植于高山地区，也可在阴冷地区作地被植物。	

瞿麦

Dianthus superbus L.

瞿麦茎上有一种黏液，用手触摸很黏。植物学家称，这种黏液可以阻止部分昆虫沿着茎上爬，从而具有保护花朵免受伤害的好处。

·生境分布 生长在疏林、草甸、沟谷或溪边。分布于我国东北、华北、西北及西南地区。

·形态特征 多年生草本。株高50～60cm，茎直立、丛生，上部分枝，有黏液；叶对生，线状披针形，先端长渐尖，中脉明显，基部合生成鞘状，全缘；花单生或数朵疏散成聚伞状，苞片2～3对，倒卵形；花萼圆筒形，常带紫红色晕，萼齿5，披针形；花瓣5，淡红色，喉部具丝毛状鳞片，边缘裂成流苏状；雄蕊10；花柱2；蒴果圆筒形，成熟时顶端4裂；种子扁卵圆形，黑色，有光泽。花期6～9月，果期8～10月。

·野外识别要点 与石竹的茎叶很相似，区别在于花瓣边缘裂成流苏状。

别名：野麦、石柱花、十样景花	**科属**：石竹科石竹属
用途：全草可入药，称“瞿麦”，具有清热、利尿、破血、通经的功效。	

山酢浆草

Oxalis griffithii Edgew. et Hook. f.

生境分布 常生长在林下、草地或沟谷等阴湿处。分布于我国甘肃、陕西、四川、云南、湖北、江西和台湾等地。

形态特征 多年生草本。植株低矮，无地上茎，地下根茎横卧，叶全部自根茎的顶端发出，掌状3出复叶，小叶倒三角形，先端微凹，基部宽楔形，叶面无毛，叶背疏生长柔毛，近基部尤密，边缘具贴伏缘毛，无柄；花单生，萼片5，卵形，膜质；花瓣5，白色或淡黄色，倒卵形；雄蕊10；花丝基部合生；花柱5，分离；蒴果长圆形，成熟时室背开裂。花果期5～8月。

野外识别要点 ①无地上茎，叶基生，全部自根茎顶端发出，三出复叶，小叶倒三角形，无柄。②花单生，白色或淡黄色，萼片、花瓣各5。

别名：三块瓦	科属：酢浆草科酢浆草属
用途：全草可入药，具有清热利湿、消肿止痛、舒筋活血的功效。	

山蚂蚱草

Silene jenisseensis Willd.

白色花

生境分布 生长在石质山坡、干草坡、林缘或固定沙丘，海拔可达1000m。主要分布于我国东北、西北及华北等地。

花序枝

形态特征 多年生草本。株高20～50cm，直根粗，肉质；茎直立，不分枝，基部常具不育茎；基生叶簇生，狭倒披针形或披针状线形，顶端渐尖，基部渐狭成长柄，中脉明显，边缘近基部具缘毛；茎生叶对生，3～5对，较小，基部微抱茎；聚伞花序呈圆锥状，花梗极短，苞片基部微合生，具缘毛；花萼筒状，具10条脉，脉间白膜质，果期膨大成筒状钟形；花瓣5，白色，2叉状裂，裂片长圆形；副花冠长椭圆状，细小；蒴果卵形，种子肾形，熟时灰褐色。花果期夏秋季。

野外识别要点 ①具粗壮的直根，茎丛生，叶对生，狭窄；叶腋常有簇生的小叶丛。②花白色，花萼具10条绿色带紫色的脉，花瓣5，2叉状裂，雄蕊和花柱均伸出花冠。

基生叶簇生

直根粗壮

别名：旱麦瓶草、叶尼塞蝇子草	科属：石竹科蝇子草属
用途：根可入药，中药称“银柴胡”，具有清热、凉血、生津的功效。	

蛇莓

Duchesnea indica (Andr.) Focke

生境分布 常生长在山坡、沟边、田边、路旁或杂草间。广泛分布于我国南北各地。

形态特征 多年生草本。植株低矮，全株被白色柔毛，地下根茎短而粗，地上茎细长，匍匐状生长，节处生根；叶为三出复叶，小叶倒卵形至菱状长圆形，先端钝，基部渐狭或下延至柄，两面疏生柔毛，边缘有钝锯齿；叶柄短，有柔毛；托叶小，窄卵形至宽披针形；花单生于叶腋，花梗较长，萼片5，卵形，外面有散生柔毛，副萼片5，倒卵形，先端3～5裂；花瓣5，黄色，倒卵形；雄蕊多数，着生于扁平花托上，聚合果成熟时花托膨大成半圆形，海绵质，鲜红色，有光泽，外面有长柔毛；瘦果卵形，小，暗红色。花果期4～10月。

花托海绵质，鲜红色

叶为3出复叶

根茎短而粗

野外识别要点 ①全株有柔毛，匍匐茎细长，节处生根，三出复叶。②小花黄色，副萼片比萼片稍大，先端3～5裂，花托果期膨大成半球形，海绵质，鲜红色。

别名：蛇泡草、鸡冠果、龙吐珠、三爪龙、三脚虎、宝珠草	**科属：**蔷薇科蛇莓属
用途：全草可入药，具有清热解毒、散瘀消肿的功效。另外果实可食，还可种植观赏，或作绿化地被植物。	

石生蝇子草

Silene tatarinowii Regel

花萼筒状

二歧聚伞花序

3条叶脉明显

生境分布 多生长在林下、草地、山坡、沟谷或石缝中，海拔可达2900m。主要分布于我国西部、西南及华北、华中等地。

形态特征 多年生草本。株高30～80cm，根纺锤形，黄白色，茎有分枝，呈匍匐状散开，全株被短柔毛；叶对生，卵状长圆形或长圆状披针形，先端渐尖，基部宽楔形或渐狭成柄状，两面有毛，具3条明显叶脉，边缘具短缘毛，有短柄；二歧聚伞花序顶生，着花3～7朵，花梗细，被短柔毛；苞片披针形，草质；花萼筒状，具10条纵脉，萼齿三角形；花瓣5，白色或淡粉色，长圆形，端4裂，喉部具2小鳞片和附属物；蒴果熟时3瓣裂，裂瓣又2裂；种子肾形，红褐色至灰褐色。花果期夏秋季。

野外识别要点 ①茎平卧或斜生，叶具3条明显叶脉。②花瓣先端4裂，2侧裂片较小，喉部有2小鳞片状附属物。

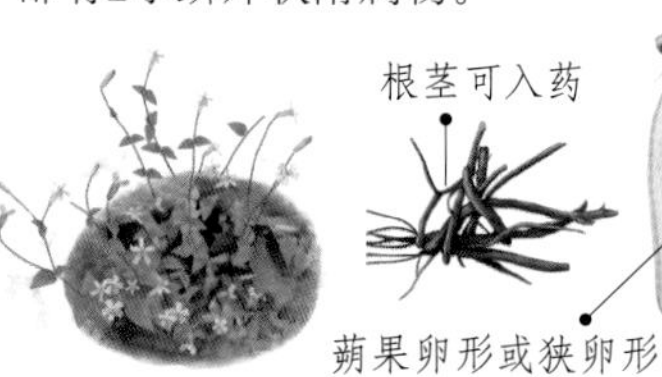

花白色

别名：鹅耳七、山女娄菜、土洋参、石生麦瓶草、麦瓶草、蝇子草	**科属：**石竹科蝇子草属
用途：块根可入药，具有清热凉血、补虚安神的功效。另外，本种为常见杂草，可引种作为岩石上的覆盖花草。	

石竹

Dianthus chinensis L.

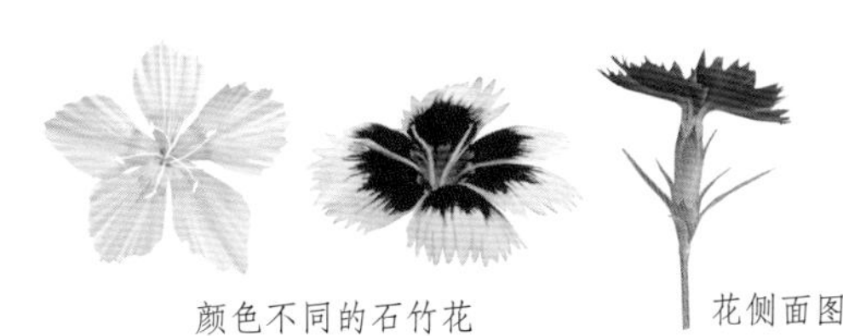
颜色不同的石竹花　花侧面图

石竹在我国栽培历史悠久，现在世界各地极为常见。在西方，石竹花被认为是纯洁的爱、才能、大胆和女性美的象征，在母亲节这天，除了康乃馨，人们也会给母亲配戴石竹花，以表达对母亲的爱。

· 生境分布 生长在山坡、草丛或路旁等干燥向阳处。除华南地区，我国其他地区均有分布。

· 形态特征 多年生草本。株高30～50cm，全株无毛，带粉绿色，茎直立、簇生，多分枝，有明显的节；叶对生，条形或线状披针形，顶端渐尖，基部稍狭或相接，中脉明显，节处膨大，无毛，全缘或有细小齿；花单生枝端或数朵聚集成聚伞花序，花萼圆筒状，萼齿直立，基部有2对叶状苞片，先端反展开，具细芒尖；花色丰富，紫色、大红、粉红、杂色，单瓣5枚或重瓣，顶缘不整齐齿裂，喉部有斑纹，疏生髯毛，有香气；蒴果圆筒形，包于宿存萼内，顶端4裂；种子黑色，扁圆形。花期5～6月，果期7～9月。

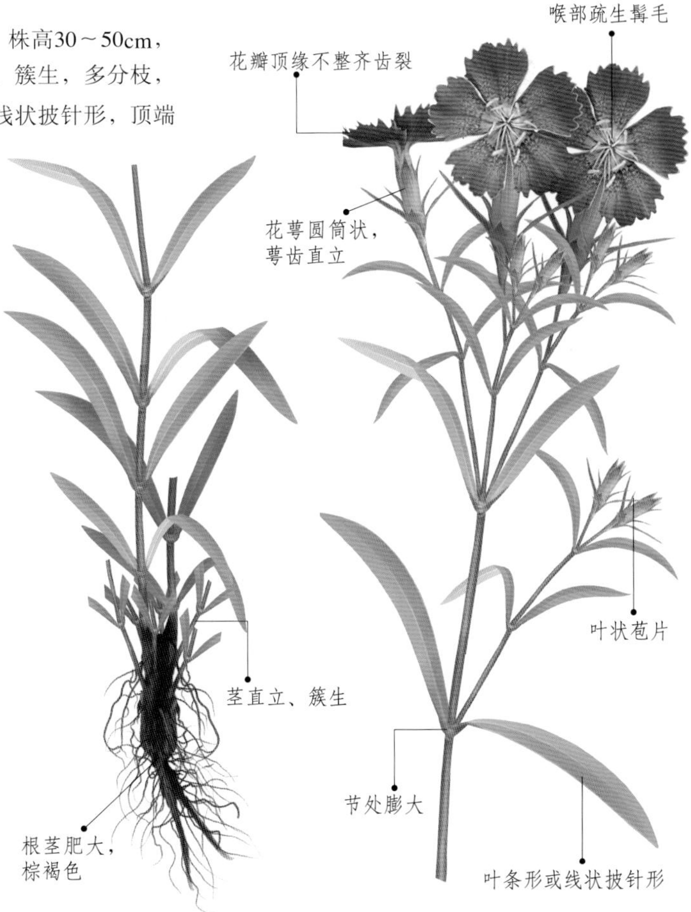

· 野外识别要点 ①茎上有节，节膨大似竹。②花瓣5，边缘具不整齐的齿。

喉部疏生髯毛
花瓣顶缘不整齐齿裂
花萼圆筒状，萼齿直立
叶状苞片
茎直立、簇生
节处膨大
根茎肥大，棕褐色
叶条形或线状披针形

别名：洛阳花、中国石竹、石竹子花、石柱花、十样景花、石菊、绣竹、瞿麦草	**科属**：石竹科石竹属
用途：①药用价值：全草可入药，药名“瞿麦”，具有清热利尿、破血通经、散瘀消肿的功效。②景观用途：本种株形优雅，花色艳丽，现在已被广泛播种繁殖为园林观赏植物。③食用价值：嫩叶可食，春季采摘，洗净、焯熟，用油、盐调拌即可。	

鼠掌老鹳草

Geranium sibiricum L.

花侧面图

鼠掌老鹳草是一种常见杂草，由于植株和花都较小，在绚烂多姿的春夏季并不引人注意。不过，它们传播种子的方式非常特别——果成熟后，会“砰”的一声爆炸，种子便被弹向四面八方，自行落地“安家”。

生境分布 常生长在林缘、河岸、山坡或路边。分布于我国东北、西北地区，西藏等地也有分布。

形态特征 多年生草本。株高20～80cm，根直生，茎常单一，平卧或斜生，有分枝，略有倒生毛；基生叶和茎下部叶同为肾状五角形，长3～6cm，宽4～8cm，掌状5深裂，裂片倒卵形或狭披针形，先端锐尖，基部渐狭，边缘羽状分裂或具缺刻；叶柄长，有倒生柔毛或伏毛；托叶披针形，长渐尖，褐色；茎上部叶肾形，常3深裂，两面有毛，沿脉较密，边缘缺刻状，近无柄；花单生叶腋，花梗细，有柔毛，近中部具2披针形苞片；萼片卵状椭圆形，具3脉，沿脉有疏柔毛；花瓣5，宽卵形，白色带紫晕，每瓣具3条紫色纹脉；花冠淡紫红色，花柱短；蒴果较短，具喙，成熟时果瓣与中轴分离，喙部自下向上反卷；种子具细网状隆起。花果期7～10月。

野外识别要点 ①基生叶和茎下部叶掌状5深裂，具叶柄；茎上部叶3深裂，近无柄。②花白色带紫晕，每个花瓣都有3条紫色纹。③蒴果成熟时，喙部自下向上反卷。

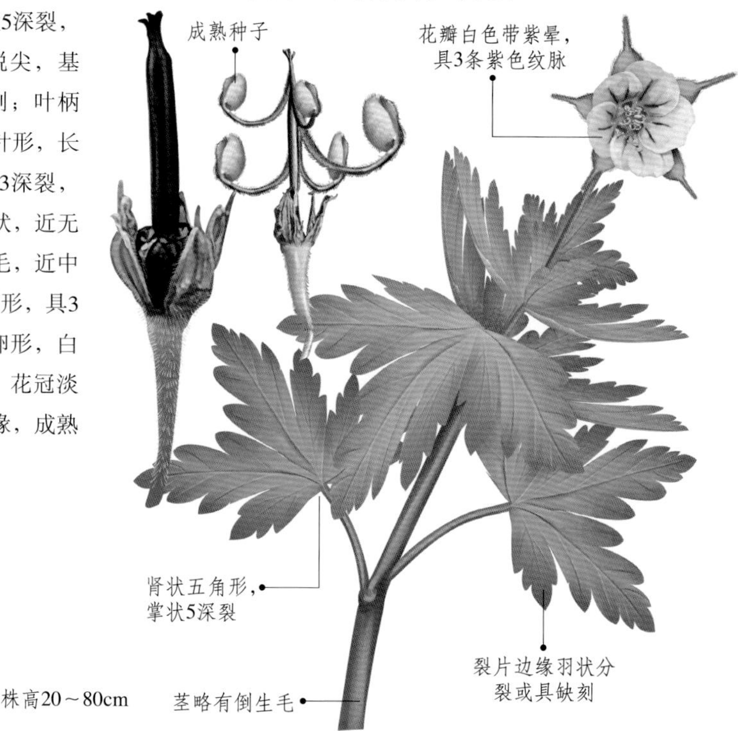

株高20～80cm

别名：风露草	科属：牻牛儿苗科老鹳草属
用途：全草及果实可入药，具有清热解毒、祛风活血的功效。	

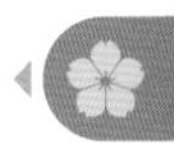

水毛茛

Batrachium bungei (Steud.) L. Liou

花白色

叶3～5回细裂

虽然植株生长在水下，但在开花期，水毛茛的花朵总会伸出水面，远远望去，碧绿的水面上一片白花，煞是好看。

生境分布 生长在山沟、水边或河滩，海拔可达3000m。广泛分布于我国北方地区。

形态特征 多年生沉水草本。植株低矮，有时节上具毛；叶小，半圆形或扇状半圆形，3～5回细裂，小裂片近丝形，在水外通常收拢或近叉开；叶柄短，基部有鞘，通常有短伏毛；花两性，花梗长，花萼5枚，反折；花瓣5，倒卵形，白色，基部黄色；聚合果卵球形，瘦果20～40，狭倒卵形，有横皱纹。花期5～8月。

野外识别要点 ①沉水植物，叶片轮廓近半圆形，3～5回2～3裂，小裂片毛发状。②花瓣5，白色，伸出水面。

别名：梅花藻	科属：毛茛科水毛茛属
用途：本种是沉水植物，很适合种植于池塘中观赏。	

水杨梅

Geum aleppicum Jacq.

生境分布 常生长在草地、沟边、河滩、林缘或田边，海拔可达3500m。广泛分布于我国南北各地。

形态特征 多年生草本。株高可达1m，全株被长柔毛，须根簇生，茎直立，嫩枝红褐色、被柔毛；基生叶为大头羽状复叶，叶柄长10～25cm，被粗硬毛，小叶2～6对，顶生叶菱状广卵形或宽卵形，两面疏生粗硬毛，边缘浅裂或具粗齿；茎生叶较小，羽状复叶，小叶3～5片，叶形与基生叶相似，托叶大；花单生或常3朵组合成伞房状，花萼10枚，2轮排列；花瓣5，黄色，卵圆形；瘦果排列成聚合果；每个瘦果被长硬毛，顶端有花柱形成的钩状长喙。花期5～8月。

野外识别要点 ①叶为羽状复叶，顶生小叶较大，侧生小叶大小不等，两面疏生粗硬毛。②花单生或常3朵组合成伞房状，花萼10枚，2轮排列，瘦果被长硬毛，顶端有长喙。

黄色小花　　成熟瘦果

别名：路边青、细叶水团花、水杨柳	科属：蔷薇科路边青属
用途：全草可入药，具有清热解毒、祛风除湿、消肿止痛的功效。另外本种形美花艳，常种植于水边观赏。	

糖芥

Erysimum bungei(Kitag.)Kitag.

生境分布 常生长在山沟、野地、坡地、林下或路边，有时甚至在悬崖上。主要分布于我国东北、华北地区，陕西、四川、江苏等地也有分布。

形态特征 一年生或二年生草本。株高30～60cm，茎直立，上部分枝，具棱，密生2叉状毛；叶披针形或长圆状线形，向上渐小，先端急尖，基部渐狭，两面疏生2叉状毛，下部叶常全缘，中、上部叶边缘疏生波状齿；叶柄向上渐短，至无，基部近抱茎；总状花序顶生，花密集，橙黄色，萼片4，长圆形，边缘白色膜质；花瓣4，倒披针形，具细脉纹，顶端圆形，基部具长爪；长角果线形，果梗斜上开展；种子每室1行，长圆形，侧扁，熟时深红褐色。花果期春夏季。

野外识别要点 本种全株密生分叉状毛；花橙黄色，花瓣4，具细脉纹，基部有爪；花柱头2裂；角果长达6cm，种子每室1行，熟时红褐色。

别名：冈托巴	科属：十字花科糖芥属
用途：种子可入药，具有清热、镇咳、强心的功效，可治疗虚痨发热、肺结核咳嗽、心力不足等症。	

田麻

Corchoropsis tomentosa (Thunb.) Makino

嫩枝与茎上有星芒状短柔毛

花单生，黄色

萼片狭披针形

基出脉3条

叶缘有钝牙齿

生境分布 生长在丘陵、山地或多石处。分布于我国东北、华北、华东、华南及西南地区。

形态特征 一年生草本。株高40～60cm，茎直立，多分枝，嫩枝与茎上有星芒状短柔毛；叶卵形或狭卵形，长可达6cm，宽可达3cm，两面密生星芒状短柔毛，基出脉3条，叶缘有钝牙齿；叶柄较短，托叶钻形，极小，常早落；花单生，黄色，花梗细长，萼片狭披针形，花瓣倒卵形；能育雄蕊15，每3个成1束，不育雄蕊5，与萼片对生，匙状线形；子房密生星芒状短柔毛，花柱单一；蒴果圆筒形，有星芒状柔毛，种子长卵形。花期8～9月，果期9～10月。

野外识别要点 ①植株低矮，茎、嫩枝及叶面有星芒状短柔毛。②花黄色，能育雄蕊15，每3个成1束，不育雄蕊5，与萼片对生。

别名：黄花喉草、白喉草、野络麻	科属：椴树科田麻属
用途：全草可入药，具有清热、利湿、止血、解毒的功效。另外茎皮纤维可代麻，制作绳索或编织麻袋。	

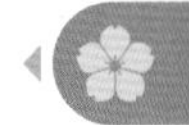

委陵菜

Potentilla chinensis Ser.

生境分布 常生长在荒地、山坡、林缘或路边，海拔可达3200m。广泛分布于全国各地，主产于辽宁、河北、山东和安徽。

形态特征 多年生草本。株高20～70cm，主根发达，圆柱形，茎粗壮，密生白绒毛；羽状复叶互生，基生叶通常有15～31片小叶，茎生叶通常有3～13片小叶，小叶向上渐小，羽状深裂，裂片正面被短柔毛，背面密生白色绢毛，边缘具缺刻，常反卷；基生叶的托叶膜质，褐色，外被白色绢状长柔毛，茎生叶的托叶草质，绿色，边缘锐裂；聚伞花序顶生，花梗基部有披针形苞片，小花黄色，萼片、副萼片各5，密被绢毛；花瓣5，宽倒卵形，顶端微凹；瘦果卵球形，聚生于花托上，成熟时深褐色，有明显皱纹。花果期4～10月。

野外识别要点 本种羽状复叶互生，小叶羽状深裂。②基生叶托叶褐色，茎生叶托叶绿色。③黄色，萼片、副萼片和花瓣各5。

别名：翻白菜、白头翁、根头菜、蛤蟆草、小毛药、虎爪菜	科属：蔷薇科委陵菜属
用途：嫩叶和根可食，嫩叶可凉拌、炒食或做汤。根可生食、煮食或蒸食。	

香花芥

Hesperis trichosepala Turcz.

生境分布 生长在山坡、沟谷或林缘，海拔可达1400m。分布于我国东北、华北等地。

形态特征 二年生草本。株高40～60cm，茎直立，常单一，偶上部分枝，疏生硬毛；基生叶花期枯萎，茎生叶较小，长圆状椭圆形或窄卵形，先端渐尖，基部楔形，边缘具尖齿；总状花序顶生，花紫色，花梗极短，萼片4，直立，外轮2片条形，内轮2片窄椭圆形，顶部都有白色长硬毛；花瓣4，倒卵形，基部具线形长爪，有蜜腺；花柱极短，柱头2裂；长角果窄线形，直立，果瓣具1明显中脉；种子1行，卵形，成熟时浅褐色。花果期春夏季。

野外识别要点 ①总状花序顶生，花紫色，花瓣4，基部具线形长爪，有蜜腺。②长角果细长，直立，几乎不开裂。

总状花序顶生，花紫色

长角果窄线形

叶背灰绿色

叶中脉凹陷，边缘具尖齿

叶交叉互生

别名：木兰纲	科属：十字花科香花芥属
用途：本种花繁多，颜色高雅，具有一定的观赏价值，可种植于公园、花境、小区或庭院观赏。	

小丛红景天

Rhodiola dumulosa (Franch.) S. H. Fu

我国对于红景天的应用历史十分久远。据记载，清代康熙帝在西北平定叛乱时，由于人参“燥热”不宜使用，便食用红景天来消除疲劳，滋补强身。

生境分布 多生长在高山林下、草丛、山沟或路边，海拔可达3900m。主要分布于我国东北、华北、西北、西南地区，湖北、吉林也有分布。

形态特征 多年生草本。植株低矮，根茎粗壮，地上枝条簇生，基部有褐色鳞片状叶；茎生叶互生，线形至宽线形，长先端尖，基部楔形，全缘；聚伞状花序顶生，花两性，花瓣5，白色或淡红色；蓇葖果直立，种子长圆形，有微乳头状突起和狭翅。花果期夏季。

野外识别要点 ①一般生长在高山石砾地带，有硬质木质丛生枝，叶肉质。②花白色或淡红色，花两性，萼片5，花瓣5。

别名：凤凰草、凤尾七、香景天	**科属：**景天科红景天属
用途：全草或根状茎可入药，具有调经活血、养心安神、补肾明目的功效。	

野西瓜苗

Hibiscus trionum L.

生境分布 生长在荒地、田边或路旁。分布于我国各地，尤其是东北和华东地区。

形态特征 一年生草本。植株低矮，茎柔软，全株有细软毛；叶二型，互生，基部叶近圆形，不裂，边缘具齿裂；茎下部叶和上部叶掌状3～5深裂，中裂片较大，倒卵状长圆形，先端钝，两面有粗硬毛，边缘具羽状缺刻或大锯齿；叶柄长2～4cm，托叶线形，极小，被星状粗硬毛；花单生叶腋，花梗果时延长，被星状粗硬毛；小苞片多数，线形，具缘毛；花淡黄色，花萼钟形，5裂，膜质，具纵向绿色条纹；花瓣5，倒卵形，淡黄色，内面紫色，基部合生；蒴果长圆状球形，被粗硬毛，果爿5，成熟时黑色；种子肾形，黑色，具腺状突起。花期7～10月。

野外识别要点 ①叶掌状深裂，极像西瓜苗，故得名。②花未开放时，花蕾像小纱灯，花开后，5片白色花瓣回旋状排列，瓣基紫色，花药黄色。

别名：香铃草、灯笼花、小秋葵、野芝麻、打瓜花	**科属：**锦葵科木槿属
用途：全草、果实和种子可入药，具有清热解毒、祛风除湿的功效。另外，春季可采摘嫩叶，作野菜食用。	

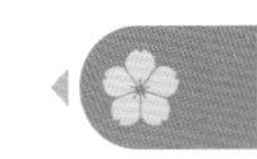

野罂粟

Papaver nudicaule L.

顾名思义，野罂粟是罂粟的近亲，但其果皮的乳汁中不含鸦片，所以不是毒品植物。野罂粟花大色艳，是很喜人的一种野花，但目前尚未引种栽培观赏。

生境分布 常生长在高山草甸、灌丛、林缘或沟谷。分布于我国东北、华北、西北地区，西藏等地也有分布。

形态特征 多年生草本。株高30～50cm，主根木质化，黑褐色，茎直立，茎叶有乳汁，全株有粗毛；叶基生，卵形或窄卵形，羽状深裂，两面被硬毛，全缘；花葶1至多条，高10～45cm，被硬毛；花单生顶部，黄色，萼片2，花开即落，外有硬毛；花瓣4片，倒卵形，先端微有缺刻；雄蕊多数；子房顶有5～9个放射状柱头；蒴果倒卵形，被硬毛，孔裂；种子多数，细小，黑色。花期6～7月，果期7～8月。

野外识别要点 ①全株被粗硬毛，有乳汁。②叶全基生，具长柄。③花单独顶生，花黄色至橘黄色，4瓣。

别名：山大烟、山米壳、冰岛罂粟	科属：罂粟科罂粟属
用途：果实及全草可入药，具有镇痛止痛、敛肺止咳、止泻固涩的功效。	

蝇子草

Silene fortunei Vis.

生境分布 常生长在山坡、林间、草地或灌木丛中。主要分布于黄流流域以南各地。

形态特征 多年生草本。株高50～80cm，根粗壮，木质化，茎丛生，多分枝，表面分泌黏液；基生叶倒披针形或披针形，顶端急尖，基部渐狭或下延成柄状，嫩叶两面疏生柔毛，中脉明显，边缘有毛；数个聚伞状花序排列成圆锥花序，花梗细而短，苞片线形，被微柔毛；花萼长筒状，具紫色纵脉，果期上部膨大呈筒状棒形，萼齿三角状卵形，具短缘毛；花瓣淡红色，楔状倒卵形，平展，爪微露出花萼；蒴果长圆形，种子圆肾形，微侧扁，熟时深褐色。花果期夏季。

野外识别要点 ①茎有粗糙短毛，节膨大，叶匙状或线状披针形。②聚伞花序顶生，萼筒棒状，花瓣细裂。

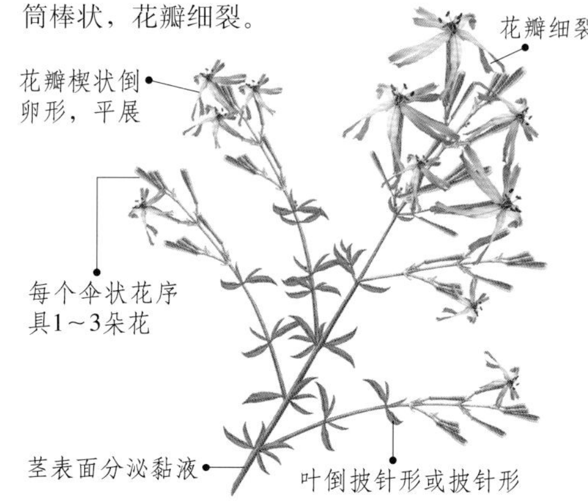

别名：鹤草、蚊子草	**科属：**石竹科蝇子草属
用途：全草可入药，秋季采集，洗净晒干，具有清热利湿、解毒消肿的功效。	

禹毛茛

Ranunculus cantoniensis DC.

★**注意：**本种有毒，不可食用或捣敷皮肤。

聚合果近球形

生境分布 常生长在沟谷、水旁或田边等湿地，海拔可达2500m。分布于我国长江流域以南的大部分省区。

形态特征 多年生草本。株高25～80cm，须根细长、簇生，茎直立，上部有分枝，密生开展的黄白色糙毛；基生叶和茎下部叶为3出复叶，具长叶柄，小叶卵形至宽卵形，顶生小叶较大，叶面被糙毛，基部有膜质耳状宽鞘，边缘具细密的锯齿；茎上部叶渐小，3全裂，有短柄至无柄；花密集，顶生，花梗较短，萼片卵形，开展；花瓣5，黄色，椭圆形，基部狭窄成爪，蜜槽上有倒卵形小鳞片；花托长圆形，生白色短毛；聚合果近球形，瘦果扁平，边缘有棱翼，顶端弯钩状，无毛。花果期4～7月。

野外识别要点 ①茎直立，三出复叶，小叶边缘具较细密的锯齿。②花生茎顶和分枝顶端，花组成聚伞花序、疏散，黄色。

别名：自扣草	**科属：**毛茛科毛茛属
用途：可用于地被植物。	

元宝草

Hypericum sampsonii Hance

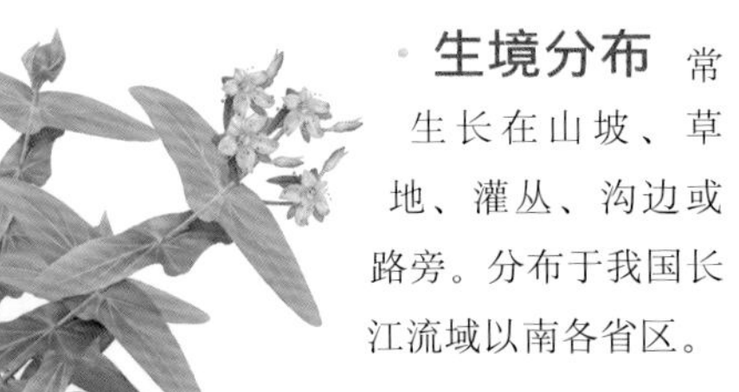

生境分布 常生长在山坡、草地、灌丛、沟边或路旁。分布于我国长江流域以南各省区。

形态特征 多年生草本。株高可达1m，茎圆柱形，多分枝；叶对生，无柄，叶基合生为一体而茎贯穿其中心，叶披针形、长圆形或倒披针形，纸质，先端钝，基部较宽，叶面绿色，叶背淡绿色，中脉显著，在背面稍凸起，叶面和叶缘有黑色腺点，全缘；花顶生，单生或组成稀疏聚伞花序，花梗极短，苞片及小苞片线状披针形，萼片长圆状匙形，外面和边缘疏生黑腺点，果时直伸；花瓣淡黄色，瓣面散布黑色腺点和腺条纹；蒴果宽卵球形，散布黄褐色囊状腺体；种子长卵柱形，表面有细蜂窝纹，成熟时黄褐色。花期5～6月，果期7～8月。

野外识别要点 ①叶对生，基部合生成一体，茎贯穿其中心。②蒴果卵圆形，有褐色腺体。

别名：对叶草、散血丹、哨子草、蜡烛灯台、对月草、合掌草	**科属：**金丝桃科金丝桃属
用途：果和根可入药，具有祛风除湿、止咳化痰的功效。	

紫花碎米芥

Cardamine tangutorum O. E. Schulz

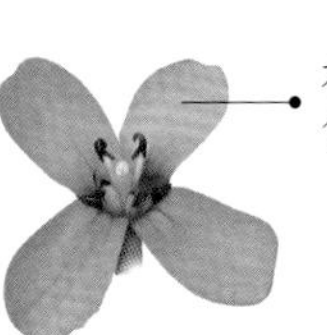

生境分布 常生长在山地林下或高山草甸，海拔可达4400m。分布于我国西北、西南地区，新疆、河北等地也有分布。

形态特征 多年生草本。株高20～40cm，根状茎细长呈鞭状，茎单一，不分枝，具沟棱，上部直立且疏生柔毛；叶为羽状复叶，小叶3～5对，矩圆状披针形，顶端短尖，基部楔形或阔楔形，两面有时被柔毛，边缘具钝齿，叶柄短或近无柄；总状花序顶生，着花10余朵，花梗短，萼片4，内轮长椭圆形，外轮长圆形，基部囊状，边缘膜质，外面带紫红色；花瓣紫红色或淡紫色，倒卵状楔形，顶端截形，基部渐狭成爪；长角果线形，扁平，基部具极短的子房柄；果梗直立，种子长椭圆形，成熟时褐色。花期5～7月，果期6～8月。

野外识别要点 本种茎生叶通常3～4枚，叶形与基生叶相似，着生于茎的中、上部，小叶3～5对；花紫色。

别名：无	**科属：**十字花科碎米荠属
用途：全草可入药，具有清热利湿的功效，可治疗黄水疮。	

白首乌

Cynanchum bungei Decne.

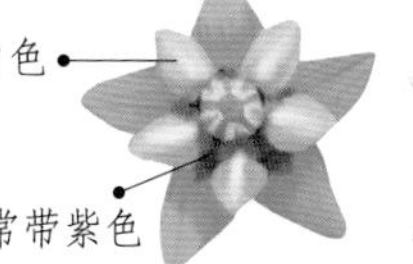

花序侧面图

我国对白首乌的应用始于唐朝，盛行于明朝，直到今天被历代养生专家视为“防老珍品”。山东泰山地区是白首乌的主要生产地，是当地的四大名药之一。

生境分布 常生长在山坡、林下、草甸、沟谷、灌丛或岩石缝中，海拔可达1500m。主要分布于我国东北、华北、西北地区，山东等地大量分布。

野外识别要点 ①缠绕藤本，有白色乳汁。②叶对生，常戟形，基部心形。

形态特征 多年生草质藤本。植株攀援状生长，具粗壮块根，茎纤细，有柔毛，全株含有乳汁；叶对生，戟形，长可达8cm，先端渐尖，基部心形，两面有粗毛，侧脉常6对，全缘；伞形聚伞状花序腋生，通常中上部叶腋生花序，花密集，白色，花萼裂片披针形，花冠5裂，裂片长圆形，反卷，绿色常带紫色；副花冠5深裂，白色，里面中央有舌状片；蓇葖果常双生，长角状，长达9cm，种子卵形，顶端有绢质白色种毛。花期6～7月，果期7～10月。

蓇葖果长角状，常双生

侧脉通常6对

聚伞状花序腋生

茎纤细，有柔毛

叶戟形，先端渐尖，基部心形

全株含有乳汁

别名：泰山何首乌、地葫芦、野山药	科属：萝藦科鹅绒藤属
用途：块根可入药，是补肝肾、养精血、健筋骨、乌须发的良药。	

白薇

Cynanchum atratum Bunge

蓇葖果纺锤形

可入药的根茎

生境分布 常生长在山坡、草丛、林缘及河边，海拔可达1800m。分布于我国南北大部分省区。

形态特征 多年生草本。株高40～70cm，全株具白色乳汁，根茎短，有香气，簇生多数细长须根，地上茎直立，常不分枝，密被灰白色短柔毛；叶对生，卵形或卵状长圆形，先端尖，基部钝圆，叶面绿色，有短柔毛，老时脱落，叶背淡绿色，密被灰白色绒毛，叶脉明显，在叶背稍隆起，全缘，叶柄短；伞形花序腋生，无总花梗，花8～10朵，黑紫色；花萼5深裂，裂片披针形，外面有绒毛，内面基部有5个小腺体；花冠5深裂，裂片卵状长圆形呈辐状排列，具缘毛；副花冠5裂，裂片盾状，下部与花丝基部相连，上部围绕蕊柱顶端；雄蕊5，雌蕊由2心皮组成；花粉块每室1个，下垂，长圆状膨胀；柱头扁平；蓇葖果纺锤形，种子多数，卵圆形，边缘有狭翅，顶端有白色种毛。花期4～8月，果期6～8月。

花8～10朵，黑紫色

伞形花序腋生

叶对生，卵形或卵状长圆形

叶脉明显，在叶背稍隆起

野外识别要点 本种植株直立，具乳汁，长卵形叶对生，伞状聚伞花序腋生，花黑紫色，在野外容易识别。

全株具白色乳汁和香气

别名：薇草、白马薇、芒草、三百根、春草、老君须	**科属：**萝藦科鹅绒藤属
用途：①药用价值：根茎可入药，春、秋季采收，具有清热凉血、利尿通淋的功效。②食用价值：嫩叶及果实可食，春季采叶，秋季采果，叶洗净、焯熟，凉拌即可。果实煮熟可食。	

北京假报春

Cortusa matthioli L. subsp *pekinensis* (A.Rich.) Kitag.

生境分布 常生长在林下或草坡中。分布于我国东北、华北及西北地区。

形态特征 多年生草本。株高30～50cm，茎纤细，多分枝，有白色柔毛；基生叶心状圆形，薄纸质，掌状浅裂，裂片大小不等，两面疏生柔毛，边缘具短尖齿；叶柄长4～16cm，密被淡棕色毛；花葶细长，高可达35cm，疏生长柔毛或腺毛，伞形花序顶端，花稀疏，粉红色，花冠钟状，5裂，裂片长圆形；雄蕊5，伸出花冠；花柱伸出花冠；蒴果椭圆形，表面有皱纹。花果期夏季。

野外识别要点 ①叶基生，心状圆形，掌状浅裂。②伞形花序生于花葶顶端，花钟状，粉红色，下垂，雄蕊着生于花冠管基部。

花粉红色

叶掌状浅裂

茎有白色柔毛

别名：京报春	科属：报春花科假报春属
用途：北京假报春是一种矮小野花，植株小巧，叶大花美，可引种栽培观赏。	

北鱼黄草

Merremia sibirica (Pers.) Hall. f.

蒴果

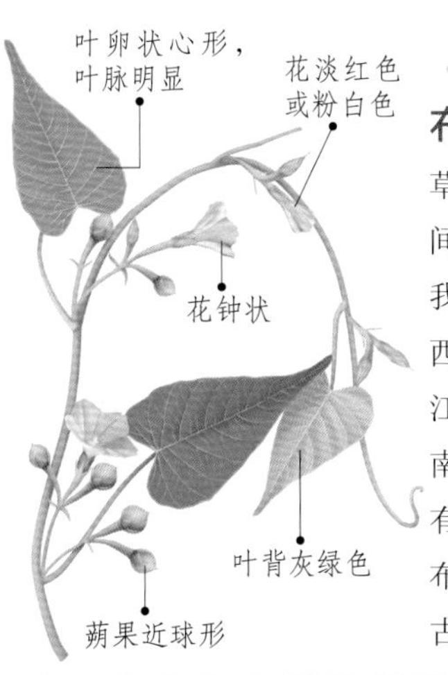

生境分布 常生长在山地草丛、灌木丛、田间或路边。分布于我国东北、华北、西北、西南地区，江苏、浙江、湖南、广西等地也有分布，国外分布于俄罗斯、蒙古、印度。

形态特征 一年生缠绕藤本。全株近无毛，茎圆柱形，具细棱，叶卵状心形，草质，先端渐尖呈尾状，基部心形，叶脉明显，无毛，叶面绿色，叶背灰绿色，全缘或稍波状；叶柄长2～7cm，基部具小耳状假托叶；花单生叶腋或数朵组成聚伞花序，花序梗长达7cm，具棱或狭翅；苞片小，线形；萼片4，椭圆形，先端具小凸尖；花冠钟状，淡红色或粉白色，口部具三角形裂片；子房无毛，2室；蒴果近球形，宿存萼片中，顶端圆，成熟时棕黄色，4瓣裂；种子4或较少，椭圆状三棱形，黑色。花果期6～8月。

野外识别要点 本种为缠绕藤本，叶互生，卵状心形；花钟状，淡红色，直径不超过2cm；蒴果近球形，宿存。

别名：西伯利亚鱼黄草、西伯利亚甘薯、茉栾藤	科属：旋花科鱼黄草属
用途：全草可入药，夏季采收，洗净，鲜用或晒干，具有活血解毒的功效。	

扁蕾

Gentianopsis barbata (Froel.) Ma

生境分布 常生长在沟谷、山坡、草地、灌木丛或林下，海拔可达1400m。主要分布于我国西北、西南、华北地区，吉林等地也有分布。

形态特征 一年生或二年生草本。株高15～50cm，茎直立，上部有分枝，具棱；基生叶常早落，匙形或线状倒披针形；茎生叶对生，小叶3～10对，狭披针形至线形，所有叶中脉在叶背隆起，边缘具乳突，无柄；花单生顶端，花梗近圆柱形，直立，有明显的条棱，果时增长；花萼筒状，4裂，裂片不等长，具白色膜质边缘；花冠钟形，淡蓝紫色，4裂，裂片椭圆形，先端有小尖头，边缘有微波状牙齿；蒴果长卵形，种子多数，长圆形，成熟时褐色，表面有密的指状突起。花果期6～9月。

野外识别要点 ①茎单生，直立，叶对生，狭窄。②花淡蓝紫色，4枚花瓣覆瓦状套叠，犹如风车。

别名：剪帮龙胆	科属：龙胆科扁蕾属
用途：全草可入药，夏季花苞未开放时采集，具有清热解毒的功效。	

斑种草

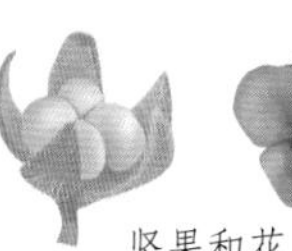

坚果和花

Bothriospermum chinense Bunge

生境分布 生长在荒野、林缘或路旁，海拔可达1600m。分布于我国西北、华北地区，辽宁也有分布。

形态特征 一年生草本。植株低矮，全株有硬毛，直根细长，茎丛生，常自基部分枝；叶互生，茎下部叶匙形或倒披针形，两面有短粗毛，近全缘或皱波状，具长叶柄；茎中部叶和上部叶较小，长圆形或狭长圆形，两面被贴伏硬毛，全缘，具短柄；螺状聚伞花序，苞片似叶，边缘皱缩状；花梗短，果期伸长；花萼5裂，裂片披针形，外面密生硬毛及短伏毛；花冠淡蓝色，口部5浅裂，喉部小，有5个鳞片状附属物；小坚果4，肾形，有网状皱折及稠密的粒状突起，腹面有横凹陷。花期4～6月。

野外识别要点 ①叶互生，叶面有粗硬毛，边缘皱波状。②花蓝紫色，喉部有5个鳞片状附属物。③子房4裂，形成4个小坚果，小坚果的腹面具横的凹陷。

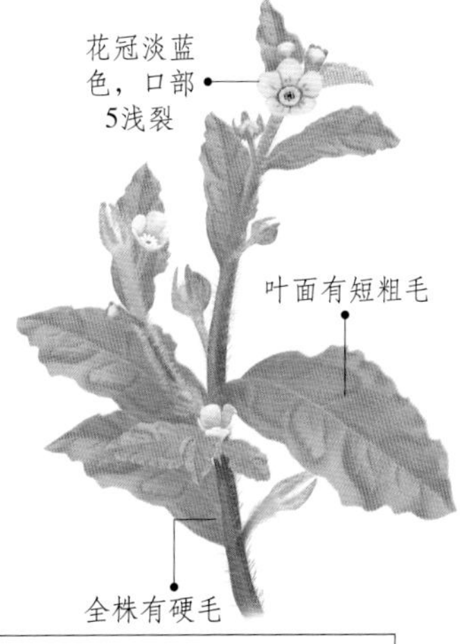

别名：无	科属：紫草科斑种草属
用途：全草可入药，具有清热燥湿、解毒消肿的功效。	

齿缘草

Eritrichium borealisinense Kitag.

·生境分布 常生长在山坡、石缝或石质地。主要分布于我国内蒙古、山西、河北及辽宁，俄罗斯也有分布。

·形态特征 多年生草本。株高15～40cm，茎多分枝，被灰白色绢毛；基生叶匙形，两面散生柔毛；茎生叶互生，线形，长1～3cm，全缘；螺状聚伞花序短，果期稍增长，花密集，蓝色，花萼5裂，裂片长圆披针形；花冠钟状辐形，上部5裂，裂片倒卵形或近圆形；雄蕊5；子房4裂，柱头扁球形；小坚果近陀螺形，棱缘有短刺。花期春夏季。

·野外识别要点 本种花序短，1～2cm，花蓝色，小坚果陀螺形，棱缘有短刺，刺常带蓝色，容易识别。

花蓝色
螺状聚伞花序
叶面散生柔毛
叶匙形或线形
茎被灰白色绢毛

别名：蓝梅、北齿缘草	科属：紫草科齿缘草属
用途：全草可入药，夏、秋采收，阴干，具有清热解毒的功效。	

糙叶败酱

Patrinia Scabra Bunge

花正面图

·生境分布 常生长在山坡、草甸、林下或岩石缝。分布于我国内蒙古、山西、河南、河北、吉林、辽宁及黑龙江。

·形态特征 多年生草本。株高20～60cm，茎丛生，有分枝，被短糙毛；基生叶花期枯萎，倒卵长圆形、长圆形或卵形，羽状裂或不分裂，裂片长圆状披针形或条形，顶生裂片再裂或具缺刻齿；茎生叶对生，长圆形或椭圆形，质厚，羽状深裂至全裂，裂片狭条形或条状披针形，顶端裂片大而长，全缘或具缺刻状钝齿；叶柄自下而上渐短，或无；伞房状聚伞花序顶生，最下分枝处总苞片羽状全裂，上部分枝总苞片较小；花密生，萼齿5，卵圆形；花冠漏斗状钟形，黄色，花冠筒基部一侧有浅的囊肿，口部裂片长圆形、卵状长圆形或卵圆形；瘦果长圆柱状，具短果柄，与增大膜质苞片贴生，翅状苞片常带紫色，顶端3裂。花期7～9月，果期8～9月。

·野外识别要点 糙叶败酱与异叶败酱很像，识别时注意：前者茎生叶琴状羽裂，裂片较宽，质地薄；后者茎生叶羽状深裂，裂片狭窄，质地厚。

别名：岩败酱	科属：败酱科败酱属
用途：根可入药，具有清热燥湿、凉血止血、治痢疾的功效。	

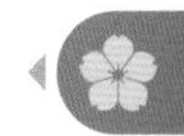

赤瓟

Thladiantha dubia Bunge

赤瓟是葫芦科的一种常见植物，卵圆形，果成熟时鲜红色，极具观赏价值。不过在栽培中，有些果实不结籽，这是因为雄花被摘除或雌花没有授粉，所以要想结籽来年种植，就要用雄花给雌花授粉，俗称“盖花”。

生境分布

常生长在山坡、河谷、草丛或林缘等湿处，海拔可达1800m。主要分布于我国东北、华北及西北，朝鲜、日本也有分布。

形态特征

草质藤本。植株攀援生长，全株被黄白色毛，具块状根，茎稍粗壮，有棱沟，少分枝，卷须单一；叶互生，宽卵状心形，长可达10cm，宽可达9cm，先端尖，基生叶深心形，弯缺深达2cm，两面有粗毛，叶脉有长硬毛，边缘具微锯齿，叶柄长2～6cm；花单性，雌雄异株，雌花常单生叶腋，花梗长而粗，有长柔毛，退化雌蕊5，棒状；子房下位，长圆形，外密被淡黄色长柔毛；花柱柱头分3叉，柱头膨大，肾形，2裂；雄花常2～3朵组成花序，花梗短而细，被长柔毛，雄蕊5枚，着生在花萼筒檐部，其中1枚分离，4枚两两稍靠合，不育雄蕊线形，花丝极短，有毛；雌雄花的花萼短钟形，5裂，裂片线状披针形，向后反折；花冠钟状，黄色，5深裂，裂片长卵形，上部向外反折；浆果卵状长圆形，顶端有残留的柱基，基部稍变狭，具10条纵脉，成熟时鲜红色；种子卵形，黑色，光滑。花期6～8月，果期8～10月。

野外识别要点

①草质藤本，有腋生的卷须，叶宽卵状心形，两面有粗毛。②花单性异株，花冠黄色，5深裂，浆果成熟时鲜红色。

别名： 金瓜儿、赤雹子	**科属：** 葫芦科赤瓟属
用途： ①食用价值：根可食，冬季挖取，洗净，多次换水煮熟，苦味去除后食用。②药用价值：果实及根可入药，秋季果熟时采收，具有清热解毒、祛风除湿、理气活血、化痰止咳的功效。	

打碗花

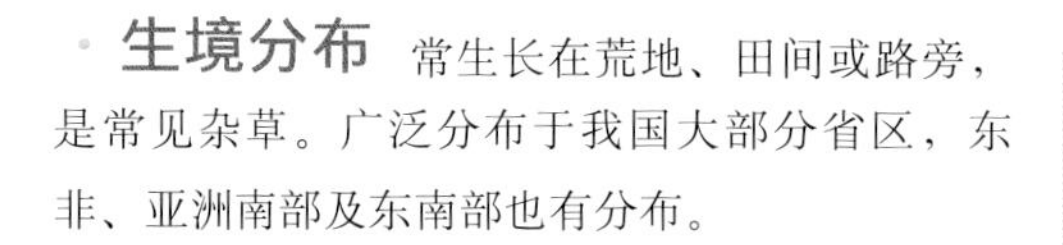

Calystegia hederacea Wall. ex Roxb.

生境分布 常生长在荒地、田间或路旁，是常见杂草。广泛分布于我国大部分省区，东非、亚洲南部及东南部也有分布。

形态特征 一年生草本。植株矮小，主根横走，茎细弱，长可达2m，平铺；叶互生，三角状卵形、三角状戟形或箭形，中裂片长圆形或长圆状披针形，侧裂片近三角形，全缘或2～3裂，叶脉明显，叶柄长1～5cm；花单生叶腋，花梗长过叶柄，小苞片2枚，贴生于花萼基处；萼片5，长圆形，顶端具小短尖头；花冠漏斗形或喇叭状，淡紫色或淡红色，喉部近白色，口部圆形而微呈五角形；蒴果卵球形，种子黑褐色，表面有小疣。花果期7～9月。

野外识别要点 打碗花和田旋花极为相似，但本种苞片宽卵形，贴花萼基部而生，后者苞片小，钻形，远离花萼而生。

别名：铺地参、小旋花、面根藤、狗耳苗、狗儿蔓、盘肠参、扶苗	科属：旋花科打碗花属
用途：根可入药，秋季采挖，具有健脾、调经、利尿、止带的功效。另外嫩茎叶春季采摘，可作为野菜食用。	

大果琉璃草

Cynoglossum divaricatum Steph.

未成熟的小坚果

生境分布 常生长在荒地、山坡、石滩及路边，海拔可达2500m。分布于我国东北、华北地区，陕西、甘肃、新疆等地也有分布。

形态特征 多年生草本。株高可达1m，根直生，外皮红褐色，茎直立，中空，上部开阔分枝，具肋棱，被向下贴伏的柔毛；茎下部叶长圆状披针形或披针形，两面密生短柔毛，中脉明显，全缘，具叶柄；茎中上部叶较小，狭披针形，两面有灰色柔毛，全缘，具短柄或近无柄；圆锥状花序，花稀疏，花梗短，花后稍增长，密被贴伏柔毛；花萼4裂，裂片向下反折；花冠蓝紫色，口部5浅裂；喉部黄色，还有一圈深紫色晕纹，有5个梯形附属物；小坚果卵形，密生锚状刺。花果期夏季。

野外识别要点 ①植株较高，根红褐色，茎上部多分枝，具肋棱。②花蓝紫色，口部5浅裂，喉部黄色，还有一圈深紫色晕纹，有5个梯形附属物。③小坚果密生锚状刺。

别名：展枝倒提壶、大赖毛子	科属：紫草科琉璃草属
用途：根可入药，具有清热解毒的功效，可治疗扁桃体炎。	

党参

Codonopsis pilosula (Franch.) Nannf

据说在隋炀帝时期，山西一个叫上党郡的地方住着父子俩，每晚，他们都会听见屋后有“丝丝”的响声。这天，儿子在发出响声的地方做了记号。没过几天，父子俩便发现这里长出一株奇特的植物，开着铃铛般的小花，拔起来一看，根与人参很像，于是就给这种植物起名“党参”。

生境分布 常生长在山区、灌丛或林缘。分布于我国东北、西北地区，四川、河南、河北等地也有分布，国外分布于朝鲜、蒙古、俄罗斯。

形态特征 多年生草质藤本。植株缠绕生长，主根长圆柱形，外皮黄褐色，具多数瘤状茎痕和皱纹，茎细弱，常在中部多分枝，有白色乳汁，臭气扑鼻，下部被粗糙硬毛，上部近光滑无毛；叶对生、互生或假轮生，卵形或狭卵形，先端钝或尖，基部浅心形，叶面绿色且被粗伏毛，叶背粉绿色且疏生柔毛，全缘或有波状齿；具短柄，疏生开展的短毛；花1～3朵生分枝顶端，花梗细，花萼4～5裂，长圆状披针形，无毛；花冠阔钟形，淡黄绿色，有淡紫堇色斑点，口部5浅裂，裂片正三角形，急尖；雄蕊5；子房下位，3室；花柱短，柱头3裂；蒴果圆锥形，有宿存萼，成熟时3瓣裂；种子卵形，褐色，有光泽。花期7～8月，果期8～9月。

野外识别要点 ①茎缠绕生长，多分枝，有浓臭气味，常下部有毛，上部近光滑。②叶卵状心形，叶背粉绿色，两面有毛，边缘有波状齿。③花阔钟形，淡黄绿色，口部5裂，裂片正三角形，尖端稍反卷。

别名：仙草根、合参、中灵草、叶子菜、黄参、上党参、狮头参	科属：桔梗科党参属
用途：根可入药，秋季采挖，具有补中益气、健脾益肺的功效。	

点地梅

Androsace umbellata(Lour.)Merr.

· 生境分布 常生长在林下、草坡或荒地等阳光充足的地方。主要分布于我国西北、西南、华中及华北地区。

· 形态特征 一年生草本。植株低矮，无地上茎，全株被白色长柔毛；叶从生呈莲座状，圆形或卵圆形，先端钝圆，基部浅心形至近圆形，两面伏生短柔毛，边缘具钝牙齿，叶柄较长；花葶数条自叶丛中抽出，被白色短柔毛，伞形花序生于顶端，着花10余朵，苞片卵形至披针形，花梗纤细，果时可增长达6cm，花萼杯状，5深裂，裂片菱状卵圆形，呈星状展开，具3～6纵脉；花冠白色，5裂，裂片倒卵状长圆形，喉部黄色；蒴果卵球形，果皮白色。花果期4～6月。

· 野外识别要点 ①植株矮小，近贴地生长，叶基生。②花葶直立，伞形花序，花白色，花萼5深裂，花冠5裂。

叶丛生呈莲座状

根系发达，多分枝

别名：喉咙草、佛顶珠、铜钱草、白花草、清明花、天星花	**科属：**报春花科点地梅属
用途：全草可入药，具有解毒止痛的功效。另外，本种植株低矮，叶丛生铺地，花小似梅，是天然的绿化植物。	

鹅绒藤

Cynanchum chinense R. Br.

花

· 生境分布 常生长在荒地、田边及路旁。分布于我国西北、华东地区，河南、河北、辽宁等地也有分布。

· 形态特征 多年生草质藤本。植株攀援生长，全株被短柔毛，有乳汁，主根圆柱状，土黄色，茎纤细，红褐色，多分枝；叶对生，宽三角状心形，先端锐尖，基部心形，主脉明显，叶面深绿色，叶背灰绿色，全缘，叶柄长2～5cm；2歧聚伞花序腋生，花约20朵，花萼5深裂，裂片披针形，外面被柔毛；花冠白色，5裂，裂片长圆状披针形；副花冠杯状，顶端裂成10个丝状体，分2轮排列；花粉块每药室1个，下垂，子房上位；柱头近五角形，顶端2裂；蓇葖果双生或仅有1个发育，细圆柱形，长可达12cm，种子长圆形，成熟时黄棕色，顶端具白绢状种毛。花期6～7月，果期8～9月。

· 野外识别要点 ①茎缠绕生长，有白色乳汁，叶对生，三角状心形。②花白色，花冠5深裂，蓇葖果细圆柱形，直径约5mm。

别名：祖子花、羊角苗、纽丝藤、过路黄、白前、羊奶角角	**科属：**萝藦科鹅绒藤属
用途：根及乳汁可入药，夏、秋季随用随采，有祛风解毒、健胃止痛的功效。另外嫩叶春季采摘，可作野菜食用。	

二色补血草

Limonium bicolor (Bunge) O. Kuntze

二色补血草也叫“干枝梅”，有“不凋谢花”的称号。这是由于宿存花萼干膜质，就像用纸折叠而成，干而柔韧，即使采下来长达几个月，也还跟原来一样，令人惊叹！

生境分布 常生长在盐碱地中，是盐碱地的指示植物。分布于我国东北、华北、西北地区，江苏等地也有分布。

形态特征 多年生草本。株高30～70cm，根茎短，地上茎丛生，直立或倾斜，无毛；叶自根茎顶部发出，匙形或长倒卵形，先端具短尖，基部渐狭成翅柄，全缘；花茎直立，多分枝，伞形花序着生于枝端而位于一侧，花两性，花萼漏斗状，缘部5裂，折叠，干膜质，白色或淡黄色，外面棱上有毛；花瓣5枚，黄色，匙形至椭圆形，先端浅裂，基部合生；雄蕊5，着生花瓣基部；子房上位，1室，花柱5，分离，柱头头状；蒴果倒卵形，表面具5棱，包于萼内。花果期5～10月。

野外识别要点 本种多生长在盐碱地中，叶基生，长匙形；花茎多分枝，花序着生于枝端而位于一侧，花萼白色、淡黄色或粉色，干膜质，花冠黄色，较容易识别。

别名：蝎子花菜、扫帚草、血见愁、苍蝇花、燎眉蒿	**科属：**白花丹科补血草属
用途：①药用价值：全草带根可入药，春、秋或冬季采收，具有补血、止血、散瘀、调经、益脾、健胃的功效。②食用价值：嫩叶可食，春季采摘，洗净、焯熟，调拌即可。	

飞蛾藤

Porana racemosa Roxb.

花

生境分布 常生长在山坡草地、沟谷或灌丛，海拔可达2000m。分布于我国长江流域以南大部分省区，陕西、甘肃也有少量分布。

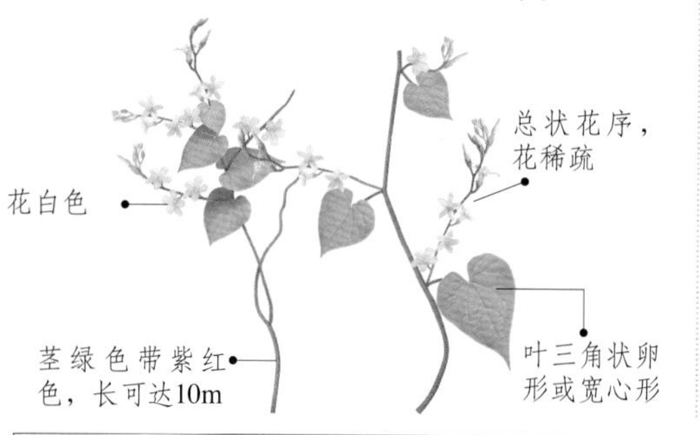

形态特征 常绿草质藤本。植株攀援生长，茎圆柱形，绿色带紫红色，长可达10m，多分枝；叶三角状卵形或宽心形，先端渐尖，基部心形，两面疏生柔毛，叶背稍密，掌状脉7～9条基出，全缘，叶柄长5～10cm；总状花序叉状分歧，花稀疏，心形苞片着生分叉处，抱茎；萼片线状披针形，果熟时增大成椭圆状匙形；花冠漏斗形，白色，管部带黄色，顶端5深裂，裂片椭圆形，边缘稍内卷；蒴果卵形，种子1，卵形，成熟时黑褐色，具光泽。花果期春夏季。

野外识别要点 本种特别之处在于总状花序有叉状分枝，着生于分叉处的苞片心形，花冠白色，长约1cm，容易识别。

别名：马郎花、白花藤、打米花	科属：旋花科飞蛾藤属
用途：全草可入药，具有暖胃、补血、散瘀的功效。	

附地菜

花

花序生茎顶，长可达20cm

Trigonotis peduncularis (Trev.) Benth. ex Baker et Moore

生境分布 常生长在荒地、草地、林缘、灌木丛及田间。分布于我国南北大部分省区，欧洲东部和日本也有分布。

形态特征 一年生或二年生草本。植株低矮，茎常簇生，自基部分枝，被短糙伏毛；基生叶呈莲座状，叶片较小，匙形或卵状椭圆形，先端圆钝，基部楔形或渐狭至柄，两面和叶缘有糙毛，全缘，有叶柄；茎生叶长圆形或椭圆形，叶形与基生叶相似，具短柄或无柄；花序生茎顶，幼时卷曲，后渐伸长，长可达20cm，基部具2～3个叶状苞片，其余部分无苞片；花梗短，花后稍增长，顶端与花萼连接部分变粗呈棒状；花萼5裂，裂片卵形，端尖锐，有短毛；花冠淡蓝色或粉色，5裂，裂片平展，倒卵形，喉部白色或带黄色，有8个鳞片状附属物；小坚果4，四面体形，有锐棱；花期5～6月。

野外识别要点 ①基生叶倒卵状椭圆形或匙形，两面和叶缘有短糙毛。②花小，花冠裂片覆瓦状排列，小坚果四面体形。

别名：地胡椒	科属：紫草科附地菜属
用途：全草可入药，具有温中健胃、消肿止痛、凉血止血的功效。	

过路黄

Lysimachia christinae Hance

花

生境分布 生长在沟边、山坡或路旁等阴湿处。分布于我国陕西、河南等省，长江流域及西南地区也有分布。

形态特征 多年生草本。全株有短柔毛或近于无毛，茎匍匐状生长，长可达60cm，自基部向顶端渐细弱而呈鞭状，节上生根；叶对生，心形或宽卵形，先端圆钝或稍尖，两面有黑色腺条，全缘，具短叶柄；花成对腋生，花梗长达叶端，花萼5深裂，裂片披针形，外面有黑色腺条；花冠黄色，长为花萼的2倍，裂片舌形；雄蕊5枚；花丝基部合生成筒；子房表面有黑色腺斑；蒴果球形，有黑色短腺条，成熟时瓣裂。花期5～7月。

野外识别要点 本种茎匍匐，叶对生，叶片心形，花成对生叶腋，黄色，花梗长达叶顶部，在野外较容易识别。

别名：金钱草、风寒草、兔儿丝、真金草、走游草、铺地莲	科属：报春花科珍珠菜属
用途：全草可入药，秋季采收，可治疗胆囊炎、胆结石、尿路结石、黄疸性肝炎等症。另外嫩叶可作野菜食用。	

红花龙胆

Gentiana rhodantha Franch. ex Hemsl.

花

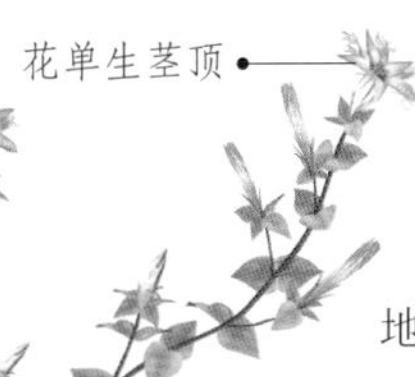

生境分布 常生长在林下、草丛或灌丛。主要分布于我国西北、西南地区，湖北等地也有分布。

形态特征 多年生草本。株高20～50cm，具短缩根茎，茎直立，具细条棱，常带紫色；基生叶呈莲座状，椭圆形或卵形，边缘膜质浅波状；茎生叶较小，宽卵形或卵状三角形，叶脉3～5条，叶背疏生柔毛，边缘浅波状；叶柄短或无，密被短毛；花单生茎顶，无花梗，花萼筒状，脉稍突起，具狭翅，微带紫色，具缘毛；花冠筒状，淡红色，有紫色纵纹，上部开展，5裂；蒴果长椭圆形，熟时淡褐色，具果柄；种子近圆形，淡褐色，具翅。花果期10月至来年2月。

野外识别要点 本种花极具特色，花大，淡红色或淡紫色，花冠筒状，内面白色，有纹，上部5裂，裂片卵状三角形，裂片间具褶，先端具细长流苏，在野外较容易识别。

别名：土白连、九月花、星秀花、雪里梅	科属：龙胆科龙胆属
用途：全草可入药，冬季采收，洗净，鲜用或晒干，具有清热、利湿、解毒的功效。	

花锚

Halenia corniculata (L.) Cornaz.

花

花枝图

· 生境分布 常生长在林下、山沟水边或阴坡，海拔可达1600m。分布于我国大部分省区，国外分布于欧洲及俄罗斯西伯利亚、朝鲜、日本。

· 形态特征 一年生草本。株高20～70cm，根黄褐色，茎直立，四棱形，具细条棱；叶对生，茎下部叶匙形，先端钝或圆，基部楔形，全缘，具短柄，通常早落；茎上部叶稍小，椭圆状披针形或卵形，先端渐尖，基部宽楔形或近圆形，嫩叶密生乳突，后脱落，叶脉3条，叶背沿脉密生短硬毛，全缘，叶柄短或无；伞形花序顶生或轮伞形花序腋生，花梗直立，小花黄色，花萼裂片4，狭三角状披针形，具1脉，两边及脉被短硬毛；花冠钟形，裂片卵形或椭圆形，各有1个角状的距；子房卵圆形；无花柱，柱头2裂，外卷；蒴果卵圆形，成熟时淡褐色，顶端2瓣裂；种子椭圆形，多数，褐色。花果期7～9月。

· 野外识别要点 本种在野外容易识别，花黄色，花冠4裂，每个裂片都有一个长长的角状距，全朵花很像一个航海用的铁锚。

别名：金锚	科属：龙胆科花锚属
用途：全草可入药，具有清热解毒、凉血止血的功效。另外本种花形奇特，可盆栽或种植于花境、草坪等地观赏。	

花荵

Polemonium caeruleum L.

花

花荵是一种非常美丽的野花，不仅花姿、花色出众，就连小叶也都一片片地与叶轴成直角生长，就像整齐的队伍，颇为有趣。

· 生境分布 常生长在草甸、沟谷、疏林及荒野。主要分布于我国东北、华北及西北地区。

· 形态特征 多年生草本。株高30～80cm，茎直立，微被柔毛；奇数羽状复叶，基生叶丛生，茎生叶互生；小叶11～25片，通常与叶柄垂直生，披针形或卵状披针形，宽不超过1cm，先端渐尖，基部楔形或圆形，全缘，具短柄；圆锥花序顶生或腋生，花稀疏，花梗短而有腺毛，萼钟状，5裂；花冠钟状，蓝紫色或蓝色，上部5裂，裂片倒卵形；蒴果卵圆形。花果期6～8月。

· 野外识别要点 ①奇数羽状复叶，互生，具长柄，小叶长披针形，基部楔形至圆形，无托叶。②花钟状，蓝紫色或淡蓝色，口部5裂，柱头3裂。

别名：电灯花、灯音花儿	科属：花荵科花荵属
用途：根茎及根可入药，秋季采收，洗净，晒干备用，具有止血、祛痰、镇静的功效。	

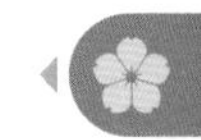

黄花龙牙

茎上部叶

Patrinia scabiosaefolia Fisch. ex Link.

成熟瘦果

花正面图

生境分布 生长在山坡、沟谷、草丛或林缘等湿地。广泛分布于我国南北各地。

形态特征 多年生草本。株高可达1.5m，根状茎横走，撕破皮有刺鼻的腐烂气味，茎直立，茎枝被脱落性白粗毛；基生叶簇生，长卵形，羽状全裂或不裂，边缘具粗齿，叶柄长，花时枯落；茎生叶对生，披针形或窄卵形，羽状深裂或全裂，裂片2～3对，中央裂片最大，椭圆形或卵形，两侧裂片窄椭圆形或条形，两面常疏生粗毛，边缘具缺刻；大型疏散聚伞状花序，总花梗近方形，花黄色，花冠筒短，口部5裂；瘦果长圆柱形，极小。花果期夏季。

野外识别要点 本种属高大草本，根茎破皮后有腐烂气味；叶羽状深裂或全裂；花黄色，花序梗也为黄色，容易识别。

别名：败酱	**科属：**败酱科败酱属
用途：根可入药，中药称“败酱”，具有清热解毒、祛瘀排脓的功效。	

黄莲花

Lysimachia davurica Ledeb.

生境分布 常生长在山野、林缘、草丛、溪边或路旁等阴湿地。分布于我国东北、华北、华东及西南地区。

形态特征 多年生草本。株高40～80cm，具匍匐生长的根茎，地上茎直立，上部有细腺毛；叶对生或3～4片轮生，披针形至狭卵形，先端渐尖，基部稍钝，叶面散布黑点，叶背灰绿色且柔毛多，基部有细腺毛，全缘，无柄；圆锥状或复伞房状花序，花密集，花梗极短，基部有狭线形小苞片，花萼5裂，裂片狭三角形，边缘内有黑色条状腺体；花冠5裂，狭卵形，内面及花丝均有淡黄色粒状细突起；雄蕊5，花丝基部结合成短筒；蒴果卵球形。花期夏季。

野外识别要点 ①叶对生或3～4片轮生，叶面散布黑点，叶背灰绿色且柔毛多。②花黄色，生于上部叶的叶腋，花冠5裂，雄蕊5，与花冠裂片对生。

黄色花密集

叶对生或3～4片轮生，叶面散布黑点

别名：大红袍、红根草、狗尾巴草、通筋草、水荷子、矮脚荷、红丝毛、酸罐罐	**科属：**春花科黄莲花属
用途：全草及根茎可入药，具有清热解毒、泻火燥湿的功效。	

锦灯笼

Physalis alkekengi var. *francheti* (Mast.) Makino

成熟的红色浆果

花白色

锦灯笼在我国栽培历史悠久，早在公元前300年，《尔雅》中便有了相关记载。小孩子们喜欢把花萼包裹的红色浆果叫作“红姑娘”，摘下一个，捏得软软的，挤出种子和汁液，把空皮放在嘴边一吹，就会发出响亮的声音，十分好玩。

可以制作哨子的“红姑娘”

生境分布 常生长在荒野、路旁或村庄附近。广泛分布于全国大部分省区，主产东北三省及内蒙古，朝鲜、日本也有分布。

形态特征 多年生草本。株高25～60cm，全株密生短柔毛，有横走的根状茎，地上茎直立，多分枝，节间膨大；茎下部叶互生，上部叶对生，叶片卵形至菱状卵形，长达8cm，宽达5cm，先端渐尖，基部楔形，偏斜，叶缘锯齿或波状，叶柄长；花单生于叶腋，花萼钟状，5深裂，果时花萼增大呈囊状，包围果实，故得名，具10纵脉；花冠钟形，白色，直径约2cm，5裂，裂片辐射状排列；雄蕊5，花药黄色；子房2室；浆果球形，下垂，成熟时红色，种子多数，肾形，黄色。花果期7～10月。

野外识别要点 本种花萼果期增大呈囊状，包裹浆果，下垂，成熟时浆果红色，花萼紫红色，好像一盏红灯笼，在野外容易识别。

全株密生短柔毛

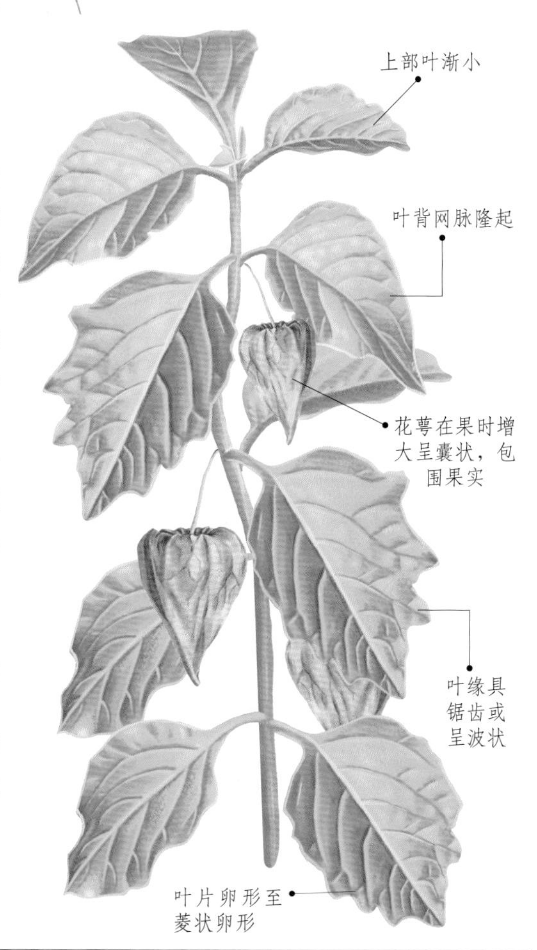

别名：挂金灯、天泡、姑娘菜、花姑娘、酸浆、灯笼草、洛神珠	科属：茄科酸浆属
用途：①食用价值：果实可食，夏、秋季采集，可直接食用，也可做成果酱，味道鲜美。②药用价值：全草、根际果实可入药，具有清热解毒、化痰止咳、利尿的功效。	

桔梗 ＞花语：永恒不变的爱

Platycodon grandiflorus (Jacq.) A. DC.

桔梗用朝鲜语叫作“道拉基”，关于这个名字有一个美丽的传说。从前，有一位叫道拉基的姑娘，她的恋人因为砍死了来抢她的地主而被抓进监狱，道拉基悲痛欲绝，每天在恋人砍柴必经的路上哭泣，最后化为一朵紫色的小花，人们就叫这种花为道拉基。花语便是：永恒不变的爱。

生境分布 常生长在草坡或沟谷。分布于我国大部分省区。

形态特征 多年生草本。株高40～120cm，内有白色乳汁，主根粗大呈胡萝卜形，外皮淡黄色；茎直立，上部有分枝，叶多为互生，少数对生或3片轮生，卵形至披针形，叶背具白粉，先端钝，基部渐狭至抱茎，边缘有尖锯齿，近无柄；花常单生或数朵成总状花序聚生茎顶，花大形，蓝紫色或蓝白色，具短花梗；花萼钟状，花冠阔钟形，5浅裂，裂片三角状，尖端稍外卷；雄蕊5，花柱柱头5裂；蒴果倒卵形，成熟时顶部5瓣裂，种子多数，黑褐色。花期6～9月。

野外识别要点 ①株形挺拔，下部叶常轮生，中部叶互生，上部叶对生，叶片长椭圆形或披针形。②花蓝色，集中生于枝顶，花冠阔钟形，花瓣具突起脉络，喉部白色。

植株内有白色乳汁

别名：六角荷、包袱花、铃铛花、僧帽花	科属：桔梗科桔梗属
用途：①药用价值：根可入药，春季采挖，具有祛痰、宣肺、排脓的功效。②食用价值：嫩叶及根可食，春季采叶，秋季挖根，也可炒食或做汤，根蒸、煮、腌或炒均可。③景观用途：本种形高花艳，常作观赏花卉种植于花境、岩石园，或作切花。	

狼尾花

Lysimachia barystachys Bunge

由于花序很长，且向上渐渐变窄，故名狼尾花。每当初夏，成群结队的狼尾花簇拥在一起，你争我赶地绽放开一朵朵白色的小花，远远望去，那高高翘起的大尾巴真是惹人喜爱！

生境分布 常生长在草地、林缘、灌丛或路旁等阴湿地。分布于我国东北、华北、华东、西北及西南地区。

形态特征 多年生草本。株高30～100cm，全部密被柔毛，具横走根茎，茎直立，基部红色，向上渐淡；叶互生或近对生，长圆状披针形、倒披针形以至线形，厚纸质，长达10cm，宽不到2cm，先端急尖，基部楔形，两面有柔毛，全缘，近无柄；总状花序顶生，下宽上窄，呈狼尾状，故得名，果期长可达30cm，花密集，苞片线状钻形，花萼钟形，5裂，裂片卵圆形，边缘膜质；花冠白色，常5裂，裂片舌状，先端有暗紫色短腺条；雄蕊5枚，内藏；花丝基部连合并贴生于花冠基部；花药椭圆形；子房上位，1室；花柱柱头膨大，顶部绒毛状；蒴果卵球形，成熟时瓣裂，种子多数，具光泽。花期5～8月，果期8～10月。

野外识别要点 ①叶互生或近对生，椭圆状披针形至倒披针形，密被细柔毛。②花白色，总状花序，开花时常弯曲呈狼尾状。

总状花序下宽上窄，呈狼尾状，故得名

花密集，白色

叶腋生小枝

叶面有柔毛

叶长圆状披针形至线形

茎基部红色

别名：重穗排草、虎尾草、红丝毛、酸草根、百日疮	**科属**：报春花科珍珠菜属
用途：①药用价值：全草可入药，具有清热解毒、活血调经、利尿消肿的功效。②食用价值：嫩叶可食，春季采摘，洗净、焯熟，调拌即可。③景观用途：本种株形挺拔，花色艳丽，可栽培观赏。	

肋柱花

Lomatogonium carinthiacum (Wulf.) Reichb.

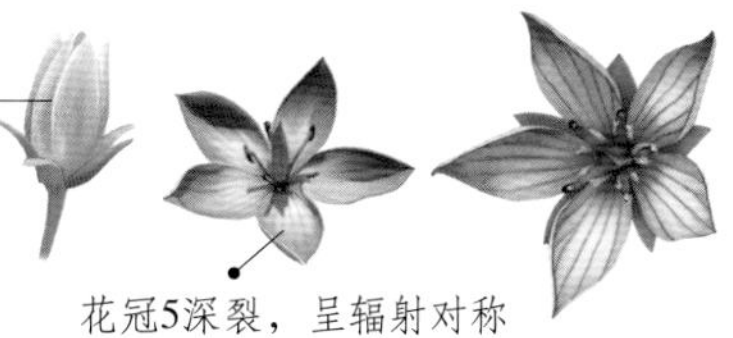

生境分布 生长在草地、灌丛、沟谷或草甸等处。主要分布于我国东北、西北、西南地区。

形态特征 一年生草本。植株低矮，茎细弱，四棱形，节间长；基生叶丛生，呈莲座状，叶片匙形，基部狭缩成柄，早落；茎生叶对生，椭圆形至披针形，向上渐小，先端钝或急尖，基部渐狭，中脉在叶背凸出，全缘，无柄；花生分枝顶端，多数组成聚伞花序，花梗近四棱形，花萼5裂，裂片具1～3条脉；花冠淡蓝色，5深裂，每裂片具数条深紫色纹，边缘稍内卷，基部两侧各具1个管形腺窝；蒴果椭圆形，种子小，近圆形，褐色。花果期8～10月。

野外识别要点 ①叶对生，长椭圆形至披针形，向上渐小。②花淡蓝色，花冠5深裂，呈辐射对称，无花柱，柱头沿子房缝合线下延。

别名：辐花侧蕊	**科属**：龙胆科肋柱花属
用途：全草可入药，具有清热解毒、祛风除湿的功效。另外本种株形秀美，花密而艳，可引种栽培观赏。	

篱打碗花

Calystegia sepium (L.) R. Br.

生境分布 常生长在荒地、林缘、草丛、田间或路旁，海拔可达2000m。广泛分布于我国南北大部分省区。

形态特征 一年生草本。植株卧地或缠绕生长，全株无毛，茎细长，具细棱；叶形多变，三角状卵形、宽卵形、戟形或箭形，先端尖，基部心形，全缘或基部稍伸展为具2～3个大齿缺的裂片，具长柄；花单朵腋生，花梗通常稍长于叶柄，有细棱，苞片2枚，宽卵形，包住花萼；萼片5，卵形，顶端渐尖；花冠漏斗状，白色或有时淡红或紫色，口部近圆形而微裂；雄蕊花丝基部扩大；花丝基部结合成短筒；子房无毛，柱头2裂；蒴果卵球形，宿存，种子熟时黑褐色，表面有小疣。花期春夏季。

野外识别要点 与打碗花非常相似，但篱打碗花的叶及苞片、花均较大，花冠长4～7cm。

别名：篱天剑、宽叶打破花、兔儿草、吊茄子、饭豆藤	**科属**：旋花科打碗花属
用途：本种虽是常见野花，但生性强健，叶绿花艳，现已作为垂直绿化植物被广泛引种种植。	

鹿蹄草

Pyrola rotundifolia L.

· 生境分布 常生长在山地针叶林、阔叶混交林等温暖湿润的地方。主要分布于我国华东、华北、西北和西南地区。

· 形态特征 多年生常绿草本。植株低矮，根茎细长、横生，茎直立，全株无毛；叶基生，4～7片，圆形或圆卵形，革质，具光泽，先端圆钝，基部圆截形或浅心形，叶脉明显，叶背及叶柄灰绿色，全缘或有疏圆齿，叶柄较长；花葶自基部发出，常有苞片1～2枚，长椭圆状卵形；总状花序生于顶部，着花8～15朵，花白色，稍下垂，花梗极短，腋间有膜质小苞片；萼片狭披针形，花瓣5，倒圆卵形；雄蕊10，花药黄色，具小角；花柱向上弯曲，伸出花冠，柱头5浅裂；蒴果扁球形。花期6～7月，果期8～9月。

· 野外识别要点 ①叶基生，4～7片，圆形或圆卵形。②花葶上有1～2鳞片叶，花白色，萼片狭披针形，柱头5浅，顶端有明显的环状突起。

别名：圆叶鹿蹄草、鹿含草、破血丹、六衔草	**科属：**鹿蹄草科鹿蹄草属
用途：本种是理想的观叶植物，北方多盆栽，南方可孤植或丛植于庭院、岩石园等处。	

萝藦

Metaplexis japonica (Thunb.) Makino

花冠钟形，5浅裂

面中脉近基处常带紫色

总状伞形花序，花白色带淡粉色斑纹

蓇葖果角状

· 生境分布 生长在荒地、沟谷、灌丛或路旁。分布于我国东北、华北、西北及西南地区。

· 形态特征 多年生草质藤本。植株攀援状生长，全株具乳汁，有块根，茎细长；叶对生，宽卵形或卵状心形，先端渐尖，基部心形，叶面中脉近基处常带紫色，叶背粉绿色，全缘；具叶柄，柄顶端丛生腺体；总状伞形花序腋生或腋外生，总花梗长，花多朵，花萼5深裂，绿色，有柔毛；花冠钟状，白色带淡粉色斑纹，先端反卷；副花冠杯状，5浅裂；雄蕊5，合生；子房上位，心皮2，离生；花柱延伸成线状，柱头2裂；蓇葖果角状，双生，长可达10cm，表面有瘤状突起，种子多数，顶端具白色种毛。花期6～8月，果期9～12月。

· 野外识别要点 本种攀援状生长，有白色乳汁，叶对生，宽卵形或卵状心形，蓇葖果角状，双生，表面有瘤状突起，在野外容易识别。

别名：飞来鹤、天将壳、白环藤、赖瓜瓢、奶浆藤、婆婆针线包	**科属：**萝藦科萝藦属
用途：全草、根及果实可入药，全草具有行气活血、消肿解毒的功效。根可补气益精。果壳可止咳化痰。	

曼陀罗

Datura stramonium L.

据说在汉代时，名医华佗便用曼陀罗花制成麻沸散，用于剖腹手术。明代李时珍在《本草纲目》中记载，自己喝了曼陀罗花泡的酒后，确实有种昏昏然之感，由此可知，曼陀罗花确有麻醉作用。

生境分布 多生长在山谷、河岸、林下、田间或路旁。几乎遍布我国各个省区。

形态特征 一年生草本。株高可达1.5m，主茎常木质化，带红褐色；叶互生，宽卵形，长、宽可达12cm，先端渐尖，基部楔形，常歪斜，边缘有不规则的波状或浅疏齿，有叶柄；花大，常单生于枝分叉处或叶腋，花梗短，花萼筒状，有5棱角，5浅裂；花冠漏斗状，直立向上，长6～10cm，筒部淡绿色，上部白色或淡紫色，口部5浅裂；雄蕊5，子房卵形；蒴果直立，卵形，通常有硬棘刺，成熟时4瓣裂；种子黑色，稍扁。花果期6～10月。

野外识别要点 ①植株较高，叶片宽大，边缘有不规则的波状或浅疏齿。②花大，白色，花萼有5棱角，5浅裂，花冠上部白色或淡紫色，下部绿色。③蒴果外被硬棘刺，成熟时4瓣裂。

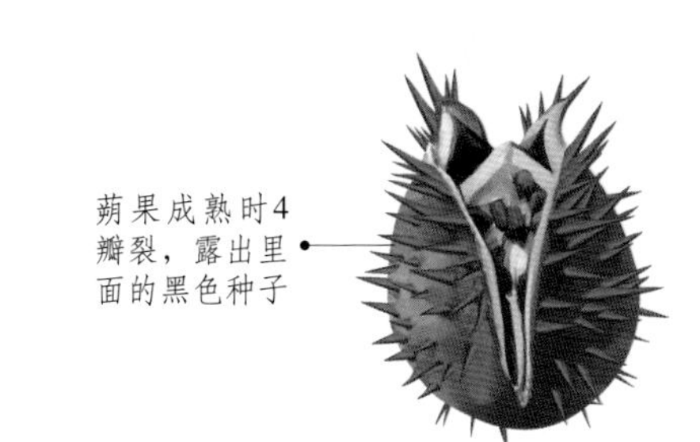

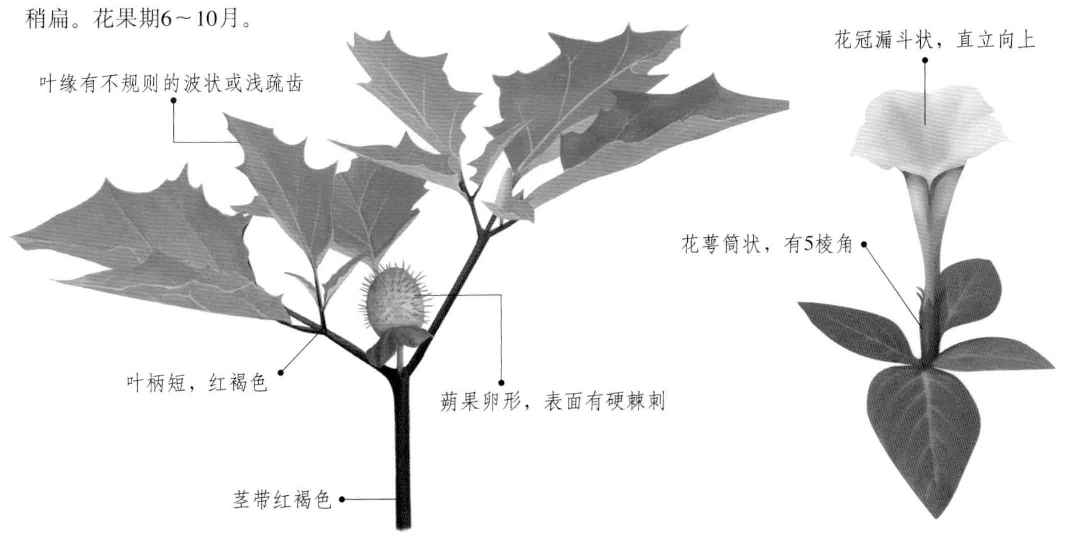

别名：醉心花、山茄子、满达、狗核桃、洋金花、万桃花	**科属：**茄科曼陀罗属
用途：叶、花及种子均可入药，具有麻醉、镇静、镇痛、止咳、平喘的功效。	

蓬子菜

Galium verum L.

生境分布 多野生于草坡、林缘、灌丛、沟边和河滩。分布于我国长江流域附近及以北大部分省区。

形态特征 多年生草本。植株低矮，高不过40cm，根细圆柱形，常数条簇生，茎四棱形，中空，直立，常丛生，幼时密被短柔毛，基部木质化；叶6～10片轮生，窄线形，纸质，长达5cm，宽仅0.4cm，两面有柔毛和小突起，中脉隆起，边缘反卷，无柄；聚伞花序顶生或腋生，通常在枝顶集合成大型圆锥状花序，总花梗密被短柔毛，花密集，黄色，萼筒与子房愈合；花冠筒极短，裂片4，卵形，辐射状排列；雄蕊4，伸出花冠；子房2室，花柱2枚，柱头头状；果实双头形，无毛。花期4～8月，果期5～10月。

野外识别要点 本种叶6～10片轮生，窄线形，花黄色，果实双头形，在野外容易识别。

大型圆锥状花序，花密集

叶6～10片轮生，窄线形

根茎节处生须根

别名：松叶草、黄米花、铁尺草、鸡肠草、黄牛尾、月经草	**科属：**茜草科猪殃殃属
用途：全草及根可入药，具有清热解毒、活血通经、去瘀消肿、止痒、利尿的功效。另外，嫩叶及种子可食。	

荠苨

Adenophora trachelioides Maxim.

生境分布 常生长在山坡草地、林下或灌丛，海拔可达1700m。分布于我国东北、华北及华东地区，朝鲜、俄罗斯也有分布。

形态特征 多年生草本。株高可达1.2m，茎单生，常“之”字形曲折，无毛；基生叶宽肾形，先端急尖，基部浅心形，边缘具缺刻或粗齿，叶柄长；茎生叶互生，长椭圆形或长心形，有时沿脉疏生短硬毛，边缘为单锯齿或重锯齿；大型圆锥花序，花稀疏，下垂，蓝色、蓝紫色或白色，花梗短，苞片2枚，长三角形；花萼5，条形，具1条明显中脉；花冠钟状，筒部长约3cm，口部5裂，裂片宽三角状半圆形，稍外卷；蒴果卵状圆锥形，种子长矩圆状，稍扁，熟时黄棕色，两端黑色，有一条棱，棱外缘黄白色。花果期7～9月。

野外识别要点 ①基生叶宽超过长；茎生叶互生，长达13cm，宽达8cm。②大型疏散的圆锥状花序，花下垂，蓝色、蓝紫色或白色，花冠筒较长，口部裂片稍外翻。

别名：杏叶菜、心叶沙参	**科属：**桔梗科沙参属
用途：根可入药，具有清热解毒、止咳化痰的功效。	

秦艽

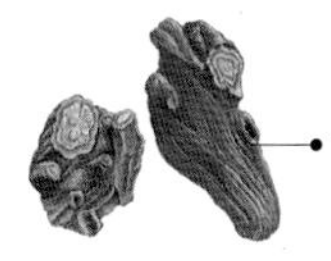

Gentiana macrophylla Pall.

生境分布 生长在山坡草地、林下、河滩、水沟边或路旁，海拔可达2400m。主要分布于我国西北、华北等地。

形态特征 多年生草本。株高30～60cm，主根圆柱形，茎近圆形，基部有残叶纤维，紫红色；基生叶呈莲座状，卵状椭圆形或狭椭圆形，先端尖，基部渐狭至抱茎，黄色中脉明显，全缘；茎生叶对生，椭圆状披针形或狭椭圆形，先端急尖，基部钝，叶脉3～5条，在叶背突起，边缘平滑，叶柄短或无；茎上部叶聚合成总苞状；花密集枝顶呈圆头状，无花梗，花萼膜质，一侧开裂呈佛焰苞状，萼齿4～5个，锥形；花冠管状，蓝紫色，5裂，裂片卵形或卵圆形，裂片间有褶；蒴果内藏或先端外露，卵状椭圆形，种子长圆形，成熟时红褐色，具光泽。花果期7～10月。

野外识别要点 ①茎直立或斜升，基部有枯叶纤维。②叶对生，披针形或椭圆状披针形。③聚伞花序顶生，密集成头状。

别名：大叶龙胆、大叶秦艽、西秦艽	科属：龙胆科龙胆属
用途：根可入药，具有祛风湿、舒筋络、清虚热的功效。另外本种株形小巧，花朵密集而美丽，可引种栽培观赏。	

双蝴蝶

Tripterospermum affine (Wall.)H. Sm.

叶向上渐小

花冠白色或蓝色，有紫色条纹

生境分布 常生长在林下、草坡或路旁，海拔可达2200m。分布于我国南方大部分省区。

形态特征 多年生藤本。植株攀援状生长，根细小，茎纤细，黄棕色至黄褐色；叶对生，基生叶倒卵形，先端钝圆，基部楔形，无柄；茎生叶卵圆形或卵状披针形，顶端渐尖，基部圆形或浅心形，叶柄短或无；全部叶片基出脉3条，全缘；花单生叶腋或数朵成聚伞花序，花梗极短，花萼管状，顶部5裂，裂片线形；花冠白色或蓝色，有紫色条纹，顶端5裂，裂片三角形，裂片间有褶；雄蕊5，着生于花冠管上；花柱极短，柱头膨大，2裂；蒴果成熟时2瓣裂；种子多数，三棱形，棱上有翅，其中1棱的翅较狭。花期夏季。

根茎细小

叶对生，中脉明显

野外识别要点 本种叶、花皆为对生，永远“成双成对”，叶片倒卵形，3脉，花蓝紫色，容易识别。

别名：肺形草、胡地莲、黄金线	科属：龙胆科双蝴蝶属
用途：全草可入药，具有清热解毒、止咳止血的功效。	

砂引草

Tourneforfia sibirica L.

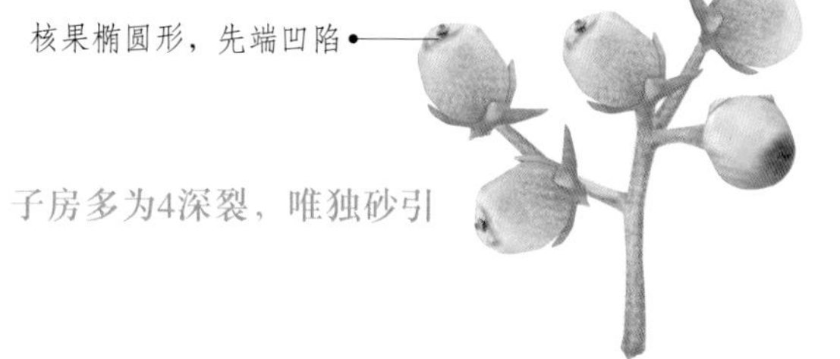

砂引草属紫草科植物，但在众多植物中，子房多为4深裂，唯独砂引草子房不裂，可谓十分特殊！

生境分布 常生长在沙地、沙丘、荒漠或碱滩。主要分布于我国东北、华北及西北等气候干旱地区，俄罗斯也有分布。

形态特征 多年生草本。植株低矮，高不过30cm，根状茎细长，茎直立或斜升，常自基部分枝，密生长柔毛；单叶互生，较小，披针形、倒披针形或长圆状披针形，先端钝或尖，基部楔形，两面伏生长柔毛，中脉明显，在叶背隆起，全缘，近无柄；聚伞花序顶生，花密集，萼片5深裂，裂片披针形，密生向上的糙伏毛；花冠钟状，白色，口部5裂，裂片卵形或长圆形，外弯，边缘皱缩，喉部无鳞片状附属物；雄蕊5，内藏；子房不裂，4室，每室1胚珠；花柱细，柱头浅2裂，下部环状膨大；核果椭圆形，密生短毛，先端凹陷，具纵肋，成熟时2瓣裂，每瓣含2粒种子。花期5～7月。

野外识别要点 本种矮小，往往成片生长，全株密生柔毛，叶长披针形，花白色，花冠5裂，裂片反卷，边缘皱缩。

别名：紫丹草、西伯利亚紫丹	**科属：**紫草科砂引草属
用途：本种根茎发达，生性强健，固沙能力强，常作地被植物种植于干旱沙质地区，或作盐碱地改良。	

天仙子

Hyoscyamus niger L.

生境分布 常生长在荒野、草丛、林下或路旁。分布于我国东北、华北、西北、西南及华东地区，蒙古、俄罗斯、印度也有。

形态特征 一年生草本。株高30～70cm，全株有长柔毛或腺毛，根粗壮、肉质，茎直立，不分枝；基生叶呈莲座状，长匙形，早落；茎生叶互生，卵形或长圆形，先端锐尖，基部渐狭抱茎，两面有长柔毛，中脉明显，在叶背隆起，边缘有不对称波状齿；花单生叶腋，数朵在茎顶组成偏向一侧的蝎尾状穗状花序，花梗极短，花冠钟形，黄色，有紫纹，先端5浅裂，喉部深紫色，果期增大成壶状；蒴果卵球状，包于萼内，盖裂；种子圆盘形，淡黄棕色。花期5～7月，果期6～8月。

野外识别要点 ①全株有柔毛或腺毛，叶互生，卵形或长圆形，边缘有不对称波状齿。②花单生叶腋，但在茎顶聚集成偏向一侧的蝎尾状穗状花序，花黄色，有紫纹，喉部深紫色。

别名：莨菪、山烟、闹羊花、行唐、牙痛子、羊踯躅	**科属：**茄科天仙子属
用途：种子可入药，中药称“天仙子”，有毒，具有解痉、止痛、安神、杀虫的功效。此外，根、叶也可入药。	

土丁桂

Evovulus alsinoides L.

生境分布 常生长在山坡草地、疏林及灌木丛，目前尚无人工引种栽培。广泛分布于我国长江流域以南各省及台湾。

形态特征 多年生草本。株高20～60cm，茎细长，平卧或上升，具贴生的柔毛；叶互生，长椭圆形或匙形，先端具小尖头，基部圆形或渐狭，两面散生白色硬粗毛，中脉在叶背隆起，全缘，具短柄或近无柄；花常单生叶腋，或数朵成聚伞花序，总花梗丝状，有柔毛，苞片极小，线状钻形；萼片披针形，被长柔毛；花冠蓝色或白色，雄蕊5，内藏；花丝丝状，贴生于花冠管基部；花药长圆状卵形；子房无毛；花柱2，柱头圆柱形，2尖裂，先端稍棒状；蒴果球形，成熟时4瓣裂，种子黑色，具光泽。花果期5～9月。

野外识别要点 ①茎平卧或上升，具贴生柔毛。②叶互生，全缘，两面散生白色硬粗毛。③花小，常单生叶腋或数朵成聚伞花序，花冠漏斗状，冠檐5裂。

植株部分图

别名：白毛将、毛辣花、白鸽草、过饥草、毛将军、烟油花	**科属：**旋花科土丁桂属
用途：全草可入药，具有散瘀止痛、清热燥湿的功效。	

田旋花

Convolvulus arvensis L.

田旋花俗称喇叭花，叶形呈独特的戟形，花色粉嫩，花瓣合生而质地柔软，花心白色呈放射状，是一种常见的美丽野花。在野外，田旋花成片生长在农田中，严重影响了农作物的生长。

· 生境分布 常生长在荒野、疏林、灌丛、田边或路旁。分布于我国大部分省区。

· 形态特征 一年生草本。植株具横走的地下根茎，地上茎平卧或缠绕，有分枝，具棱，无毛；叶互生，戟形或箭形，中部较长，先端微圆，基部具2小耳，叶脉明显，无毛，全缘，叶柄长1～2cm；花1～3朵腋生，花梗细弱，苞片2，线形，远离萼片；萼片5，倒卵状圆形，被疏毛；花冠漏斗形，粉红色或白色，先端有不明显5浅裂，褶上无毛，外面有柔毛；雄蕊5，子房2室，无毛；柱头2裂，线形；蒴果球形或圆锥状，种子椭圆形，成熟时黑色。花期5～8月，果期7～9月。

· 野外识别要点 田旋花与牵牛花很像，但前者通常夏季开花，叶戟形或箭形，花淡粉色，而后者通常秋季开花，花色多彩、艳丽，叶为卵心形，3深裂，野外容易区别。

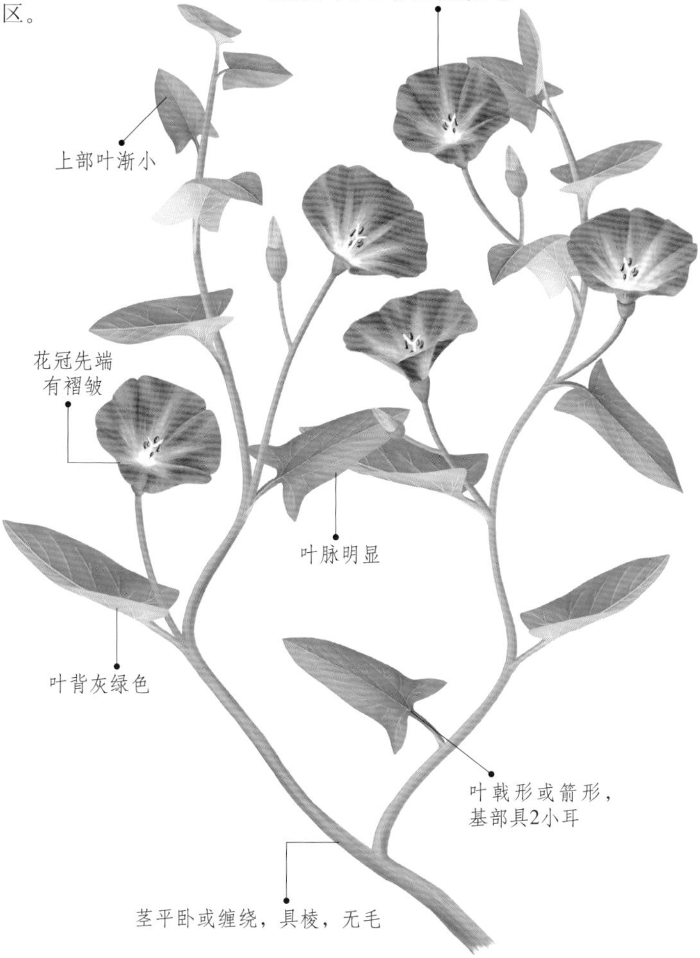

花冠漏斗形，粉红色或白色
上部叶渐小
花冠先端有褶皱
叶脉明显
叶背灰绿色
叶戟形或箭形，基部具2小耳
茎平卧或缠绕，具棱，无毛

别名：箭叶旋花、小旋花、田福花、野牵牛、拉拉菀	**科属：**旋花科旋花属
用途：①药用价值：全草可入药，具有调经活血、健脾益胃、利尿消肿的功效。②景观用途：本种攀援生长，叶形独特，小花粉嫩，可种植于花境、林缘、岩石园或墙垣观赏。	

勿忘草

Myosotis silvatica Hoffm.

蓝色小花

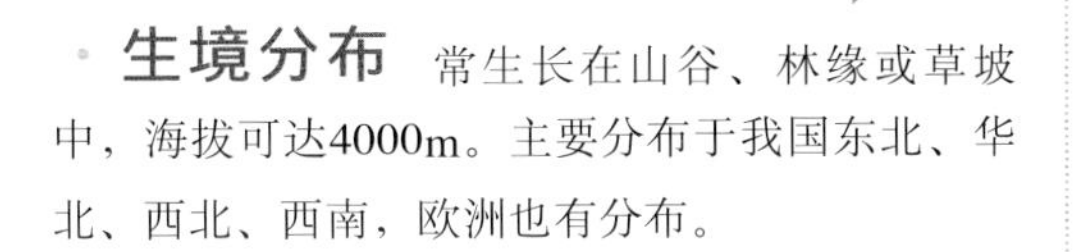

生境分布 常生长在山谷、林缘或草坡中，海拔可达4000m。主要分布于我国东北、华北、西北、西南，欧洲也有分布。

形态特征 多年生草本。株高20～50cm，茎直立，多分枝，被粗毛；叶互生，狭倒披针形、长圆状披针形或线状披针形，两面及叶缘有粗毛，毛基部具小形基盘，平行脉明显，全缘；下部叶具长柄，上部叶叶柄短而狭；螺状聚伞花序，花期短，花后伸长可达15cm，花梗粗壮，密生短伏毛；无苞片；花萼5深裂，裂片披针形，密被伸展或具钩的毛；花冠高脚碟形，蓝色，喉部黄色，有附属物5，上部5裂，裂片近圆形；小坚果卵形，暗褐色，有光泽。花期4～6月。

野外识别要点 全株被硬粗毛，茎直立，叶互生，狭倒披针形，花蓝色，花冠高脚碟形，喉部黄色，有5个附属物，花冠裂片旋转状排列。

别名：星辰花、毋忘草、补血草	**科属：**紫草科勿忘草属
用途：本种株形秀雅，小花蓝色，可作花境的配置材料，也可丛植于墙边、溪边、草坪或林缘观赏，还可作切花。	

狭叶珍珠菜

Lysimachia pentapetala Bunge

生境分布 常生长在荒地、林下或路旁。主要分布于我国东北、华北、华东及西北地区。

形态特征 一年生草本。株高30～60cm，茎直立，圆柱形，常分枝，密被褐色短腺毛；叶互生，狭披针形至线形，先端渐尖，基部楔形或渐狭成短柄，叶面绿色，叶背粉绿色，有褐色腺点，全缘；总状花序顶生，初时因花密集而成圆头状，果期可增长至40cm，苞片钻形，花梗极短，花萼下部合生，裂片狭三角形，边缘膜质；花冠白色，5深裂，裂片近匙形；蒴果球形，成熟时瓣裂。花期7～8月，果期8～9月。

野外识别要点 ①茎密被褐色短腺毛，叶互生，狭披针形，叶面绿色，叶背粉绿色，有褐色腺点。②花序初时圆头状，后渐伸长，果期可达40cm，花白色。

别名：无	**科属：**报春花科珍珠菜属
用途：全草可入药，具有解毒散瘀、活血调经的功效。	

缬草

Valerana officinalis L.

16世纪时，欧洲人利用缬草制作香料。不过，缬草的香味实在太过浓烈，采摘一把新鲜的缬草摆放在屋中，那不断散发出的味道有时会令人无法忍受！

· **生境分布** 多野生于高山草甸或疏林。主要分布于我国东北、华北、西北及西南地区。

· **形态特征** 多年生草本。株高可达1.5m，具匍匐根状茎，生多数须根，气味刺鼻，茎直立，有纵条纹，微被柔毛；基生叶丛出，通常为奇数羽状复叶（有时叶片长卵形、边缘不规则浅裂），小叶9～15片，中央小叶较大，先端急尖，基部鞘状，全缘或边缘具齿，茎生叶对生，羽状全裂，裂片披针形，全缘或具疏齿，无柄；茎上部叶渐小，不分裂，抱茎；伞房状3出圆锥聚伞花序，花密集，白色或紫红色；小苞片卵状披针形，具纤毛；花萼退化；花冠管状，5裂，裂片长圆形；雄蕊3；子房下位，长圆形；蒴果卵形，顶端有羽毛状冠毛，具1种子。花期6～7月，果期7～8月。

· **野外识别要点** 本种高大，具强烈刺鼻气味；叶对生，基生叶为羽状复叶，茎生叶羽状全裂，茎上部叶常不裂，花白色或紫红色，容易识别。

圆锥聚伞花序，花小密集

花冠管状，5裂

蒴果顶端有羽毛状冠毛

基生叶为奇数羽状复叶

茎生叶对生，羽状全裂

茎有纵条纹

根状茎匍匐生长，有刺鼻气味

别名：鹿子草、猫食菜、蜘蛛七、满山香、抓地虎、香草	**科属**：败酱科缬草属
用途：①药用价值：根及根茎可入药，具有养心安神、活血止痛、祛风解痉的功效。②食用价值：根含有麝香，可做香料。	

莕菜

Nymphoides peltatum (Gmél.) O. Kuntze

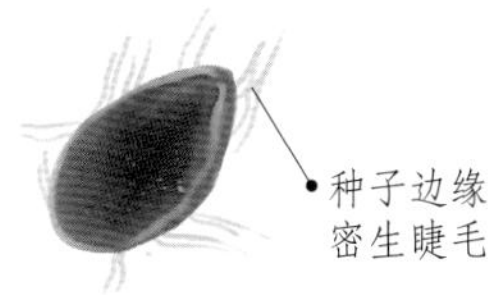

莕菜很像睡莲，也是一种适宜观赏的浮水植物。虽然每朵花开放的时间很短，只在上午9～12时，但全株花多，整个花期可长达4个月，因此非常适合栽培在池塘或水箱中观赏。

生境分布

常生长在池沼、河流或静水中。分布于我国东北、华北、华东、西北及西南地区，日本、朝鲜也有。

形态特征

多年生草本。植株水生，具不定根，根状茎横走，茎沉入水中，圆柱形，多分枝，密生褐色斑点，节下生根；叶漂浮水面，下部叶互生，上部叶对生，叶片圆心形，基部深心形，叶面粗糙，叶背带紫色且密被腺点，全缘或微波状；叶柄圆柱形，基部膨大呈鞘状，半抱茎；花腋生，通常5簇生成一束，花梗伸出水面，花萼5，分裂近基部，裂片椭圆形；花冠金黄色，顶部辐射状5裂，裂片宽倒卵形，中部质厚部分卵状长圆形，边缘宽膜质，具不整齐的齿状毛，喉部具5束长柔毛；雄蕊5，着生于冠筒基部；子房基部有蜜腺5；花柱长，瓣状2裂；蒴果无柄，长椭圆形，先端尖，不裂；种子多数，椭圆形，成熟时褐色，边缘密生睫毛。花果期4～10月。

野外识别要点

①植株生长在水中，叶浮于水面，圆心形。②花较大，黄色，花瓣边缘具齿状毛，喉部有5束长柔毛。

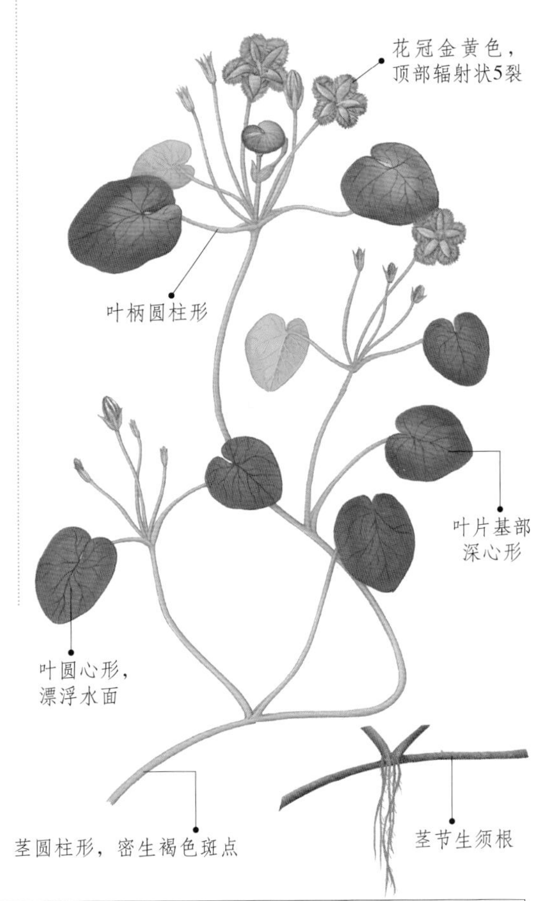

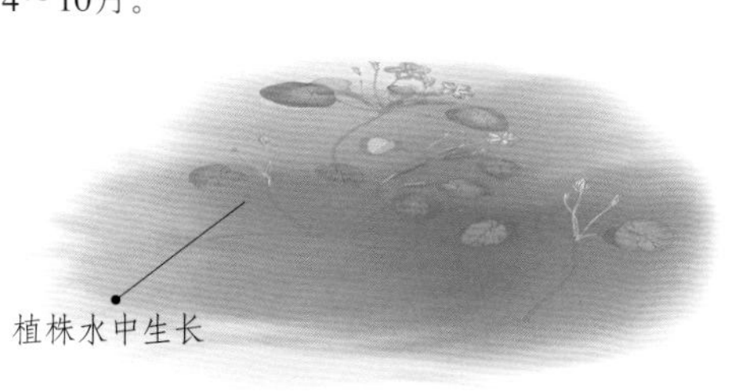

别名：金莲儿、荇菜、大浮萍、水荷叶、大紫背浮萍、水葵	**科属**：龙胆科荇菜属
用途：①药用价值：全草可入药，夏季采集，晒干，具有清热、发汗、透疹、利尿的功效。②食用价值：嫩茎可食，春季采摘，凉拌、炒食或蒸食均可。③景观用途：本种叶似睡莲，小花艳丽，很适合绿化水面，还可以净化水质。	

胭脂花

花正面图

Primula maximowiczii Regel.

生境分布 常生长在高山地带的林下、草甸、溪边或灌木丛。主要分布于我国东北、华北至西北一带。

形态特征 多年生草本。株高低矮，根状茎短，具多数长根；叶基生呈莲座状，叶片长圆状披针形或倒卵状披针形，先端钝圆，基部渐狭至柄，中肋稍宽，侧脉纤细，边缘具三角形小牙齿；叶柄长，柄具膜质宽翅；花葶直立，伞形花序生于顶部，1～3轮如塔形，每轮4～10朵，苞片披针形，基部连合；花梗短；花萼狭钟状，裂片三角形，具缘毛；花暗朱红色，花冠管状，上部5裂，裂片狭矩圆形，反折；蒴果圆柱形。花果期夏季。

花红色
小下垂

野外识别要点 本种株形特别，叶基生，边缘具三角形小牙齿，无柄；花葶直立而高，伞形花序1～3轮如塔形，花暗朱红色，花冠5裂，裂片反折，易识别。

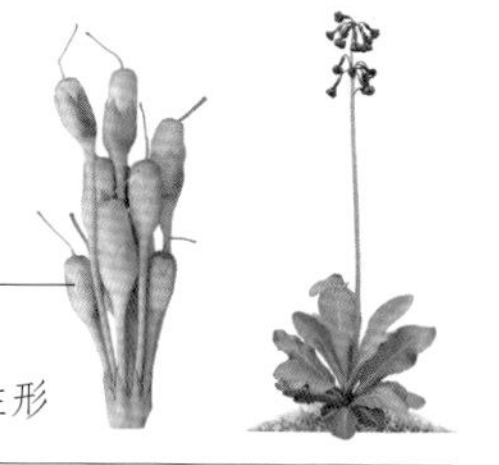

别名：星辰花、毋忘草、补血草	科属：报春花科报春花属
用途：全草可入药，具有祛风、止痛的功效。另外本种生性强健，花朵别具风姿，清香宜人，可引种栽培观赏。	

羊乳

果

Codonopsis lanceolata (Sieb. et Zucc.) Trautv.

顶端叶常
2～4片轮生

主根纺锤形

生境分布 常生长在沟谷、林下或灌丛阴湿处。分布于我国东北、华北、华东、华南及中南地区，日本、朝鲜、俄罗斯也有分布。

形态特征 多年生草质藤本。植株攀援状生长，有乳汁，散发臭气，主根纺锤形，粗壮，外皮黄褐色，茎细长，有分枝，微带紫色，疏生柔毛；叶在主茎上互生，细小，披针形或菱状狭卵形；小枝顶端叶通常2～4片轮生，更小，菱状卵形或狭卵形，叶脉明显，叶背灰绿色，近全缘，叶柄短；花单生或对生于小枝顶端，花梗长可达9cm，花萼5裂，裂片卵状三角形；花冠阔钟状，黄绿色，里面具紫色斑点或紫色，口部5浅裂，裂片三角状，顶端反卷；蒴果椭圆形，顶端有喙；种子多数，卵形，有翼，成熟时棕色。花果期7～8月。

茎细长，微带紫色

野外识别要点 ①植株有乳汁，散发臭气。②花阔钟形，黄绿色，喉部紫色或具紫色斑点，口部5浅裂，裂片反卷，常呈暗红色。

别名：羊奶参、四叶参	科属：桔梗科党参属
用途：根可入药，中药俗称“四叶参”，秋季采挖，洗净、晒干、切片，具有解毒排脓、补虚通乳的功效。	

野海茄

Solanum japonica Nakai

花

叶互生，叶脉明显

浆果熟时红色

生境分布 常生长在山谷、荒坡、疏林、溪边及路旁。除新疆、西藏外，我国大部分省区都有分布。

形态特征 多年生草质藤本。茎攀援生长，长可达1.2m；叶互生，三角状宽披针形或卵状披针形，先端渐尖呈尾状，基部楔形，两面无毛或疏生柔毛或仅脉上有毛，中脉明显，侧脉纤细，边缘波状或3～5裂，具长柄；小枝上部的叶较小，卵状披针形，具短柄；聚伞花序顶，花梗短，花稀疏，花萼浅杯状，5裂，萼齿三角形；花冠紫色，冠筒隐于萼内，基部具5个绿色的斑点，先端5深裂，裂片披针形，边缘外翻；子房卵形；花柱纤细，柱头头状；浆果圆形，成熟后红色；种子肾形。花期夏秋间，果熟期秋末。

野外识别要点 ①茎蔓生，植株近无毛。②聚伞花序顶生或腋外生，花紫红色，浆果成熟时红色。

别名：狗掉尾苗、毛风藤	**科属：**茄科茄属
用途：全草可入药，秋季采集，具有祛风除湿、活血通经的功效。另外嫩叶可作野菜食用，还可盆栽或种植观赏。	

异叶败酱

Patrinia heterophylla Bunge

生境分布 常生长在山坡、草地、山沟或石缝中。分布于我国东北、华北、华东、西北地区，广西也有分布。

形态特征 多年生草本。株高可达1.5m，根状茎横走，茎直立，圆柱形，节明显，有倒生粗毛；单叶对生，茎下部叶较大，有长柄，叶片卵形至圆卵形，边缘中上部具钝齿，下部近基处常常羽状全裂，裂片1～2对；茎中部叶3裂，中央裂片卵形，侧裂片长卵形，无柄；茎上部叶较窄，无柄；圆锥状聚伞花序，花序梗有短糙毛，基部有披针形总苞片，先端1～2裂，小苞片肾形，淡绿色，不裂；花两性，黄色，萼齿5，萼管与子房壁合生；花冠近钟形，裂片5，卵形，筒基部一侧有浅囊距；瘦果长圆形，顶端平截，小苞片增大成翅状果苞，种子1粒。花期7～9月，果期8～10月。

野外识别要点 ①本种较高，根有浓厚的腐酱气味，故得名。②花黄色，花冠基部一侧有浅囊距，在野外易识别。

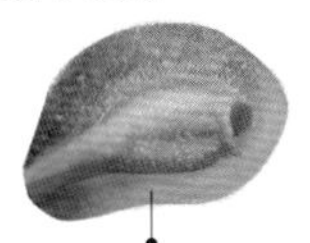

瘦果两边有翅状果苞

别名：追风箭、青荚儿菜、脚汗草、虎牙草、墓头回	**科属：**败酱科败酱属
用途：根或全草可入药，具有清热燥湿、止血、止带、抗肿瘤的功效。另外春季采摘嫩叶，可作野菜调拌食用。	

泽星宿菜

Lysimachia candida Lindl.

· 生境分布 生长在山沟、林缘、水田及路边湿地。广泛分布于我国长江流域以南各省区。

· 形态特征 一年生或二年生草本。植株低矮，高不过40cm，全株无毛，茎直立，有时基部稍带红色；基生叶匙形或倒披针形，具长叶柄，柄有狭翅；茎生叶通常互生，倒卵形、倒披针形或条形，先端渐尖，基部渐狭至柄，两面有褐色小腺点，全缘或稍呈波状，具柄；总状花序顶生，果时伸长，花密集，苞片线形，萼片椭圆状披针形，5深裂，裂片狭披针形，外面有明显的中脉和黑色小腺点；花冠白色，裂片椭圆状倒卵形；蒴果近圆形。花果期5～7月。

· 野外识别要点 ①植株无毛，茎基带红色，基生叶匙形，具长柄；茎生叶常互生，两面有褐色小腺点。②花白色，萼片5裂，裂片有中脉和黑色小腺点，雄蕊短，花丝分离。

别名：香花、泽珍珠菜、星宿菜	科属：报春花科珍珠菜属
用途：全草可入药，夏季采收，鲜用或晒干，具有清热解毒、利尿消肿的功效。	

展枝沙参

Adenophora divaricata Franch. ex Saw.

· 生境分布 常生长在山地、草坡、林下或灌丛，海拔可达1600m。主要分布于我国黑龙江、吉林、辽宁、河北、山东及山西等地。

· 形态特征 多年生草本。株高30～70cm，全株具乳汁，肉质根，茎直立，常分枝；茎叶轮生，每轮通常4～5叶，叶片菱状卵形至菱状圆形，先端急尖，基部渐狭至抱茎，边缘有锐锯齿，无柄；花序顶生呈狭塔形，常几轮分枝，花稀疏，蓝紫色；花萼5裂，裂片全缘；花冠钟状，筒部圆锥状，基部急尖，口部5浅裂，裂片半圆形；雄蕊5；花盘细长；花柱常伸出花冠。花期7～8月。

· 野外识别要点 本种具白色乳汁，茎分枝，叶常4～5片轮生；花序分枝开展，花钟状，蓝紫色，稍下垂，花柱有时伸出花冠外。

别名：羊奶参、四叶参	科属：桔梗科沙参属
用途：根可入药，中药俗称“南沙参”，具有清肺、化痰、止咳的功效。	

獐牙菜

Swertia bimaculata (Sieb. et Zucc.)Hook. f. et Thoms. ex Clarke

俯视獐牙菜的花，极像一个小小的五角星——花瓣充分开展，淡蓝色让人充满遐想，而从侧面看去，一朵朵小花就像一个个昂首挺胸的孩子，倔强地抬起头，勇敢面对炽热的太阳和寒风冷雨，令人惊叹！

· 生境分布 一般生长在荒地、山坡、草地或路旁。广泛分布于我国南北大部分省区。

· 形态特征 多年生草本。株高50～100cm，茎四棱形，多分枝，无毛；叶对生，基生叶长椭圆形，基出脉3条，全缘，具长柄；茎生叶椭圆形至卵状披针形，先端短尖，基部楔形或浅心形，具3出脉，全缘，叶柄短或无；复总状聚伞花序，顶生或腋生，花淡绿色，花梗长，花萼筒状，5深裂，裂片披针形；花冠5深裂近基部，裂片矩圆状披针形，具紫色小斑点，中部有2个黄色大斑点；雄蕊5；子房上位，柱头2裂；蒴果长卵形，成熟时2瓣裂；种子多数，圆形，熟后褐色，表面具瘤状凸起。花期5～7月，果期6～8月。

· 野外识别要点 ①叶对生，具3出脉，全缘。②聚伞花序，花冠5深裂，浅绿色，裂片具紫色小斑点，中部有2个黄色大斑点。

花瓣具紫色小斑点，中部有2个黄色大斑点

花梗长

叶背灰绿色

基部楔形或浅心形

叶对生，基出脉3条

茎四棱形，无毛

别名：黑节苦草、大苦草、走胆草、黑药黄、蓑衣草	**科属：**龙胆科獐牙菜属
用途：全草可入药，夏、秋采收，切段，阴干，具有清热、利湿、健胃、去痛的功效。	

重楼排草

Lysimachia paridiformis Franch.

花生于顶端

上部叶4～6片轮生

下部叶退化呈鳞片状

生境分布 常生长在沟谷、林下、灌丛等湿润处，海拔可达1400m。主要分布于我国西南和中南地区。

形态特征 多年生草本。植株低矮，根茎粗短，有时呈块状，密被黄褐色绒毛，茎直立、簇生，节部稍膨大，不分枝；茎下部叶退化呈鳞片状，茎中部和上部叶4～6片轮生，叶片倒卵形至椭圆形，长达17cm，宽达10cm，先端渐尖，基部楔形，两面散生黑色腺条，侧脉4～5对，在叶背隆起，全缘，干时坚纸质，具短柄；伞形花序生于茎顶，花密集，花梗较短，花萼深裂近达基部，裂片披针形，有时具稀疏缘毛和黑腺条；花冠黄色，裂片狭长圆形，基部稍合生；花丝基部合生成筒状；花药椭圆形；蒴果近球形。花期5～6月，果期7～9月。

野外识别要点 本种茎不分枝，基部稍膨大，下部叶退化呈鳞片状，中上部叶4～6片轮生，叶两面散生黑色腺条，花黄色，在野外较容易识别。

别名：四叶黄、落地梅、四块瓦、四儿风	**科属：**报春花科珍珠菜属
用途：全草可入药，具有散瘀、止血、止痛、调经的功效。	

紫斑风铃草

Campanula punctata Lam.

花白色，常带紫色斑点

花萼5裂

叶缘具钝齿

生境分布 常生长在草地、林缘、灌丛或路旁。主要分布于东北、华北、西北地区，四川、湖南、河南也有分布，日本、朝鲜、俄罗斯也有分布。

形态特征 多年生草本。株高可达1m，全株被刚毛，根状茎细长、横走，直立，粗壮，通常在上部分枝；基生叶心状卵形，具长柄；茎生叶互生，三角状卵形至披针形，两面有柔毛，边缘具钝齿；下部叶有带翅的长柄，上部叶近无柄；花单生枝顶或腋生，下垂，花梗长，花萼5裂，裂片长三角形，裂片间有一个卵形至卵状披针形而反折的附属物，边缘有芒状长刺毛；花冠筒状钟形，白色，常带紫色斑点，上部5浅裂，裂片有睫毛；雄蕊5，子房下位，柱头3裂；蒴果半球状倒锥形，具明显脉，熟时自基部3瓣裂；种子矩圆状，稍扁，灰褐色。花期7～8月，果期8～9月。

野外识别要点 本种有乳汁，全株被刚毛，下部叶有带翅长柄；花钟状，下垂，白色且有紫色斑点，容易识别。

别名：山小菜	**科属：**桔梗科风铃草属
用途：全草可入药，7～8月采割，具有清热解毒、止痛的功效。另外嫩叶可作野菜食用，还可栽种观赏。	

Xylophyta

木本篇

白背黄花稔

Sida rhombifolia L.

花单生叶腋

叶面有柔毛

· 生境分布 常生长在山坡草地、荒野、沟谷及灌丛。分布于我国西南、中南、华南。

· 形态特征 直立亚灌木。株高可达1m，全株有星状毡毛或柔毛，茎多分枝；叶菱形或长圆状披针形，先端钝圆或具短尖，基部宽楔形，两面有灰白色星状柔毛，边缘有锯齿；叶柄极短，有星状毛，托叶纤细，刺毛状；花单生叶腋，花梗长1～2cm，中部以上有2节，密被星状柔毛；花黄色，花萼杯形，5裂，裂片三角形，外面有星状毛；花瓣倒卵形，先端圆，基部狭；雄蕊无毛，具腺状乳突；花柱8～10分枝；蒴果盘状，分果爿8～10，被星状柔毛，顶端具2短芒。花果期7～11月。

· 野外识别要点 本种和拔毒散很相似，野外识别时注意：本种叶柄极短，叶背稍带灰白色，花黄色，单生叶腋，且雄蕊柱无毛。

花正面图

别名：麻笔、菱叶拔毒散、黄花母雾	**科属：**锦葵科黄花稔属
用途：全草可入药，具有消炎解毒、散瘀拔毒、祛风除湿的功效。另外本种茎皮的纤维可代替麻，编织口袋。	

白花丹

Plumbago zeylanica L.

花冠高脚碟形

具柄腺体

· 生境分布 生长在杂林、沟边或灌丛，海拔1600m。主要分布于我国长江流域以南地区。

· 形态特征 攀援状亚灌木。株高可达3m，根圆柱状，灰褐色；枝近圆柱形，具纵棱，节上带红色，髓部白色而疏松；叶长圆状卵形至卵形，纸质，先端渐尖，基部扩大抱茎，边缘微波状；穗状花序长可达17cm，花序轴具瘤状腺体，苞片3；花多数，花萼绿色，5棱，全部具有柄腺体；花冠高脚碟形，白色或略带蓝色，檐部裂片椭圆形；蒴果膜质，盖裂。花期夏季。

· 野外识别要点 ①枝具纵棱，节上带红色，叶基部扩大抱茎。②穗状花序，花密集，白色或蓝色，花序轴具瘤状腺体。

别名：白雪花、天槟榔、钻地风、棉白花、铁罗汉	**科属：**白花丹科白花丹属
用途：全株或根可入药，具有祛风除湿、解毒散瘀的功效。另外本种叶大花美，可盆栽观赏或作垂直绿化植物。	

地稔

Melastoma dodecandrum Lour.

地稔早春时枝繁叶茂，夏季万花吐艳，秋季蒴果累累，冬季绿意盎然，极具观赏价值。最独特的是，地稔叶中有花，花中有果之景长达半年之久，因而有“好景长存”、“四季吉利”、“多福多寿”的美好意义，深受大家的喜爱。

生境分布 常生长在草丛、林下或坡地，海拔可达1300m。分布于我国贵州、湖南、江西、浙江、福建、广西及广东等地。

形态特征 常绿小灌木。植株低矮，高不过30cm，茎逐节生根，匍匐上升，分枝多，幼时被糙伏毛，后渐脱落；叶卵形或椭圆形，纸质，长仅达4cm，最宽处仅3cm，先端渐尖，基部渐狭，基出脉3～5条，侧脉互相平行，叶面通常仅边缘被糙伏毛，有时脉间被1～2行疏糙伏毛，叶背沿脉被疏糙伏毛，全缘或具细密齿；叶柄较短，被糙伏毛；聚伞花序顶生，花序轴基部有2枚叶状总苞，着花1～3朵，花梗长约1cm，上部具苞片2，卵形，具缘毛，背面被糙伏毛；花萼管状，基部膨大呈圆锥状，裂片披针形，被糙伏毛，边缘具刺状毛，裂片间具1个小裂片；花瓣淡紫红色至紫红色，菱状倒卵形，顶端有1束刺毛；雄蕊弯曲，末端具2小瘤；子房下位，顶端具刺毛；蒴果球状，肉质，顶端略缢缩，宿存萼被疏糙伏毛。花期5～7月，果期7～9月。

野外识别要点 ①本种属低矮灌木，茎逐节生根，匍匐上升，幼枝被糙伏毛。②叶卵形，基出脉3～5条，侧脉互相平行，叶面、叶柄被糙伏毛。③花淡紫红色至紫红色，花萼裂片边缘具刺状毛，裂片间具1个小裂片，花瓣顶端有1束刺毛，雄蕊末端具2小瘤。

别名： 铺地锦、紫茄子、地枇杷、野落茄、地石榴、山地苍、土茄子、地红花	**科属：** 野牡丹科野牡丹属
用途： ①药用价值：全草可入药，具有解毒消肿、清热燥湿、补血安胎、舒筋活血的功效。②食用价值：果实可生食，含有丰富的营养物质，酸甜可口，也可酿酒饮用。③景观用途：本种是优良的观叶、观花、观果植物，可盆栽或种植于庭院、小区、林缘或花境等处观赏。	

红花岩黄耆

Hedysarum multijugum Maxim.

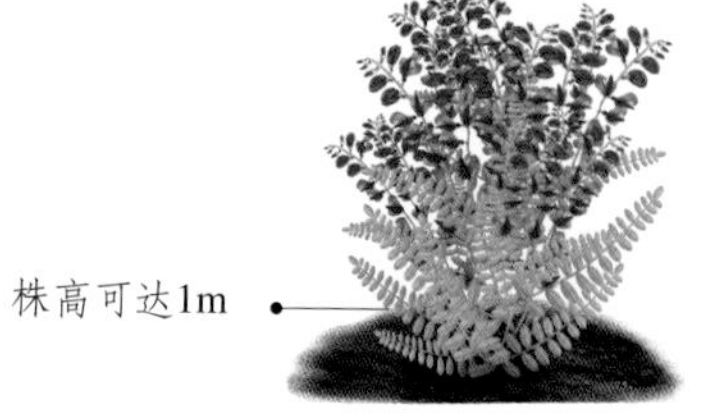

生境分布 常生长在草滩、沙地或山坡。主要分布于我国西北地区，新疆、西藏、甘肃、青海、内蒙古、陕西、河南、湖北等地多有分布。

形态特征 半灌木。株高可达1m，茎直立，多分枝，具细条纹，被白色短柔毛；叶为奇数羽状复叶，长可达10cm，叶轴被灰白色短柔毛；托叶干膜质，极小，卵状披针形，棕褐色，基部合生，有柔毛；小叶11～35片，阔卵形或卵圆形，先端钝或微凹，基部圆形或圆楔形，叶面无毛，叶背有白色柔毛；具短柄，有柔毛，托叶三角形，膜质；总状花序腋生，花序长达28cm，花9～25朵，疏散排列，果期下垂，花梗极短，苞片钻状；花萼斜钟状，萼齿锐尖，短于萼筒3～4倍；花冠红色或紫红色，旗瓣倒卵形，先端微凹，基部楔形，无爪；翼瓣线形，长为旗瓣的1/2，龙骨瓣稍短于旗瓣；子房线形，有短柔毛；荚果通常2～3节，节荚椭圆形，有肋纹、小刺和白色柔毛。花期6～8月，果期8～9月。

野外识别要点 本种茎枝、叶轴、叶背、花序轴、花梗、子房及果荚都有白色短柔毛，荚果具2～3荚节，可作为野外识别的要点。

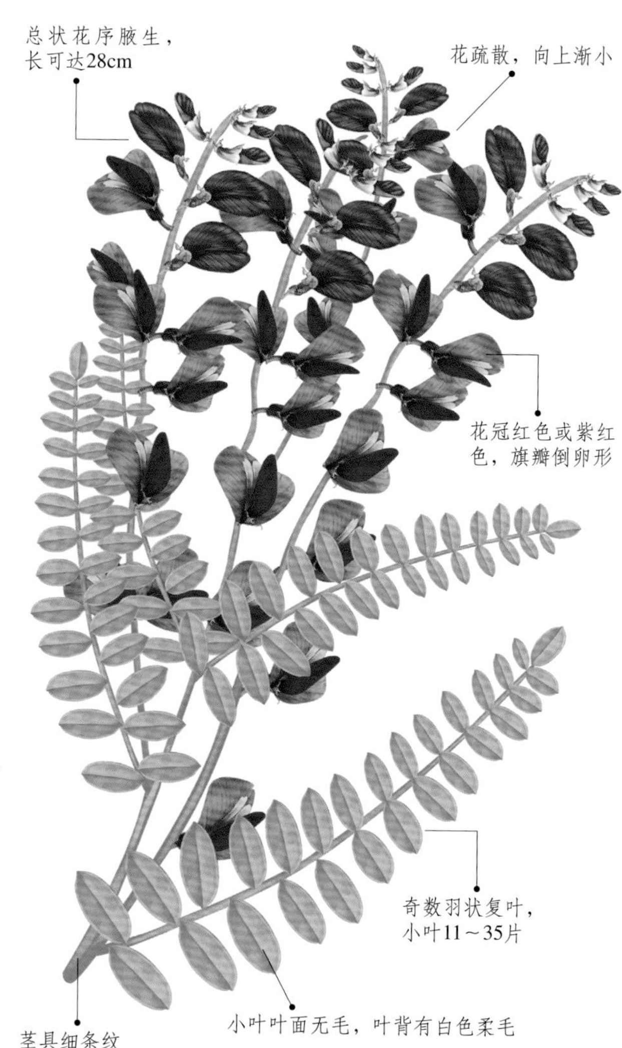

别名：豆花牛脖筋	**科属：**豆科岩黄耆属
用途：根及根状茎可入药，具有强心、利尿、安神的功效。	

金锦香

Osbeckia chinensis L.

生境分布 常生长在草丛、荒地、山坡或路旁。主要分布于我国长江流域以南各省。

形态特征 直立半灌木。株高15～60cm，茎直立，四棱形，密生糙伏毛；叶对生，条形至披针形，两面生糙伏毛，主脉3～5，具短叶柄；头状花序顶生，着花2～10朵，花序梗基部有2～4枚叶状苞片，卵形；花两性，淡紫色或白色，花萼筒4裂，裂片基部之间有4蜘蛛状附属物，有睫毛；花瓣4，长椭圆形；雄蕊8，偏于一侧；花丝分离、内弯，花药顶端单孔开裂，有长喙；子房4室，顶端有刚毛16条；蒴果，具宿存杯状花萼，成熟时顶端4瓣裂；种子多数，马蹄形弯曲。花果期6～9月。

野外识别要点 ①茎四棱形，密生糙伏毛，条形叶对生，两面有糙毛，主脉3～5。②花淡紫色或白色，花萼筒裂片基部间有4蜘蛛状附属物，雄蕊8，等大，偏于一侧，子房顶端有刚毛16条。③蒴果成熟时顶端4瓣裂，种子马蹄形弯曲。

花淡紫色或白色

茎四棱形

叶条形至披针形，生糙伏毛

别名：蜂窝草、金香炉、七孔莲、仰天钟、罐罐草、金石榴	科属：野牡丹科金锦香属
用途：全草可入药，夏秋季采收，洗净、晒干或鲜用，具有清热解毒、消肿解毒、止咳化痰、收敛止血的功效。	

苦马豆

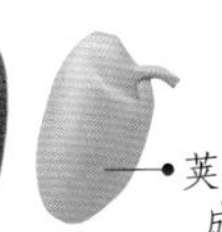

Swainsona salsula (Pall.) Taubert

生境分布 生长在草甸、河滩、河床或路旁等沙质地、盐碱地。主要分布于我国华北及西北地区。

形态特征 多年生草本。株高20～60cm，茎直立，分枝开展，全株被灰白色短伏毛；奇数羽状复叶，具短柄，托叶披针形；小叶13～19枚，倒卵状长圆形或椭圆形，先端有时具1小刺尖，基部楔形或近圆形，两面贴生短毛，全缘，无柄；总状花序腋生，苞披针形，长约1mm；花稀疏，淡红色，花萼钟状，5齿裂；花冠长约1cm，旗瓣开展，两侧向外反卷，瓣片近圆形，翼瓣比旗瓣稍短，与龙骨瓣近等长；荚果膜质，长圆形，膨大成囊状，1室；种子多数，肾形，熟时褐色。花果期夏季。

野外识别要点 ①全株被灰白色柔毛，奇数羽状复叶，小叶13～19枚。②总状花序腋生，花淡红色，旗瓣开展，两侧向外反卷，顶端微凹，基部具短爪。③荚果膜质，囊泡状。

花淡红色

奇数羽状复叶，小叶先端有时具刺

苞片长约1mm

别名：羊卵蛋、羊尿泡、尿泡、红苦豆子、尿泡草、红花苦斗	科属：豆科苦马豆属
用途：全草、根及果实可入药，秋季采挖，具有利尿、消肿的功效。另外嫩叶及种子可食。	

罗布麻

Apocynum vebetum L.

1952年，中国农业经济学家董正钧在罗布泊发现了野麻，并定名为罗布麻。罗布麻分红麻和白麻两种，其中红麻稀少珍贵，仅占罗布麻家族的5%，被称为“麻中极品”。

生境分布 常生长在沟谷、河岸、山坡及盐碱低湿地。分布于我国东北、华北、西北及华东地区，主产新疆。

野外识别要点 ①全株含白色乳汁，茎无毛，叶对生，叶先端具由中脉延长的刺尖。②花粉红色或浅紫色，花冠里有副花冠，花盘边缘有蜜腺。

形态特征 多年生草本。株高可达2m，全株含白色乳汁，茎直立，无毛；叶对生，椭圆形或长圆状披针形，长达5cm，宽达2cm，先端钝圆，具由中脉延长的刺尖，基部楔形，无毛，边缘稍反卷；具短柄；聚伞花序生于茎枝顶端，苞片小形，膜质，披针形，先端尖；花萼5裂，裂片三角状卵形，被短毛；花冠粉红色或浅紫色，钟形，下部筒状，口部5裂，里面具副花冠，5裂；雄蕊5，花药孔裂；雌蕊1，柱头2裂；花盘边缘有蜜腺；蓇葖果长角状，熟时黄褐色，带紫晕，沿粗脉开裂；种子多数，长卵形，两头尖，黄褐色，顶端簇生白色细长毛。花期6～7月，果期8～9月。

花钟形，粉红色或浅紫色

聚伞花序生于茎枝顶端

叶对生，先端具中脉延长的刺尖

根茎粗壮，黑褐色

蓇葖果长角状，双生

全株含白色乳汁

别名：野麻、红麻、茶叶花	科属：夹竹桃科罗布麻属
用途：①药用价值：根和叶可入药，具有平抑肝阳、清热、利尿等功效。②工业用途：本种纤维在诸多野生纤维植物中品质最优，是纺织、造纸的高级原料，也可做燃料和饲料。	

木本香薷

Elsholtzia stauntonii Benth.

生境分布 常生长在干燥的坡地或山沟。主要分布于我国西北、华北地区，河南等地也有分布。

形态特征 落叶亚灌木。株高可达2m，有薄荷香气，茎上部多分枝，枝条圆四棱形，常带紫红色；叶对生，椭圆状披针形或披针形，叶脉明显，叶面凹下，叶背凸起，无毛，叶背密生凹形小腺点，边缘具三角状齿；数轮轮伞花序组成大型圆锥状花序，顶生，略偏于一侧，每轮着花5～10朵，花淡红紫色，苞片披针形，花冠2唇形；雄蕊4，前对外伸；4小坚果，椭圆形，光滑。花期8～10月，果期9～11月。

大型圆锥状花序，花淡红紫色

叶背密生凹形小腺点

野外识别要点 ①植株多生长在干燥的山沟或路旁，主茎木质化。②穗形圆锥花序顶生，花偏于一侧，淡紫红色，唇形。

别名：华北香薷	科属：唇形科香薷属
用途：本种叶大形阔，花序艳丽，适合种植于小区、庭院、路旁、林缘或草坪缘观赏。另外叶浓香，可提取香料。	

山蚂蝗

Desmodium racemosum (Thunb.) DC.

花冠淡紫色或粉红色

生境分布 常生长在山谷、林下或灌丛。分布于我国华东、华南及西南地区。

花序长可达30cm

形态特征 小灌木。株高50～200cm，全株近无毛，小枝有棱角；叶为3出复叶，小叶3片，顶生小叶较大，椭圆状菱形，长达11cm，宽达3cm，先端钝，基部楔形，疏生柔毛，全缘，侧生小叶稍小，斜长椭圆形，不对称；叶柄长2～9cm，托叶披针状钻形；圆锥状花序顶生，总状花序腋生，花序长可达30cm，花萼宽钟形，萼齿极短，有缘毛；花冠淡紫色或粉红色，极小；荚果通常2节，荚节半倒卵状三角形，密生钩状毛。花期7～9月。

野外识别要点 山蚂蝗属的植物以荚果扁平，有2至数节，每节1种子，通常有钩状毛为特色。但山蚂蝗的特别之处在于小叶3，顶生小叶椭圆状菱形，荚果通常具2荚节。

别名：逢人打、扁草子	科属：豆科山蚂蝗属
用途：根及全草可入药，夏、秋季采收，洗净、晒干，具有解毒消肿、祛风活络的功效。	

肖梵天花

Urena lobata L.

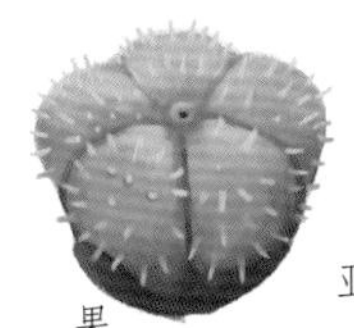

生境分布 常生长在山地草坡、疏林或旷野。主要分布于我国长江流域以南各省。

形态特征 直立亚灌木。株高70～100cm，多分枝，枝被星状绒毛；叶向上渐小，茎下部叶近圆形，中部叶卵形，上部叶长圆形至披针形，中下部叶先端3浅裂，上部叶先端渐尖，基部圆形或近心形，掌状3～7脉，叶面绿色，被柔毛，叶背灰绿色，被灰白色星状绒毛，中脉基部有1个腺体，边缘具锯齿；叶柄长1～4cm，被灰白色星状毛；托叶极小，线形，早落；花腋生，单朵或稍丛生，淡红色，花梗极短，被绵毛；小苞片5，基部1/3合生；花萼杯状，5裂，较小苞片略短，与小苞片均被星状柔毛；花瓣5，倒卵形，外面被星状柔毛；雄蕊柱无毛；花柱枝10，微被长硬毛；蒴果扁球形，分果爿被星状柔毛和锚状刺。花果期7～10月。

野外识别要点 本种常生长在干旱的地方，枝、叶背、叶柄、花梗、小苞片、花萼、花瓣及蒴果均被白色星状柔毛，雄蕊柱无毛；蒴果扁球形，分果爿具锚状刺。

别名：地挑花、野棉花、厚皮草、毛桐子、田芙蓉	**科属：**锦葵科梵天花属
用途：①药用价值：根可入药，煎水点酒服可治疗白痢。②工业价值：茎皮富含纤维，可代麻织一些用品。	

小槐花

Desmodium caudatum (Thunb.) DC.

生境分布 生长在山地、山坡或林下，海拔可达1000m。分布于长江流域以南的省区。

花序轴密被毛

羽状3出复叶

形态特征 直立灌木或亚灌木。株高1～2m，树皮灰褐色，上部分枝略被柔毛；叶为羽状3出复叶，叶柄短，扁平，具深沟，疏生柔毛，两侧具极窄的翅，托叶极小，披针状线形，具条纹；小叶3片，顶生叶长圆形，侧小叶长披针形，叶面幼时被短柔毛，老时渐无，叶背贴伏短柔毛，侧脉10～12对，全缘，具短柄，小托叶丝状；总状花序，花序轴密被毛；苞片钻形，花梗短；花萼窄钟形，5裂；花绿白或黄白色，旗瓣椭圆形，翼瓣狭和龙骨瓣长圆形；荚果线形，稍弯曲，被钩状毛，腹背缝线浅缢缩，有4～8荚节。花期7～9月，果期9～11月。

野外识别要点 ①本种高可达2m，羽状三出复叶。②总状花序长可达30cm，花序轴每节生2花，花绿白或黄白色。③荚果线形，被钩状毛，有4～8荚节。

别名：黏人麻、拿身草、黏草子、山扁豆	科属：豆科山蚂蝗属
用途：全草及根可入药，夏、秋采集，洗净，晒干，具有清热解毒、祛风利湿、活血、利尿的功效。	

紫金牛

Ardisa japonica (Hornsted) Blume.

生境分布 常生长在林下、沟谷或灌丛等阴湿处，海拔可达1200m。分布于我国长江流域以南各省及陕西。

形态特征 常绿小灌木。植株低矮，茎直立，通常不分枝，有时微被柔毛，后渐脱落；叶对生或近轮生，椭圆形至椭圆状倒卵形，纸质，宽达先端急尖，基部楔形，侧脉5～8对，细脉网状，有时叶背沿中脉微被柔毛，边缘具细锯齿，散生腺点；叶柄极短，被微柔毛；亚伞形花序腋生，总花梗极短，被微柔毛，有花3～5朵，常下垂，花萼基部连合，萼片卵形，具缘毛和腺点；花瓣粉红色或白色，广卵形，具密腺点；蒴果球形，鲜红色转黑色，多少具腺点。花期5～6月，果期11～12月。

野外识别要点 本种植株低矮，叶缘、花萼、花瓣、花药及蒴果有腺点，在野外容易识别。

蒴果成熟时由鲜红色转黑色

叶细脉网状，散生腺点

别名：矮茶、短脚三郎、凉伞盖珍珠、老勿大	科属：紫金牛科紫金牛属
用途：本种四季常青，耐阴、耐湿，是一种优良的地被植物，也可盆栽观赏。另外全草及根可入药。	

白檀

Symplocos paniculata (Thunb.) Miq.

花白色，有芳香

果枝

生境分布 常生长在山坡、林中、山谷或路旁。分布于我国东北、华北、华中、华南及西南大部。

形态特征 落叶灌木或小乔木。株高1～3m，嫩枝有灰白色柔毛；叶互生，宽卵形、椭圆状倒卵形或卵形，薄纸质，先端尖，基部宽楔形，叶面近无毛，叶背微被柔毛或仅脉上有柔毛，侧脉4～8对，叶脉在叶背隆起，边缘有细锯齿，齿尖具腺体；具短叶柄或近无；圆锥花序，花序轴有柔毛，苞片线形，有褐色斑点，早落；萼筒褐色，5裂，裂片半圆形或卵形，淡黄色，有脉纹，具缘毛；花冠白色，芳香，5深裂几达基部；核果卵球形，熟时蓝色，顶端具宿存花萼裂片，1～5室，每室有种子1粒。花果期春夏季。

野外识别要点 ①嫩枝有灰白色柔毛，叶薄纸质，边缘锯齿有腺体。②花白色，有香味，萼筒褐色，萼裂片黄色，花盘具5凸起的腺点。③果熟时蓝色，顶端具宿存花萼裂片。

别名：乌子树、碎米子树、山葫芦、白花茶、檀花青、懒汉筋	科属：山矾科白檀属
用途：白檀树形优美，春开白花，秋结蓝果，是优良的观花、观果树种，可栽培于庭院、园林或林缘。另外，本种木材细密，是制造家具或建筑的优良木材。	

扁担木

Grewia biloba G. Don var *parviflora* (Bunge) Hand.-Mazz.

果

萼片狭长圆形

雄蕊多数密集

生境分布 常生长在山坡、沟谷或灌丛。主要分布于我国辽宁、陕西、河南、河北、山东等地，西南地区也有分布。

形态特征 灌木或小乔木。株高可达3m，基部多分枝，嫩枝密被黄褐色短粗毛；叶宽大，椭圆形或倒卵状椭圆形，薄革质，先端锐尖，基部楔形或钝，两面有灰色星状柔毛，叶背尤密，基出脉3条，边缘有细锯齿；叶柄极短，被粗毛；托叶钻形；聚伞花序腋生，花序梗长约1cm，花密集，淡黄色，苞片钻形，萼片狭长圆形，外面被毛；花瓣长椭圆形，极小；核果成熟时红色，有2～4颗分核。花果期夏秋季。

野外识别要点 ①植株基部多分枝，嫩枝密被短粗毛。②叶短而宽大，两面有灰色星状柔毛，基出脉3条。③核果2裂，每裂有2小核，故似小孩的拳头形状。

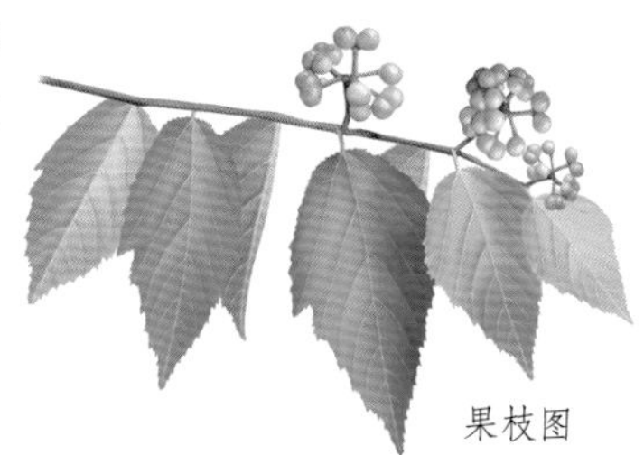
果枝图

别名：小叶扁担杆、孩儿拳头	科属：椴树科扁担杆属
用途：枝和叶可入药，具有祛风除湿、理气消痞的功效。	

扁枝越橘

成熟浆果

Hugeria vacciniodes (Levl.)Hara

裂片花后反卷

叶散生枝上

生境分布 常生长在林下、灌丛或山谷，海拔可达2000m。主要分布于长江流域以南的大部分省区。

形态特征 落叶灌木。株高可达2m，茎直立，多分枝，枝条扁平，具沟棱，灰绿色，幼叶带红色；叶散生枝上，长卵形或卵状披针形，纸质，两面微有柔毛或近无毛，网脉纤细，在叶背稍凸起，边缘有细锯齿，齿尖有具腺短芒；叶柄短，微被短柔毛；花单生叶腋，下垂，白色或带红色，花梗细而短；小苞片2，披针形，着生花梗基部；花萼基部连合，上部3裂，裂片顶端突尖；花冠未开放时筒状，上部4深裂，裂片披针形，花后向外反卷；浆果长椭圆形，成熟后红色。花期6月，果期9～10月。

野外识别要点 ①枝条扁平，具沟棱；叶散生枝上，长卵形或卵状披针形，边缘齿具腺短芒。②花下垂，白色，花冠未开放时筒状，花后上部裂片向外反卷。

别名：山小壁、扇木、深红越橘	科属：杜鹃花科越橘属
用途：可用于庭院或公园等的绿化。	

茶梨

Anneslea fragrans Wall.

萼片淡红色

花白色

叶聚生枝顶，呈假轮生状

生境分布 常生长在阔叶林中。分布于我国福建、江西、湖南、贵州、广东及广西等地。

形态特征 常绿小乔木。株高7～13m，树皮黑褐色，小枝灰白色或灰褐色，全株无毛；叶常聚生枝顶，呈假轮生状，叶披针形或披针状椭圆形，革质，先端尖，基部楔形，叶面深绿色，具光泽，叶背淡绿色，密被红褐色腺点，中脉稍隆起，全缘；叶柄短；花腋生，常数朵排列顶端成伞房状花序，花大，白色，有香气；苞片2，卵圆形，边缘疏生腺点；萼片5，肥厚，淡红色，边缘在最外1片常具腺点或齿裂状；花瓣5，基部连合，上部5浅裂，裂片阔卵形；浆果状果实，革质，花萼宿存，成熟后有时不规则开裂；种子约10粒，具红色假种皮。花期1～3月，果期8～9月。

野外识别要点 ①树皮黑褐色，小枝灰白色，全株无毛。②叶常聚生枝顶呈假轮生状，叶背色淡，中脉稍隆起，有红色腺点。③花腋生，白色，萼片肥厚，淡红色，边缘1片有腺点或齿裂；花瓣基部连合，上部5浅裂。

别名：胖婆茶、猪头果、红楣	科属：山茶科茶梨属
用途：本种叶面绿而光亮，花大而繁密，常种植于园林、道旁、草地边缘或林缘观赏。	

柽柳

Tamaria chinensis Lour.

柽柳的根系非常发达，有的长达几十米，可吸收深层地下水，即使整株被沙土掩埋，枝条也能顽强地从沙包中探出头来，继续生长。柽柳的花期也很长，每年5月到9月，花序不断地抽出，老花谢了，新花又绽放，三起三落，绵延不绝，直到秋末，因而也被叫作“三春柳”。

生境分布 常生长在沙质壤土或河边冲积土中。分布于我国华北至长江流域及华南、西南地区。

形态特征 落叶灌木或小乔木。株高可达6m，树皮红褐色，枝条柔软下垂，无毛；叶鳞片状，钻形或卵状披针形，半贴生，浅蓝绿色，先端尖，背面有龙骨状柱；总状花序侧生于二年生小枝，花小而稀疏，粉红色；每朵花具1枚线状钻形的小苞片，萼片卵形，花瓣椭圆状倒卵形；雄蕊着生于花盘裂片之间，长于花瓣；花柱3，棍棒状；蒴果较小，宿存，成熟时3瓣裂。花期较长，1年开花3次，从春自秋陆续开放，果期10月。

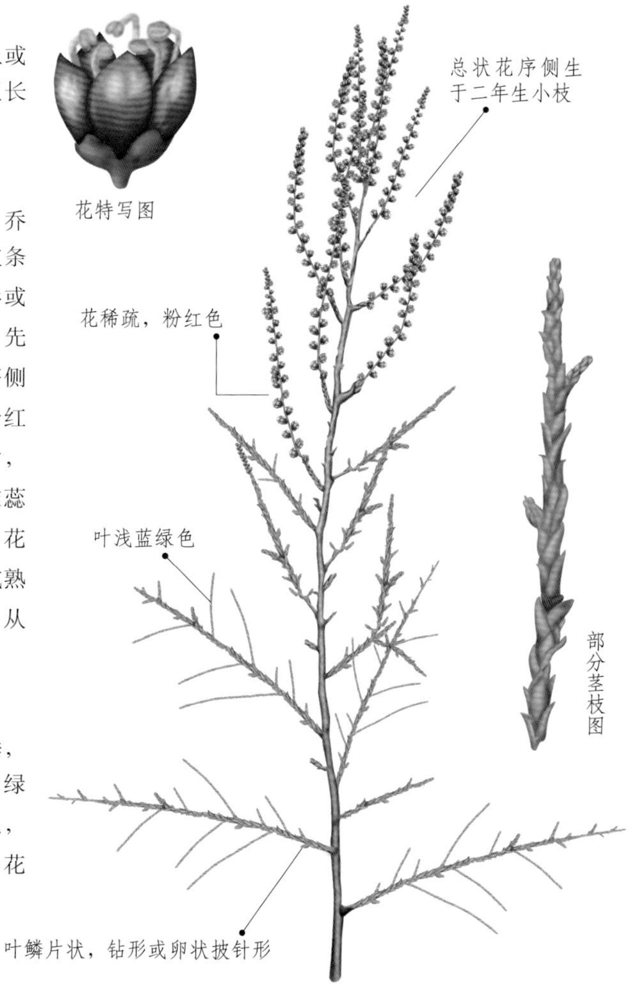

野外识别要点 ①枝条下垂，树皮红褐色，叶鳞片状，呈浅蓝绿色，叶背有龙骨状柱。②花粉红色，每朵花具1枚钻形苞片，雄蕊长于花瓣，花柱棍棒状。

别名：垂丝柳、观音柳、西湖柳、三春柳	**科属：**柽柳科柽柳属
用途：①药用价值：嫩枝和叶可入药，具有祛风除湿、疏风散寒、消痞解酒的功效。②景观用途：柽柳形美花艳，常种植于池畔、湖岸、河滩等处观赏，也可种植庭院作绿篱。另外，本种生性强健，根系发达，是防风固沙的优良树种。	

赤杨叶

蒴果长椭圆形

Alniphyllum forthunei (hemsl.)Perk.

生境分布 常生长在常绿阔叶林中。分布于我国华东、华南、中南及西南地区。

形态特征 高大乔木。株高可达20m，树干通直，树皮灰褐色，具细纵皱纹，枝条暗褐色，幼枝、叶、叶柄、花序轴、花梗、花及蒴果均被褐色、灰色或灰黄色星状柔毛；叶宽椭圆形或倒卵状椭圆形，嫩时膜质，干后纸质，叶背具白粉，侧脉7～12对，边缘具硬质锯齿；叶柄较短；总状或圆锥状花序着花10～25朵，花序梗和花梗被柔毛；花白色或粉红色，花梗极短，小苞片钻形，早落；花萼杯状，外密被灰黄色星状短柔毛；花冠口部5裂；蒴果长椭圆形，果皮肉质，熟时红色，干时黑色，成熟时5瓣裂；种子多数，两端有膜翅。花期4～7月，果期8～10月。

野外识别要点 本种株形高大，树干直，树皮灰褐色，幼枝、叶、叶柄、花序轴、花梗、花及蒴果均被星状柔毛；花白色或粉红色，蒴果成熟时红色，干时黑色，种子有翅。

别名：红皮岭麻、冬瓜木、豆渣树、白苍木	科属：安息香科赤杨叶属
用途：木材纹理细密，材质轻软，常用于制造家具或雕刻模型、图章等。另外根有祛风除湿的药用功效。	

稠李

核果成熟时黑色

Padus racemosa (Lam.) Gilib.

生境分布 常生长在山坡、沟谷或草丛。分布于我国东北、华北、西北地区，山东也有分布。

形态特征 落叶乔木。株高可达13m，树皮粗糙、多斑纹，嫩枝紫褐色，有短柔毛，老枝灰褐色，近无毛，有浅色皮孔；冬芽卵圆形，边缘有睫毛；叶椭圆形或长圆倒卵形，先端呈尾状，基部宽楔形，叶面深绿色，叶背淡绿色，无毛，侧脉8～11对，网脉在叶背凸起，边缘具锐锯齿或重锯齿；叶柄短，顶端两侧各具1腺体；托叶线形，边缘带腺锯齿，早落；总状花序有花10～20朵，花白色，有芳香；花梗极短，萼筒钟状，萼片三角状卵形，边有带腺细锯齿；花瓣5，白色，长圆形，基部有短爪；核果卵球形，顶端有尖头，成熟时红褐色至黑色，核有皱纹。花期4～5月，果期5～10月。

总状花序，花白色，芳香

叶先端渐尖呈尾状

野外识别要点 ①小枝紫褐色，老枝灰褐色，有皮孔。②叶基有1对腺体。③花瓣有异味，故又叫臭李子；核果熟时黑色或紫红色。

别名：臭李子	科属：蔷薇科稠李属
用途：本种花白如雪，入秋后叶变红色，衬以紫黑果穗，十分美丽，是一种理想的观花、观叶、观果树种。	

刺玫蔷薇

Rosa davurica Pall.

成熟果实

花瓣5枚，粉红色

黄色皮刺

生境分布 生长在山坡杂林或草地中，海拔可达2500m。分布于我国东北地区，内蒙古、河北也有分布。

形态特征 落叶灌木，株高可达1.5m，多分枝，小枝紫褐色或灰褐色，具黄色皮刺，枝条基部的皮刺常成对而生；奇数羽状复叶，小叶5～11枚，长圆形或阔披针形，叶面深绿色，叶背有白霜，疏生短柔毛和腺点，中脉和侧脉突起，边缘中部以上具细锯齿；复叶有长叶柄，小叶近无柄，叶柄和叶轴有柔毛、腺毛和稀疏皮刺；托叶大部贴生于叶柄，边缘有带腺锯齿；花单生或簇生，苞片边缘有腺齿，下面有柔毛和腺点，萼筒近圆形，萼片披针形，有腺毛，边缘具不整齐锯齿；花瓣5，粉红色，倒卵形；果近球形，成熟时红色，具宿存萼片。花期春季，果期秋季。

野外识别要点 本种小枝有黄色皮刺；羽状复叶，小叶5～11枚，叶背有白粉；花粉红色，苞片、萼片和花瓣有毛，苞片和萼片有齿。

别名：山刺玫、刺玫果	科属：蔷薇科蔷薇属
用途：根可入药，具有化痰止咳、凉血止血、止痢的功效。另外果实含有多种维生素，有健胃消食的效果。	

刺五加

果

Acanthopanax senticosus (Rupr. et Maxim.) Harms

花密集，紫黄色

掌状复叶，小叶通常5枚

茎、枝有细刺

生境分布 常生长在阴坡疏林或灌丛中，海拔可达2000m。分布于我国东北、华北地区，陕西、四川也有分布。

形态特征 落叶灌木。株高2～6m，多分枝，茎、枝和叶柄密生细刺，刺直而细长，针状；掌状复叶互生，叶柄长，有棕色柔毛；小叶通常5枚，椭圆状倒卵形或长圆形，纸质，叶面暗绿色，叶背淡绿色，两面沿脉有毛，侧脉6～7对，边缘有双重锐锯齿，近无柄；伞形花序单生枝顶或2～6个组合成球状，总花梗长，花梗短；花紫黄色，萼片全缘，偶有不明显5小齿；花瓣5，卵形；浆果状核果，卵球形，具5棱，成熟时黑色。花期6～7月，果期8～10月。

野外识别要点 ①茎、枝有细刺，掌状复叶互生，小叶通常5枚，偶为3，边缘具重锯齿。②伞形花序，花紫黄色，花序梗和花梗近无毛，花瓣5，花柱合生成柱状。

别名：刺五皮	科属：五加科刺五加属
用途：根皮可入药，具有祛风除湿、补肝益肾、强筋健骨、活血通络的功效。	

灯笼花

Enkianthus chinensis Franch.

在秋意浓浓的十月，大部分的植物都变得凋零，但灯笼花却与众不同。你瞧，那一个个果实悬挂在树枝上，犹如一盏盏小灯笼，在秋风中点亮人们的眼睛，多让人惊喜啊！

生境分布 常生长在山坡疏林中。分布于我国华南、中南及西南地区，主产安徽、湖北和四川。

形态特征 落叶灌木或小乔木。株高可达6m，小枝细瘦，幼枝灰绿色，老枝深灰色，无毛；芽圆柱状，芽鳞宽披针形，微红色，具缘毛；叶较小，常聚生枝顶，长圆形至长圆状椭圆形，纸质，先端具小尖头，基部宽楔形，中脉和网脉在叶背明显，边缘具钝锯齿；叶柄短而粗壮，具槽；花多数组成总状花序，花梗纤细，花下垂，肉红色；花萼5裂，裂片三角形，具缘毛；花冠阔钟形，口部5浅裂；雄蕊10枚，着生于花冠基部；花丝中部以下膨大，微被柔毛；花药2裂；子房具5纵纹，疏被白色短毛；蒴果卵圆形，成熟时室背开裂为5果瓣，种子多数，黑褐色，表面皱缩，有翅。花期5月，果期6～10月。

野外识别要点 在野外，灯笼花极易与毛叶吊钟花混淆，但本种叶、叶柄及花梗近无毛，而且花红色，花药上的芒短，花萼裂片三角形，识别时注意。

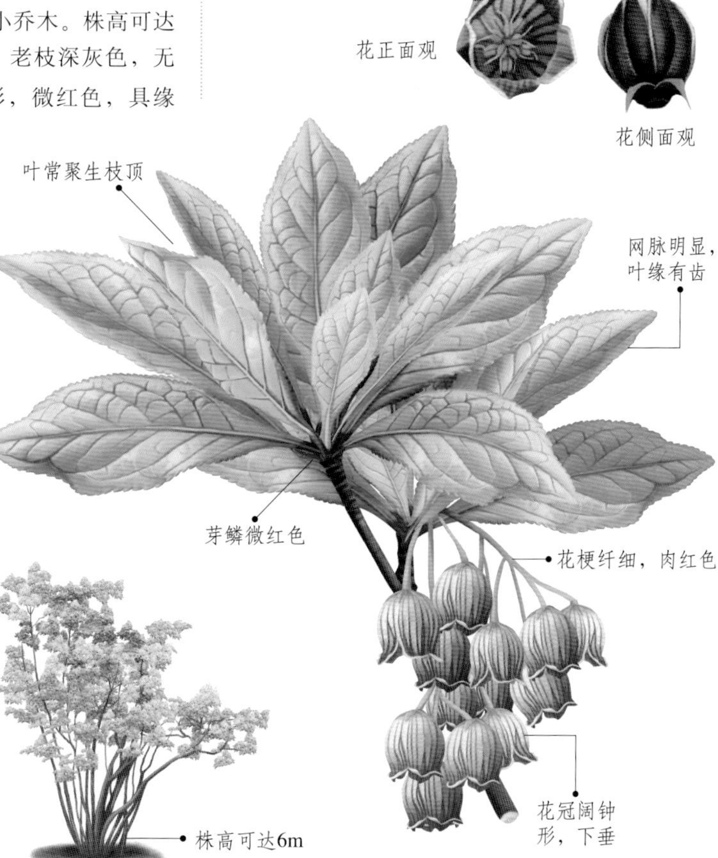

别名：钩钟花、女儿红、贞榕、荔枝木	科属：杜鹃花科吊钟花属
用途：灯笼树花果美丽，叶子入秋后变为浓红，极似枫叶，是一种很有发展潜力的园林观赏树木。	

大花枇杷

Eriobotrya cavaleriei (Lévl.) Rehd.

生境分布 常生长在山坡、林中或河岸等地，海拔可达2000m。分布于我国西南、中南和华南地区。

形态特征 常绿乔木。株高4～10m，枝条粗壮，棕灰色；叶聚生枝顶，长圆形、长圆披针形或长圆倒披针形，革质，先端渐尖，基部渐狭，中脉在两面凸起，侧脉7～14对，网脉在叶背明显，边缘疏生锯齿；叶柄短；圆锥花序顶生，总花梗和花梗疏生棕色柔毛，花白色，萼筒浅杯状，外面有稀疏棕色短柔毛，萼片三角卵形，沿边缘有棕色绒毛；花瓣5，倒卵形，先端微缺；梨果近球形，肉质，熟时橘红色，表面具颗粒状突起，顶端有反折宿存萼片。花期4～5月，果期7～8月。

野外识别要点 ①叶聚生枝顶，中脉在两面凸起，边缘有齿。②圆锥花序顶生，花白色，总花梗、花梗和花萼有棕色柔毛，花柱有白色柔毛。③梨果近球形，熟后橘红色，表面具颗粒状突起。

别名：山枇杷	科属：蔷薇科枇杷属
用途：果实可食，口感酸甜，生吃或酿酒饮；种子可榨油。另外本种树形整齐，是优良的庭院或园林绿化树种。	

豆梨

Pyrus calleryana Dcne.

花白色

生境分布 生长在山坡或山谷的杂林中。主要分布于我国华北、华东、华南及中南地区。

形态特征 常绿乔木。株高可达8m，小枝圆柱形，幼时有绒毛，后脱落，灰褐色；冬芽三角卵形，微具绒毛；叶宽卵形至卵形，先端渐尖，基部宽楔形至近圆形，两面无毛，边缘有细钝锯齿；叶柄短，托叶叶质，线状披针形，无毛；伞形总状花序，具花6～12朵，苞片膜质，线状披针形，内面有绒毛；萼片披针形，内面有绒毛，边缘较密；花瓣5，白色，卵形，基部具短爪；雄蕊20，稍短于花瓣；花柱2，少数3；梨果球形，熟时褐色，表面有斑点，萼片脱落。花期4月，果期8～9月。

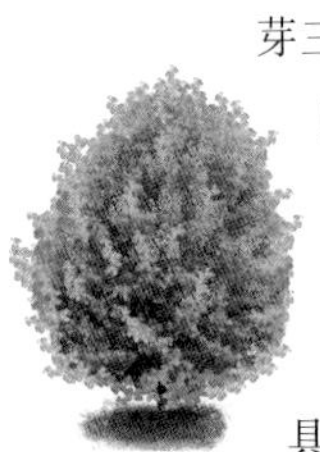

野外识别要点 与杜梨的区别在于叶缘锯齿钝，不成刺芒状，两面无毛，花序梗、花梗、萼筒无毛，果直径1～1.5cm。

别名：鹿梨、赤梨、梨丁子、铁梨树	科属：蔷薇科梨属
用途：根、叶及果实均可入药，具有健胃、消食、止痢、止咳的功效。另外木材细密、坚硬，可制作家具等。	

棣棠 >花语：高贵

Kerria japonica (L.)DC.

棣棠株形丰满，小枝细长下垂，春季叶片鲜嫩翠绿，入夏繁花压枝，一片光辉灿烂之景，令人如置神圣殿堂。

生境分布

常生长在坡地灌丛或野草中。主要分布于我国长江流域和秦岭山区。

形态特征

落叶小灌木。株高1～2m，小枝常拱垂，有纵棱，绿色；单叶互生，卵形或卵状披针形，先端渐尖，基部圆形或微心形，叶背沿脉微被柔毛，边缘有尖锐重锯齿；叶柄短，托叶膜质，带状披针形，有缘毛，早落；花单生当年生侧枝顶端，无香味，花梗无毛，萼片卵状椭圆形，顶端有小尖头，无毛，边缘有极细齿；花瓣5，金黄色，宽椭圆形，先端微凹；瘦果半球形，成熟时黑色，表面无毛，有皱褶。花期4～6月，果期6～8月。

野外识别要点

本种小枝绿色，叶边缘有尖锐重锯齿，花黄色，直径3～4.5cm，在野外容易区别。

别名：土黄条、鸡蛋黄花、黄榆梅、金碗、棣棠花、黄度梅、地棠	科属：蔷薇科棣棠属
用途：①药用价值：花、根可入药，具有消肿、止痛、止咳、消食的功效。②景观用途：棣棠枝条柔软下垂，花金黄灿烂，常种植于坡边、林下、池畔、花径、道旁或山石缝中，也可作绿篱，还可盆栽观赏。	

杜鹃 >花语：美好、繁荣

Rhododendron simsii Planch.

蒴果卵球形，具宿存花萼

杜鹃是全球最著名观赏花卉之一，论品种与数量，没有哪个国家能与中国匹敌。每逢阳春三月，千百种杜鹃竞相怒放，满山鲜艳灿烂，犹如一片花海，因而被誉为“花中西施”。在我国，五彩缤纷的杜鹃象征着希望、美好和繁荣。

生境分布 常生长在林下、灌丛或山地草丛。分布于我国长江流域的大部分省区。

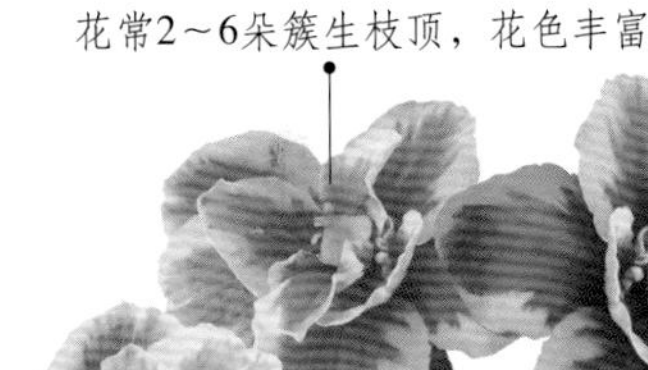

形态、颜色各异的杜鹃花

形态特征 落叶灌木。株高约2m，有时可达5m，分枝多而纤细，枝条、叶、花梗、苞片、花梗和花均有棕褐色扁平的糙伏毛；叶集生枝端，卵形、倒卵形或倒卵形至倒披针形，纸质，长达6cm，宽达3cm，顶端尖，基部楔形，全缘，具短叶柄；花芽卵球形，鳞片中部以上被糙伏毛，边缘具睫毛；花常2～6朵簇生枝顶，花玫瑰色、鲜红或深红色，花梗极短，花萼5深裂，裂片三角状长卵形，边缘具睫毛；花冠漏斗状，5裂，裂片倒卵形，上方3裂片内有深红色斑点；雄蕊7～10；花丝线状，中部以下被微柔毛；子房10室；花柱伸出花冠外，柱头头状，无毛；蒴果卵球形，密被糙伏毛，具宿存花萼。花期春季，果期夏季。

野外识别要点 本种枝条、叶、花梗、苞片、花梗和花均有棕褐色糙伏毛，叶集生枝端，花玫瑰色、鲜红或深红色，花丝有毛，容易识别。

地表植株形态

盆栽植株形态

别名：照山红、山踯躅、映山红、唐杜鹃	**科属**：杜鹃花科杜鹃属
用途：①药用价值：全草可入药，可治疗咳嗽、月经不调、肾虚耳聋、风湿病等。②景观用途：本种是著名的观赏花卉，在国内外栽培极为普遍。	

杜梨

Pyrus betulifolia Bunge

部分花序图

杜梨的枝上常有刺，这种小刺其实是抽生出的变态小枝，着生牢固，刺伤性很强，足以刺透兽皮，所以以前的人们常砍下杜梨枝干，围护在门口或院子四周，防止动物窜入。现在，在一些偏远农村还能看到这种情况。

生境分布 生长在向阳山坡或谷地。分布于我国东北、华北、西北地区，安徽、浙江、江苏等地也有分布。

形态特征 落叶乔木。株高可达10m，枝紫褐色，常有刺，枝、芽密生灰白色柔毛；叶菱状卵形或长卵形，薄革质，长达8cm，宽达4cm，先端渐尖，基部宽楔形，叶面无毛，叶背疏生柔毛，边缘有尖锐锯齿；叶柄长2～3cm，有白绒毛；伞形总状花序，着花10～15朵，总梗和花梗均有白色绒毛，花白色，花萼基部筒状，上部裂片三角状卵形，内外有白绒毛；花瓣5，宽卵形，离生；花柱2～3；梨果近球形，成熟时褐色，有淡色斑点，萼裂片脱落。花期4月，果期8～9月。

野外识别要点 本种小枝密被灰白色绒毛，叶缘具粗锐锯齿，叶柄、果梗均被绒毛，核果近球形，直径5～10mm，容易识别。

别名：棠梨、野梨子、土梨	**科属**：蔷薇科梨属
用途：①药用价值：果实可入药，具有化食消积、止泻止痢的功效。②景观用途：本种树形优美，花色洁白，不仅可用于美化庭院、街道或公园，也可作防护林种植。	

多花胡枝子

Lespedeza floribunda Bunge

生境分布 生长在山坡草地或林下。主要分布于我国黄河流域及以北大部。

形态特征 小灌木。株高不及1m，根细长，枝条斜生，红褐色，有条棱，被灰白色柔毛；三出羽状复叶，顶生叶较大，侧生叶较小，倒卵形或倒卵状长圆形，先端微凹或具小刺尖，基部楔形，叶面无毛，叶背疏生白色长柔毛，全缘；叶短柄，托叶线形，先端刺芒状；总状花序腋生，总花梗细长，小苞片卵形，花萼钟状，被柔毛，上部5裂；花冠紫色或紫红色，旗瓣椭圆形，基部有柄，翼瓣稍短，龙骨瓣长于旗瓣；荚果小，宽卵形，被柔毛，有网状脉。花期6～9月，果期9～10月。

野外识别要点 ①枝条斜生，三出羽状复叶，叶背有白色长柔毛。②花萼5裂，花盛开时花序比叶短。③荚果含1粒种子，有柔毛。

别名：铁鞭草、米汤草	科属：豆科胡枝子属
用途：本种枝条披垂，花繁色艳，常种植于公园或绿地上作造景灌木。另外根系发达，也是优良的防护林树种。	

多花栒子

Cotoneaster multiflorus Bunge

生境分布 常生长在沟谷、山坡林地或落叶阔叶林区。分布于我国东北、华北、西北及西南地区，亚洲中部及俄罗斯也有分布。

形态特征 落叶灌木。株高2～4m，枝纤细，常呈拱形下垂，幼枝有毛，茎皮红褐色；单叶互生，长卵状三角形，先端常钝圆，基部近圆形，嫩叶背面有柔毛，后渐脱落，全缘，叶柄短；聚伞花序着花5～20朵，白色，花萼无毛，花瓣开展，近圆形；梨果近球形，成熟时红色，具1～2核。花期5～7月，果期7～9月。

野外识别要点 本种枝拱形下垂，茎皮红褐色，幼时有毛；叶互生，稍对折；花白色，花瓣开展，梨果成熟时红色，在野外识别时注意。

别名：栒子木、多花灰栒子、水栒子	科属：蔷薇科栒子属
用途：水栒子株形开阔，枝条婀娜，夏季小花洁白，秋季红果累累，是优良的观花、观果树种。	

瓜木

树皮深灰色

花

Alangium platanifolium Harms

生境分布 常生长在向阳山坡或疏林中。分布于我国华北、西北、西南地区，辽宁、山东、浙江、江西、湖北、台湾等地也有分布。

形态特征 落叶灌木或小乔木。株高可达8m，树皮深灰色，小枝近圆柱形，略弯曲呈“之”字形；冬芽圆锥状卵圆形，三角形鳞片覆瓦状排列，有灰色柔毛；叶圆形或倒卵形，纸质，叶面深绿色，叶背淡绿色，基出脉3～5条，沿中脉有长柔毛，全缘或有浅裂；叶柄近叶基处略呈沟状，微有柔毛；聚伞花序常有3～5朵花，花梗短，具1枚线形小苞片，早落；花萼近钟形，外面疏生短柔毛，裂片5，三角形；花瓣6～7，紫红色，线形，基部粘合，上部开花时反卷；核果长卵圆形，顶端具宿存萼片，种子1颗。花期3～7月，果期7～9月。

野外识别要点 本种叶基部偏斜，花瓣线形，子房下位，核果具宿存萼片，易识别。但瓜木易和八角枫（*A.chinense*）混淆，区别在于前者花丝基部及花柱无毛，核果长9～12mm，后者花丝基部及花柱疏生粗短毛，核果长5～7mm。

别名：八角枫、白锦条、麻桐树	科属：八角枫科八角枫属
用途：根、根皮及叶可入药，具有祛风除湿、舒经活络、散瘀消肿的功效。	

光叶海桐

Pittosporum glabratum Lindl.

伞房状花序生于小枝顶端

叶面光滑，中脉明显

叶聚生于枝顶

生境分布 常生长在坡地疏林中。主要分布于我国贵州、四川、湖南、广东和广西。

形态特征 常绿灌木。株高2～3m，全株无毛。老枝有皮孔；叶聚生于枝顶，倒卵状长椭圆形或倒披针形，薄革质，先端渐尖，基部楔形，叶面绿色，叶背淡绿色，光滑无毛，中脉在叶背凸起，全缘或略呈微波状，具短叶柄；伞房状花序常生于小枝顶端，常具花6～13朵，花梗极短，小苞片披针形；花黄色，花萼基部联合，上部5裂，裂片卵形，具缘毛；花瓣5，倒披针形，分离；雄蕊5，与花瓣互生；子房长卵形，3室；蒴果椭圆形，具短梗，有宿存花萼，成熟时3瓣裂，每瓣有种子6粒；种子大，近圆形，深红色。花期4～6月，果期7～9月。

野外识别要点 ①全株无毛，但是花萼和花梗有柔毛。②叶聚生于枝顶，矩圆形或倒披针形，具光泽，全缘。③蒴果椭圆形，成熟时3

别名：山饭树、山枝茶、山海桐	科属：海桐花科光叶海桐属
用途：根可入药，具有消肿止痛的功效。	

鬼箭锦鸡儿

Caragana jubata (Pall.) Poir.

生境分布 常生长在山坡杂林或灌丛中，海拔一般超过1800m。分布于我国西藏、新疆、青海、甘肃、宁夏、内蒙古、山西及河北。

形态特征 小灌木。株高可达2m，树皮灰黑色或灰褐色，基部多分枝；羽状复叶多聚生枝上部，小叶4～6对，长圆形，先端具刺尖头，基部圆形，两面有白色长柔毛，叶以中脉为中心稍对折，全缘；叶轴长5～7cm，宿存，被疏柔毛；托叶硬化为长而尖的刺；花单生，花梗基部具关节，苞片线形；花大，花冠蝶形，淡紫色、粉红色或近白色，花萼钟状，被长柔毛，萼齿披针形；荚果长圆柱状，密被丝状长柔毛。花期5～6月，果期7～8月。

叶轴成刺状

野外识别要点 ①低矮灌木，全株具硬长刺，由托叶和宿存的叶轴退化而成。②花单生，大，淡红色或近白色。③荚果长约3cm，密生白色丝状毛。

白色花和荚果

别名：鬼见愁、浪麻、冠毛锦鸡儿	**科属**：豆科锦鸡儿属
用途：根可入药，中药称“鬼见愁”，秋季采挖，洗净，切片，晒干，有活血通络、祛风除湿、消肿止痛的功效。	

河朔荛花

花黄色，有香味

Wikstroemia chamaedaphne (Bunge) Meisn.

叶披针形，叶面稍皱缩

生境分布 一般生长在干燥山坡。分布于我国西北地区，河南、河北、江苏、湖北、四川也有分布。

形态特征 落叶灌木。植株低矮，高不及1m，全株无毛，多分枝，枝条纤细，近四棱形，绿色至褐色；叶对生或近对生，披针形，先端尖，基部楔形，叶面绿色，稍皱缩，叶背灰绿色，侧脉7～8对，全缘，叶柄短或近无；花序顶生或腋生，花稀疏，黄色，有香味；花序轴和花梗密被灰色短柔毛，花梗极短，具关节；花萼4裂，2大2小，外被灰色绢状短柔毛；花萼筒管状，黄色，有绢毛；雄蕊8，2列着生于花萼筒中部以上；花药长圆形，子房棒状，具柄，顶部被短柔毛；花柱短，顶基稍压扁，具乳突；花盘鳞片状；核果卵形，干燥。花果期6～9月。

茎绿色至褐色

野外识别要点 本种常野生于干燥坡地，低矮，多分枝，无毛，披针形叶对生，叶干后稍皱缩，花黄色，有香味，花梗、花萼有毛。

别名：野瑞香、羊厌厌、老虎麻、拐拐花	**科属**：瑞香科荛花属
用途：本种茎皮纤维强韧，常用于造纸或造棉。花朵的香味有毒，可以驱虫。	

红花荷

Rhodoleia championi Hook.

红花荷的花下垂，形似吊钟，且比吊钟花还大，故又称“吊钟王”。1849年，一位船长首次在香港的山边发现红花荷。现在红花荷属于受保护植物。

· 生境分布 常生长在阴湿的沟谷或疏林。广泛分布于我国东南沿海一带。

· 形态特征 常绿乔木。株高可达9m，树干高而挺直，树皮褐色，散生白色节点，花冠多分枝，枝条开展，无毛；单叶互生，长椭圆形或披针形，革质，坚硬，长可达15cm，宽可达4cm，先端钝，基部急狭至柄，叶面深绿色，叶背淡绿色，有一层蓝色蜡粉，全缘；叶柄簇生枝条末端，常带红色；花4～8朵聚生枝条末端或叶腋，呈头状花序，苞片4～5轮覆瓦状排列，铁锈色，花两性，吊钟形，深红色；蒴果长椭圆形，木质，成熟时顶部开裂，内藏20～30粒形状不规则的灰褐色种子。花果期冬季到次年春。

叶柄簇生枝条末端，常带红色

花4～8朵聚生，吊钟形，深红

树皮褐色

叶革质，坚硬，叶面深绿色，叶背淡绿色

株高可达9m，树干高而挺直

茎干内面黄绿色

· 野外识别要点 本种叶片坚硬，光滑无毛，叶面深绿色，叶背淡绿色且有一层蓝色蜡粉，叶柄带红色；花深红色，萼片覆瓦状排列，容易识别。

别名：红苞木	**科属：**金缕梅科红花荷属
用途：叶可入药，具有活血止血的功效。	

红花锦鸡儿

Caragana rosea Turcz.

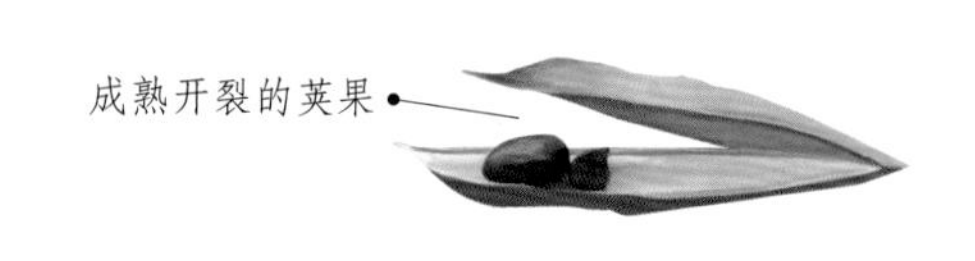

红花锦鸡儿通常每4片小叶聚生在一起，由于小叶之间近无柄，故看起来很像一个手掌，俗称假掌状，这也是野外识别的要点。本种小花密集，颜色艳丽，可作为观赏树木栽培。

生境分布 常生长在山坡、沟谷或路旁。分布于我国东北、西北、华北及华东等地区。

形态特征 丛生落叶灌木。株高可达2m，树皮绿褐色，小枝具条棱，托叶在长枝上硬化成针刺状，在短枝上脱落，在叶轴上有时变态成针刺状；小叶4片，假掌状排列，叶片较小，楔状倒卵形，近革质，先端具刺尖，基部楔形，叶面深绿色，叶背淡绿色，叶柄极短，有时脱落或宿存成针刺；花单生，花梗长约2cm，中部具关节，花萼管状，常紫红色，萼齿三角形，先端有尖刺，内侧密被短柔毛；花冠黄色或淡红色，旗瓣长圆状倒卵形，翼瓣长圆状线形，耳短齿状，龙骨瓣的耳不明显；子房无毛；荚果圆筒形，长达6cm，具渐尖头，无毛。花期4～5月，果期5～6月。

野外识别要点 ①直立灌木，小枝、叶、花萼、子房及荚果均无毛。②长枝上的托叶硬化成刺状，短枝上的托叶脱落，叶轴上的托叶常为针刺状。③花单生，黄色或淡红色，凋谢时变为紫红色，萼齿先端有刺尖。

株高可达2m

小叶4片，假掌状排列

叶楔状倒卵形，近革质

荚果圆筒形，长达6cm

树皮绿褐色

花冠黄色或淡红色

小枝具条棱

别名：金雀儿、黄枝条	**科属**：豆科锦鸡儿属
用途：根可入药，秋季采挖，可治疗阳痿、妇女血崩、乳少、子宫脱垂、咳嗽及淋浊等症。	

厚皮香

Ternstroemia gymnanthera (Wight et Arn.)Sprague

叶背淡绿色

生境分布 常生长在山地或山谷林中，海拔可达2800m。广泛分布于华东、华中、华南及西南地区。

形态特征 常绿小乔木。株高可达10m，树冠呈圆锥形，树皮灰绿色，具隆起皱纹，全株无毛，小枝粗壮，带棕色；叶互生，长圆状倒卵形，革质，中脉在叶背凸起，侧脉5～6对，全缘；叶柄短；花常数朵聚生于当年生无叶的小枝上，花淡黄色，浓香，小苞片2，边缘具腺状齿突；萼片5，边缘常疏生线状齿突；花瓣5，顶端有微凹；果实近球形，具宿存小苞片和萼片；种子肾形，熟时肉质假种皮红色。花果期夏秋季。

野外识别要点 本种树冠呈圆锥形，树皮灰绿色，全株无毛；叶常簇生于枝端，全缘，叶背色淡且中脉隆起；花淡黄色，香味浓烈。

别名：猪血柴、珠木树、水红树	**科属：**山茶科厚皮香属
用途：厚皮香枝叶繁茂，叶色光亮，入冬后转为绯红色，可配植林下、道旁、小区及园林。	

胡颓子

Elaeagus pungens Thunb.

生境分布 常生长在疏林或沟谷。分布于我国长江流域以南大部分省区。

形态特征 常绿直立灌木。株高3～4m，枝开展，褐色，通常具深褐色刺，幼枝密被锈色鳞片，老枝鳞片脱落，具光泽；叶椭圆形至长圆形，厚革质，两面有银白色和少数褐色鳞片，叶面的后脱落，侧脉7～9对，网状脉在叶背不明显，边缘波状且常反卷；叶柄短，深褐色；花通常1～3朵簇生叶腋，下垂，银白色，有香气；花梗短，花被筒漏斗形，筒部在子房上部突收缩，先端4裂；裂片长圆状三角形，内面疏生白色星状短柔毛；雄蕊4；花丝极短，花药矩圆形；花柱直立，无毛；果实椭圆形，具短梗，幼时被褐色鳞片，熟时红色，果核内面有白色丝状棉毛。花期秋冬季，果期来年春季。

野外识别要点 ①本种为直立常绿灌木，枝条具刺。②叶革质，两面有银白色和少数褐色鳞片，叶面上的后来脱落，网状脉在叶背不明显。③花常1～3朵腋生，银白色，有香气；果实具褐色鳞片。

叶面有银白色和少数褐色鳞片

果实熟时红色

别名：蒲颓子、半含春、羊奶子、甜棒子、半春子	**科属：**胡颓子科胡颓子属
用途：根、叶及种子可入药，具有祛风除湿、散瘀止血、止咳平喘、消食止痢的功效。另外本种可种植观赏。	

胡枝子

Lespedeza bicolor Turcz

花

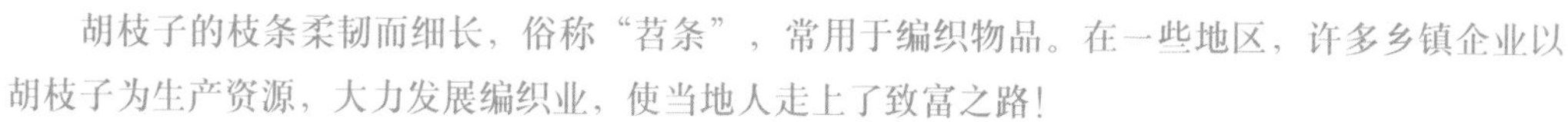

胡枝子的枝条柔韧而细长，俗称“苕条”，常用于编织物品。在一些地区，许多乡镇企业以胡枝子为生产资源，大力发展编织业，使当地人走上了致富之路！

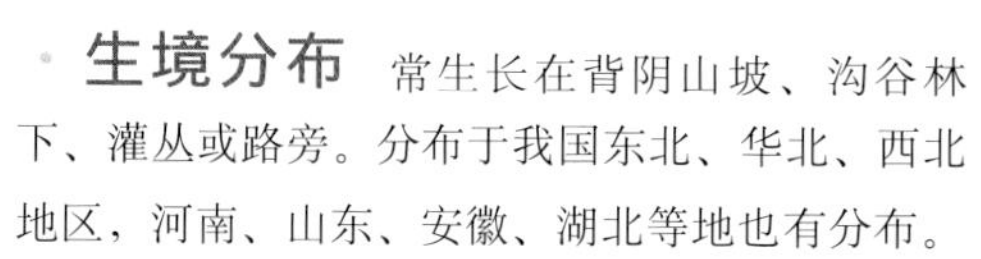

· 生境分布 常生长在背阴山坡、沟谷林下、灌丛或路旁。分布于我国东北、华北、西北地区，河南、山东、安徽、湖北等地也有分布。

· 形态特征 落叶灌木。株高可达3m，小枝有条棱，黄色或暗褐色，有时被柔毛；芽卵形，外被数枚黄褐色鳞片；三出羽状复叶互生，叶柄长2～7cm，托叶2枚，线状披针形；小叶卵形、倒卵形或卵状长圆形，薄革质，长达6cm，宽达3.5cm，先端圆钝或具短刺尖，基部近圆形，叶背灰绿色，两面疏生长柔毛，全缘，具短柄；总状花序腋生，常组合成大型圆锥状花序，总花梗长达10cm，小苞片2，卵形黄褐色，被短柔毛；花稀疏，每2花生苞腋内，花梗短，密被毛；花萼杯状，4裂，裂片三角状卵形，外面被白毛；花冠红紫色，旗瓣倒卵形，翼瓣近长圆形，基部具耳和瓣柄，龙骨瓣与旗瓣近等长，基部具较长的瓣柄；子房被毛；荚果斜倒卵形，稍扁，有短喙，密被柔毛。花期7～9月，果期9～10月。

· 野外识别要点 灌木，高可达3m，叶为三出羽状复叶，小叶有毛，全缘；花紫红色，每2花生苞腋内，花盛开时花序比叶长，野外识别时注意。

别名：随军茶、二色胡枝子、帚条、鹿鸡花	**科属：**蝶形花科胡枝子属
用途：①药用价值：根可入药，4～10月采收，鲜用或晒干、切断，可治疗感冒发热、风湿痹痛、跌打损伤等症。②景观用途：本种枝条披垂，花色淡雅，常作观赏树种栽培。另外根系发达，是防风、固沙的优良树种。③饲料价值：嫩叶量丰富，适口性好，在生长期是牛、马、羊、猪、兔、鹿、鱼的好饲料。	

花木蓝

Indigofera kirilowii Maxim. ex Palibin

全株图

生境分布 常生长在疏林的石缝或山坡灌木丛中。主要分布于我国华北和东北地区，山东和江苏也有少许分布。

形态特征 小灌木。株高不及1m，茎圆柱形，嫩枝灰绿色，有白色丁字毛，老枝灰褐色、无毛，有棱角；奇数羽状复叶互生，小叶7～11枚，对生，叶片长椭圆形、阔卵形或宽卵圆形，先端具小尖头，叶面绿色，叶背粉绿色，两面均有白色的丁字毛，全缘；复叶叶柄长，密生柔毛，小叶近无柄；小托叶钻形，宿存；总状花序腋生，花序轴有棱，疏生白色丁字毛；苞片线状披针形；花两性，花萼杯状，萼齿有缘毛；花冠淡紫红色，旗瓣椭圆形，与翼瓣边缘有毛；荚果圆柱形，成熟时棕褐色，内果皮有紫色斑点；种子10余粒，长圆形，赤褐色。花期5～7月，果期8月。

野外识别要点 本种幼枝、叶、叶轴、花序轴均有白色丁字毛，小叶先端具小凸尖；花淡紫红色，雄蕊10，由9枚和1枚组成2体。

别名：吉氏木蓝、山蓝、花槐蓝、山蒙豆	**科属：**豆科木蓝属
用途：茎皮纤维可制人造棉、纤维板和造纸。另外种子可食，煮食或磨成粉面蒸食；根可入药。	

花楸

Sorbus pohuashanensis (Hance) Hedl.

小花密集，白色

生境分布 生长在山坡或山谷的林中，海拔可达2500m。主要分布于我国北方地区。

形态特征 落叶小乔木。株高4～8m，小枝圆柱形，灰褐色，具灰白色皮孔，幼枝有绒毛；冬芽长圆卵形，密生灰白色绒毛，外被数枚红褐色鳞片；奇数羽状复叶，小叶11～15片，卵状披针形或椭圆披针形，叶疏生绒毛，叶背粉白色，侧脉9～16对，在叶背突起，边缘常有细锯齿；叶柄短，幼时有白色绒毛；托叶草质，宽卵形；复伞房花序生于枝顶，花密集，白色，总花梗和花梗初时密被白色绒毛；萼筒钟状，萼片具绒毛；花瓣5，白色，宽卵形；果实近球形，红色或橘红色，具宿存闭合萼片。花期6月，果期9～10月。

野外识别要点 本种幼枝、冬芽、叶、叶柄、花梗、萼片有灰白色绒毛，花白色，果实成熟时红色或橘红色。

别名：花楸树、百花山花楸、山槐子、绒花树、红果臭山槐	**科属：**蔷薇科花楸属
用途：茎、茎皮及果实可入药，具有镇咳祛痰、健脾利水的功效。另外本种还是优良的园林观赏树种。	

黄花倒水莲

Polygala fallax Hemsl.

根粗壮，淡黄色

· **生境分布** 常生长在沟谷、林下或溪边等水湿处。分布于我国华东、华南和中南地区。

· **形态特征** 落叶灌木。株高可达3m，全株有甜味，根粗壮，多分枝，表皮淡黄色，枝灰绿色，密被短柔毛；叶大型，互生，披针形至椭圆状披针形，叶面深绿色，叶背淡绿色，两面有短柔毛，侧脉8～9对，叶脉在叶背凸起，全缘；叶柄短，具槽，被短柔毛；总状花序直立，花梗基部具长圆形小苞片，早落；萼片5；花瓣3枚，金黄色，侧生花瓣长圆形，龙骨瓣盔状，鸡冠状附属物具柄；蒴果阔倒心形，具短梗，顶端有喙状短尖头，熟时绿黄色；种子圆形，棕黑色，密被白色短柔毛，种阜盔状，顶端突起。花期5～8月，果期8～10月。

叶背淡绿色

· **野外识别要点** 本种总状花序顶生，花黄色，花瓣3枚，侧面2枚，基部与雄蕊鞘相连，中央1瓣顶端有鸡冠状附属物，容易识别。

别名：倒吊黄、黄花远志、黄花参、鸡仔树	**科属：**远志科远志属
用途：根可入药，具有补气血、健脾胃、调经血的功效。	

黄芦木

Berberis amurensis Rupr.

总状花序

· **生境分布** 常生长在沟谷、疏林、灌丛或溪旁，海拔可达2900m。分布于我国东北、华北、西北地区，山东也有分布。

· **形态特征** 落叶灌木。株高2～3.5m，茎具3分叉刺，稀单一，有棱槽，老枝淡黄色或灰色；叶大，倒卵状椭圆形或卵形，纸质，先端尖或钝圆，基部楔形，叶面深绿色，叶背淡绿色，中脉和侧脉微隆起，叶缘平展，每边具不整齐细刺齿，叶柄短；总状花序着花10～25朵，花黄色，萼片2轮，倒卵形；花瓣椭圆形，先端浅缺裂，基部稍呈爪，有1对分离腺体；雄蕊极短；胚珠2枚；浆果长圆形，熟时红色，基部有时微被霜粉。花期4～5月，果期8～9月。

· **野外识别要点** ①植株较高，茎具1～2cm长的3分叉刺，枝有棱槽，老枝淡黄色或灰色。②叶大，叶缘平展且有不整齐细刺齿。③花黄色，花瓣先端浅缺，基部有2枚腺体。

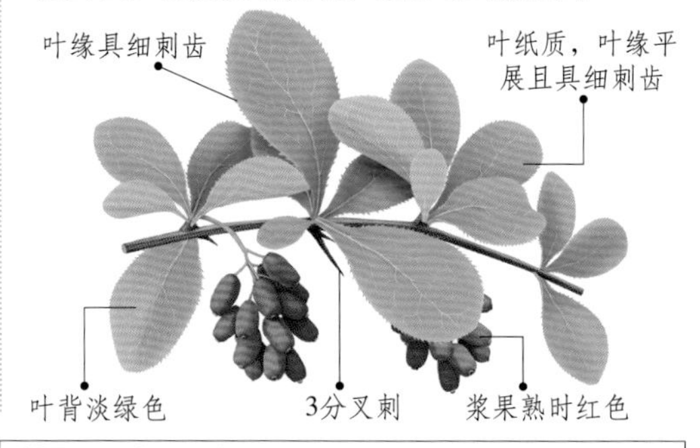

别名：大叶小檗、刀口药、刺黄檗、阿穆尔小檗	**科属：**小檗科小檗属
用途：根皮和茎皮含小檗碱，可入药，具有清热燥湿、泻火解毒的功效。	

灰栒子

Cotoneaster acutifolius Turcz.

生境分布 常生长在坡地、山谷或林中，海拔可达3700m。分布于我国西北地区，西藏、河南、河北等地也有分布。

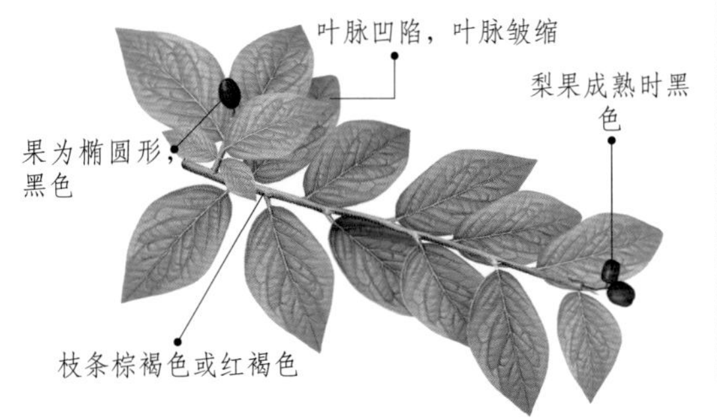

形态特征 落叶灌木。株高可达4m，枝条纤细、开展，圆柱形，棕褐色或红褐色，密生长柔毛；小叶互生，椭圆卵形至长圆卵形，幼时两面有长柔毛，全缘，叶柄短，有柔毛；托叶线状披针形，脱落；花两性，通常2～5朵成聚伞花序，总花梗和花梗均有长柔毛，苞片线状披针形，微具柔毛；萼筒钟状，外面被短柔毛，萼片5，三角形；花瓣5，直立，宽倒卵形或长圆形，白色带红晕；梨果椭圆形，成熟时黑色，内有小核2～3个。花期5～6月，果期9～10月。

野外识别要点 本种小叶互生，幼时叶背有柔毛；聚伞花序，花白色带红晕，萼筒外具柔毛；果实成熟时黑色，野外识别时注意。

别名：栒子	**科属：**蔷薇科栒子属
用途：枝叶和果实可入药，6～8月采收，具有解毒敛疮、凉血止血的功效。	

萙子梢

Campylotropis macrocarpa (Bunge.) Rehd.

荚果扁平

小花正面图

生境分布 常生长在山坡、灌丛、林缘或沟谷，海拔可达2000m。主要分布于我国陕西、山西、河北、四川、湖北及江苏等地。

形态特征 灌木。株高1～2m，嫩枝近圆柱形，密被绢毛，老枝近无毛；三出羽状复叶，叶柄短，密生柔毛，托叶小，针形；小叶3枚，顶生小叶较大，叶片椭圆形或宽椭圆形，先端圆钝或具小凸尖，基部近圆形，叶背常疏生柔毛，中脉隆起，全缘；总状花序腋生，花序轴密生开展短毛，苞片和小苞片近披针形；花三角状镰刀形，花萼钟形，常贴生短柔毛，萼齿5；花冠紫色；荚果长圆形，有短喙，具网脉，边缘生纤毛。花果期6～10月。

三出羽状复叶

野外识别要点 萙子梢与胡枝子极易混淆，识别时注意：前者小枝密被灰白色绢毛，每苞腋内生1花，花柄上有关节；后者小枝具柔毛，每苞腋内生2花，花柄上无关节。

别名：无	**科属：**豆科杭子梢属
用途：本种花序美丽，可栽种于庭院、园林、草坪边缘或池畔观赏。另外全草及根有发汗解表、舒筋活络的功效。	

檵木

Loropetalum chinense (R. Br.) Oliver

叶革质，叶脉在叶背凸起

头状花序，花淡黄白色

树皮灰色或灰绿色

生境分布 常生长在山野、谷地、林缘或灌丛。分布于我国长江流域以南大部分省区。

形态特征 常绿灌木或小乔木。株高可达12m，树皮灰色或灰绿色，多分枝，小枝密被锈色星状毛；小叶互生，多为卵形，革质，先端尖或钝，基部偏斜而圆，两面密被星状毛，叶脉在叶背凸起，全缘；具短叶柄，有星状毛；托叶膜质，三角状披针形，早落；花3～8朵簇生在总梗上，成顶生的头状花序，花淡黄白色，苞片线形，萼筒有星状毛，萼齿卵形，花后落；花瓣4枚，带状线形；蒴果卵圆形，木质，有星状毛，成熟时2瓣裂；种子长卵形，黑色，具光泽。花期5月，果期8月。

野外识别要点 本种高大，树皮灰色，小枝、叶面、叶柄、花萼、花瓣、子房及蒴果有锈色或白色星状毛，易识别。

别名：白花檵木、桎木	科属：金缕梅科檵木属
用途：根、叶、花和果均可入药，具有清热燥湿、活血止血、通经疏络的功效。另外，本种还可种植或盆栽观赏。	

金樱子

Rosa laevigata Michx.

生境分布 常生长在向阳山坡。主要分布于我国中部和南部的广大地区。

形态特征 常绿攀援灌木。株高可达5m，干枝粗壮、密生，有扁弯皮刺，幼时被腺毛，老时脱落至无；羽状复叶互生，小叶通常3枚，偶5枚，椭圆状卵形、倒卵形或披针状卵形，叶面亮绿色，叶背黄绿色，幼时沿中肋有腺毛，边缘具细锐锯齿；小叶柄和叶轴有皮刺和腺毛，托叶披针形，边缘有细齿，齿尖有腺体，早落；花单生叶腋，白色，有香气，花梗短，被腺毛；萼筒随果实成长变为针刺，有腺毛，萼片卵状披针形，内面密被柔毛，先端叶状，全缘或羽状浅裂，常有刺毛和腺毛；花瓣5，宽倒卵形；果梨形，成熟时橘红色，密被刺毛，具宿存萼片。花期4～6月，果期7～11月。

野外识别要点 ①枝干散生扁平刺，羽状复叶通常具小叶3枚，叶面亮绿色，叶背黄绿色。②花单生，白色，萼筒在果期变为针刺状，萼片先端羽裂，且有腺毛和刺毛。

别名：刺梨子、和尚头、山石榴、山鸡头子、糖罐子、倒挂金钩	科属：蔷薇科蔷薇属
用途：根、叶、果均可入药，具有祛风除湿、活血散瘀、拔毒收敛的功效。	

金缕梅

Hamamelis mollis Oliver

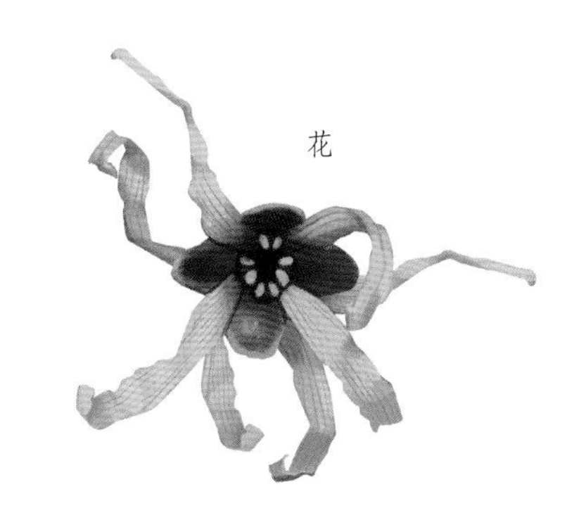

金缕梅在早春先叶开放，黄色的细长花瓣犹如金丝缕一样，婀娜轻盈，芳香四溢，远看极像腊梅，故有“金缕梅”之名。

生境分布 一般生长在次生林或灌丛中。主要分布于我国安徽、浙江、江西、湖南、湖北、四川及广西。

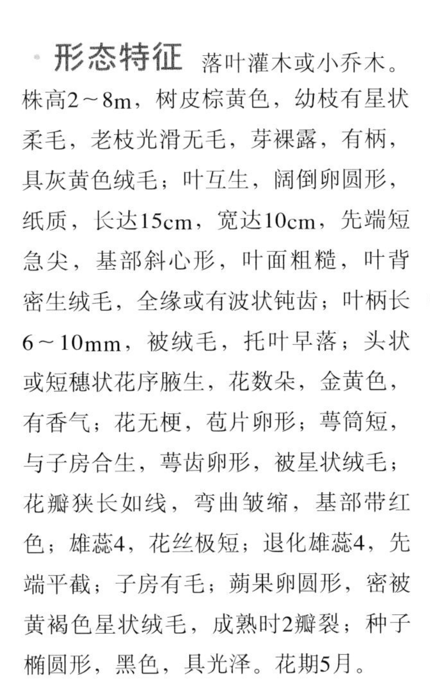

形态特征 落叶灌木或小乔木。株高2～8m，树皮棕黄色，幼枝有星状柔毛，老枝光滑无毛，芽裸露，有柄，具灰黄色绒毛；叶互生，阔倒卵圆形，纸质，长达15cm，宽达10cm，先端短急尖，基部斜心形，叶面粗糙，叶背密生绒毛，全缘或有波状钝齿；叶柄长6～10mm，被绒毛，托叶早落；头状或短穗状花序腋生，花数朵，金黄色，有香气；花无梗，苞片卵形；萼筒短，与子房合生，萼齿卵形，被星状绒毛；花瓣狭长如线，弯曲皱缩，基部带红色；雄蕊4，花丝极短；退化雄蕊4，先端平截；子房有毛；蒴果卵圆形，密被黄褐色星状绒毛，成熟时2瓣裂；种子椭圆形，黑色，具光泽。花期5月。

野外识别要点 本种幼枝、叶背、叶柄、花萼及蒴果被星状柔毛，花金黄色，花瓣狭长如线，弯曲皱缩，基部带红色，在野外容易识别。

别名：木里香、牛踏果、忍冬花	**科属：**金缕梅科金缕梅属
用途：①药用价值：根可入药，具有补中益气的功效。②景观用途：金缕梅是著名观赏花木之一，常种植于庭院、小区、池边、溪畔或林缘，也可作盆景或切花。	

假鹰爪

Desmos chinensis Lour.

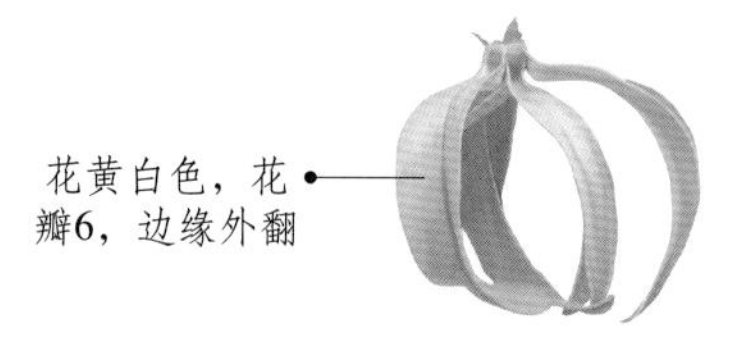

假鹰爪树形美观，花果俱佳，香气浓郁，是理想的观赏和绿化苗木。在盛产地区，女孩们经常采摘新鲜的假鹰爪花包在手帕中，或夹在书中，送给心爱的人，有时也配戴在衣服或头发上，既可增加体香，又能驱赶蚊蝇，十分受欢迎。

生境分布 一般生长在荒野、山坡、林缘或山谷。主要分布于我国云南、贵州、广西、广东及海南。

形态特征 直立或攀援灌木。株高2～5m，全株除花外均无毛，上部枝条常蔓延，枝皮粗糙，有纵条纹，具灰白色凸起的皮孔；叶长圆形或椭圆形，薄纸质，长达13cm，宽达5cm，先端渐尖，基部圆形或稍偏斜，叶面绿色，具光泽，叶背粉绿色，全缘或微波状，具短柄；花单生，黄白色，有芳香，花梗长可达6cm，无毛；萼片4，卵圆形，全缘；花瓣6片，长圆形或长圆状披针形，长达9cm，宽达2cm，中部突起，边缘外翻；花托凸起；雄蕊长圆形，药隔顶端截形；心皮长圆形，柱头略外弯，顶端2裂；果念珠状，长2～5cm，具短柄，常聚合生呈鹰爪状，故得名；种子1～7颗，卵圆形。花果期4～8月。

株高2～5m，全株除花外均被毛

野外识别要点 ①茎皮具疣状小突起，叶厚草质，长圆形或椭圆形，叶背粉绿色。②花黄绿色，有香气，花瓣6，长圆状披针形，果念珠状，常聚合生呈鹰爪状。

别名： 山指甲、鸡爪风、酒饼叶、双柱木、狗牙花	**科属：** 番荔枝科假鹰爪属
用途： ①药用价值：根、叶可入药，具有祛风除湿、消食化积的功效。②景观用途：本种四季常绿，清香宜人，果似鹰爪，具有极高的观赏价值，可用于布置花坛、庭院或小区。③工业用途：茎皮纤维造棉、造纸或代麻制绳索，也可制酒饼。花可提取芳香油。	

阔叶十大功劳

Mahonia Bealei (Fort.) Carr.

生境分布 生长在林下、草坡、溪边或灌丛。分布于我国陕西、西川及南方沿海地区。

形态特征 常绿灌木。株高通常约4m，全株无毛，枝丛生；奇数羽状复叶，伞形展开，狭倒卵形至长圆形，叶柄长；小叶4～10对，硬直，自下往上小叶渐次变长，顶生小叶最大，先端具硬尖，基部阔楔形，偏斜，叶面蓝绿色，叶背黄绿色，叶脉不明显，边缘具粗锯齿；叶柄长1～6cm；总状花序直立，通常3～9个簇生，芽鳞卵形至卵状披针形，花梗较长，苞片阔卵形，花黄绿色，有芳香；花瓣倒卵状椭圆形，先端微缺，基部腺体明显；浆果卵形，成熟时深蓝色，被白粉。花期10月至次年2月，果期3～7月。

野外识别要点 全株无毛，奇数羽状复叶，小叶自下而上变化大，叶面蓝绿色，叶背黄绿色，厚革质，边缘具粗锯齿；花黄绿色，有芳香，野外识别时注意。

别名：土黄柏、黄天竹、刺黄芩、刺黄柏	**科属：**小檗科十大功劳属
用途：①景观用途：阔叶十大功劳叶形奇特，典雅美观，耐阴性好，常用于布置树坛、岩石园、小区、庭院，也可盆栽观赏。②药用价值：根、茎及叶均可入药，具有滋养强身的功效。	

了哥王

Wikstroemia indica (L.) C. A. Mey

生境分布 常生长在林下或灌丛中，海拔可达1500m。主要分布于我国西南、中南、华南地区，台湾也有分布。

形态特征 小灌木。株高可达2m，多分枝，小枝红褐色，无毛；叶对生，长椭圆形或披针形，近革质，先端钝或急尖，基部楔形，叶面无毛，侧脉细密，干时棕红色，全缘，叶柄极短或近无；短总状花序顶生，花数朵，黄绿色，花梗短，花萼管状，疏生柔毛，4裂，裂片长卵形；雄蕊8，2列排列；花丝短；花盘鳞片4，通常两两合生；子房椭圆形，微被柔毛；核果卵形，成熟时红色至紫黑色。花果期6～9月。

野外识别要点 低矮灌木，无毛，枝条红褐色，叶长椭圆形，干时棕红色，花黄绿色，无花瓣，只有花萼，果成熟时红色至紫黑色，识别时注意。

小花黄绿色
成熟核果
叶对生，干时棕红色
小枝红褐色，无毛
枝干

别名：地棉皮、桐皮子、山豆了、小金腰带、雀儿麻	**科属：**瑞香科了哥王属
用途：茎皮纤维柔韧，常作造纸原料，枝条也可用于编织。	

栾树

Koelreuteria paniculata Laxm.

栾树果呈三角状卵形，顶端尖，内部空，外面包裹着三片黄绿色且像纸似的果皮，远远看去，犹如一盏小灯笼。待进入夏季，果逐渐成熟变为红色，即使冬季叶全部凋落，它们也依旧悬挂在树上，因而栾树也叫“灯笼树”。

大型圆锥花序顶生

花金黄色，花瓣4，开花时向外反折

蒴果三角状卵形，具3棱

生境分布 常生长在阴湿疏林或山谷。广泛分布于我国北部和中部地区。

形态特征 落叶乔木。株高7～15m，树冠近圆球形，树皮厚，灰褐色，老时细纵裂，小枝皮孔明显，与叶轴、叶柄均被皱曲柔毛；奇数羽状复叶，平展，长可达50cm，叶柄短；小叶11～18片，对生或互生，阔卵形至卵状披针形，纸质，先端渐尖，基部近截形，叶背沿脉有短柔毛，边缘有不规则的钝锯齿，齿端具小尖头，有时基部深裂而为不完全的2回羽状复叶，近无柄；大型圆锥花序顶生，花序轴密被柔毛，苞片狭披针形，花金黄色，稍芬芳，萼裂片卵形，具腺状缘毛；花瓣4，线状长圆形，开花时向外反折，瓣片基部的鳞片（附属物）初时黄色，开花时橙红色；雄蕊8；花丝下部密被白色长柔毛；子房三棱形，棱上具缘毛；蒴果三角状卵形，具3棱，顶端尖，果瓣卵形，外面有网纹；种子近球形。花期6～8月，果期9～10月。

野外识别要点 ①株形高大，树皮灰褐色，有细纵裂，小枝有皮孔。②奇数羽状复叶，部分小叶深裂为不完全的2回羽状复叶。③花金黄色，花瓣基部的鳞片开花时橙红色，果成熟时红色。

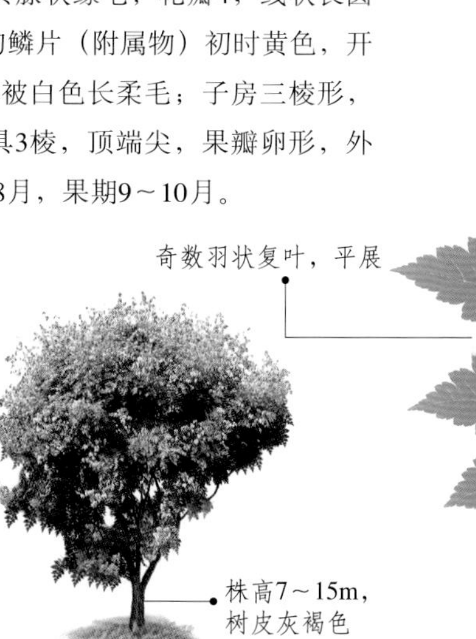

别名：木栾树、灯笼树、大夫树、黑色叶树	科属：无患子科栾树属
用途：①药用价值：花可入药，6~7月采摘，具有清肝明目的功效。②食用价值：嫩芽可食，春季采摘，洗净、焯熟，调拌可食。③景观用途：本种春季枝叶茂密，夏季金花满树，秋季丹果夺目，适合作林荫路、人行道的绿化树种。	

椤木石楠

Photinia davidsoniae Reld.

花

果枝图

生境分布 常生长在林缘或灌丛中。主要分布于我国陕西秦岭地区和长江流域南至云南、贵州一带。

形态特征 常绿乔木。株高可达15m，幼枝黄红色，后成紫褐色，老时灰色，毛渐脱落至无，茎皮有时具刺；叶长圆形或倒披针形，革质，先端急尖或渐尖，基部楔形，叶面光亮，侧脉10～12对，边缘具细密锯齿且稍反卷；叶柄短；花密集成顶生复伞房花序，总花梗和花梗有柔毛，苞片小，早落；萼筒浅杯状，外面疏生短柔毛，萼片阔三角形，有柔毛；花瓣5，白色，圆形，先端圆钝，基部有极短爪；梨果球形，成熟时橙红色，无毛，种子2～4，卵形，褐色。花期5月，果期9～10月。

野外识别要点 ①植株高大，枝条嫩时黄红色，后变紫褐色，老时灰色，茎皮有细刺。②叶革质，边缘具细密的齿。③梨果球形，成熟时橙红色，种子褐色。

别名：梅子树、水红树花、凿树、椤木石楠	**科属：**蔷薇科石楠属
用途：①药用价值：根及叶可入药，具有清热解毒的功效。②景观用途：本种树冠圆球形，早春嫩叶绛红，夏季小花洁白，秋季红果累累，是观花、观叶、观果的优良树种，适合种植于园林或庭院。	

蚂蚱腿子

Myripnois dioica Bunge

生境分布 常生长在山地阴坡、沟谷、林缘或灌丛。主要分布于我国东北和华北地区。

形态特征 落叶小灌木。植株低矮，分枝多，枝条呈帚状，具纵纹，被短柔毛；叶互生，生于短枝的椭圆形或近长圆形，生于长枝上的阔披针形或卵状披针形，纸质，嫩叶密被长柔毛，网脉明显，在两面均凸起，全缘；叶柄极短或无，被柔毛；花先叶开放，头状花序单生于侧枝顶端，总苞近钟形，苞片被紧贴的绢毛和腺体；花雌性和两性异株，雌花花冠紫红色，舌状，顶端3浅裂，浅白色毛多；两性花花冠白色，管状2唇形，基部箭形，先端5裂，雪白色毛少；瘦果纺锤形，密被毛。花期5月。

雌花序

两性花序

白色两性花

果实

粉色雌花

野外识别要点 本种枝条呈帚状，叶生在短枝上的略宽，生在长枝上的略窄，头状花序具总苞，雌花紫红色，两性花白色，易识别。

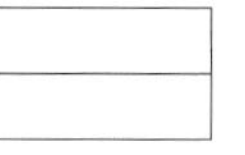

别名：万花木	**科属：**菊科蚂蚱腿子属
用途：蚂蚱腿子植株低矮，早春开花，是山区阴坡的优势灌木种，适合阴冷地区种植观赏。	

满山红

Rhododendron mariesii Hemsl. et Wils.

生境分布 常生长在山地灌丛。分布于我国华东、华南、中南、西南地区，河北、陕西也有分布。

果枝图

形态特征 落叶灌木。株高1.5～4m，分枝多，近轮生，嫩时密被淡黄棕色柔毛；叶常2～3片聚生枝顶，椭圆形或卵状披针形，厚纸质，两面幼时被淡黄棕色长柔毛，叶脉在叶面凹陷，在叶背隆起，全缘或稍反卷；花芽卵球形，鳞片阔卵形，外面沿中脊被淡黄棕色绢状柔毛；花先叶开放，花梗直立，常为芽鳞所包；花淡紫红色或紫红色，花萼环状，5浅裂；花冠漏斗形，5深裂，上方裂片具紫红色斑点；蒴果卵球形。花期4～5月，果期6～9月。

野外识别要点 ①分枝近轮生，嫩枝、嫩叶、花芽、芽鳞、花萼、子房及蒴果有黄棕色长柔毛。②花常2朵自同一花芽长出，淡紫红色或紫红色，花冠裂片具紫红色斑点，花丝无毛。

叶常几片聚生枝顶

枝干棕黄色

别名：映山红、山石榴、红踯躅	科属：杜鹃花科杜鹃属
用途：全草可入药，具有祛风利湿、活血调经、消肿止痛的功效。	

毛樱桃

Cerasus tomentosa (Thunb.) Wall.

花侧面观

生境分布 常生长在山坡林中、灌丛、草丛或山地，海拔可达3200m。分布于我国西藏、四川、云南、陕西、宁夏及黄河流域一带。

形态特征 落叶灌木。株高2～4m，枝紫褐色或灰褐色，嫩枝密被绒毛；冬芽卵形，微被柔毛；叶卵状椭圆形或倒卵状椭圆形，叶面暗绿色，疏生柔毛，有皱纹，叶背灰绿色，密生灰色绒毛，侧脉4～7对，边缘具不整齐锯齿；叶柄短，被绒毛或脱落稀疏；托叶线形，被长柔毛。花单生或2朵簇生，先叶或与叶同时开放，花梗短或近无，萼筒呈圆筒形，外被有短柔毛，萼片卵圆形，内外均有毛；花瓣5，白色或粉红色，倒卵形，先端圆钝；核果卵球形，成熟时红色，棱脊两侧有纵沟，略被毛。花果期春夏季。

花序图

野外识别要点 本种枝条具3枚腋芽，嫩枝及叶背密生柔毛，子房及果实也密生短柔毛，花梗短，花萼圆筒状，核果红色，状似小樱桃，容易区别。

核果熟时似樱桃

别名：山樱桃、山豆子、梅桃	科属：蔷薇科樱桃属
用途：果实状似珍珠，熟后味道鲜美，且富含营养物质，可鲜食。另外种仁可入药，俗称“大李仁”，具有润肠利水的功效。毛樱桃耐寒、抗旱，是优良的观花、观果树种，可种植观赏。	

茅莓悬钩子

Rubus parviflorus L.

生境分布 常生长在山沟、杂林中或灌木丛，海拔不高。除黑龙江、吉林、西藏、新疆外，我国大部分省区都有分布。

形态特征 落叶灌木。株高1～2m，小枝黄褐色，具稀疏针状小刺，密被灰白色短柔毛；奇数羽状复叶，通常具小叶3枚，顶生小叶广菱形或菱状卵圆形，具短柄，侧生小叶斜椭圆状卵形，近无柄，全部小叶背面淡绿色且有白色柔毛，边缘具粗锯齿或缺刻；托叶线形，密被柔毛；伞房状花序，花数朵，花梗密被短柔毛和稀疏小刺；苞片针形，密被短柔毛；萼筒浅杯状，外面具刺毛和短柔毛，萼裂片花期开展，果期直立；花瓣5，粉红色至紫红色，圆卵形；聚合小核果球形，成熟时红色。花期春季，果期夏季。

野外识别要点 本种枝有柔毛和针状刺；羽状复叶通常具小叶3枚，叶背有白色柔毛；萼裂片花期开展，果期直立。

成熟果实

别名：小叶悬钩子、茅莓	科属：蔷薇科悬钩子属
用途：果实可食，也可制作糖、饮料或酿酒。另外全草可入药，具有清热解毒、舒筋活血、消肿止痛的功效。	

美丽茶藨子

Ribes pulchellum Turcz.

花黄色

生境分布 常生长在荒野、山地草丛或林缘。分布于我国东北、华北、西北地区，新疆也有分布。

形态特征 落叶灌木。株高1～3m，幼枝红褐色，皮光滑，有柔毛，老枝灰褐色，皮常有纵条裂，无毛，叶下部的节上常具1对小刺，小枝有时散生细刺；芽极小，卵圆形，具数枚褐色鳞片；叶宽卵圆形，上部掌状3～5裂，边缘具粗齿，叶面暗绿色，叶背灰绿色，两面有短柔毛；叶柄短，有毛；花雌雄异株，组成总状花序，雄花序长达7cm，疏松着花8～20朵，雌花序长达3cm，密集着花8～10朵，花序轴和花梗具短柔毛，苞片狭长圆形，具单脉，有柔毛；花黄色，花萼宽卵圆形，浅绿黄色至浅红褐色，近无毛；花瓣小，鳞片状；果实球形，熟时红色。花期5～6月，果期8～9月。

叶上部掌状3～5裂

野外识别要点 ①幼枝红褐色，老枝灰褐色，叶下部节上常具1对小刺，有时枝上也散生细刺。②叶上部掌状3～5裂，叶背灰绿色。③雄花序长，花稀疏；雌花序短，花密集。

别名：碟花茶藨子、小叶茶藨子	科属：虎耳草科茶藨子属
用途：本种为山地灌丛中的伴生植物，常种植于庭院、小区、路旁、林缘或园林。另外果实可入药。	

美丽马醉木

Pieris formosa(Wall.)D. Don

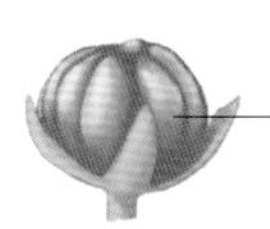

叶披针形至长圆形，革质

枝近圆柱形，具叶痕

生境分布 常生长在山坡灌丛或林缘中。分布于我国华南、中南及西南地区。

形态特征 常绿灌木或小乔木。株高可达6m，枝近圆柱形，无毛，具叶痕；冬芽卵圆形，被鳞片覆盖；叶披针形至长圆形，革质，叶面深绿色，有时微被柔毛，后渐脱落，叶背淡绿色，中脉显著，边缘具细锯齿，具短叶柄；花密集，有时为腋生总状花序，有时为顶生圆锥花序，花序长可达20cm，花梗短，被柔毛；萼片宽披针形；花冠白色，上部浅5裂，外面有柔毛；蒴果卵圆形，具短果梗，种子纺锤形，成熟时黄褐色，外种皮的细胞伸长。花期5～6月，果期7～9月。

野外识别要点 ①叶互生，披针形至长圆形，边缘具细锯齿。②花密集成顶生的圆锥花序或腋生的总状花序，花冠白色，上部5裂。

别名：兴山马醉木	**科属：**杜鹃花科马醉木属
用途：全株可入药，具有消肿止痛、舒筋活络的功效。	

美蔷薇

Rosa bella Rehd. et Wils.

花瓣宽倒卵形粉红色

具腺毛

果熟时猩红色

奇数羽状复叶，小叶7～9枚

生境分布 常生长在山坡、林下或山沟。分布于我国华北地区，吉林、山西、山东等地也有分布。

形态特征 落叶灌木。株高1～3m；多分枝，小枝圆柱形，散生基部稍膨大的皮刺，老枝常密被针刺；奇数羽状复叶，连叶柄长可达11cm，小叶7～9枚，椭圆形、卵形或长圆形，先端渐尖，基部近圆形，叶背沿中脉有腺体和小刺，边缘有大小近等的单锯齿，具短叶柄，托叶宽，大部贴生于叶柄，离生部分卵形，边缘有腺齿；花单生或2～3朵聚生，有香气，苞片卵状披针形，边缘有腺齿；花梗和萼筒被腺毛，萼片披针形，有腺毛和柔毛；花瓣5，粉红色，宽倒卵形；果卵球形，顶端有短颈，有腺毛，熟时猩红色。花期5～7月，果期8～10月。

野外识别要点 ①有皮刺，奇数羽状复叶，小叶较厚，边缘有近等大的单锯齿。②花粉红色，蔷薇果卵球形，有腺毛，成熟时红色。

别名：野蔷薇、刺红、刺蘼、油瓶瓶	**科属：**蔷薇科蔷薇属
用途：美蔷薇花繁叶茂，芳香清幽，常用于垂直绿化，或作花篱，也是嫁接月季的优良砧木。	

木荷

Schima superba Gardn. et Champ.

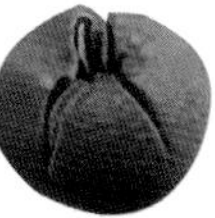

木荷被称为“火中先锋”。这是因为它形高叶茂，叶质厚不易燃烧，且含水量高达42%，因此在火灾高发地区，人们常栽种木荷组成防护林，它犹如一道高墙，将熊熊大火阻隔。另外，木荷再生能力很强，即使被火烧过，第二年常会重发复活。

生境分布 常生长在湿润的林缘、灌丛或山沟里。广泛分布于我国南方。

形态特征 常绿乔木。株高10～20m，树干端直，树冠广圆形，嫩枝通常光滑无毛；叶卵状椭圆形或长椭圆形，革质，先端尖锐，基部楔形，侧脉7～9对，叶面无毛，具光泽，边缘有钝锯齿；具短叶柄；花单朵顶生或多朵聚集成短总状花序，花白色，有香气，花梗短而细，无毛；苞片2，近萼片而生，早落；萼片半圆形，内外有毛；花瓣4，最外1片风帽状，边缘多毛；蒴果扁球形，木质化。花期4～7月，果期9～10月。

野外识别要点 ①常绿乔木，叶厚革质，无毛，全缘或有钝齿。②花白色；蒴果球形，木质；种子扁平，肾形，有翅。

别名：何树、荷木、回树、果槁	科属：山茶科荷树属
用途：①药用价值：根皮可入药，具有清热解毒的功效。②园林用途：木荷树姿优美，四季常青，适宜与其他树种配植于园林、山坡、林缘或道旁。	

木莲 >花语：高尚

Manglietia fordiana (Hemsl.) Oliv.

在我国江西绍兴市会稽山中有一种土特产——木莲豆腐。在当地非常有名。其实，这种豆腐和豆子毫无关系，完全是用木莲的种子制作而成的。

花

生境分布 生于海拔800m以下的山谷及山坡等阴湿处。广泛分布于我国长江中下游地区。

形态特征 常绿乔木。株高可达20m，树干通直，树皮平滑，灰褐色，枝上有白色皮孔和环状条纹；叶互生，长卵形或长椭圆状披针形，革质，先端常反卷，叶面绿色，具光泽，叶背灰绿色，有白粉，且弧形脉凸起，全缘；叶柄短，呈红褐色；花单生于枝顶，白色，具芳香；聚合果卵形，熟时紫色，由肉质变为木质，表面有疣点。花期3～4月，果期9～10月。

聚合果卵形

野外识别要点 ①本种树干直、平滑，枝上有白色皮孔和环状条纹。②叶互生，叶背有白粉，短柄红褐色。③花白色，单生枝顶，有香气，果实成熟时紫色。

别名：黄心树	科属：木兰科木莲属
用途：茎枝可入药，具有止咳、通便的功效。	

南烛

Lyonia ovalifolia (Wall.) Drude

花冠圆筒状，白色

生境分布 常生长在高海拔的疏林中。主要分布于我国华南、中南、西南地区，西藏、台湾也有分布。

形态特征 常绿灌木或小乔木。株高7～15m，枝条灰褐色，光滑；冬芽长卵圆形，淡红色；叶卵形或椭圆形，革质，先端尖，基本浅心形，叶面深绿色，叶背淡绿色，两面近无毛，中脉在叶背隆起，全缘；叶柄极短；总状花序腋生，近基部有2～3枚叶状苞片；花序轴微被柔毛，花梗短；花萼5深裂，裂片长椭圆形；花冠圆筒状，白色，上部浅5裂，裂片向外反折；蒴果球形，种子短线形。花期5～6月，果期7～9月。

野外识别要点 ①枝条灰褐色，冬芽淡红色，均无毛。②叶长卵形，革质，叶背色淡，中脉隆起，脉上微有毛。③花白色，花萼5深裂，花瓣裂片向外反折，花丝顶端有2枚芒状附属物。

花枝图

别名：珍珠花、米饭花	科属：杜鹃花科南烛属
用途：茎、叶及果可入药，具有活血祛瘀、消肿止痛的功效。	

欧李

Cerasus humilis (Bunge)Sok.

由于钙元素的含量比一般的水果都高，欧李也被称为“钙果”。据说康熙皇帝对欧李情有独钟，从小就十分爱吃，甚至派专人为他种植和管理。

生境分布 常生长在山坡、沟谷或杂林中。主要分布于我国黑龙江、吉林、辽宁、内蒙古、河北及山东。

形态特征 落叶灌木。植株低矮，高不及2m，树皮灰褐色，小枝被白色短柔毛，后渐脱落；单叶互生，长椭圆形或椭圆状披针形，薄革质，长达5cm，最宽仅2cm，先端渐尖，基部楔形，叶背沿中脉散生短柔毛，边缘具细锯齿；叶柄短，托叶线形，早落；花与叶同时开放，单生或2朵对生，花梗短且有稀疏短柔毛；萼片5，三角状卵形，外面微有毛，花后反折；花瓣5，白色或粉红色，宽卵形；雄蕊多数；心皮1；核果卵圆形，成熟时红色，无毛，具光泽。花期春季，果期夏季。

野外识别要点 ①树皮灰褐色，小枝柔毛，叶互生，叶背沿中脉生短柔毛。②花与叶同时开放，单生或2朵对生，花白色或粉红色，花后萼片反折，果实熟时红色，直径1～1.5cm。

别名：山梅子、小李仁	科属：蔷薇科欧李属
用途：①食用价值：果熟后味道较好，且富含矿质元素，可鲜食。②药用价值：种子可入药，夏、秋季采收成熟果实，去壳取种，具有润肠通便、利水消肿的功效。③景观用途：本种是优良的春观花、夏观果植物，适合种植于庭院、小区、道旁等地。	

青荚叶

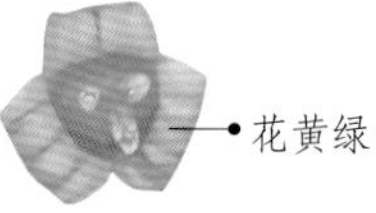

Helwingia japonica (Thunb.)Dierr

生境分布 常生长在林下、沟谷草地或灌丛。分布于我国黄河流域以南的大部分省区。

形态特征 落叶灌木。株高不过2m，树皮深褐色，枝条绿色，光滑无毛，具叶痕；叶卵形或卵状椭圆形，纸质，叶面暗绿色，叶背紫绿色，无毛，中脉在叶面微凹，在背面突起，边缘具刺状细锯齿；叶柄短，托叶线状分裂；花雌雄异株，雄花常10～12朵组成密伞花序，雌花单生或2～3朵组成伞形花序，二者皆着生于叶面中脉的1/3～1/2处，花黄绿色，花梗短，花萼小，花瓣3～5，三角状卵形，捏合状；浆果椭圆形，具5棱，熟后黑色，分核3～5枚；种子3～5，长圆形，具网纹。花期4～5月，果期8～9月。

花果生于叶面中脉

野外识别要点 本种最大的特点就是花和果生在叶面近中部处，花黄绿色，浆果成熟时黑色，故又称“叶上珠”，容易识别。

别名：叶上珠、大叶通草、绿叶托红珠	科属：山茱萸科青荚叶属
用途：全草可入药，有清热解毒、散瘀消肿、活血止血的功效。另外本种花果着生部位别致，具有很高的观赏性。	

三裂绣线菊

Spiraea trilobata L.

生境分布 生长在荒野、坡地或灌丛，海拔可达2400m。分布于我国东北、华北、西北地区，安徽也有分布。

形态特征 灌木。株高1～2m，枝条开展，呈“之”字形弯曲，嫩时褐黄色，老时暗灰褐色；冬芽宽卵形，外被数个鳞片；叶小，互生，近圆形，先端明显3裂，故得名，基部楔形或浅心形，无毛，叶背淡绿色，基部具显著3～5脉，叶缘中部以上常具圆钝粗齿；伞形总状花序，花梗短，苞片线形，上部深裂；花15～30朵，花萼钟状，内面有灰白色短柔毛，萼片5，近三角形；花瓣5，白色，宽倒卵形，先端微凹；蓇葖果直立，有时沿腹缝微具短柔毛，宿存。花期5～6月，果期7～8月。

叶先端明显3裂，故得名

野外识别要点 三裂绣线菊和土庄绣线菊十分相似，识别时注意：前者冬芽无毛，叶先端明显3裂，叶背无毛；后者冬芽有毛，叶较狭，无明显3裂，且叶背密生柔毛。

别名：石棒子、三桠绣球、团叶绣球	科属：蔷薇科绣线菊属
用途：本种株形低矮、整齐，花繁叶茂，常种植于庭院、小区、路旁、公园或林缘观赏，或作绿化地被植物。	

三叶海棠

Malus sieboldii (Regel) Reld.

生境分布 生长在山坡林地或灌丛中。分布于我国南北大部分省区。

形态特征 小乔木。株高可达6m，枝条开展，稍有棱角，嫩时被短柔毛，暗紫色或紫褐色；冬芽卵形，紫褐色；叶卵圆形至长椭圆形，叶背沿脉有柔毛，边缘有锯齿或3～5裂；叶柄短，有柔毛；托叶草质，窄披针形，微被柔毛；伞形总状花序着花4～8朵，花梗有时疏生柔毛；苞片膜质，线状披针形，内面被柔毛，早落；萼片三角卵形；花淡粉红色，花瓣5，长椭圆倒卵形，基部有短爪；果实近球形，熟时红色或褐黄色，萼片脱落。花期4～5月，果期8～9月。

果枝图

野外识别要点 本种枝条暗紫色或紫褐色，冬芽紫褐色，叶缘有锯齿或3～5裂。②伞形总状花序，花淡粉红色，苞片、萼筒、萼片、花柱有柔毛，花瓣无毛且基部有短爪。

花序枝图

别名：山茶果（山东土名）、野黄子、山楂子、裂叶海棠	科属：蔷薇科苹果属
用途：本种春季叶鲜嫩翠绿，夏季小花簇拥，秋季艳果夺目，是一种优良的观赏树种。	

山矾

花

Symplocos sumuntia Buch.-Ham. ex D. Don

生境分布 野生于疏林中。分布于我国华南和中南地区，主产江西、浙江、重庆等地。

形态特征 常绿乔木，株高8～15m，嫩枝褐绿色，无毛，多分枝；叶卵形、狭倒卵形或倒披针状椭圆形，薄革质，先端渐尖呈尾状，基部楔形，中脉在叶面凹下，侧脉4～8对，叶脉在两面凸起，全缘或具波状齿，叶柄短；花常聚集呈总状花序，花序轴被展开的柔毛，苞片阔卵形，密被柔毛，早落；花萼筒倒圆锥形，裂片三角状卵形，背面有微柔毛；花冠白色，5深裂近达基部，裂片外被柔毛；雄蕊多数，花丝基部稍合生；花盘环状；子房3室；核果卵状，果皮薄而脆，顶端具直立的宿萼裂片。花期3～5月，果期5～7月。

核果卵状，果皮薄而脆

侧脉4～8对

叶薄革质，先端呈尾状

野外识别要点 ①叶薄革质，先端渐尖呈尾状，近全缘或具波状齿。②花冠白色，5深裂近达基部，雄蕊多数，花丝基部稍合生。③核果顶端具直立的宿存萼片。

别名：尾叶山矾	科属：山矾科山矾属
用途：根、花及叶可入药，具有清热利湿、理气化痰的功效。另外木材坚韧，可用于家具或器具的制造。	

山荆子

Malus baccata (L.) Borkh.

花剖面图

生境分布 一般野生于山区。主要分布于我国东北、华北、西北及黄河流域一带。

形态特征 乔木。株高可达14m，树冠广圆形，嫩枝红褐色，老枝暗褐色；冬芽卵形，鳞片微具绒毛，红褐色；叶椭圆形或卵形，嫩时微有柔毛，边缘具细密锯齿；叶柄短，初有短柔毛和少数腺体，后全脱落；托叶膜质，披针形，早落；花常4～6朵集合成伞形花序，无总梗，花梗细长，苞片膜质，线状披针形，边缘具腺齿，早落；萼片披针形，与萼筒均内面有柔毛；花瓣5，白色，倒卵形，基部有短爪；果实近球形，具果梗，成熟时红色或黄色，萼片脱落。花期4～6月，果期9～10月。

果剖面图

冬芽卵形

老枝暗褐色

野外识别要点 ①植株高大，树冠广圆形，嫩枝红褐色，老枝暗褐色。②伞形花序，无总梗，花梗细长，花白色。③梨果近球形，直径8～10mm，成熟时红色或黄色。

别名：山定子、林荆子	科属：蔷薇科苹果属
用途：本种树姿美观，生性强健，春季观花，入秋观果，常作为人行道树或园林绿化树种。果常作嫁接苹果的砧木。	

山莓

Rubus corchorrifolius L. f.

花白色

山莓果口感酸甜，十分好吃，出汁率高达80%，极适合制作果汁饮料。专家预测，山莓将成为第三代水果的“代表”，有着巨大的市场潜力。

生境分布 常生长在坡地草丛或山谷溪边。主要分布于我国长江流域以南大部分省区。

形态特征 落叶灌木。株高可达2m，幼枝带绿色，具柔毛和皮刺，老枝红褐色，有皮刺；叶卵形或卵状披针形，先端渐尖，基部近圆形，不分裂或偶有3浅裂，两面脉上有柔毛，叶背沿脉具细钩刺，边缘具不整齐重锯齿；叶柄短，有柔毛及细刺；托叶线形，基部贴生于叶柄；花常单生于枝顶，白色，略有香气；聚合小核果球形，成熟时红色。花期春季，果期夏季。

野外识别要点 ①枝有皮刺，幼枝带绿色，具柔毛，老枝红褐色，无毛。②叶不分裂或偶有3浅裂，叶背沿脉具细钩刺，叶柄有柔毛和刺。③花单生，白色，果熟时红色。

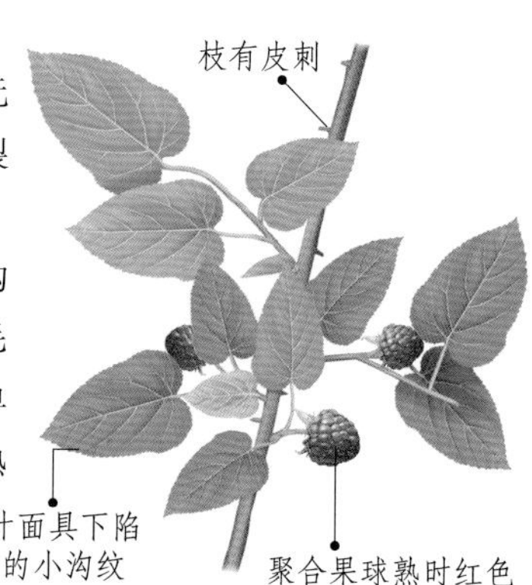

别名：刺葫芦、牛奶泡、树莓、三月泡、山抛子、龙船泡、泡儿刺	科属：蔷薇科悬钩子属
用途：根和叶可入药，春至秋采叶，秋季挖根，具有散瘀消肿、活血止血的功效。	

山苍子

Litsea cubeba (Lour.) Pers.

山苍子为我国特有的香料植物之一，每年产量可达两千多吨，是世界上最大的生产国和出口国，远销各大洲，享誉国内外。

生境分布 常生长在荒地、疏林、灌丛或路旁，海拔可达3200m。分布于我国长江流域以南各省及西藏。

形态特征 落叶小乔木。株高8～10m，幼树树皮光滑、黄绿色，老树树皮粗糙、灰褐色，枝细长，无毛，枝、叶有香味；顶芽圆锥形，外面具柔毛；单叶互生，披针形或长圆形，纸质，长达12cm，最宽仅3cm，先端渐尖，基部楔形，叶面深绿色，叶背粉绿色，两面无毛，羽状脉每边6～10条，与中脉在叶背凸起，全缘，具短柄；伞形花序单生或簇生，每花序具花4～6朵，先叶开放或与叶同时开放，花序梗细而短，花淡黄色，花被片6，宽卵形；能育雄蕊9，花丝中下部有毛，第3轮基部的腺体具短柄；退化雌蕊无毛；雌花中退化雄蕊中下部具柔毛；核果卵球形，具短果梗，成熟时黑色，先端稍大。花期2～3月，果期7～8月。

野外识别要点 ①小乔木，幼树树皮黄绿色，老树树皮灰褐色，枝、叶有香味。②叶互生，披针形或长圆形，叶面深绿色，叶背粉绿色，全缘。③伞形花序，花淡黄色，先叶开放或与叶同时开放。

别名：山鸡椒、山苍树、豆豉姜、山姜子、臭油果树、毕澄茄	**科属：**樟科木姜子属
用途：①药用价值：根、茎、叶和果实均可入药，具有祛风散寒、消肿止痛的功效。②工业用途：木材耐湿不蛀，但易劈裂，可用于建造家具或建筑。花、叶和果皮可提取柠檬醛，制造香精。	

山桃

Amygdalus davidiana (Carr.) C. de Vos ex Henry

部分茎干图

花序和果序

生境分布 生长在山坡、疏林、灌丛或山谷。分布于我国东北、华北、西北及西南地区。

形态特征 落叶乔木。株高可达10m，树冠开展，树皮暗紫色，老时褐色；叶卵状披针形，两面无毛，边缘具尖锯齿；叶柄短，常具腺体；花单生，先叶开放，花梗极短或近无，萼筒钟形，萼片紫色；花瓣5，白色或淡红色，倒卵形，先端微凹；核果球形，密被短柔毛，成熟时淡黄色，开裂；果核两侧略鼓，顶端钝圆，基部楔形，表面具沟纹和孔穴。花期3～4月，果期7～8月。

野外识别要点 ①树皮暗紫色至褐色，叶卵状披针形，中部以下最宽，叶柄有腺体。②花粉红色，先叶开放，萼片外面无毛。③果汁少而干，不能食。

别名：山毛桃、野桃	科属：蔷薇科桃属
用途：①景观用途：山桃生性强健，耐寒、耐旱，春季繁花满树，夏季果实累累，可作为观赏树种栽培，也可作桃的嫁接砧木。②食用价值：种子含油量高，可榨油供食用。	

山楂叶悬钩子

Rubus crataegifolius Bunge

花序枝图

生境分布 常生长在林缘、灌丛、山沟、坡地或路旁。分布于我国东北、华北地区，山西、山东等地也有分布。

形态特征 直立灌木。株高可达2.5m，幼枝有细柔毛，老枝无毛，具钩状皮刺；单叶互生，宽卵形，掌状3～5浅裂至中裂，裂片长卵形，边缘具不规则粗锯齿；叶柄短，疏生柔毛和小皮刺；托叶线形；小伞房状花序具花5～10朵，花白色，有微香；花梗极短，有柔毛；苞片与托叶相似；花萼柔毛至果期渐无，萼片卵状三角形，反折；花瓣5，长圆形，易脱落；聚合小核果，成熟时暗红色，有光泽，果核具皱纹。花期5～7月，果期7～9月。

野外识别要点 本种枝、叶柄、叶脉下面均具钩状皮刺；叶宽大，掌状3～5浅裂至中裂，叶背绿色；花白色，萼片反折，花瓣以后脱落；聚合小核果成熟时暗红色，容易识别。

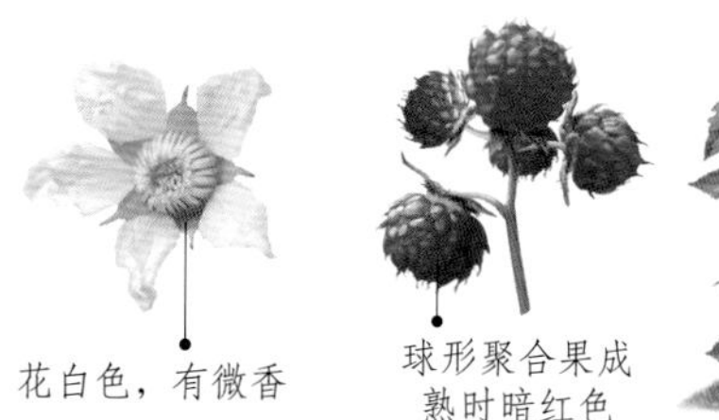

别名：牛迭肚、托盘、马林果	科属：蔷薇科悬钩子属
用途：果实酸甜可口，可生食，也可制作果酱或酿酒。另外果和根可入药，具有补肝肾、祛风湿的功效。	

山芝麻

Helicteres angustifolia L.

花和果图

生境分布 常生长在山地、丘陵灌丛或草坡中。主要分布于我国江西、湖南、福建、广东、广西和台湾。

形态特征 小灌木。植株低矮，枝被灰绿色短柔毛；叶狭长圆形或条状披针形，先端钝或急尖，基部圆形，叶面近无毛，叶背被灰白色或淡黄色星状茸毛，全缘，叶柄短；聚伞花序，花梗通常有小苞片4枚，三角状卵形；花萼管状，被星状短柔毛，上部5裂，裂片三角形；花瓣5，不等大，淡红色或紫红色，瓣基有1对耳状附属体；蒴果卵状矩圆形，顶端急尖，密被星状毛；种子小，褐色，有小斑点。花期几乎全年。

野外识别要点 ①低矮灌木，茎枝有灰绿色柔毛，叶面近无毛，叶背被灰白色或淡黄色星状茸毛。②花淡红色或紫红色，花瓣5枚，不等大。

别名： 山油麻	**科属：** 梧桐科山芝麻属
用途： 全草及根可入药，夏、秋季采挖，具有清热解毒、解毒消肿的功效。	

山杏

Armeniaca sibirica (L.) Lam.

在山花烂漫的初春，野外最常见的可能就是山杏和桃树了，瞧，一朵朵粉色小花簇拥在细长的枝干上，打打闹闹，似乎整片山坡、整个山谷都不再寂寥，而是一片热闹景象！

生境分布 生长在山坡或沟谷，海拔可达2000m。分布于我国东北、华北及西北地区。

形态特征 落叶小乔木。株高可达8m，树皮灰黑色，小枝多刺状，无毛；叶较一般杏树小而长，宽椭圆形或近圆形，先端渐尖，基部楔形，偶叶背脉间有簇毛，边缘具细钝锯齿；叶柄短；花常单生，花梗短或近于无，花萼圆筒形，萼片紫红褐色，花后反折；花瓣5，近圆形，白色或粉红色；果近球形，成熟时橙黄色，有时带红晕，具短柔毛；核扁球形，种仁味道发苦。花期3～5月，果期5～7月。

野外识别要点 树皮粗糙，灰黑色，花白色或粉红色，萼片花后反折，果皮薄而干燥，成熟时开裂，易识别。

花序枝图

别名： 杏子、杏	**科属：** 蔷薇科杏属
用途： 种仁可入药，具有清热解毒、润肺化痰、生津止渴的功效。	

沙枣

Elaeagus angustifolia L.

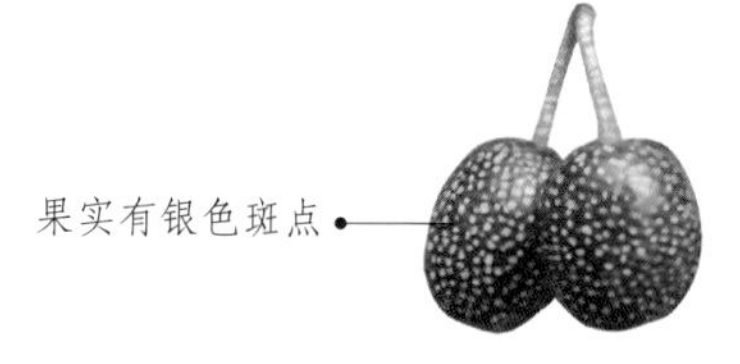

沙枣除了食用、药用和作饲料外，花还可提芳香油，木材可制作家具。更重要的是，沙枣根蘖性强，耐寒、耐旱，抗风沙性强，是重要的防风固沙树种之一，目前在荒漠化严重的西北地区已被广泛栽种。

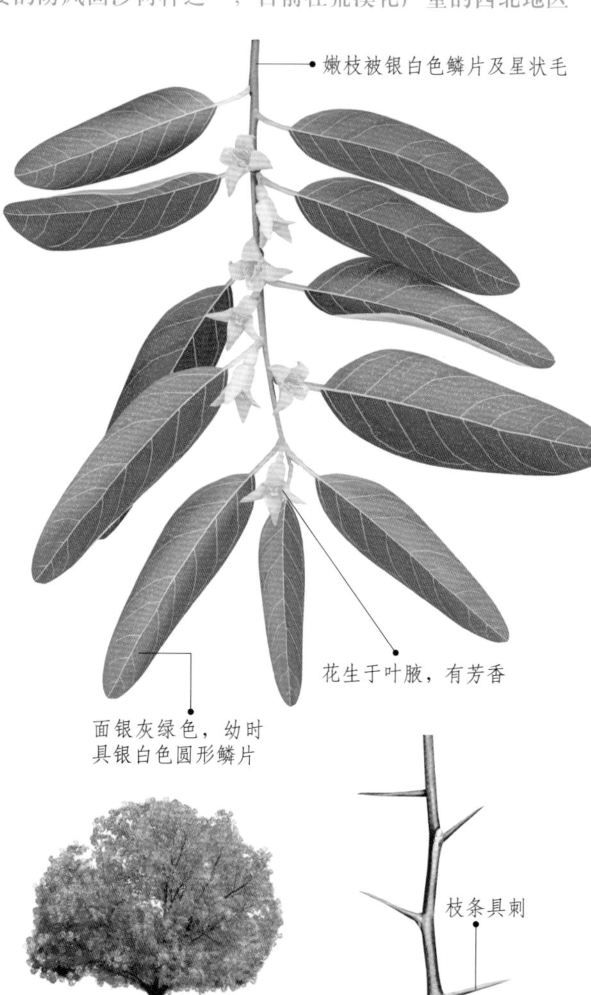

生境分布 常生长在干燥的杂木林。主要分布于我国东北、华北及西北地区。

形态特征 落叶灌木或小乔木。株高5～10m，树皮栗褐色至棕红色，树干常弯曲，枝条稠密、具刺，嫩枝被银白色鳞片及星状毛；叶长椭圆状披针形，先端尖，基部楔形，叶面银灰绿色，幼时具银白色圆形鳞片，成熟后部分脱落，叶背银白色，密被白色鳞片，侧脉不明显，全缘；具短柄，银白色；花通常1～3朵生于小枝叶腋，花小，银白色，芳香，花梗极短，花萼筒状钟形，顶端常4裂，裂片宽卵形，内面被白色星状柔毛；花药淡黄色，矩圆形；花柱直立，无毛，上端甚弯曲；花盘圆锥形；果实长椭圆形，果梗短，果皮早期银白色，后脱落呈黄褐色或红褐色，有银色斑点，果肉乳白色，粉质。花期5～6月，果期9月。

野外识别要点 本种的显著特征是嫩枝、叶、花及果均密被银白色鳞片，此外叶片披针形，花银白色，花柱基部围绕着无毛的圆锥形花盘，也是本种的特点。

别名：七里香、桂香柳、狭叶胡颓子、银柳	**科属：**胡颓子科胡颓子属
用途：①食用价值：果实可食，果肉含蛋白质、维生素等，生食或熟食，也可制作果酱、糕点等食品，或酿酒。②药用价值：果实和树皮可入药，具有清热凉血、收敛止痛的功效。③饲料价值：叶和果是羊的优质饲料，四季均喜食。	

深山含笑

Michelia maudiae Dunn.

在我国湖南省的一个小村庄里，有一株树龄达700年的深山含笑，高达15m，直径约2m，树冠覆盖面积约330m^2，堪称我国最老、最大的一棵深山含笑树。最有意思的是，深山含笑树通常在每年4月开花1次，可这棵树每年竟开花3～4次，令人费解！

生境分布 常生长在沟谷密林中，海拔可达1500m。分布于我国华东、华南、中南地区，贵州也有分布。

形态特征 常绿乔木。株高可达20m，全株无毛，树皮薄而平滑，浅灰色或灰褐色，幼枝梢和芽有白粉；单叶互生，长圆状椭圆形或卵状椭圆形，革质，长达18cm，宽达9cm，先端渐尖，基部楔形或近圆钝，叶面深绿色，有光泽，叶背灰绿色，被白粉，侧脉每边7～12条，近叶缘开叉网结，全缘；具短柄，无托叶痕；花两性，单生枝梢叶腋，短花梗具3环状苞片脱落痕，佛焰苞状苞片淡褐色，花纯白色，有芳香，花瓣9片，外轮的长倒卵形，基部稍呈淡红色且有短爪，内轮稍狭小，近匙形；花丝宽扁，淡紫色；心皮绿色，狭卵圆形；果长卵圆形，种子斜卵圆形，稍扁，成熟时红色。花期3～4月，果期9～10月。

野外识别要点 本种高可达20m，树皮平滑无裂，灰褐色，全株无毛，枝条上有环状托叶痕；叶常绿，全缘；花白色，芽、嫩枝、叶背及苞片均被白粉，野外容易识别。

别名：光叶白兰、莫夫人玉兰、莫氏含笑	**科属：**木兰科含笑属
用途：①景观用途：本种四季常青，春季小花洁白清香，入秋红果鲜艳夺目，是优良观花、观果树种花木。②其他用途：木材纹理直，结构细，是制作家具的好材料。花可药用或提取芳香油。	

石斑木

Raphiolepis indica (L.) Lindl.

花瓣5，白色或淡红色

20世纪30年代，我国山东青岛市首次从日本引入石斑木，经过几十年的栽培繁育，目前这种植物在我国种植已十分广泛。在海滨地区，石斑木在海岸边生长为一道道绿色长城，被称为与海风、海浪斗争的“弄潮儿”。

生境分布 常生长在杂木林、灌丛、河岸边、山坡或路旁。分布于我国长江流域以南大部分省区，日本也有分布。

形态特征 常绿灌木。株高1.5～4m，幼枝被褐色绒毛，后渐脱落；叶集中生于枝顶，卵形或长圆形，薄革质，长达8cm，宽达4cm，先端圆钝或渐尖，基部渐狭连于叶柄，叶面光亮，无毛，网脉不明显，叶背灰绿色，有时疏生柔毛，网脉明显，边缘具锯齿；叶柄极短或无，无毛；托叶钻形，早落；圆锥花序或总状花序顶生，总花梗和花梗被锈色毛，苞片及小苞片狭披针形；萼筒筒状，边缘及内外面有褐色绒毛或无毛，萼片5，三角披针形，两面疏生绒毛或无毛；花瓣5，白色或淡红色，倒卵形，基部具柔毛；雄蕊15，与花瓣近等长；花柱2～3，基部合生；果实球形，果梗短粗，成熟时紫黑色。花期4月，果期7～8月。

野外识别要点 ①叶集生于枝顶，叶面光亮，无毛，网脉不明显，叶背灰绿色，有时疏生柔毛，网脉明显，边缘有齿。②花白色或淡红色，总花梗和花梗被锈色毛，萼筒和萼片有时疏生褐色绒毛。

株高1.5～4m

别名：雷公树、白杏花、车轮梅	科属：蔷薇科石斑木属
用途：本种树冠整齐，枝繁叶茂，小花美丽，常种植于花径、园路、池畔或用于空间分隔植物。另外花、枝叶、果实均为高级花材。	

栓叶安息香

Styrax suberifolius Hook.et Arn.

生境分布 常生长在山地或丘陵的阔叶林中。广泛分布于我国长江流域以南各省区。

形态特征 乔木。株高可达20m，胸径达40cm，树皮粗糙，红褐色，枝条扁圆柱形，紫褐色或灰褐色，具槽纹；叶互生，长椭圆形或椭圆状披针形，革质，先端具稍弯曲小尖头，叶面沿中脉疏生星状毛，中脉在叶背隆起，近全缘；叶柄短，具深槽，密被灰褐色或锈色星状绒毛；总状或圆锥花序，花密集，白色，小苞片舌形；花萼杯状，萼齿三角状；花冠4～5裂，裂片披针形或长圆形，干时暗紫色或黄褐色，花蕾时作捏合状排列；果卵状球形，成熟时3瓣裂；种子褐色，无毛。花期春季，果期秋季。

野外识别要点 本种属高大乔木，嫩枝、叶背、叶柄、花序梗、花梗、苞片、花萼、花冠、花丝及果实均被灰黄色、褐色或锈色星状毛，识别时注意。

花序图

花白色

别名：红皮树、叶下白、赤血仔、稠树、狐狸公	科属：安息香科安息香属
用途：本种材质坚硬，可制作家具和器具。另外根和叶可入药，具有祛风除湿、理气止痛的功效。	

土庄绣线菊

Spiraea pubescens Turcz.

生境分布 生长在阴坡林下或沟谷。分布于我国东北、华北、西北地区，安徽、湖北等地也有分布。

形态特征 灌木。株高1～2m，小枝开展，嫩时褐黄色、有短柔毛，老时灰褐色、无毛；冬芽近球形，具短柔毛，外被数枚鳞片；叶互生，菱状卵形至椭圆形，叶面疏生柔毛，叶背被灰色短柔毛，叶缘常中部以上具深刻锯齿或3裂；叶柄极短，被短柔毛；伞形总状花序，有花15～20朵，花梗极短，苞片线形，被短柔毛；花萼下部呈钟状，内面有灰白色短柔毛，萼片5，卵状三角形；花瓣5，白色，卵形或近圆形，先端微凹；蓇葖果开张，有时沿腹缝微被柔毛，多数具直立萼片。花果期春夏季。

野外识别要点 本种叶缘中部以上具深刻状锯齿，叶背具柔毛，花序无毛，容易与近缘种区别。

伞形总状花序

老枝无毛

叶缘具齿或3裂

叶菱状卵形至椭圆形

花瓣先端微凹

果序

别名：土庄花、小叶石棒子、柔毛绣线菊	科属：蔷薇科绣线菊属
用途：根和果实可入药，具有调气、止痛、散瘀、祛湿的功效。另外本种花色艳丽，是优良的夏季观花灌木。	

天女木兰

Magnolia sieboldii K. Koch

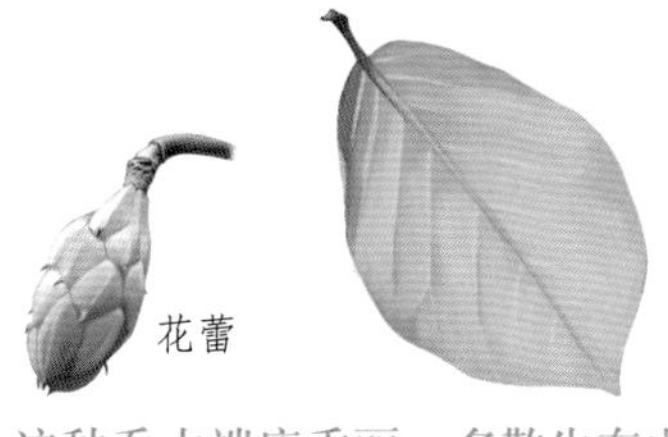

天女花是一种名贵花木，也是我国辽宁省的省花。这种乔木端庄秀丽，多散生在山谷坡地，每当春末夏初，满树银花朵朵，夹杂着一丝丝粉意，微风吹过，花瓣纷纷飘落，犹如天女散花一般，四处清香洋溢，令人心醉。

生境分布 一般生长在山地、沟谷或林地，海拔可达2000m。主要分布于我国辽宁、安徽、江西和广西。

形态特征 落叶小乔木。株高可达10m，当年生小枝细长，淡灰褐色，初被银灰色长柔毛；叶倒卵形或宽倒卵形，膜质，长6～20cm，宽4～10cm，先端渐尖，基部楔形或近心形，叶面中脉及侧脉被弯曲柔毛，叶背有白粉，中脉及侧脉被白色长绢毛，脉间被褐色及白色毛，散生金黄色小点，全缘，叶柄长1～4cm，被褐色及白色长毛，托叶痕约为叶柄的一半；花与叶同时开放，花梗长，有褐色及灰白色长柔毛，着生平展或稍垂的花朵，花盛开时碟状，粉白色，具芳香，花被片9，外轮3片长圆状倒卵形，基部被白色毛，内轮6片，较狭小，基部渐狭成短爪；雄蕊紫红色；聚合果长圆形，熟时红色，蓇葖狭椭圆形，沿背缝2瓣裂，顶端具极短的喙；种子心形，内种皮褐色，外种皮红色，顶孔细小末端具尖。花果期夏、秋季。

野外识别要点 ①本种为落叶小乔木，枝条上有环状托叶痕，叶倒卵形或椭圆形，叶背有白粉。②花与叶同放，花被9片，外轮3片粉红色，内轮6片白色，有香气。

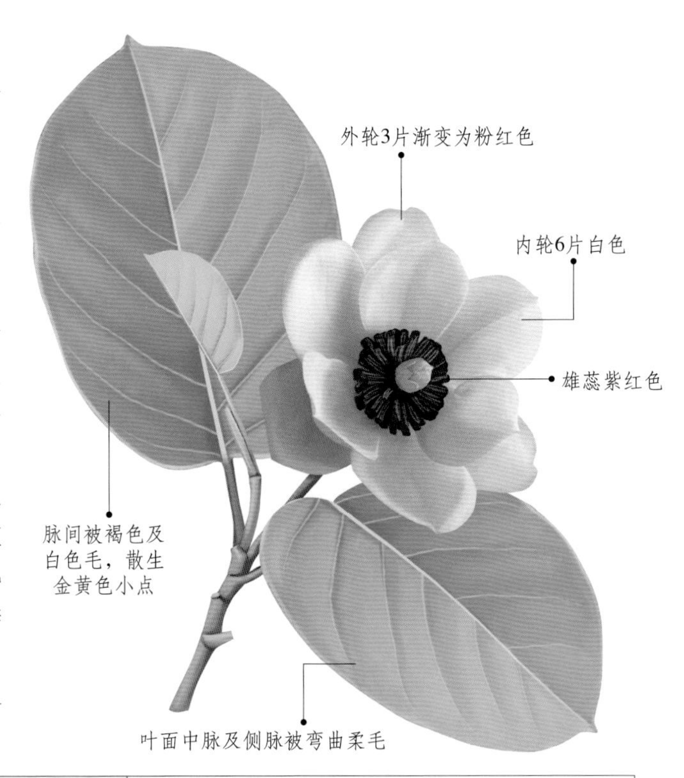

别名：小花木兰、天女花	科属：木兰科木兰属
用途：①景观用途：本种枝叶茂盛，花色美丽，是著名的庭园观赏树种，可用育苗或嫁接法栽培观赏。②工业用途：木材可制农具；花可提取芳香油；种子含油量很高，是重要的日用化工原料。	

文冠果

Xanthoceras sorbifolia Bunge

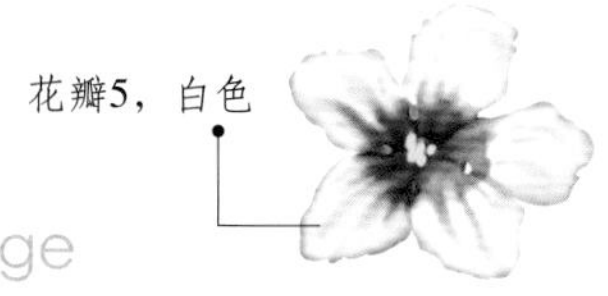

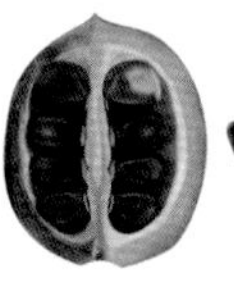

文冠果又称“文官果”，常被理解为“文官掌权”的意思。因而在文化大革命期间，文冠果和木槿“幸运”地被“四人帮”选为“钦定植物”，加以严格保护，其他花木却只能被任意摧残，所以文冠果也永远被载入了中国历史。

生境分布 常生长在丘陵、山坡、杂林或谷地。主要分布于我国西北和华北地区。

形态特征 落叶小乔木或落叶。株高3～8m，树皮灰褐色，有粗条裂，小枝幼时褐红色，有毛，顶芽和侧芽有覆瓦状排列的芽鳞；奇数羽状复叶互生，小叶9～17枚，披针形或近卵形，纸质，顶端渐尖，基部楔形，边缘有锐利锯齿，叶面深绿色，中脉上微有柔毛，侧脉在两面略凸起，叶背鲜绿色，嫩时被绒毛，边缘具粗缺刻，顶生小叶常3深裂，近无柄；花序常先叶抽出，两性花序顶生，雄花序腋生，总花梗短，基部常有残存芽鳞；萼片被灰色绒毛；花瓣5，白色，基部紫红色或黄色，爪两侧有须毛；花盘的角状附属体橙黄色；花丝无毛；子房被灰色绒毛；蒴果椭圆形，长达6cm，具木质厚壁；种子黑色，有光泽。花期春季，果期秋初。

花蕾近球形

花瓣基部紫红色或黄色

叶缘有锐利锯

奇数羽状复叶，小叶9～17枚

野外识别要点 ①奇数羽状复叶，小叶9～17枚，边缘有锐锯齿。②花杂性，白色，基部紫红色或黄色，花盘有5个直立的红黄色的角状附属物。

株高3～8m

别名：文冠树、木瓜、文冠花、崖木瓜、文官果、土木瓜	**科属**：无患子科文冠果属
用途：①食用价值：花、叶及果实可食，春季采花、叶，秋季采果，花、叶焯熟凉拌，果与蜂蜜腌制蜜饯。②药用价值：茎枝可入药，春、夏采收，具有祛风除湿的功效。③景观用途：本种花美、叶奇、果香，具有极高的观赏性，是极好的人行道树和园林绿化树种。	

西北沼委陵菜

Comarum salesovianum (Steph.) Aschers. et Graebn.

生境分布 常生长在山坡、沟谷和河岸，海拔可达4000m。主要分布于我国西北各省。

形态特征 小灌木。株高可达1m，茎红褐色，幼时有粉质蜡层，具长柔毛；奇数羽状复叶，小叶7～11片，长圆披针形或卵状披针形，纸质，叶背有粉质蜡层且贴生柔毛，中脉隆起，边缘有尖锐锯齿；复叶具长柄，小叶近无柄，叶轴带红褐色，有长柔毛；托叶膜质，有粉质蜡层及柔毛；聚伞形花序，总梗及花梗有粉质蜡层及密生长柔毛，苞片及小苞片红褐色；萼筒倒圆锥形，萼片三角卵形，带红紫色，被短柔毛及粉质蜡层，副萼片紫色，外被柔毛；花瓣5，倒卵形，白色或红色，基部有短爪；瘦果多数，长圆卵形，宿存于花托长柔毛内。花果期夏秋季。

奇数羽状复叶

茎红褐色

小叶近无柄

野外识别要点 本种幼茎、叶背、托叶、花梗、花萼及花均被粉质蜡层及柔毛。

别名：无	科属：蔷薇科沼委陵菜属
用途：可引种栽培用于观赏。	

细叶小檗

Berberis poiretii Schneid.

成熟浆果

总状花序下垂

枝具三分叉的刺

生境分布 常生长在砾质地、灌丛、荒滩、沟谷、坡地或林下。分布于我国东北、华北及西北。

形态特征 落叶灌木。株高1～2m，枝有棱，具3分叉的刺，幼枝紫褐色，生黑色疣点，老枝灰黄色；单叶常簇生刺腋，倒披针形至狭倒披针形，纸质，叶面深绿色，中脉凹陷，叶背灰绿色，中脉隆起，侧脉和网脉明显，无毛，全缘或中上部稍有齿；近无柄；总状花序下垂，具8～15朵花，苞片条形，小苞片2，披针形；花萼6，花瓣状，2轮排列；花瓣黄色，倒卵形，先端锐裂，基部微缩，略呈爪，近基部具1对分离腺体；浆果长圆形，成熟时红色，种子1粒。花期5～6月，果期7～9月。

野外识别要点 ①茎枝具3分叉的刺，刺长4～9mm，幼枝紫褐色，生黑色疣点。②叶常簇生刺腋，脉在叶背隆起，全缘或中上部稍有齿。③花黄色，花萼2轮排列，花瓣先端锐裂，基部具1对分离腺体。

别名：三颗针、针雀、酸狗奶子	科属：小檗科小檗属
用途：根和茎可入药，具有清热燥湿、泻火解毒的功效。	

小果蔷薇

Rosa cymosa Tratt.

生境分布

生长在山坡、丘陵地、岸边或路旁。分布于我国长江流域以南的大部分省区。

形态特征

攀援灌木。株高可达5m，小枝圆柱形，具钩状皮刺，微被柔毛；奇数羽状复叶，小叶3～7枚，卵状披针形或椭圆形，先端渐尖，基部近圆形，叶面亮绿色，叶背淡绿色，叶脉凸起且有长柔毛，具短叶柄，叶柄和叶轴有稀疏皮刺和腺毛；托叶膜质，线形，早落；花数朵组成复伞房花序，花梗较短，密被长柔毛，老时脱落；萼片卵形，先端常有羽状裂片，内面被稀疏白色绒毛；花瓣5，白色，倒卵形；果球形，成熟时红色至黑褐色，萼片脱落。花期5～6月，果期7～11月。

果熟时红色至黑褐色

奇数羽状复叶

小枝具钩状皮刺

野外识别要点

常数朵白色花集生成复伞房状花序，萼片先端常有羽状裂片，雌蕊花柱被毛，突出花托口外，是本种的特点。

别名：山木香、倒钩竻、小金樱、红荆藤、鱼杆子	科属：蔷薇科蔷薇属
用途：根和叶可入药，根有祛风除湿、收敛固脱的功效，叶具有解毒消肿的功效。	

杨桐

Adinandra millettii (Hook. et Arn.) Benth. et Hook. f. ex Hance

花瓣5，卵状长圆形

生境分布

常生长在山地林中、沟谷或溪边。分布于我国长江流域及以南大部分省区。

形态特征

小乔木或灌木。株高可达8m，树皮灰褐色，一年生新枝有毛，具棱角；顶芽显著，有灰褐色短柔毛；叶互生，椭圆形或长圆状椭圆形，革质，叶面亮绿色，叶背淡绿色或黄绿色，初时有柔毛，后脱落，侧脉10～12对，全缘或中上部疏生细齿；花单生叶腋，白色，花梗纤细，微有柔毛，小苞片2，线状披针形，早落；萼片5，卵状三角形，边缘具纤毛和腺点；浆果圆球形，被短柔毛，熟时黑色，具宿存花柱；种子多数，深褐色，表面具网纹。花期5～7月，果期8～10月。

野外识别要点

株形高大，树皮灰褐色，顶芽有毛；叶互生，叶面近无毛；花白色，花柱全缘；果成熟时黄色，是本种的特点。

别名：毛药黄瑞木	科属：山茶科杨桐属
用途：本种四季常绿，可用于园林观植树种。	

野茉莉

花白色

Styrax japonica Sieb. et Zucc.

生境分布 常生长在阔叶林中。除新疆和西藏外，我国大部分省区均有分布。

形态特征 灌木或小乔木。株高可达8m，树皮灰褐色，平滑不裂，枝条暗紫色，嫩枝初被淡黄色星状柔毛；叶互生，椭圆形或长圆状椭圆形，纸质，顶端尖且常稍弯，基部宽楔形，叶面沿脉疏生星状毛，叶背主脉和侧脉汇合处有白色长髯毛，网状脉在两面隆起，全缘或中部以上具疏锯齿；叶柄短，有凹槽，疏被星状短柔毛；总状花序顶生，着花5～8朵，花梗纤细，开花时下垂；小苞片线形，易脱落；

花白色，花萼漏斗状，膜质；花冠两面有星状柔毛，花蕾时作覆瓦状排列；果实卵形，顶端具短尖头，密被灰色星状绒毛，不规则皱纹，种子褐色。花期4～7月，果期9～11月。

野外识别要点 本种嫩枝、叶、叶柄、花冠、花药及果实均有星状柔毛，而叶背主脉和侧脉汇合处有白色长髯毛，但花萼和花梗无毛；核果，种子无翅，容易与近缘种区别。

别名：野花梧、君迁子、木桔子、黑茶花	**科属：**安息香科安息香属
用途：木材为散孔材，纹理致密，可作器具、雕刻等细工用材。另外本种树形优美，花洁白似雪，可栽培观赏。	

野山楂

花白色

Crataegus cuneata Sieb. et Zucc.

生境分布 常生长在山谷、灌丛或溪边湿地。主要分布于我国华北、华东、华南及中南地区。

形态特征 落叶灌木。株高可达5m，枝常具细刺，一年生枝紫褐色，二年后变为灰褐色，茎皮散生长圆形皮孔；冬芽三角卵形，紫褐色；叶宽倒卵形至倒卵状长圆形，叶面光滑无毛，叶背疏生柔毛，后渐落，叶缘有不规则重锯齿或中上部3～5浅裂；叶柄短，两侧有叶翼；托叶大形，镰刀状，边缘有齿；花常5～7朵聚合成伞房状花序，总花梗和花梗有柔毛，苞片披针形，边缘有齿；萼筒钟状，外被长柔毛，萼片5，三角卵形，有柔毛；花瓣5，白色，倒卵形，基部有短爪；蓢果近球形，红色或黄色，常具有宿存反折萼片，小核4～5。花期5～6月，果期9～11月。

野外识别要点 ①枝条具细枝刺，茎皮散生皮孔。②叶缘有不规则重锯齿或中上部3～5浅裂，托叶镰刀状。③总花梗、花梗、萼筒外部、萼片、花柱有柔毛。

别名：小叶山楂、红果子、浮萍果、毛枣子、牧虎梨	**科属：**蔷薇科野山楂属
用途：果实可食，可酿酒或制作果酱；嫩叶可代茶饮，具有健胃消积的效果。另外茎、叶、果实及果核还可入药。	

羊踯躅

Rhododendron molle G. Don

羊踯躅是植物界中最著名的有毒植物之一，《神农本草》中有明确记载，民间俗称“闹羊花”。这是由于植物体内含有闹羊花毒素和马醉木毒素，羊吃后会在原地徘徊而不肯前进，直到死去，故得此名。

生境分布 常生长在山坡草地、丘陵灌丛或林下。分布于我国长江流域以南的大部分省区。

形态特征 落叶灌木。株高可达2m，分枝少，枝条直立，嫩时密被灰白色柔毛及疏刚毛；叶长卵形至长卵状披针形，纸质，长达11cm，宽达4cm，先端尖或具小尖头，基部楔形，叶面微被柔毛，叶背密被灰白色柔毛，沿中脉有黄褐色刚毛，中脉和侧脉在叶背凸起，边缘具睫毛；叶柄短，微有柔毛；花近乎与叶同时开放，总状伞形花序顶生，花10余朵，花梗短，微被柔毛或刚毛；花萼4裂，圆齿状，有柔毛和睫毛；花冠阔漏斗形，黄色或金黄色，内有深红色斑点，向基部渐狭，上部5裂，裂片卵状长圆形，外面被微柔毛；雄蕊5，不等长；花丝扁平，中部以下被微柔毛；子房圆锥状，密被灰白色柔毛及疏刚毛；蒴果圆锥状长圆形，具5条纵肋，微被柔毛和刚毛。花期3～5月，果期7～8月。

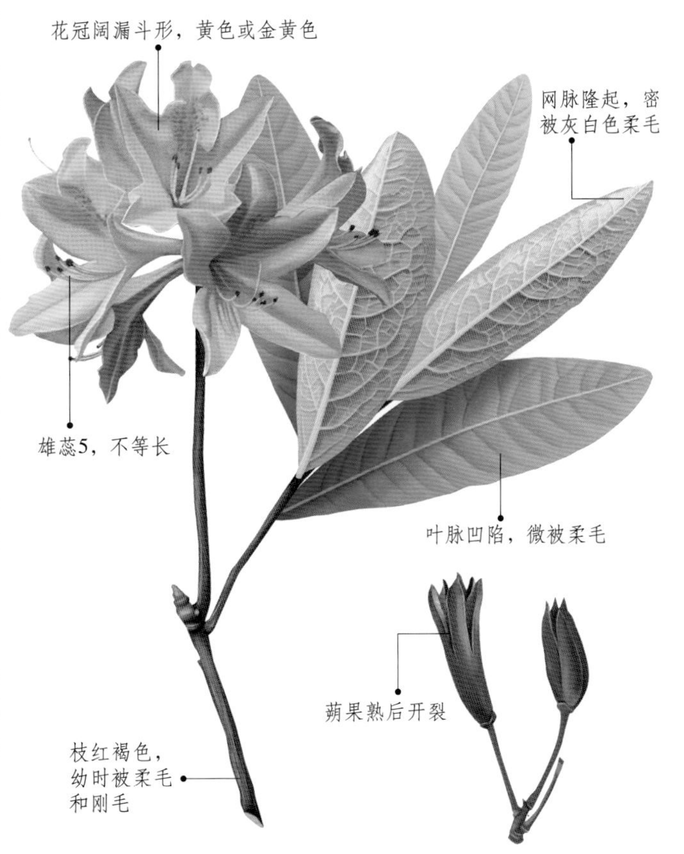

野外识别要点 ①嫩枝及叶有灰色柔毛及疏刚毛，叶枝自侧芽发出。②花黄色，10余朵成伞形总状花序，雄蕊5枚。

别名：闹羊花、黄杜鹃、羊不食草	科属：杜鹃花科羊踯躅属
用途：全草有毒，炮制后可入药，可治疗风湿性关节炎或跌打损伤，也可用作麻醉剂或止疼药。	

银露梅

Potentilla glabra Lodd.

花背面观

花单生，白色

奇数羽状复叶

叶背浅绿色，脉隆起

生境分布 生长在亚高山或高山山顶流石滩或岩石缝中。分布于我国西北、西南地区，河北、安徽、湖北等地也有分布。

形态特征 矮灌木。植株高不及2m，树皮纵向剥落，小枝灰褐色，微被柔毛；奇数羽状复叶，小叶1～5片，椭圆形或卵状椭圆形，先端圆钝或急尖，基部楔形，两面常疏生柔毛，全缘；叶柄短，微被柔毛；托叶薄膜质，柔毛渐脱落；花单生枝顶，花梗长约2cm，被疏柔毛；萼片长卵形，副萼片卵形；花瓣5，白色，倒卵形，顶端圆钝；雄蕊多数；花柱近基生，棒状；瘦果，有毛。花期6～8月，果期8～10月。

野外识别要点 本种属低矮灌木，有副萼5枚，花白色，花瓣5，倒卵形，较为平展，野外识别时注意与金露梅（*P.fruticosa* L.）区别，后者花黄色。

别名：银老梅、白花棍儿茶、光叶银露梅	科属：蔷薇科委陵菜属
用途：花、叶可入药，具有健脾、化湿、清热、调经的功效。	

迎红杜鹃

Rhododendron mucronulatum Turcz.

花常1～3朵聚生，淡紫红色

朝鲜国花金达莱其实就是迎红杜鹃。当地有一个传说，从前有一对恋人——男孩金玉，女孩达莱，他们不畏强暴，最后被害。或许正因为这个原因，所以迎红杜鹃的花总是两两并生在枝头，就像一对亲密爱人，不愿分离。

生境分布 常生长在山坡灌丛。分布于我国东北、华北地区，内蒙古、山东、江苏也有分布。

形态特征 落叶灌木。株高1～2m，分枝多，枝条细长，疏生鳞片；叶散生，椭圆形或椭圆状披针形，质薄，顶端尖，基部宽楔形，叶背被褐色鳞片，全缘或略有齿；叶柄短；花先叶开放，常1～3朵呈伞形，小花淡紫红色，花芽鳞宿存，花梗短或近无，疏生鳞片；花萼5裂，裂片小，被鳞片；花冠宽漏斗状，外面被短柔毛；蒴果圆柱状，成熟时顶端5瓣裂。花期春季，果期夏季。

野外识别要点 本种枝条、叶背、花梗、花萼及子房密被鳞片，且叶散生，花淡紫红色，直径3～4cm，单生，易识别。

别名：蓝荆子、尖叶杜鹃	科属：杜鹃花科杜鹃花属
用途：叶可入药，具有解表、化痰、止咳、平喘的功效。	

照山白

Rhododendron micranthum Turcz.

生境分布 常生长在山坡或沟谷的灌丛中、林下、石缝中，海拔可达2000m。主要分布东北、华北、西北地区，四川、湖南也有分布。

形态特征 半常绿灌木。株高1～2m，枝条细瘦，褐色，被稀疏鳞片及短柔毛；叶多聚生枝端，椭圆状披针形或狭卵圆形，革质，先端尖，基部楔形，叶面绿色，有稀疏棕色鳞片，叶背淡绿色，密生棕色鳞片，边缘有疏浅齿或全缘，具短叶柄；花密生成总状伞形花序，顶生，花白色，花梗近无，花萼5裂，裂片卵状披针形，被褐色鳞片及柔毛；花冠钟形，5裂，裂片卵形；蒴果柱状，有鳞片，成熟时褐色。花期5～7月，果期7～9月。

野外识别要点 本种属低矮灌木，枝条褐色，叶聚生枝端，花密集呈总状、白色，枝条、叶、花及果均有棕色鳞片。

别名：白镜子、小花杜鹃、照白杜鹃	科属：杜鹃花科杜鹃花属
用途：本种枝条细瘦，白色小花清秀淡雅，可种植于庭院、小区、道旁、公园或林缘。	

中华绣线菊

Spiraea chinensis Maxim.

生境分布 常生长在山谷、溪边、灌丛或路旁，海拔可达2000m。分布于我国中部到华南各省区。

形态特征 灌木。株高可达3m，小枝呈拱形弯曲，红褐色，幼时被黄色柔毛；冬芽卵形，具柔毛，外被数枚鳞片；叶菱状卵形至倒卵形，纸质，长达6cm，宽达3cm，先端尖或钝，基部宽楔形，叶面被短柔毛，叶背密被黄色柔毛，脉纹突起，边缘具深切裂锯齿；叶柄极短，被短绒毛；伞形花序，着花16～25朵，花梗长约1cm，有柔毛；苞片线形，被短柔毛；萼筒钟状，内外有毛，萼片卵状披针形，内面有短柔毛；花瓣5，白色，近圆形，先端微凹；蓇葖果开张，被短柔毛。花期3～6月，果期6～10月。

野外识别要点 本种小枝有黄色绒毛，叶菱状卵形至倒卵形，背面有黄色柔毛；叶柄、花序、萼筒有短柔毛，容易区别。

花正面和背面图

别名：铁黑汉条、华绣线菊	科属：蔷薇科绣线菊属
用途：本种枝繁叶茂，小花密集，叶绿花红，花期从夏到秋，是优良的园林观赏植物。	

中华绣线梅

Neillia sinensis Oliv.

生境分布 常生长在山坡、沟谷、杂木林或灌丛中，海拔可达2500m。分布于我国陕西、甘肃、河南、湖南、湖北、广东、广西等地区，西南地区也有分布。

形态特征 落叶灌木。株高1～2m，枝条近圆柱形，幼时紫褐色，老时暗灰褐色，光滑无毛；冬芽卵形，微被柔毛，红褐色；叶卵形至卵状长椭圆形，先端渐尖，基部圆形或近心形，两面无毛或叶背脉腋有柔毛，边缘具重锯齿及不规则缺裂；叶柄短，微被柔毛，托叶线状披针形，全缘，早落；总状花序顶生，花梗短，萼筒内面被短柔毛，萼片三角形；花瓣5，粉红色，倒卵形；果长椭圆形。花期5～6月，果期7～8月。

野外识别要点 本种的萼筒在花期不具腺毛，果期时腺毛逐渐伸长，直到全部都有腺毛。

花正面图

果

叶缘具锯齿及缺裂

别名：华南梨	科属：蔷薇科绣线梅属
用途：全草可入药，具有祛风解表、和中止泻的功效。另外本种叶绿花艳，可作绿化植物种植于草地、池畔等处。	

紫玉盘

Uvaria microcarpa Champ. ex Benth.

花瓣6，暗紫红色或淡红褐色

株高可达2m

生境分布 常生长在低海拔的山地林缘或灌木丛中。主要分布于我国广东、广西、海南及台湾。

果枝图

形态特征 直立小灌木。株高可达2m，枝条蔓延伸展，幼枝、幼叶、叶柄及花梗均被黄色星状毛；叶长倒卵形或长椭圆形，革质，长可达23cm，宽可达11cm，顶端尖或钝，基部稍心形至圆形，侧脉在叶面凹陷，在叶背凸起，叶背疏生星状毛，全缘，具短柄；花1～2朵与叶对生，暗紫红色或淡红褐色，萼片3，阔卵形，花瓣6，2轮复瓦状排列，卵圆形，二者均有黄色星状毛；雄蕊多数，线形；药隔卵圆形，无毛；柱头马蹄形，顶端2裂而内卷；果短圆柱状，成熟后暗紫褐色，顶端有短尖头，有星状柔毛。花果期3～8月。

野外识别要点 本种幼枝、幼叶、叶柄、叶背、花梗、花萼、花瓣及果实均有黄色星状毛，果为聚合果，识别时注意。

别名：油椎、酒饼木	科属：番荔枝科紫玉盘属
用途：根可入药，具有镇痛、止呕、祛风湿的功效。另外本种花果艳丽，观赏期长达半年，适合种植或盆栽观赏。	

珍珠梅

Sorbaria kirilowii (Regel) Maxim.

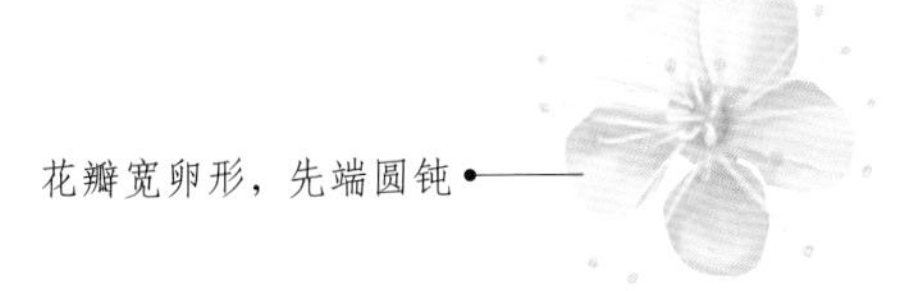

珍珠梅以花色似珍珠而得名。在姹紫嫣红逐渐消逝的秋天，珍珠梅一枝独秀，不畏大风和霜冻，盎然生长，成为坚强、勇敢和乐观的象征，许多人常以珍珠梅鼓舞自己或失意的人！

生境分布 常生长在向阳山坡或疏林。主要分布于我国西北和华北地区。

形态特征 落叶丛生灌木。株高可达3m，枝条开展，光滑无毛，幼时绿色，老时红褐色；冬芽卵形，近无毛，红褐色；奇数羽状复叶，连叶柄长可达25cm，宽达9cm；小叶13～21片，两侧对生，披针形至长圆披针形，先端渐尖，基部圆形至楔形，两面无毛，光滑，边缘具尖锐重锯齿；叶柄短或无；大型圆锥花序顶生，分枝微被白粉，花密集，白色，花梗极短；苞片线状披针形，花萼筒浅钟状，无毛，萼片长圆形，与萼筒近等长；花瓣5，宽卵形，先端圆钝，基部宽楔形；雄蕊20，着生在花盘边缘；花盘圆杯状；心皮5；花柱稍短于雄蕊；蓇葖果长圆柱形，果梗直立，具宿存萼片，无毛。花期6～7月，果期8～9月。

野外识别要点 ①枝条幼时绿色，老时红褐色，无毛，冬芽红褐色。②奇数羽状复叶，小叶光滑无毛，边缘具尖锐重锯齿。③花未开放时形如白色珍珠，开放时具5个白色花瓣，密集。

别名：华北珍珠梅	**科属：**蔷薇科珍珠梅属
用途：珍珠梅树姿秀丽，叶片幽雅，花洁白，花期长达3个月，是园林应用中十分受欢迎的观赏树种，也可作切花。	

白花苦灯笼

Tarenna mollissima (Hook. et Arn.) Robins

· 生境分布 常生长在山谷疏林或灌丛中。分布于我国长江流域以南大部分省区。

· 形态特征 灌木或小乔木。株高可达6m，全株幼时密被灰褐色柔毛或短绒毛；叶对生，长圆状披针形或卵状椭圆形，纸质，叶面有短粗毛，干时变黑褐色，叶背密被稍带绢质的柔毛，侧脉8～12对，全缘；叶柄短，托叶卵状三角形，基部合生；伞房状聚伞花序顶生，花序轴密被短柔毛，苞片和小苞片线形，花稠密，有短梗；花萼近钟形，5裂，裂片被绢质柔毛；花冠白色，喉部密被长柔毛，上部4～5裂，裂片开放时外翻；浆果近球状，被柔毛，熟时黑色，种子多颗。花期5～7月，果期冬季。

· 野外识别要点 ①全株有灰褐色柔毛，叶大形，对生，干时变黑褐色，叶背有绢质柔毛。②花白色，花冠4～5裂，开放时外翻。

别名：乌口树、青作树、乌木、小肠枫	科属：茜草科乌口树属
用途：根和叶可入药，具有清热解毒、消肿止痛的功效。	

北京丁香

Syringa pekinensis Rupr.

· 生境分布 常生长在山坡灌丛、密林或沟谷阴湿处，海拔可达2400m。分布于我国西北、华北地区，四川也有分布。

· 形态特征 落叶小乔木。株高2～5m，树皮灰棕色，具纵裂，小枝细长、开展，红褐色，具显著皮孔；叶对生，宽卵形或近圆形，纸质，先端尖，基部圆形或近心形，叶面深绿色，无毛，干时略呈褐色，叶背灰绿色，稀被短柔毛，全缘；具短叶柄，稀有被短柔毛；圆锥花序自侧芽抽生，花序轴散生皮孔；花密集，白色，后变为黄白色，香气浓烈，花梗极短；花冠管短，4裂，呈辐状，裂片长椭圆形，先端略呈兜状；雄蕊2；蒴果长椭圆形，顶端尖，光滑或具小瘤。花期5～8月，果期8～10月。

· 野外识别要点 ①叶对生，叶背色淡，叶干时略呈褐色。②花白色，后变为黄白色，有浓烈香气，花冠管短。

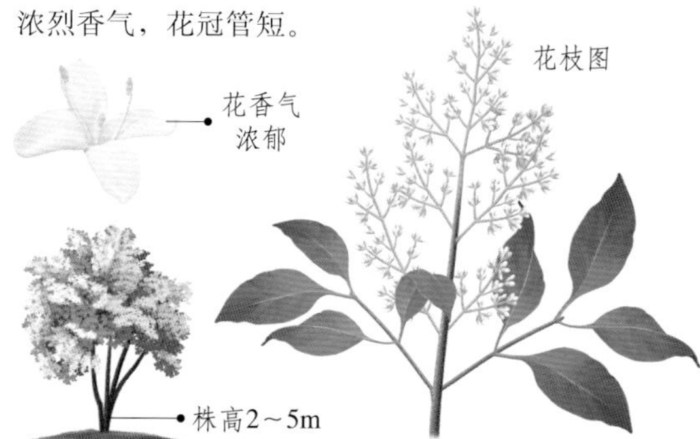

别名：臭多罗、山丁香	科属：木犀科丁香属
用途：北京丁香叶绿花繁，早春绽放白色小花，在城市绿化中有着重要的美化、香化作用，常作景观树和行道树。	

薄皮木

Leptodermis oblonga Bunge

花正面图　花侧面图

生境分布 野生于沟谷、山坡或灌丛。分布于我国华北、西南及西北地区，尤其河北省。

形态特征 落叶小灌木。植株低矮，高不及1m，枝纤细，灰色至淡褐色，微被柔毛，表皮薄，常片状剥落；叶小，对生，披针形或长圆形，纸质，顶端渐尖或稍钝，基部渐狭或下延至柄，叶面粗糙，叶背被短柔毛或近无毛，侧脉3～5对，全缘；叶柄短，托叶呈三角形，基部具2脉，顶端骤尖；花常3～7朵簇生枝顶，呈头状，花无梗，小苞片透明，卵形；萼5齿，宿存，边缘密生缘毛；花冠淡紫红色，漏斗状，外被微柔毛，5裂，裂片狭三角形，顶端内弯；蒴果椭圆形，种子具网状假种皮。花期6～8月，果期10月。

植株部分图

野外识别要点 ①株形低矮，枝灰色至淡褐色，表皮常片状剥落，叶柄间具三角形托叶。②花紫色，萼5齿，花冠漏斗状，裂片反折。

别名：白柴	科属：茜草科薄皮木属
用途：本种株形矮小，夏秋开花，小花美丽，可引种为园林或岩石园的绿化植物，或制作盆景。	

臭牡丹

Clerodendrum bungei Steud.

小花淡红色、红色或紫红色

叶肥厚，揉搓有异味

生境分布 常生长在山坡、林缘、沟谷或灌丛，海拔可达2500m。广泛分布于我国南北大部分地区。

形态特征 落叶小灌木。株高1～2m，全株有臭味，小枝近圆形，皮孔显著；叶肥厚，揉搓后有异味，宽卵形或卵形，顶端尖，基部心形，叶背有柔毛且散生腺点，侧脉4～6对，边缘具粗或细锯齿；叶柄长4～17cm，密被黄褐色或紫色脱落性柔毛；聚伞花序顶生，花密集，苞片叶状，常早落，落后在花序梗上残留凸起的痕迹；小苞片披针形；花萼钟状，紫红色或部分绿色，有短柔毛，萼齿狭三角形；花冠淡红色、红色或紫红色，上部裂片倒卵形；雄蕊及花柱均突出花冠外；柱头2裂，子房4室；核果近球形，成熟时蓝紫色。花期7～9月。

野外识别要点 ①叶肥厚、浓绿，揉搓后有异味，叶背有柔毛，叶柄被黄褐色或紫色脱落性柔毛。②花淡红色、红色或紫红色，花萼紫红色或部分绿色，果成熟时蓝紫色。

别名：大红袍、矮桐子、臭八宝	科属：马鞭草科大青属
用途：根、茎及叶可入药，具有祛风解毒、消肿止痛的功效。另外本种叶绿花美，可种植观赏或作绿化地被植物。	

大花溲疏

Deutzia grandiflora Bunge

生境分布 常生长在沟谷或山地阴坡，海拔可达1600m。主要分布于我国西北地区地区，辽宁、河北、山东、江苏、湖北等地也有分布。

形态特征 灌木。株高1～2m，枝条紫褐色或灰褐色，表皮片状脱落，光滑无毛；叶卵形或卵状椭圆形，纸质，先端急尖，基部阔楔形，叶面被4～6辐射线星状毛，叶背密被灰白色星状毛，侧脉5～6对，边缘具不等大锯齿；叶柄极短，被星状毛；聚伞花序具花1～3朵，花梗被星状毛；萼筒浅杯状，密被灰黄色星状毛，裂片线状披针形；花瓣白色，宽大，外面被星状毛；雄蕊2轮生；花柱3；蒴果半球形，被星状毛，具宿存萼裂片。花期春、夏季，果期秋季。

花枝图

野外识别要点 ①低矮灌木，叶卵形，叶面有4～5辐射枝的星状毛，叶背密生灰白色6～9辐射枝的星状毛。②聚伞花序，仅有花1～3朵，白色，花梗、花萼、花瓣及花柱有星状毛。

别名：华北溲疏	科属：虎耳草科溲疏属
用途：本种花大而高雅，花期长，极适合种植于庭院或园林观赏。	

大青

Clerodendrum cyrtophyllum Turcz.

生境分布 常生长在山地或山谷的林下、溪旁。分布于我国华东、中南及西南（除四川外）地区。

聚伞花序，白色花有香味

侧脉6～10对

蒴果熟时蓝紫色，果托红色

形态特征 小乔木。株高可达10m，枝近圆柱形，黄褐色，嫩枝被短柔毛；冬芽圆锥状，芽鳞褐色，有毛；叶卵状椭圆形、长圆形或长圆状披针形，纸质，顶端尖，基部宽楔形，两面无毛或沿脉疏生短柔毛，叶背常散生腺点，侧脉6～10对，全缘；叶柄长1～8cm；聚伞花序顶生或腋生，苞片线形，花白色，有香味，花萼杯状，外被黄褐色短绒毛和不明显的腺点，顶端5裂；花冠管细长，疏生细毛和腺点，顶端5裂，裂片卵形；雄蕊4，花丝与花柱伸出花冠；子房4室；柱头2浅裂；蒴果倒卵形，熟时蓝紫色，果托红色。花期夏秋季，果期冬季。

野外识别要点 ①枝黄褐色，具冬芽和褐色鳞芽，叶背散生腺点。②花白色，有香味，花萼、花冠有柔毛和腺点。③果成熟时蓝紫色，果托红色。

别名：路边青、山尾花、臭叶树、牛耳青、猪屎青、土地骨皮	科属：马鞭草科大青属
用途：根、叶可入药，具有清热泻火、利尿、止血、解毒的功效。	

大叶醉鱼草

Buddleja davidii Franch.

花密集，芳香

小枝近四棱形

生境分布 常生长在山坡、沟谷或溪边的灌木丛中。主要分布于我国华东、中南及西南地区。

形态特征 落叶灌木。株高可达5m，枝条开展，小枝近四棱形，幼枝、叶背、叶柄和花序均被灰白色星状短绒毛；叶大，对生，狭椭圆形至卵状披针形，薄纸质，侧脉9～14对，叶面扁平，叶脉微凸，叶背有柔毛，边缘具细锯齿；叶柄短，柄间具有2枚卵形托叶，常早落；圆锥状聚伞花序长可达30cm，花密集，小苞片线状披针形，花梗近无，花萼钟状，裂片膜质；花冠筒细而直，淡紫色，后变黄白色，喉部橙黄色，芳香，内面被星状短柔毛，外面被疏星状毛及鳞片，花冠裂片近圆形，全缘或具不整齐的齿；蒴果狭椭圆形，熟时淡褐色，2瓣裂，基部有宿存花萼；种子长椭圆形，两端具尖翅。花期5～10月，果期9～12月。

花

野外识别要点 本种叶对生，边缘疏生细锯齿，由多数小聚伞花序集成圆锥花序，花冠筒细而直，长0.7～1cm，容易识别。

别名：兴山醉鱼草、大蒙花、酒药花、白壶子、紫花醉鱼草	**科属：**马钱科醉鱼草属
用途：根皮及枝叶可入药，春秋采根皮，夏秋采枝叶，具有祛风散寒、活血止痛的功效。	

东陵八仙花

Hydrangea bretschneideri Dipp.

果序图

生境分布 生长在山谷溪边或山坡密林、灌丛中。分布于我国西北、华北地区，湖北、四川等地也有分布。

形态特征 落叶灌木。株高1.5～3m，树皮常薄片状剥落，小枝栗红色至淡褐色，幼时被长柔毛，后渐脱落；叶对生，大形，卵形、倒长卵形或长椭圆形，先端有短尖头，基部阔楔形，叶面沿脉散生柔毛，叶背密被灰白色卷曲柔毛，叶干后暗褐色，侧脉7～8对，与中脉在叶背隆起，边缘具硬尖头的锯形齿或粗齿；叶柄短，初时被柔毛；伞房状聚伞花序常3分枝，花序轴密被短柔毛，边缘有数朵大形不育花，每朵有萼片4枚，花瓣状，初时白色，后变为淡紫红色；中央两性花小而密集，花瓣5，黄绿色，早落；蒴果卵球形，顶端突出，成熟时开裂；种子长圆形，淡褐色，具纵脉纹，两端有狭翅。花期6～7月，果期9～10月。

边缘为白色不育花

叶缘具硬尖头的齿

野外识别要点 ①落叶灌木，叶大形，边缘具硬尖齿。②聚伞花序常3分枝，边缘为白色的不育花，中间为黄绿色的两性小花。

别名：东陵绣球、柏氏八仙花、光叶东陵绣球	**科属：**虎耳草科绣球属
用途：本种花大色雅，是极好的观赏花木，可孤植或丛植于庭院、池畔、林缘、公园或岩石园观赏。	

杜虹花

Callicarpa formosana Rolfe

果枝图

生境分布 常生长在湿润的沟谷或山坡灌丛，海拔可达1600m。主要分布于我国浙江、江西、福建、贵州、云南、广西、广东及台湾。

形态特征 常绿灌木。株高可达4m，小枝略呈四方形，嫩枝、叶、叶柄和花序密被黄褐色星状绒毛；单叶对生，卵状长圆形或椭圆形，纸质，叶面被黄褐色短硬毛，后渐脱落，叶背密被黄褐色星状绒毛，且疏生黄色腺点，侧脉5～12对，网脉在叶背稍隆起，边缘具细锯齿；叶柄短而粗壮，密被黄褐色星状毛；聚伞花序腋生，多次分枝，花密集，花梗近无，苞片细小，花萼钟状，4浅裂，萼齿钝三角形；花冠紫色，无毛，具稀少的细腺点，5裂，裂片长圆形；浆果近球形，成熟时紫色，散生黄色腺点。花期春季，果期秋季。

野外识别要点 本种嫩枝、叶、叶柄和花序密被黄褐色星状绒毛，单叶对生，花紫色，雄蕊4，为花冠的2～3倍长。

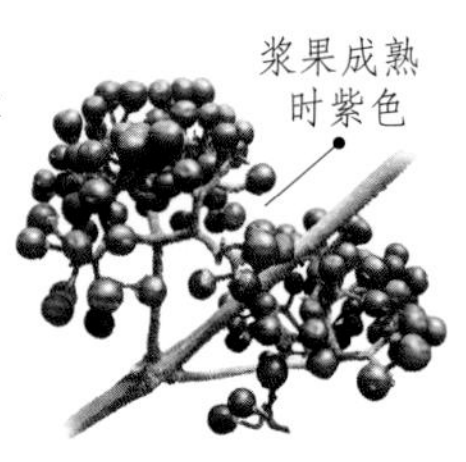

别名：紫珠草、止血草、贼子草、大走马、螃蟹花、毛将军	科属：马鞭草科紫珠属
用途：根及叶可入药，中药俗称“紫珠”，具有清热解毒、收敛止血、散瘀消肿的功效。另外本种也可种植观赏。	

多花野牡丹

Melastoma affine D. Don

生境分布 常生长在荒野、山坡、山谷林下、灌丛或路旁。主要分布于我国西南、中南、华南地区，台湾也有分布。

形态特征 小灌木。植株低矮，高不及1m，全株密被紧贴的鳞片状糙伏毛，毛扁平，边缘流苏状；叶对生，卵状披针形或近椭圆形，纸质，基出脉5，两面密被糙伏毛，脉上尤密，全缘；叶柄较短；伞房状花序生于分枝顶端，具花10余朵，花大，粉红色至红色，总花梗基部具2片叶状总苞，小花梗极短；苞片狭披针形；花萼裂片广披针形，顶端具细尖头，裂片间具1小裂片；花瓣5，倒卵形，顶端圆形，具缘毛；蒴果卵球形，顶端平截，与宿存萼贴生，种子镶于肉质胎座内。花期2～5月，果期8～12月。

野外识别要点 本种枝条、叶片、叶柄、花梗、花全朵及蒴果被鳞片状糙毛或短柔毛；叶对生，基出5脉；花粉红色至红色，萼裂片间有小裂片，花药基部具1个小瘤，可作为识别点。

花大，粉红色至红色

两面密被糙伏毛，脉上尤密

基出脉5条

别名：酒瓶果、乌提子、野广石榴、山甜娘、炸腰果、水石榴	科属：野牡丹科野牡丹属
用途：全草及根可入药，具有清热利湿、收敛止血、散瘀消肿、消食化积的功效。	

粉红溲疏

Deutzia rubens Rehd.

叶背灰绿色

伞房状聚伞花序

叶面粗糙，有4～6辐射线星状毛

生境分布 常生长在山坡草丛或灌丛中，海拔可达3000m。分布于我国西北和西南地区。

形态特征 灌木。株高约1m，老枝褐色，无毛，花枝红褐色，被星状短柔毛；叶长圆形或卵状长圆形，膜质，两面粗糙且有4～6辐射线星状毛，叶柄极短，疏被5～6辐射线星状毛；伞房状聚伞花序，具花6～10朵，花蕾球形，花序轴无毛，花梗纤细，疏被星状毛；萼筒杯状，被8～12辐射线星状毛，裂片卵形，紫色；花瓣5，长倒卵形，粉红色，疏被星状毛；蒴果半球形。花期5～6月，果期8～10月。

野外识别要点 ①老枝褐色，花枝红褐色；花枝、叶、叶柄、花梗、花萼及花瓣均有星状毛。②花6～10朵，花粉红色。

别名：无	**科属：**虎耳草科溲疏属
用途：本种是溲疏属中花色较为特别的一种，可种植观赏，也可作花篱。花枝可作切花。	

刚毛忍冬

Lonicera hispida Pall ex Roem. et Schult.

浆果熟时红色

叶缘有刚睫毛

花冠白色或淡黄色

生境分布 常生长在山坡或山谷的林中、灌丛，海拔可达4000m。分布于我国华北、西北及西南地区。

形态特征 落叶灌木。株高可达2m，老枝灰褐色，嫩枝常带紫红色，嫩枝、叶柄及总花梗均具刚毛或糙毛、腺毛；冬芽具1对外鳞片；叶厚纸质，形状、大小和毛被变化很大，常为椭圆形、卵状椭圆形至矩圆形，顶端尖，基部微心形，边缘有刚睫毛；总花梗从当年小枝最下一对叶腋生出，长约2cm，苞片宽卵形，有时带紫红色；相邻两萼筒分离，常具刚毛和腺毛，萼檐环状；花冠白色或淡黄色，漏斗状，外有短柔毛，筒基部具囊，上部裂片直立，短于筒；浆果椭圆形，成熟时红色，具光泽；种子淡褐色，矩圆形。花期5～6月，果期7～9月。

野外识别要点 花初开白色，后渐渐变为黄色；幼枝、叶和萼筒皆具刚毛，易识别。

别名：子弹把子	**科属：**忍冬科忍冬属
用途：花蕾和花可入药，具有清热解毒的功效。	

海州常山

Clerodendrum trichotomum Thunb.

· 生境分布 一般生长在向阳山坡的灌丛中。广泛分布于我国西北、华北、华东、华南、中南及西南地区。

· 形态特征 落叶灌木或小乔木。株高可达10m，枝条灰白色，具皮孔，有淡黄色薄片状横隔；叶对生，卵形、卵状椭圆形或三角状卵形，纸质，叶面深绿色，叶背淡绿色，嫩叶两面有白色短柔毛，老叶叶背有毛，侧脉3～5对，全缘或有微波状齿；叶柄长2～8cm，常被黄褐色柔毛；聚伞花序生于上部叶腋，花序梗常二歧分枝，红色，被黄褐色柔毛或无毛；苞片叶状，椭圆形，早落；花萼紫红色，基部合生，中部略膨大，有5棱脊，顶端5深裂；花冠筒细，白色或带粉红色，有香气，顶端5裂，裂片长椭圆形；雄蕊4，花丝与花柱同伸出花冠外；花柱较短，柱头2裂；核果近球形，成熟时蓝紫色。花期8～9月，果期10月。

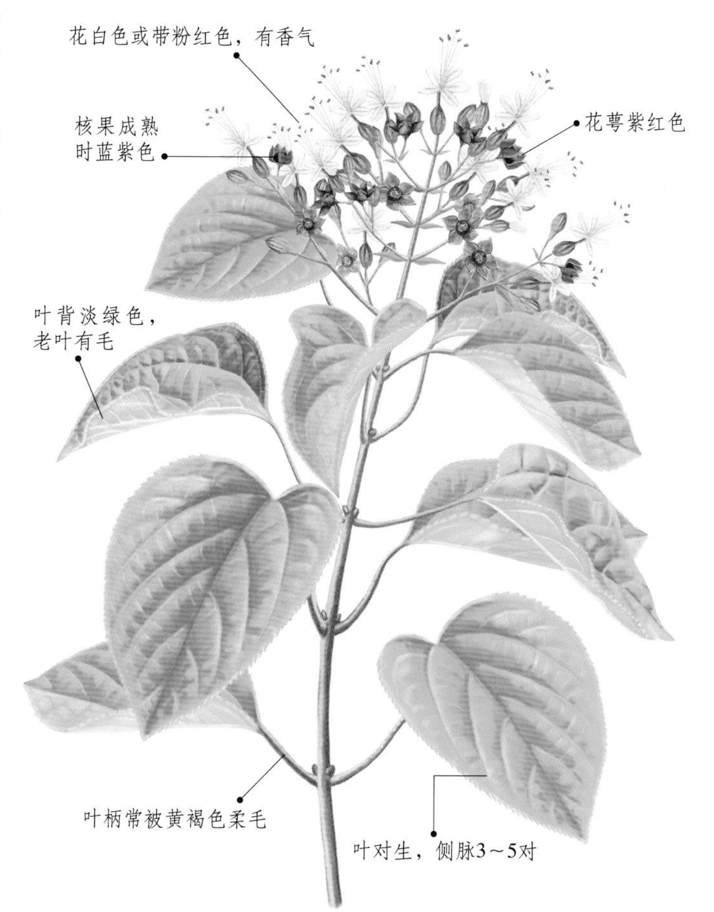

· 野外识别要点 叶揉之有特殊气味，花萼蕾时绿白色，花开后渐变为紫红色，核果近球形，成熟时蓝紫色，是本种的特点。

别名：臭梧桐、追骨风、香楸、泡火桐	**科属：**马鞭草科大青属
用途：①景观用途：本种同棵树上花果共存，白、红、蓝色泽亮丽，且花果期长，是良好的观赏花木。②药用价值：根、茎、叶及花可入药，具有祛风除湿、清热利尿、平肝降压的功效。	

红丁香

Syringa villosa Vahl.

丁香花是我国特有的名贵花木，自宋代以来，距今已有1000多年的栽培历史。大约在1620年，花叶丁香最先经丝绸之路传入欧洲，之后其他品种的丁香也相继走向欧美等西方国家，进而遍布世界各地。丁香是呼和浩特市的市花。

未开放的花蕾

花序图

生境分布 常生长在沟谷溪旁或灌丛。分布于我国东北、华北及西北地区，主产河北和山西。

形态特征 灌木。株高2～4m，茎秆直立，灰褐色，具皮孔，小枝粗壮，有瘤状突起和星状毛；单叶对生，宽椭圆形或倒卵状长椭圆形，纸质，长达11cm，宽达6cm，先端尖，基部宽楔形至近圆形，叶面深绿色、无毛，叶背粉绿色，疏生柔毛或沿脉被柔毛，全缘；具短叶柄，略被毛，带紫红色；圆锥花序由顶芽抽生，顶生，花序轴具皮孔；花稀疏，淡紫红色、粉红色至白色，芳香，花梗极短，花冠细管状，4裂，裂片长椭圆形，成熟时呈直角向外展开，先端内弯呈兜状而具凸出喙；花药黄色；蒴果长圆形，光滑，皮孔不明显。花期5～6月，果期9月。

花稀疏，淡紫红色、粉红色至白色，芳香

蒴果光滑

果序图

圆锥花序顶生

叶柄带紫红色

叶面深绿色、无毛

单叶对生，长达11cm，宽达6cm

野外识别要点 ①小枝有瘤状突起和星状毛，叶对生，叶背有白粉，中脉下部有柔毛。②花紫红色，有香味，花冠管状，裂片成熟时开展，先端呈兜状且具喙。

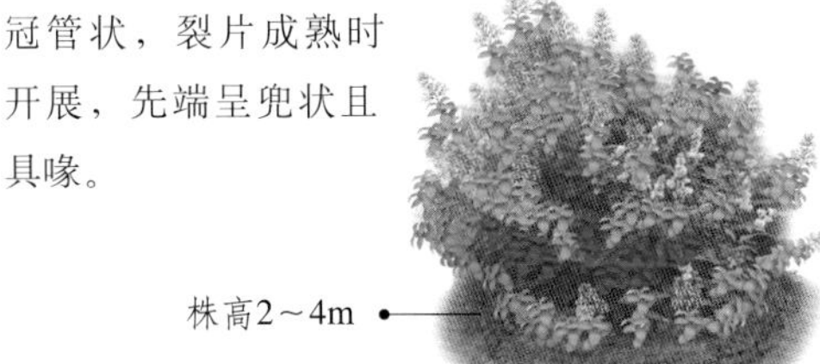

别名：香多罗、沙树	**科属：**木犀科丁香属
用途：①药用价值：花蕾可入药，具有温胃散寒、降逆止呕的功效。②景观用途：本种姿态秀丽，花娇媚鲜艳，芳香怡人，可丛植或配植于路旁、草坪、林缘或庭前观赏，也可作切花材料。	

黄牛木

Cratoxylum ligustrinum (Spach) Blume.

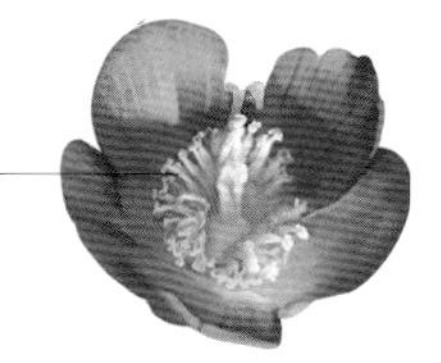

黄牛木是一种名贵的雕刻木材，纹理细密，材质坚硬，在广东一带常用于雕刻精美的鸟笼，故又叫雀笼木。

生境分布 常生长在向阳杂木林中。分布于我国中南、华南及西南地区。

形态特征 落叶灌木或乔木。株高可达10m，树身通直，树皮灰褐色，平滑无毛，稍有细条纹，枝条对生，幼枝略扁，淡红色；叶对生，椭圆形至矩圆形，纸质，长达8cm，宽不过3cm，两端均狭而尖，叶背色淡且具透明腺点、黑点，全缘；叶柄极短或近于无；聚伞花序常腋生，少数顶生，具花1～3朵，粉红色；萼片5，椭圆形，有黑色纵脉条；花瓣5，倒卵形，脉间有黑色脉纹；雄蕊3束；子房上位，圆锥形，花柱3，自基部叉开；蒴果椭圆形，近2/3被宿萼包裹，成熟时棕色；种子倒卵形，基部具爪，一侧有翅。花期4～5月，果期6月。

野外识别要点 ①叶对生，全缘，叶脊具透明腺点、黑点。②花粉红色，花瓣脉间有黑色脉纹。③熟果近2/3被宿萼包裹。

花红色或粉红色，花瓣脉间有黑色脉纹

花自上而下开放

叶先端尖

腋生的花蕾

叶对生，椭圆形至矩圆形

蒴果近2/3被宿萼包裹

别名：黄牛茶、雀笼木、黄芽木	科属：金丝桃科黄牛木属
用途：①经济价值：木材纹理精致，质地坚硬，是名贵雕刻木材。②景观用途：黄牛木树冠圆整，枝叶茂密，花香怡人，常作为行道树或观赏树种植。③药用价值：根、树皮及嫩叶可入药，具有清热解毒、化湿消滞、散瘀消肿的功效。	

鸡树条荚蒾

Viburnum sargentii Kochne

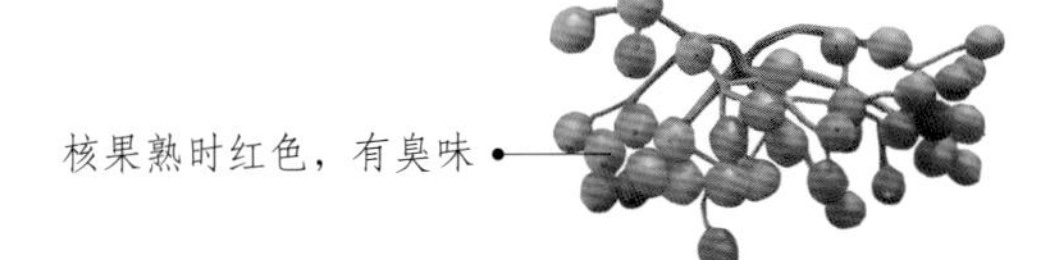

鸡树条荚蒾的花序和东陵八仙花的花序很像，边缘的大不育花负责吸引昆虫，中央的能育花再传粉后结籽，二者分工合作，共同完成家族繁衍生息的重任。

生境分布 常生长在沟谷或疏林的阴湿处。分布于我国东北、华北、西北及西南地区，日本、朝鲜、俄罗斯也有。

形态特征 落叶灌木。株高2～3m，树皮灰褐色，有浅条裂，小枝具皮孔；叶对生，广卵形至卵圆形，长可达12cm，宽达10cm，基部圆形，通常3裂并具掌状3出脉，中裂长于侧裂，先端突尖，叶面黄绿色，叶背淡绿色，脉腋有茸毛，边缘有不规则锯齿；叶柄粗壮，无毛，近端处有腺点；托叶2，有2～4腺点；聚伞花序组成复伞形花序，小花密集，呈圆盘状，中央为黄绿色能育花，边缘为白色不育花，总花梗粗壮，花冠杯状，5裂，呈辐射状，裂片平展；花药紫色；雄蕊5；核果近球形，成熟时红色，有臭味；种子圆形，稍扁平。花期5～6月。果期8～9月。

野外识别要点 ①叶大，对生，通常3裂并具掌状3出脉，叶柄顶端具2～4腺体。②花密集呈圆盘状，白色，中央为能育花，边缘为不育花；果成熟时红色。

部分枝干图

别名：天目琼花	**科属**：忍冬科荚蒾属
用途：①药用价值：果实可入药，具有祛风通络、活血消肿、化痰止咳的功效。②景观用途：本种叶形别致，花球洁白，丹果夺目，是优良的观赏树种，可孤植、丛植或群植于风景林、公园、庭院、道旁或建筑物周围。	

金花忍冬

Lonicera chrysantha Turcz.

浆果成熟时红色

生境分布 常生长在沟谷、林下或灌丛。分布于我国东北、西北、华北地区，湖北、四川也有分布。

形态特征 落叶灌木。株高2～4m，幼枝、叶柄和总花梗常被开展的糙毛和腺毛；冬芽卵状披针形，被5～6对鳞片，有柔毛；叶对生，菱状卵形或卵状披针形，纸质，先端尖或钝圆，基部心形，两面沿脉被糙伏毛，中脉较密，全缘；叶柄短或近无；花2朵，总花梗细而短，苞片条形，常高出萼筒，小苞片卵状矩圆形；相邻两花的萼筒分离，有腺毛，萼齿圆卵形；花冠先白色后变黄色，2唇形，筒基部有1深囊；浆果椭圆形，成熟时红色。花期5～6月，果期7～9月。

野外识别要点 金花忍冬和金银木极为相似，二者不同之处在于：前者花总梗长1.2～3cm，比叶柄长；后者花总梗短于叶柄。

别名：黄花忍冬、柴金银花、千层子、王八骨头	科属：忍冬科忍冬属
用途：花蕾、嫩枝及叶可入药，有清热解毒、消散痈肿的功效。本种春季花黄白色，秋季果红色，还可栽培。	

金丝梅

Hypericum patulum Thunb.

花正面图

生境分布 常生长在山坡或山谷的林下、灌丛中。分布于我国华东、中南及西南地区。

形态特征 常绿小灌木。株高可达2m，全株无毛，茎皮灰褐色，小枝拱曲，幼时近四棱形，后渐变2棱，灰紫色；叶小，卵形或长圆状卵形，坚纸质，先端常具小突尖，基部宽楔形至短渐狭，常呈紫红色，叶背灰绿色，两面有腺体，主侧脉3对，全缘，近无柄；花序自茎顶端第1～2节生出，花梗短，苞片早落；花蕾宽卵珠形；萼片离生，在花蕾及果时直立，常带淡红色，有多数腺条纹，边缘具细啮蚀状小齿和缘毛；花瓣5，金黄色，有1行近边缘生的腺点和侧生的小尖突；蒴果宽卵珠形，种子长圆柱形，深褐色，表面线状蜂窝纹。花期6～7月，果期8～10月。

野外识别要点 金丝梅与西南金丝梅较相似，但前者株形开阔，茎具2纵线棱；叶小，卵形或长圆状卵形；蒴果小，种子深褐色。与金丝桃的区别在于前者花柱连成柱状，而后者花柱分离。

花蕾图

植株部分图

别名：芒种花、云南连翘	科属：金丝桃科金丝桃属
用途：金丝梅枝叶丰满，花色夺目，可丛植或群植于草坪、树坛、花坛、道路转角或庭院墙垣，也可盆栽。	

金丝桃 >花语：富贵吉祥

Hypericum chinense L.

生境分布 常生长在河谷、溪旁或半阴坡的灌丛。广泛分布于我国南北大部分省区。

形态特征 半常绿小灌木。株高约1m，全株无毛，根圆柱形，棕褐色，栓皮易成片状剥落；小枝对生，近圆柱形，红褐色；叶对生，长椭圆形，先端钝尖，基部楔形，叶面略皱缩，具透明腺点，叶背灰绿色，中脉隆起，全缘，无柄；花单生或3～7朵聚合成聚伞花序，顶生，花金黄色，花瓣5，长倒卵形，中部以下渐狭，向下凹陷；雄蕊多数，花丝细长呈花束状，金黄色；蒴果卵圆形。花果期6～8月。

野外识别要点 本种低矮，全株无毛，小枝和叶分别对生，叶无柄，具透明腺点，花瓣金黄色，易识别。

别名：金丝海棠、五心花、照月莲、夜来花树、土连翘	**科属：**金丝桃科金丝桃属
用途：根可入药，随时可采，晒干，具有清热解毒、祛风消肿的功效。	

荆条

Vitex negundo L. var. *heterophylla* (Franch.) Rehd.

花正面和侧面图

核果近球形

大型圆锥状花序

叶背密生灰白色绒毛

掌状复叶，小叶3～5片

生境分布 常生长在山坡或山谷。分布于我国东北、华北、西北、华中及西南地区。

形态特征 灌木或小乔木。株高可达3m，小枝四棱形，密生灰白色绒毛；掌状复叶对生，小叶3～5片，长圆状披针形至披针形，叶背密生灰白色绒毛，小叶羽状浅裂、深裂或有缺刻状锯齿，叶柄短或近无；聚伞花序排列成大型圆锥状花序，顶生，长可达30cm，花序梗密生灰白色绒毛；花萼宿存，近钟状，5齿裂，外被灰白色绒毛；花冠淡紫色，2唇形，顶端5裂，外有微柔毛；雄蕊4，2个较长，伸出花冠管外；核果近球形。花期6～8月，果期7～10月。

野外识别要点 本种掌状复叶的小叶边缘浅裂、深裂或缺刻，叶背密被灰白色绒毛；花蓝紫色，花冠2唇形。

别名：五指风、五指柑、牡荆、土常山	**科属：**马鞭草科牡荆属
用途：果实可入药，具有理气止痛、止咳平喘的功效。本种耐寒、耐旱，常用于干旱地区的绿化种植。	

锦带花

Weigela florida (Bunge) A. DC.

花正面图

锦带花枝条细长，整枝被花、叶紧紧包裹，粉绿交融，一枝横出，灿若锦带，故得此名。宋代诗人王禹曾做诗句：“何年移植在僧家，一簇柔条缀彩霞。”由衷赞美了锦带花花团锦簇的美丽景象。

生境分布 常生长在山坡林下或林缘灌丛，海拔可达1400m。主要分布于我国黄河流域以北地区，日本、朝鲜、俄罗斯也有。

形态特征 落叶灌木。株高1～3m，树皮灰色，枝条紫红色，幼枝常具2列柔毛；芽顶端尖，具3～4对鳞片；叶对生，椭圆形至倒卵状椭圆形，顶端尖，基部阔楔形，两面有柔毛，脉上尤密，边缘具锯齿；叶柄短，有时无；花1～4朵组成聚伞花序生于小枝顶端或叶腋，萼筒长圆柱形，疏生长柔毛，5深裂；花冠漏斗状钟形，外面粉红色，里面灰白色，5裂，裂片宽卵形；雄蕊5，花丝短于花冠，花药黄色；子房上部具黄绿色腺体，花柱细长，柱头2裂；蒴果柱状，顶端有喙，疏生柔毛；种子细小，多数。花期6～8月，果期10月。

野外识别要点 本种枝条上下均出花，小花粉红色，容易识别。

叶柄向上渐短，有时无

花冠漏斗状钟形，5裂

叶缘具锯齿

花1～4朵组成聚伞花序

叶对生，两面有柔毛

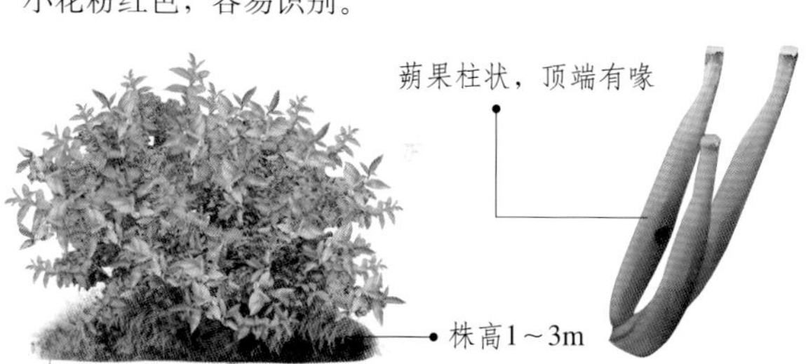

别名：文官花、海仙花	**科属：**忍冬科锦带花属
用途：锦带花枝叶茂密，花色艳丽，且花期长，既可作花篱，也可配植于假山、坡地或林缘，还可作盆景。	

兰香草

Caryopteris incana (Thunb.) Miq.

生境分布 常生长在干燥向阳的山坡、路旁或林边。分布于我国华东、华南及中南地区。

形态特征 直立小灌木。植株低矮，小枝绿色略带紫色，嫩时密被柔毛；叶对生，卵形或卵状矩圆形，两面密披灰色短柔毛且散生黄色腺点，网脉在叶背明显，边缘有粗齿，稀全缘；叶柄极短或无，被柔毛；聚伞花序，花密集，无苞片和小苞片；花萼杯状，果期稍大，外被短柔毛，上部5深裂；花冠2唇形，喉部有毛环，下唇边缘流苏状；蒴果球形，外被粗毛，成熟时4瓣裂，瓣缘内弯如翅，抱着种子。花果期6～10月。

野外识别要点 ①叶对生，卵状长椭圆形，下部叶稍小，两面有灰白色毛和黄色腺点。②花紫色，无苞片和小苞片，花冠2唇形，喉部有毛环。③果成熟时4瓣裂，瓣缘内弯抱着种子。

植株部分图

别名：马蒿、山薄荷、卵叶莸	科属：马鞭草科兰香草属
用途：全草或根可入药，全年采全草，秋季挖根，鲜用或阴干备用，具有疏风解表、祛痰止咳、散瘀止痛的功效。	

连翘

花黄色，香气浓郁

蒴果先端喙状渐尖

Foreythia suspensa (Thunb.) Vahl.

生境分布 常生长在林下或灌丛。分布于我国西北、华北、华东地区，湖北、四川也有分布。

形态特征 落叶灌木。株高2～7m，枝条近四棱形，开展而下垂，棕褐色或淡黄褐色，疏生皮孔，中空，节部具实心髓；叶卵形、椭圆状卵形或椭圆形，先端锐尖，基部楔形，叶面深绿色，叶背淡黄绿色，两面无毛，叶缘中上部具齿；叶柄短；花先叶开放，单生或数朵腋生，花梗极短，花萼4裂，裂片长圆形，边缘具睫毛；花冠黄色，4深裂几达基部，裂片倒卵状长圆形；蒴果卵球形，具短果梗，先端喙状渐尖，表面疏生皮孔。花期3～4月，果期7～9月。

野外识别要点 ①枝条常中空，叶对生，嫩枝上偶有3叶轮生。②花冠黄色，先叶开放，4深裂；蒴果2裂。

别名：黄寿丹、黄花杆、黄花条、连壳、落翘	科属：木犀科连翘属
用途：①药用价值：根、茎、叶及果实可入药，具有清热解毒、散结消肿的功效。②景观用途：本种早春开放，满枝金黄，香气飘散，是优良的观花灌木，适合种植于庭院、池畔或林缘等地观赏，也可作花篱或护堤树。	

流苏树

Chionanthus retusus Lindl. et Paxt.

在我国江苏省连云港市的风景区孔望山上，有一处游览地叫龙洞庵，这里有一棵树龄达800年的流苏树。据推测，该树种植于南宋时期，堪称目前所知的最古老的流苏树。

· 生境分布 常生长在山坡、林中或灌丛。分布于我国黄河流域一带及以南广大地区。

· 形态特征 落叶乔木。株高可达20m，小枝灰褐色，密被短绒毛；叶对生，长圆形、椭圆形或倒卵状椭圆形，革质，长可达12cm，宽可达6cm，先端圆钝，基部宽楔形，幼时有柔毛，侧脉3～5对，在两面微凸起，全缘或稀有锯齿，叶缘稍反卷；具短叶柄，密被黄色卷曲柔毛；聚伞状圆锥花序生于枝顶，雌雄异株，苞片线形，被柔毛；花白色，花梗纤细，花萼4深裂，裂片尖三角形；花冠4深裂，裂片线形；雄蕊藏于管内或稍伸出；柱头球形，稍2裂；核果椭圆形，被白粉，成熟时蓝黑色。花期3～6月，果期6～11月。

· 野外识别要点 本种最大的特点就是花晶莹洁白，花冠4深裂，裂片线形，状似流苏，复伞花序使得小花层层堆叠，犹如冬雪覆盖，容易识别。

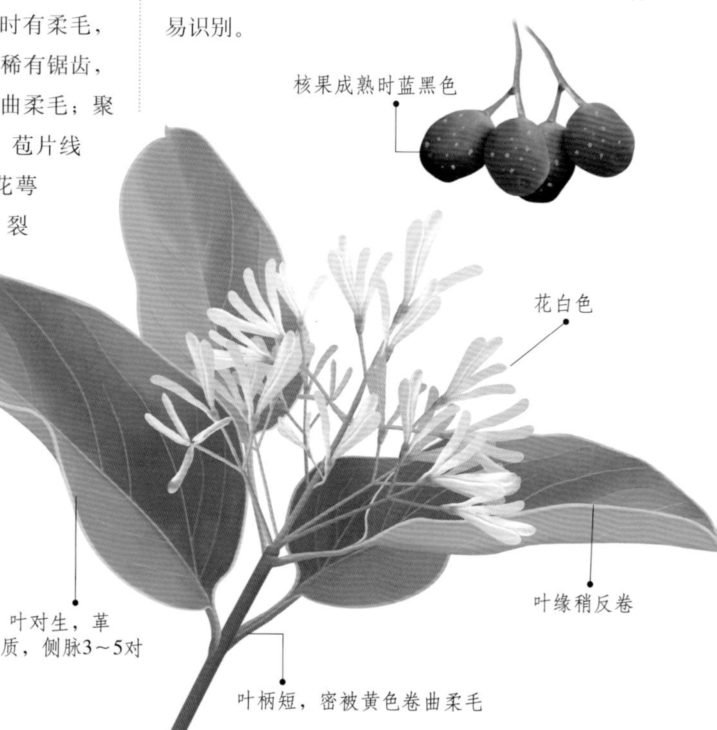

别名：晚皮树、萝卜丝花、油公子、铁黄荆、炭栗树、缝花木	科属：木樨科流苏树属
用途：①景观用途：流苏树形高叶茂，初夏满树银花如雪覆盖，清秀典雅，馨味宜人，极具观赏性，常种植于小区、道旁、池畔、园林、林下或建筑物周围，还可制作盆景。②经济用途：木材可制器具；果实可榨油；叶可晾晒茶叶。	

毛叶丁香

Syringa pubescens Turcz.

果序图

生境分布 常生长在山地阴坡或沟谷灌丛，海拔可达2100m。分布于我国西北、华北及华中地区。

形态特征 小乔木。株高可达4m，树皮灰褐色，小枝近四棱形，光滑，疏生皮孔；叶对生，卵形、菱状卵形或卵圆形，草质，叶面深绿色，偶有稀疏短柔毛，叶背淡绿色，常在中脉近基处有白色短柔毛，全缘，叶柄短；圆锥花序常直立，花序轴四棱形，与花梗略带紫红色；小花密集，淡紫色，有香气，花萼，4浅裂，边缘略带紫红色；花冠细管状，4裂，裂片长圆形，展开或反折，先端略呈兜状而具喙；蒴果长椭圆形，先端具小尖头，皮孔明显，表面有小瘤。花期5～6月，果期6～8月。

野外识别要点 ①叶对生，叶面常光滑无毛，叶背中脉近基处有白色短柔毛。②花淡紫色，有香气，花冠细管状，上端裂片反折，先端略呈兜状而具喙。③蒴果2裂，表面密生小瘤。

花枝图

别名：巧玲花、雀舌花、毛丁香	**科属**：木犀科丁香属
用途：树皮可入药，具有清热解毒、化痰止咳、利水消肿的功效。另外本种枝叶繁茂，可种植于庭院或园林观赏。	

山梅花

Philadelphus incanus Koehne

花冠盘状，4裂，白色

叶背密生柔毛

叶缘有锯齿

离基脉3～5条

生境分布 生长在林缘或灌丛中。分布于我国甘肃、陕西、山西、河南、湖北及四川等地。

形态特征 落叶灌木。株高可达4m，树皮褐色，片状脱落，当年生枝浅褐色或紫红色，二年生小枝灰褐色，幼枝密生柔毛，后渐光滑；叶对生，宽卵形或卵状椭圆形，先端渐尖呈尾状，基部圆形，叶背密生柔毛，离基脉3～5条，边缘疏生锯齿；叶柄极短或近无；总状花序具花5～7朵，花序轴疏被长柔毛，花梗极短，上部密被白色长柔毛；花萼被紧贴糙伏毛，萼筒钟形，裂片卵形；花冠盘状，花瓣4，白色，卵形；蒴果倒卵形，种子较小，具短尾。花期5～6月，果期7～8月。

野外识别要点 ①叶对生，三角状卵形，脉3～5条，叶背密生柔毛，边缘有齿。②花白色，花瓣4，花序轴、花萼有毛。

成熟蒴果

别名：白毛山梅花	**科属**：虎耳草科山梅花属
用途：①药用价值：茎、叶可入药，夏秋采集，具有清热利湿的功效。②景观用途：本种小花繁茂洁白，清香宜人，花期较长，常种植于花境、花坛、风景区、庭院或岩石园观赏，也可作切花。	

疏花卫矛

Euonymus laxiflorus Champ.

花

生境分布 常生长在山坡或沟谷的密林中。分布于我国长江流域以南的大部分省区。

叶面光滑无毛

红色花和果

形态特征 常绿灌木。株高可达4m，茎枝绿色，节带红色；叶对生，卵状椭圆形或狭椭圆形，纸质，长达12cm，宽达6cm，先端尾状渐尖，基部阔楔形，叶面光滑，中脉明显，全缘或具浅疏齿，具短叶柄；聚伞花序多分枝，花稀疏，5～10朵，花序梗约1cm长；萼片边缘常具紫色短睫毛；花瓣5，紫红色，近圆形，平展，边缘具白色细密齿；花盘5浅裂；雄蕊无花丝，花药顶裂；子房无花柱，柱头圆；蒴果倒圆锥状，先端稍平截，有明显的纵棱，成熟时5裂；种子长圆状，具鲜红色假种皮，成浅杯状包围种子基部。花期3～6月，果期7～11月。

野外识别要点 本种无毛，长椭圆形叶对生，叶缘具小齿，花紫红色或淡红色；蒴果倒圆锥形，熟时5瓣裂，种子具红色假种皮。

别名：木杜仲、黄脚鸡	科属：卫矛科卫矛属
用途：根、茎皮及叶可入药，可治疗腰膝酸痛、跌打损伤、骨折等症。	

水团花

Adina pilulifera (Lam.) Franch. ex Drake

花

叶柄极短

叶对生

生境分布 常生长在山谷林下、旷野或溪边。分布于我国长江以南各省区。

形态特征 常绿灌木至小乔木。株高2～5m，枝条细瘦，散生皮孔；顶芽不明显，由开展的托叶包裹；叶对生，倒披针形或长圆状椭圆形，纸质，顶端短尖，基部阔楔形，叶面无毛，叶背偶疏生柔毛，侧脉6～12对，脉腋窝陷有稀疏的毛，全缘；叶柄极短，有时被柔毛；托叶2裂，早落；头状花序腋生，总花梗被粉状小柔毛，中部以下轮生小苞片5，线形至线状棒形，无毛；花萼外被柔毛，5裂，线状长圆形；花冠窄漏斗状，白色，有香味，被微柔毛，5裂，裂片卵状长圆形；蒴果楔形，种子多数，长圆形，两端有狭翅。花期7～8月，果期8～9月。

野外识别要点 ①叶对生，叶柄间托叶2裂。②花白色，密集成球形的头状花序。

别名：水杨梅、满山香、假马烟树、青龙珠	科属：茜草科水团花属
用途：全草可入药，随时可采，鲜用或晒干，具有清热利湿、消瘀止痛、生肌止血的功效。	

太平花

Philadelphus pekinensis Rupr.

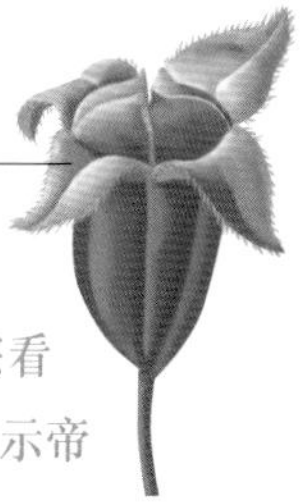

蒴果顶部具宿存萼裂片

相传在宋仁宗时期，有人将四川青城山里的一种美丽花卉献至京城汴梁，仁宗看后，觉得此种植物叶绿而稠密，似乎象征着国家繁荣富强，花洁白高雅，似乎在警示帝王和官员要清正廉洁，于是赐名“太平瑞圣花”，自此，太平花开始走入庭院。

· 生境分布 常生长在山坡或山谷的阴坡、灌木丛中。分布于我国内蒙古、山西、河南、河北、四川及湖北等地。

· 形态特征 常绿灌木。株高1～2m，分枝多，黄褐色，光滑近无毛；叶对生，卵形或阔椭圆形，纸质，长达9cm，宽达4cm，先端渐尖，基部阔楔形，两面无毛或叶背脉腋簇生白色柔毛，全缘或边缘具锯齿，离基脉3～5条；花枝上叶较小，椭圆形或卵状披针形；叶柄短或近无；总状花序，着花5～9朵，白色，有香气，花序轴长约5cm，黄绿色，花梗较短，二者无毛；花萼黄绿色，裂片卵形，干后脉纹明显；花冠盘状，花瓣4，倒卵形；雄蕊多数；花柱纤细，先端4裂，柱头棒形；蒴果近球形，顶部具宿存萼裂片，种子细小。花期5～7月，果期8～10月。

花5～9朵，白色，有香气

花萼黄绿色，裂片卵形

叶背灰绿色，常在脉腋簇生白色柔毛

分枝多，近光滑无毛

离基脉3～5条

· 野外识别要点 本种低矮，枝条稠密，叶对生，长卵形，近无毛，离基脉常3条，花白色，阔钟形，花瓣4，雄蕊多数。

别名：北京山梅花、太平瑞圣花、白花结	**科属：**虎耳草科山梅花属
用途：本种枝叶茂密，花白味香，可种植于庭院、公园、林缘和园路拐角处，也可点缀于岩石园，或作绿篱。	

桃金娘

Rhodomyrtus tomentosa (Ait.) Hassk.

生境分布 常生长在荒山草地或山坡疏林中。分布于我国西南、华南地区，湖南、台湾也有分布。

形态特征 常绿小灌木。株高1～2m，嫩枝有灰白色短柔毛；叶对生，椭圆形至倒卵形，革质，离基3出脉，直达先端且相结合，侧脉7～8对，叶面无毛，叶背有黄褐色茸毛，全缘；叶柄短或近无；聚伞花序腋生，着花1～3朵，花紫红色，花更长，小苞片2，卵形；萼筒钟形，外被灰茸毛，5裂，裂片近圆形，宿存；花瓣5，倒卵；雄蕊多数；子房下位，3室；浆果卵形，成熟时紫黑色。花果期4～9月。

野外识别要点 本种属低矮灌木，枝有灰白色柔毛；叶对生，叶背有黄褐色茸毛，基出3脉在先端结合；花紫红色，花萼、花瓣5；果熟时紫黑色，容易识别。

别名：岗菍、山菍、当梨根、稔子树、豆稔	**科属：**桃金娘科桃金娘属
用途：①药用价值：全草可入药，具有补虚止血、收敛止泻、活血通络的功效。②景观用途：本种夏日花开灿若朝霞，边开花边结果，极具观赏性，既可种植于庭院、小区、园林或池畔，也可作水土保持的常绿灌木。	

虾子花

Woodfordia fruticosa (L.)Kurz.

花

生境分布 常生长在山坡、灌丛或路旁。分布于我国华南及西南地区，主产广东、广西和云南。

形态特征 常绿小灌木。株高3～5m，树皮灰褐色，分枝长而披散，幼枝有短柔毛，后渐脱落；叶对生，披针形或卵状披针形，近革质，叶背密被灰白色短柔毛，散生黑色腺点，全缘，近无柄；聚伞花序腋生，花1～15朵，花序轴被短柔毛，小苞片2枚，早落；花两性，花梗极短，花萼筒状，鲜红色，被腺毛，口部具6齿，萼齿间有小附属体；花瓣6枚，小而薄，半透明，淡红色，披针形；蒴果线状长椭圆形，膜质，成熟时2瓣裂；种子多数。花期春季，果期秋季。

野外识别要点 ①分枝披散，叶对生，卵状披针形，叶背密被灰白色短柔毛，散生黑色腺点。②花橘红色，花萼筒状，口部6齿，齿间有小附属体，花瓣半透明状。

别名：虾子木、虾米草、吴福花	**科属：**千屈菜科虾子花属
用途：种花繁叶茂，花形奇特，常种植于小区、园林或林缘观赏。另外根有调经活血、止血凉血的药用功效。	

小花溲疏

Deutzia parviflora Bunge

花白色

生境分布 生长在山谷或坡地的林缘。主要分布于东北、西北地区，河南、河北、湖北等地也有分布。

形态特征 灌木。株高1～2m，枝灰褐色，表皮片状脱落；叶对生，卵形、椭圆形或窄卵形，纸质，两面有辐线星状毛，边缘具细锯齿；叶柄短或近无，疏被星状毛；伞房状花序，花密集，花蕾倒卵形，花序梗被长柔毛和星状毛，萼筒杯状，密被星状毛，5裂；花瓣5，白色，阔倒卵形或近圆形，两面均被毛；蒴果球形。花期5～6月，果期8～10月。

花枝图

野外识别要点 小花溲疏与太平花很相似，识别时注意：前者的叶有星状毛、叶缘具细密齿，后者的叶无毛，边缘齿稀疏；前者花瓣5，雄蕊10，后者花瓣4，雄蕊多数。

别名：唐溲疏	科属：虎耳草科溲疏属
用途：树皮可入药，具有发汗解表、宣肺止咳的功效。另外本种小花秀雅洁白，十分美丽，可种植观赏。	

小叶白蜡

Fraxinus bungeana DC.

花序图

生境分布 常生长在干燥向阳的坡地。分布于我国东北、华北、华东地区，山西也有分布。

形态特征 落叶小乔木或灌木。株高可达5m，树皮暗灰色，具浅裂，顶芽圆锥形、黑色，侧芽阔卵形，内侧密被棕色柔毛和腺毛，当年生枝淡黄色，毛密，二年生枝灰白色，毛稀疏，具皮孔；奇数羽状复叶，叶轴具窄沟，被绒毛；小叶7～13枚，菱形至卵状披针形，硬纸质，无毛，侧脉4～6对，中脉在两面凸起，边缘具深锯齿；叶柄短，被柔毛；圆锥花序，花序梗扁平，初被绒毛；花黄白色，花梗细而短，雄花花萼小，杯状，萼齿近三角形，花冠裂片线形；两性花花萼略大，萼齿圆锥形，花冠裂片条形；翅果倒披针形，花萼宿存。花期5～6月，果期7～8月。

野外识别要点 ①顶芽黑色，侧芽密被棕色柔毛和腺毛。②当年生枝淡黄色，毛密，二年生枝灰白色，毛稀疏。③羽状复叶，叶背密生细腺点。④聚伞圆锥花序，花杂性，白色至黄色。

别名：小叶梣	科属：木犀科白蜡树属
用途：树皮可入药，中药俗称“秦皮”，具有消炎解热、收敛止泻的功效。	

圆锥绣球

Hydrangea paniculata Sieb.

· **生境分布** 常生长在山谷、林下或灌丛中。主要分布于我国长江流域以南各省。

· **形态特征** 落叶灌木或小乔木。株高可达5m，小枝近四棱形，灰褐色，常带紫红色，具纵沟纹和浅色皮孔；叶对生或3片轮生，卵形或椭圆形，纸质，叶面偶有稀疏糙伏毛，叶背沿脉贴生长柔毛，侧脉6～7对，边缘具密集小齿，齿尖稍内弯；叶柄短，暗红色；圆锥状聚伞花序，花序轴密被短柔毛；不育花白色，后变淡紫色，萼片4，先端微凹；孕性花白色，有香气，萼筒陀螺状；蒴果椭圆形，顶端锥形；种子纺锤形，扁平，褐色，具纵脉纹，两端有翅。花期7～8月，果期10～11月。

花枝图

· **野外识别要点** ①小枝稍方形，叶对生或3片轮生，边缘具细密且内弯的小齿。②圆锥状聚伞花序，不孕花白色，大形，萼瓣4，大小不等，花瓣状；孕性花较小，白色，芳香。

别名：圆锥八仙花、白花丹、轮叶绣球	**科属：**虎耳草科绣球属
用途：可作为观赏花木，栽植于庭院、池畔、林缘或公园等地。	

醉鱼草

Buddleja lindleyana Fort.

花

醉鱼草含有小毒，渔民们常常采摘其花和叶，一起揉碎投入河中，待鱼被麻醉后，再大肆打捞。

· **生境分布** 生长在山谷林缘、河边灌木丛或山地路旁。分布于我国长江流域以南的大部分省区。

· **形态特征** 半常绿灌木。株高可达3m，茎皮褐色，枝条具4棱，略有窄翅，幼枝、叶背、叶柄、花序、苞片、小苞片、花萼及果均密被星状短绒毛和腺毛；叶对生，卵圆形至长圆状披针形，纸质，叶面深绿色，叶背灰黄绿色，幼叶两面密被黄色绒毛，侧面6～8对，全缘或具疏锯齿；穗状花序长可达40cm，倾向一侧，苞片及小苞片线形；花蓝紫色，芳香，花萼钟状，4～5浅裂；花冠细长管状，稍弯曲，内有白色细柔毛，外有白色光亮细鳞片，先端4裂；蒴果长圆状，基部具宿存花萼，外被鳞片；种子细小，褐色。花期4～7月，果期10～11月。

花枝图

· **野外识别要点** 本种幼枝、叶背、叶柄、花序、苞片、小苞片、花萼及果均密被星状短绒毛、腺毛或鳞片，花蓝紫色，芳香，花冠长1.5～2cm，易识别。

别名：闭鱼花、闹鱼花、钱线尾、药鱼子、鲤鱼花草、鱼泡草、毒鱼草	**科属：**马钱科醉鱼草属
用途：全草可入药，夏、秋季采收，切碎，鲜用或晒干，具有祛风除湿、止咳化痰、散瘀活血的功效。	

栀子 >花语：爱与约定

Gardenia jasminoides Ellis

栀子从冬季开始孕育花苞，直到初夏才会开放，花香比其他花愈发浓烈、深远，而大形翠绿的叶经风霜雨雪不凋，或许这种长久的努力和坚持正是栀子的生命本质吧，因而花语才会是：永恒的爱与约定。

生境分布 一般生长在山谷、山坡、旷野、灌丛或林中。主要分布于我国长江流域以南大部分省区。

形态特征 常绿灌木。株高1～3m，枝丛生，圆柱形，幼时具柔毛；叶大形，对生或3叶轮生，倒卵状长圆形、倒卵形或椭圆形，革质，长4～25cm，宽2～8cm，顶端尖，基部楔形，无毛，叶面亮绿色，叶背淡绿色，侧脉8～15对，网脉在叶背凸起，全缘；有短柄，托叶膜质，2枚，常连合成筒状包围小枝；花大，常单生于枝顶，白色，具芳香，花梗短，花萼圆筒状，有纵棱，顶部6裂，裂片线状披针形；花冠高脚碟状，喉部有疏柔毛，冠管狭圆筒形，顶部5～8裂，裂片倒卵状长圆形；花丝极短，花药线形，伸出花冠外；花柱粗厚，柱头纺锤形；子房下位；果实卵形，顶部具宿存萼片，有翅状纵棱5～9条，成熟时橙黄色；种子多数，近圆形，有棱角。花期5～7月，果期8～11月。

野外识别要点 ①嫩枝有柔毛，叶对生或3片轮生，大形，翠绿光亮，具叶柄内托叶，连成筒状。②花单生枝顶，大，洁白，有芳香；果成熟时橙红色，顶端具宿存萼片。

别名：水横枝、黄栀子、林兰、黄果子、白蟾子	**科属**：茜草科栀子属
用途：根、叶及果均可入药，具有清热泻火、凉血止血、消肿解毒的功效。另外本种还可种植或制作盆景观赏。	

北清香藤

Jasminum lanceolarium Roxb.

生境分布 常生长在山坡灌丛或沟谷密林，海岸边可达2200m。分布于我国长江流域以南各省区以及台湾、陕西、甘肃。

形态特征 攀援灌木。株高1～3m，小枝圆柱形，节处稍扁，有时微被柔毛；叶羽状3出复叶，革质，叶柄长约4cm，具沟，沟内常被柔毛；小叶变化大，椭圆形、长圆形、卵圆形或披针形，叶面亮绿色，叶背淡绿色且散生褐色小斑点，全缘，具短柄；大型圆锥状，花密集，白色，有香味；花梗短或无，苞片线形，花萼筒状，果时增大，萼齿三角形；花冠高脚碟状，花冠管纤细，长约2cm，裂片4～5枚，披针形或长圆形；花柱异长；果球形或椭圆形。花果期夏秋季。

花和果图

野外识别要点 ①叶羽状三出复叶，革质，全缘。②花白色，花冠高脚碟状。

别名：川清茉莉、光清香藤、破藤风	科属：木犀科素馨属
用途：根及枝条可入药，具有祛风除湿、活血止痛的功效。	

常春油麻藤

Mucuna sempervirens Hemsl.

生境分布 常生长在沟谷的河边或灌木丛。分布于我国西南、中南及华南地区。

形态特征 多年生木质藤本。茎长可达25m，嫩茎具纵棱和皮孔；羽状复叶长可达40cm，叶柄长，托叶脱落；小叶3枚，顶生小叶椭圆形或卵状椭圆形，侧生小叶极偏斜，侧脉4～5对，与中脉在叶背隆起，全缘；叶柄极短，基部膨大；总状花序生于老茎上，每节具3花，有臭味，苞片和小苞片早落；花梗短，萼筒宽杯形，内面密被暗褐色伏贴短毛，外面被稀疏的金黄色或红褐色长硬毛；花冠深紫色，干后黑色；果木质，呈念珠状，具红褐色短毛和刚毛；种子4～12颗，扁长圆形，褐色或黑色。花期4～5月，果期8～10月。

野外识别要点 本种羽状复叶，小叶3枚；总状花序，每节具3花，有臭味；果呈念珠状，种子间有缩缢，成熟时褐色或黑色。

别名：牛马藤、棉麻藤、大血藤	科属：豆科油麻藤属
用途：茎藤可入药，全年可采，具有活血去瘀、舒筋活络的功效。另外本种还是垂直绿化的优良藤本植物。	

大茶药

Gelsemium elegans (Gardn.et Champ.) Benth.

大茶药含有剧毒，俗称断肠草。据说，神农氏有一种可解毒的叶片，每当尝到毒草后，他就吃这种叶子来解毒。可有一天，他发现一种叶片相对而生的藤，开着黄色的花，于是摘下一片放进嘴里，很快，毒性发作，他的肠子一截一截断掉，还没还得及吃下解毒叶，便死去了，而让神农氏断送性命的植物就是大茶药。

· 生境分布 常生长在山坡林下或灌丛，海拔可达2000m。分布于我国华南、中南、西南地区，台湾也有分布。

· 形态特征 常绿木质藤本。茎长可达12m，小枝圆柱形，幼时具纵棱，无毛；叶对生，卵状长圆形或卵状披针形，膜质，长达12cm，宽达6cm，先端渐尖，基部楔形或近圆形，侧脉5～7对，在叶面扁平，在叶背凸起；全缘；叶柄短；聚伞花序三歧分叉，每分枝基部有2枚苞片，短三角形，花梗纤细，花密集，萼片5，分离，卵状披针形；花冠漏斗状，黄色，内面有淡红色斑点，裂片卵形，较花筒短；雄蕊5，着生于花冠管中部；子房上位，2室，花柱丝状，柱头上部2裂，裂片顶端再2裂；蒴果卵形，果皮薄革质，具明显2条纵棱，基部有宿存萼，成熟时黑色；种子多数，长圆形，具刺状突起，边缘有翅。花果期近乎全年。

· 野外识别要点 本种除苞片边缘和花梗幼时被毛外，全株均无毛；叶对生，膜质，全缘；花冠漏斗状，黄色，雄蕊5，生于花冠管中部，容易识别。

别名：钩吻、胡蔓藤、烂肠草、猪人参、大茶藤	**科属：**马钱科钩吻属
用途：全草及根可入药，具有消肿止痛、拔毒杀虫的功效，可治疗湿疹、疔疮、跌打损伤等症。	

单叶蔓荆

Vitex trifolia Linn.var. simplicifolia Cham.

生境分布 常生长在沙滩、海边及湖畔。分布于我国华东、华南地区，辽宁、台湾也有分布。

形态特征 落叶灌木或小乔木。植株低矮，全株有香气，茎近四棱形，节处常生不定根，嫩枝密生细柔毛；叶对生，倒卵形或近圆形，顶端钝圆，基部楔形，叶面深绿色，叶背淡绿色，两面疏生柔毛和腺点，全缘，具短柄；圆锥花序顶生，花萼钟形，先端具5短刺，外密生白色短柔毛；花冠淡紫色，5裂，裂片向外反折，下中裂片中部具2棱白色柔毛；雄蕊4，伸出花冠外；浆果卵圆形，成熟时橘黄色。花期7～8月，果期8～10月。

野外识别要点 单叶蔓荆基部着土可生不定根，而上部消失，花冠淡紫色，5裂，雄蕊4，伸出花冠外，是其特点。

别名：蔓荆子叶、白背五指柑	科属：马鞭草科牡荆属
用途：①药用价值：果实可药用，具有疏散风热的功效，可治疗头痛。②景观用途：单叶蔓荆生长快、易繁殖，是理想的地被植物，很适合沙漠化和碱性化地区的绿化植物。	

杠柳

Periploca sepium Bunge

生境分布 常生长在山野林缘或沟谷。分布于我国东北、华北及长江流域一带。

形态特征 木质藤本。全株具白色乳汁，主根圆柱状，外皮灰棕色，茎皮灰褐色，小枝常对生，具细条纹和皮孔；叶对生，卵状长圆形或披针形，革质，叶面深绿色，叶背淡绿色，网脉在叶背明显，全缘；叶柄短或近无；聚伞花序腋生，花密集，花萼裂片卵圆形，基部有10个小腺体；花冠紫红色，辐状5裂，裂片中间加厚呈纺锤形，先端反折，外面黄紫色，内面紫红色，边缘密生白色柔毛；副花冠环状，10裂，其中5裂延伸丝状被短柔毛，顶端向内弯；蓇葖果双生，纺锤状圆柱形；种子多数，黑褐色，顶端具白色绢质种毛。花期5～6月，果期7～9月。

野外识别要点 ①具白色乳汁，叶对生，长圆状披针形，网脉在叶背明显。②花紫红色，花瓣反折，副花冠10裂，其中5裂延长呈丝状，除花外，全株无毛。

别名：北五加皮、羊角条、羊角叶、钻墙柳、羊奶条	科属：萝藦科杠柳属
用途：根皮可入药，我国北方俗称“北五加皮”，具有祛风除湿、强壮筋骨的功效。另外本种还可种植观赏。	

葛

Pueraria lobata (Willd.) Ohwi

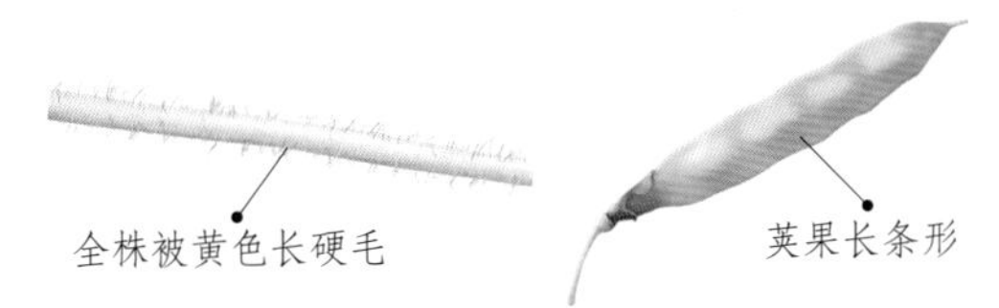

据说，古时代有个人做贩卖酒的生意。一天，经过一座石桥时，不幸车翻缸破，酒流了一地。这个人觉得很可惜，于是用手捧着酒喝，结果喝得不省人事。等伙计赶来时，从下面的河里舀来水喂他，没想到，喝完后竟然酒意全无。仔细一看，河岸边爬满了一种藤本植物，水里飘落着紫色花瓣，这就是葛。其实，不只是花，葛的种子和根也有解酒的作用。

生境分布 多生长在山坡、沟谷或密林等温暖潮湿的地方。我国南北各地广泛分布，国外东南亚至澳大利亚等地也有分布。

形态特征 多年生藤本植物。植株低矮，块根大而肥厚，茎粗壮，基部木质化，全株微具刺，被黄色长硬毛；羽状3出复叶，叶柄贴生白色短柔毛和开展的褐色粗毛，托叶2枚，较大1枚卵状披针形，被褐色硬毛，较小托叶线形；小叶3片，顶生小叶宽卵形或斜卵形，3浅裂，先端渐尖，叶背有灰色毛和短柔毛，2枚侧生小叶斜卵形，有时2浅裂；总状花序腋生，中部以上小花密集，花萼钟形，被黄褐色柔毛，花冠蝶形，紫红色，旗瓣倒卵形，基部有2耳及1个黄色硬痂状附属体，具短瓣柄，翼瓣镰状，基部有线形、向下的耳，龙骨瓣镰状长圆形，基部有极小、急尖的耳；对旗瓣的1枚雄蕊仅上部离生；荚果长条形，扁平，被褐色长硬毛。花期6～8月，果期8～10月。

多年生藤本植物

野外识别要点 葛的叶子很奇特，如果将两侧的小叶沿中脉叠起来，你会发现其形状和顶端的小叶几乎一样。另外，葛的全株被黄色硬毛，在野外识别时注意。

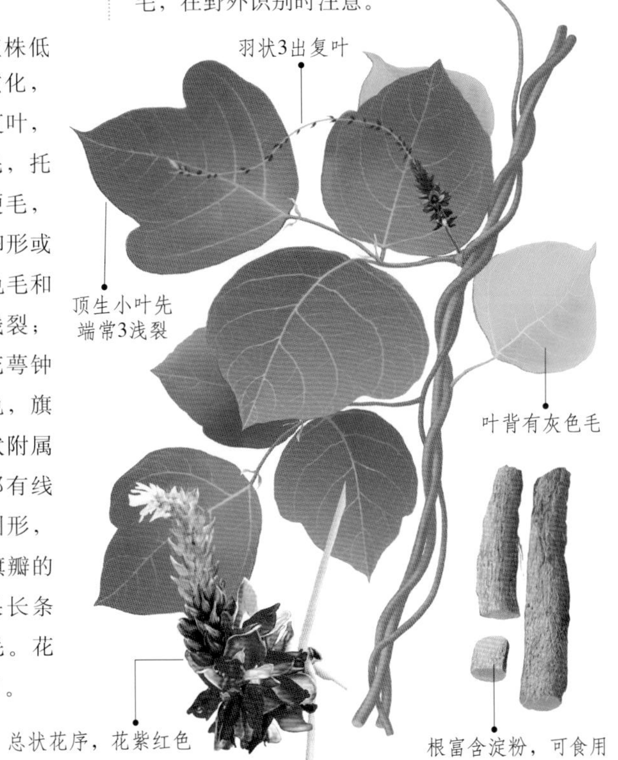

别名：野葛、葛藤、甘葛	**科属：**豆科葛属
用途：①药用价值：葛全身是宝，根、茎、叶、花均可入药，具有解表退热、生津止渴、开胃止泻的功效，可治疗头晕、头痛、耳鸣、酒毒、身热赤、尿涩痛等症。②食用价值：根富含淀粉，春、秋季挖采，可蒸食或煮熟食。	

鸡血藤

Millettia reticulata Benth.

花

在所有豆科植物里，只有鸡血藤具有这种特别之处——当茎被切断后，木质部位会渗出血丝，慢慢地，鲜红色的汁液缓缓流出来，很像鸡血，因而被人们起名叫“鸡血藤”。

荚果扁条形

根粗壮

生境分布 常生长在山坡杂林、沟谷溪旁或灌丛，目前尚无人工引种栽培。主要分布于我国长江流域及以南大部分省区。

形态特征 常绿攀援或蔓生藤本。根粗壮，红色，小枝密生锈色绒毛，散生皮孔；奇数羽状复叶，小叶7～9，卵状长椭圆形或卵状披针形，两面无毛，网脉明显，全缘；圆锥花序顶生，下垂，花序轴有黄褐色柔毛，花密集生于序轴的节上；花萼钟形，裂齿短而钝；花冠紫色或玫瑰红色；荚果扁条形，种子扁圆形，熟时紫黑色。花期5～8月，果期10～11月。

野外识别要点 ①常绿蔓生藤本，奇数羽状复叶，具7～9枚小叶。②圆锥花序顶生，花密集，花冠紫红色。③荚果扁条形。

别名：血藤、渣子树、三月黄	科属：豆科崖豆藤属
用途：藤与根可入药，具有行气活血、舒筋活络的功效。	

络石

花

Trachelospermum jasminoides (Lindl.) Lem.

茎长可达10m，红褐色，散生皮孔

全草入药

生境分布 常生长在荒野、山谷溪边或杂木林中。除新疆、青海、西藏及东北地区外，我国其他各省区均有分布。

形态特征 常绿木质藤本。植株内有乳汁，茎长可达10m，红褐色，散生皮孔，具气生根，嫩枝被柔毛；叶对生，近革质，营养枝叶常为披针形，脉间呈白色，花枝叶椭圆形或卵状披针形，叶面无毛，叶背疏生柔毛，侧脉6～12对，全缘，叶柄短，叶腋具钻形腺体；聚伞花序腋生，总花梗初被柔毛，苞片及小苞片狭披针形，花白色，清香；花萼5深裂，裂片顶部反卷；花冠高脚碟状，花冠筒中部膨大，上部5裂，呈右旋风车形排列；蓇葖双生，叉开，成熟时紫黑色；种子多颗，线形，顶端具白色绢质种毛。花期春季，果期冬季。

野外识别要点 ①株内具乳汁，营养枝叶常为披针形，花枝叶椭圆形。②花白色，花瓣呈右旋风车排列；蓇葖果双生，熟时紫黑色。

别名：爬墙虎、石龙藤、钻骨风、石盘藤、过桥风、石花藤	科属：夹竹桃科络石属
用途：带叶藤茎可入药，有清热解毒、止痛消肿、祛风活络的功效。另外本种藤蔓缠绕，花白似雪，可种植观赏。	

猕猴桃

Actinidia chinensis Planch.

由于果实质地柔软，猕猴喜食，故名猕猴桃。猕猴桃有“水果之王”的美誉，是一种营养价值极高的水果，尤其是维生素C含量在水果中名列前茅。现在，猕猴桃饮品已成为国家运动员首选的保健饮料。

生境分布 常生长在湿润的溪谷或林缘。原产我国，主要分布于西北及长江流域以南地区。

形态特征 落叶藤本。幼枝密生棕黄色柔毛，后渐脱落，具长圆形皮孔，髓白色至淡褐色；叶阔卵形至近圆形，纸质，长达17cm，宽达15cm，先端近圆形、微凹，基部钝圆形至浅心形，叶面暗绿色，叶背密生灰白色绒毛，侧脉5～8对，边缘具细锯齿；具短叶柄，被灰白色茸毛或黄褐色长硬毛或铁锈色硬毛状刺毛；花杂性，多为雌雄异株，常3～6朵成聚伞花序，花序梗长约2cm，与钻形苞片均被灰白色丝状绒毛或黄褐色茸毛；花初放时白色，放后变橙黄色，有香气，萼片3～7，卵状长圆形，两面密被黄褐色绒毛；花瓣5，阔倒卵形，有短距；雄蕊多数，花丝狭条形；子房球形，密被金黄色糙毛；浆果半球形，成熟时黄绿色，密被绒毛。花期5～6月，果期10月。

野外识别要点 ①叶长圆形，先端微凹，叶背密生灰白色柔毛，边缘具齿。②花初放时白色，放后变橙黄色，有香气；果成熟时黄绿色。

别名：中华猕猴桃、羊桃、阳桃、藤梨	**科属：**猕猴桃科猕猴桃属
用途：①药用价值：果及根可入药，有调中理气、生津润燥、解热除烦、清热解毒、活血消肿、祛风利湿的功效。②食用价值：果可生食，营养丰富，味道佳，也可去皮煎汤服。③景观用途：本种攀援生长，花色艳丽，果圆大喜人，常作垂直绿化植物种植于园林、庭院或林下。	

蓬莱葛

Gardneria multiflora Makino

· 生境分布 野生于灌丛或密林中，海拔可达2000m。分布于我国秦岭淮河以南，南岭以北。

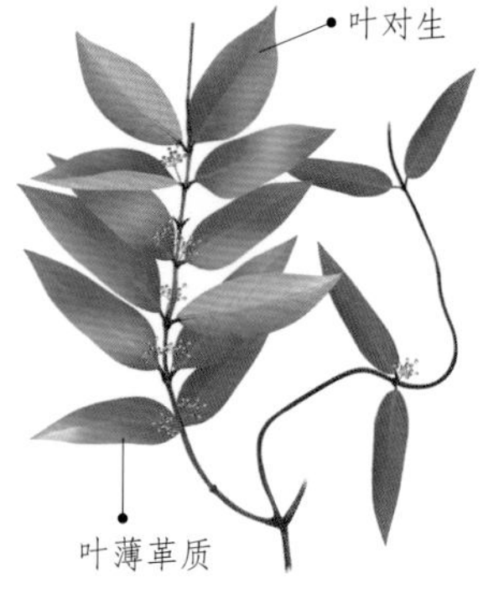

· 形态特征 攀援藤本。茎长可达8m，枝圆柱状，具明显叶痕，无毛；叶对生，椭圆形、长椭圆形或卵形，薄革质，叶面绿色而有光泽，叶背淡绿色，侧脉6～10对，在叶面扁平，在叶背隆起，全缘；叶柄短，腹部具槽，叶腋内有钻状腺体；聚伞花序三歧分叉，花序梗基部有2枚三角形苞片，花5～6朵，黄色，花萼小，裂片半圆形，边缘有睫毛；花冠辐状裂，裂片厚肉质；浆果圆球状，顶端具宿存花柱，成熟时红色；种子圆球形，黑色。花期5～7月，果期7～11月。

· 野外识别要点 本种除花萼裂片边缘有睫毛外，全株均无毛；叶对生，薄革质，全缘；花黄色，雄蕊5，容易识别。

花苞图

果序图

别名： 多花蓬莱葛、落地烘、清香藤	**科属：** 马钱科蓬莱葛属
用途： 根、叶及种子可入药，具有祛风活血的功效。	

五味子

Schisandra chinensis (Turcz.)Baill.

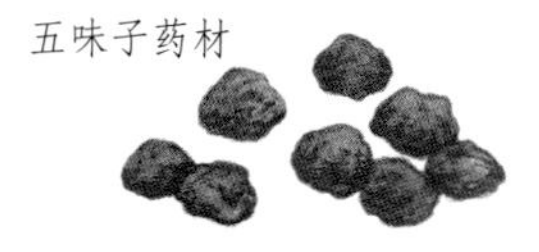

顾名思义，五味子是一种具有五种味道的果实——皮肉甜酸、果核辣苦，二者有咸味，故得此名。早在2000多年前，我国中药名师便已用这种五味俱全、五行相生的独特果实来滋补人体五脏，即心、肝、脾、肺、肾，堪称强身妙品。

· 生境分布 常生长在山坡、沟谷或水边，海拔可达1500m。主要分布于我国东北、华北、西北地区，山东地区也有分布。

· 形态特征 落叶木质藤本。茎长4～8m，老枝灰褐色，幼枝红褐色，表皮常片状剥落；叶在老枝上簇生，在幼枝上互生，卵形至椭圆形，基部下延成翅，侧脉3～7对，叶背沿脉被柔毛，边缘中上部具浅锯齿，叶柄短；花单生或簇生叶腋，粉白色或粉红色；核果球形，常聚合成穗状，熟时呈紫红色；种子肾形，淡褐色，种脐凹入成U形。花期5～7月，果期7～10月。

· 野外识别要点 本种叶常中部以上最宽，背面沿脉具柔毛；花雌雄同株或异株；果熟时紫红色，种子淡褐色，种脐凹入。

别名： 山花椒、秤砣子、五梅子	**科属：** 木兰科五味子属
用途： 果实为著名中药，具有固涩收敛、益气生津、补肾宁心的功效。	

锡叶藤

Tetracera asiatica (Lour.) Hoogl.

生境分布 常生长在疏林或灌丛中。主要分布于我国华南地区。

形态特征 常绿木质藤本。茎长可达20m，枝条粗糙，幼时被柔毛；叶矩圆形，革质，先端钝圆，基部阔楔形，叶面粗糙，初被柔毛，后脱落为小突起，侧脉10～15对，在叶背隆起，全缘或上半部有小钝齿；叶柄短，微被毛；圆锥花序生于侧枝顶，花序轴常为“之”字形，被贴生柔毛，苞片1，线状披针形；小苞片线形；花多数，萼片5，广卵形，边缘有睫毛；花瓣5，白色，卵圆形；果长圆形，熟时黄红色，具残存花柱；种子1个，黑色，基部有黄色流苏状的假种皮。花期春季，果期秋季。

叶矩圆形，革质

果

野外识别要点 ①叶长圆形，嫩叶有毛，叶面粗糙，叶缘上部常有齿。②圆锥花序，花白色，花药“八”字形排在膨大药隔上，干后灰色，萼片、心皮无毛。

别名：锡叶、涩沙藤、大涩沙、水车藤	科属：五桠果科锡叶藤属
用途：根、茎及叶可入药，具有收敛止泻、消肿止痛的功效。	

香花崖豆藤

Millettia dielsiana Harms ex Diels

生境分布 常生长在山坡灌丛或岩石缝中。分布于我国长江流域以南大部分省区。

形态特征 攀援灌木。茎长2～5m，茎皮灰褐色，剥裂；羽状复叶，具长柄，叶轴具沟，初被柔毛，托叶线形；小叶5，侧生叶对生，长椭圆形或卵形，叶背疏生柔毛，侧脉6～9对，近边缘环结，全缘；叶柄极短，有柔毛，小托叶锥刺状；圆锥花序顶生，密生黄褐色绒毛，苞片及小苞片线形，花萼阔钟状，密生锈色毛，萼齿5，三角状披针形；花冠紫红色，旗瓣被锈色或银色绢毛，翼瓣下侧有耳，龙骨瓣镰形；荚果线形，长达12cm，密被灰色绒毛，熟时瓣裂；种子3～5粒。花期5～9月，果期6～11月。

花序和果

植株部分图

野外识别要点 ①羽状复叶，小叶5，叶背、叶柄有毛。②圆锥花序长达40cm，花单生花序轴的节上，紫红色。③荚果线形，被灰色绒毛，后渐秃净。

别名：山鸡血藤、肠血藤、苦藤	科属：豆科崖豆藤属
用途：根可入药，具有活血补血、驱风除湿、舒筋通络的功效。	

玉叶金花

Mussaenda pubescens Ait. f.

玉叶金花中的“玉叶”其实是指花中的变异萼片。每一朵玉叶金花都有5枚萼片，而其中一枚变形为叶片状，色洁白，又因花开为鲜黄色，故得“玉叶金花中”之名。

· 生境分布 常生长在山坡林下或灌丛。分布于我国东南、西南部。

· 形态特征 攀援小灌木。小枝蔓延，幼时被柔毛；叶对生或轮生，卵状长圆形或卵状披针形，膜质或薄纸质，长达8cm，宽达3cm，顶端渐尖，基部楔形，叶面近无毛，叶背密生短柔毛，全缘；叶柄极短或近无，托叶三角形，2深裂，条形，二者被柔毛；聚伞花序顶生，花密集，近无梗，苞片线形，有硬毛；花萼钟形，外面被柔毛，裂片长条形，有1片通常扩大成白色叶状，阔卵形或圆形，有纵脉5～7条，内面基部密被柔毛，向上毛渐稀疏；花冠鲜黄色，内面喉部密被棒形毛，外被贴伏短柔毛，裂片5，长圆状披针形，镊合状排列，内面密生金黄色小疣突；雄蕊5，着生于花冠喉部；花柱短，内藏；子房2室，胚珠多数；浆果近球形，疏被柔毛，顶部有环痕，成熟时黑色。花期夏季，果期秋季。

· 野外识别要点 ①叶对生或轮生，叶背密生短柔毛，叶柄间托叶2深裂。②花鲜黄色，花萼有1裂片扩大成白色叶状，花冠5裂，裂片内密生金黄色疣突。

别名： 野白纸扇	**科属：** 茜草科玉叶金花属
用途： ①药用价值：根、茎及叶可入药，具有清热解暑、凉血解毒的功效。②景观用途：本种攀援生长，花色金黄，花期较长，适合丛植于草地或疏林，颇具野趣。	

内容索引

A

B

C

D

K

L

M

X

Y

Z

中国之美·自然生态图鉴
Beauty of China The Natural Ecological View

中国野花图鉴

封面设计：垠子
版式设计：孙阳阳
插图绘制：央美阳光 139 1052 3155